电感耦合等离子体光谱与质谱分析技术

郑国经 冯先进 罗倩华 ◎ 编著

·北京·

内容简介

本书对电感耦合等离子体（ICP）做了详细的介绍，包括ICP的生成、光源和离子源，ICP光谱光源与质谱离子源的分析特点，ICP-OES/MS仪器设备，进样方式，样品制备以及ICP-OES和ICP-MS的分析操作技术。分析操作技术包括实验准备、仪器操作、分析方法、应用技巧和各领域的应用介绍，在应用部分基于现有标准，对方法进行解读。

本书是针对日益为各实验室普遍采用的元素分析手段ICP-OES/MS的推广使用而编写的，可以作为技术培训教材或职业院校相关专业教材。

图书在版编目（CIP）数据

电感耦合等离子体光谱与质谱分析技术 / 郑国经，冯先进，罗倩华编著. -- 北京：化学工业出版社，2025. 1. -- ISBN 978-7-122-46069-1

Ⅰ. O657.31

中国国家版本馆CIP数据核字第2024CQ3226号

责任编辑：李晓红　　　　　　　文字编辑：李　静
责任校对：张茜越　　　　　　　装帧设计：王晓宇

出版发行：化学工业出版社
　　　　（北京市东城区青年湖南街13号　邮政编码100011）
印　　装：北京天宇星印刷厂
710mm×1000mm　1/16　印张18¾　字数364千字
2025年1月北京第1版第1次印刷

购书咨询：010-64518888　　　　售后服务：010-64518899
网　　址：http://www.cip.com.cn
凡购买本书，如有缺损质量问题，本社销售中心负责调换。

定　　价：128.00元　　　　　　　　　　版权所有　违者必究

前言
PREFACE

电感耦合等离子体光谱（ICP-OES），是以电感耦合等离子体作为激发光源的原子发射光谱。ICP-OES 分析法可测定各种物质的化学成分，目前为常量至低含量、微量元素成分的测定方法，而以 ICP 作为质谱离子源的电感耦合等离子体质谱（ICP-MS）分析法则具有极高的灵敏度，适合于 0.001%以下的痕量、超痕量分析以及同位素分析，已经成为超低含量的测定手段。两种分析技术均具有高效、快捷、适应性强的分析特性，具有共性又各有长处和短板，极具互补性，成为无机元素全分析的一种可靠选择和结合，在日常分析中得到广泛应用。由于这两种方法通常均采用溶液进样方式，均具有可溯源性而被各个领域的标准分析方法所采纳。因而，电感耦合等离子体光谱与质谱（ICP-OES/MS）技术作为无机元素分析强有力的实用工具，不仅成为各分析检测实验室必备的分析手段，并在各个分析领域得到推广应用，而且在流程工业在线检测方面也得到了推广和应用。

ICP-OES/MS 分析技术，已经具有优良分析性能和较高性价比的商品仪器，在很多化学分析实验室中，开始多由 ICP 光谱分析入手，引进 ICP 光谱仪器以解决常量到低含量和微量元素的测定，进而引入 ICP 质谱分析仪器以解决痕量到超痕量元素的测定难题。虽然两者分别属于光谱及质谱分析技术，但都是以 ICP 为激发源和离子源，在仪器操作、基准物质的配制及进样方式上均有相似之处。在分析标准的采用上，很多无机成分的全分析标准方法都会采用这两种方式覆盖全部的测量范围，如我国的稀土分析在高纯稀土分析国家标准中，方法一采用 ICP-OES 法适用于 5N（99.999%）以下的纯度分析，方法二则采用 ICP-MS 法以适用于 5N 以上高纯稀土的分析（见 GB/T 18115.1～GB/T 18115.12—2006），相信未来很多由常规含量到痕量的全分析标准都会采用这种方式，以满足高低含量的全分析方案。本书将这两种分析技术结合，从实用技术的角度进行描述，以将其推广应用于多个领域。

本书总结了电感耦合等离子体作为激发光源的光谱分析和以电感耦合等离子体作为离子源的质谱分析的技术基础、分析方法和仪器使用要领，以当前具有优越分析性能的 ICP-OES、电感耦合等离子体四极杆质谱（ICP-QMS）商品化仪器的实际操作及应用为主线，介绍了 ICP-OES/QMS 分析技术在无机元素分析方面的实用技术。简要介绍了这两种分析技术的基础知识，仪器的基本结构、操作使用及维护方法，提供分析方法选择、测定条件优化、应用范围、仪器选用等方面的实用技术。在各个领域的应用中，侧重以标准分析方法上的应用为实例，以利于实际操作技术培训和分析应用。

全书由电感耦合等离子体概述、ICP-OES/MS 分析仪器设备、ICP-OES 分析及 ICP-MS 分析操作技术、ICP-OES/MS 分析标准应用及技术进展等部分组成。概述及 ICP 光谱分析部分由郑国经主笔，ICP 质谱分析及分析标准部分由冯先进主笔，ICP 光谱分析应用及其分析标准部分由罗倩华主笔。全书由郑国经统编。本书可供大专院校、科学研究单位、厂矿企业检测实验室中从事 ICP-OES 及 ICP-MS 分析人员，作为工作参考或技术培训之用。

本书以笔者从事 ICP 原子发射光谱分析及 ICP 质谱分析工作中，使用各类型仪器的体会与经验编撰而成，由于笔者水平及所从事的分析领域范围所限，难免存在不足之处，敬请读者批评指正。

在本书的编写过程中，引用了国内外大量公开发表的文献资料，也引用了"分析化学手册（第三版）"中 3A 分册《原子光谱分析》和 9B 分册《无机质谱分析》及《ATC017 电感耦合等离子体质谱分析技术》的相关资料，在此向文献的原著者表示感谢。本书的出版，要感谢化学工业出版社的支持和编辑的辛勤劳动。

编著者

2024 年 9 月

目 录
CONTENTS

第1章 概述 **001**

    1.1 等离子体的概念、特性及类型   001
        1.1.1 等离子体的概念   001
        1.1.2 等离子体的物理特性   002
        1.1.3 等离子体的类型   002
    1.2 无机分析中的等离子体概念   003
    1.3 无机分析中的电感耦合等离子体   004
    1.4 电感耦合等离子体光谱与质谱分析技术   005
        1.4.1 ICP-OES 的分析特点   006
        1.4.2 ICP-MS 的分析特点   006

第2章 电感耦合等离子体 **008**

    2.1 电感耦合等离子体的生成   008
        2.1.1 ICP 焰炬的形成过程   008
        2.1.2 ICP 焰炬的形成条件   009
        2.1.3 ICP 焰炬形状与趋肤效应   010
        2.1.4 ICP 焰炬形状与高频频率   010

2.2　ICP 的炬管结构及工作气体　　011
　　2.2.1　ICP 的炬管结构　　011
　　2.2.2　ICP 的工作气体　　012
2.3　ICP 光源、离子源及焰炬的特性　　013
　　2.3.1　ICP 光源的特性　　013
　　2.3.2　ICP 离子源的特性　　014
　　2.3.3　ICP 焰炬的温度特性及分布　　015
2.4　ICP 光谱光源与质谱离子源的异同　　017
　　2.4.1　ICP 光谱激发光源的分析特性　　017
　　2.4.2　ICP 质谱离子源的分析特性　　017
2.5　光谱光源与质谱离子源的分析特点及互补性　　018
　　2.5.1　ICP-OES 分析的依据及过程　　018
　　2.5.2　ICP-OES 分析方法的优点与不足　　018
　　2.5.3　ICP-MS 分析的依据及过程　　019
　　2.5.4　ICP-MS 分析方法的优点与不足　　019
　　2.5.5　ICP-OES/MS 的互补性　　020

第 3 章　ICP-OES/MS 分析的仪器设备　　022

3.1　ICP-OES/MS 的通用设备　　022
　　3.1.1　高频发生器　　022
　　3.1.2　等离子体炬管　　026
　　3.1.3　进样系统　　029
3.2　ICP-OES 分析仪器设备　　039
　　3.2.1　激发光源　　039
　　3.2.2　分光系统　　042
　　3.2.3　检测系统　　053
　　3.2.4　计算机及电控系统　　060
　　3.2.5　光谱干扰校正系统　　061
　　3.2.6　ICP-OES 仪器性能的要求和判断　　062
3.3　ICP-MS 分析仪器设备　　064
　　3.3.1　ICP 离子源　　064

3.3.2　接口及离子光学系统　　　　　　　　　　065
　　　3.3.3　四极杆质量分析器　　　　　　　　　　　070
　　　3.3.4　质谱干扰消除系统　　　　　　　　　　　071
　　　3.3.5　离子检测器　　　　　　　　　　　　　　074
　　　3.3.6　数据处理系统　　　　　　　　　　　　　074
　　　3.3.7　辅助系统　　　　　　　　　　　　　　　075
　　　3.3.8　ICP-MS 仪器性能要求及测试方法　　　　076
　3.4　ICP-OES/MS 分析的常规仪器　　　　　　　　　076
　　　3.4.1　常规 ICP-OES 商品仪器　　　　　　　　076
　　　3.4.2　常规 ICP-MS 商品仪器　　　　　　　　　077

第 4 章　ICP-OES/MS 分析的进样方式与标准制备　　079

　4.1　进样方式　　　　　　　　　　　　　　　　　　079
　　　4.1.1　液体进样方式　　　　　　　　　　　　　079
　　　4.1.2　固体进样方式　　　　　　　　　　　　　080
　　　4.1.3　气体进样方式　　　　　　　　　　　　　080
　　　4.1.4　其他进样方式　　　　　　　　　　　　　081
　4.2　样品前处理　　　　　　　　　　　　　　　　　081
　　　4.2.1　分析样品要求　　　　　　　　　　　　　081
　　　4.2.2　分析用试剂　　　　　　　　　　　　　　082
　　　4.2.3　分析试液的制备　　　　　　　　　　　　083
　　　4.2.4　各种类型试样的分析试液制备　　　　　　085
　　　4.2.5　形态分析样品的前处理　　　　　　　　　087
　4.3　标准溶液制备　　　　　　　　　　　　　　　　088

第 5 章　ICP-OES 分析操作技术　　　　　　　　　　090

　5.1　实验准备　　　　　　　　　　　　　　　　　　090
　　　5.1.1　ICP-OES 进样装置设定　　　　　　　　　090
　　　5.1.2　分析试样的准备　　　　　　　　　　　　091
　　　5.1.3　标准校正样品的选择　　　　　　　　　　091
　　　5.1.4　ICP-OES 分析程序文件的设定　　　　　　091
　5.2　仪器操作　　　　　　　　　　　　　　　　　　092

  5.2.1 日常分析操作事项   092
  5.2.2 ICP-OES 仪器主要操作条件的选择   097
  5.2.3 仪器检定与维护   102
  5.2.4 样品分析结果的质量控制   104
5.3 ICP-OES 的分析测定方法   106
  5.3.1 多元素直接测定   106
  5.3.2 分离-富集测定   106
  5.3.3 无机物料的测定   108
  5.3.4 有机物料测定   108
5.4 ICP-OES 应用技巧   109
  5.4.1 仪器选用   109
  5.4.2 分析方法选用   109
  5.4.3 仪器应用扩展   110
5.5 ICP-OES 法在各个领域中的应用   110
  5.5.1 在无机材料及化合物分析中的应用   111
  5.5.2 在地质资源与矿物材料分析中的应用   116
  5.5.3 在水质、环境样品分析中的应用   118
  5.5.4 在生化样品与药物分析中的应用   121
  5.5.5 在石油化工产品及能源样品分析中的应用   122
  5.5.6 在食品分析中的应用   125
  5.5.7 在元素形态分析中的应用   125
  5.5.8 在电子电器、轻工产品分析中的应用   126

第 6 章 ICP-MS 分析操作技术   128

6.1 实验准备   128
  6.1.1 ICP-MS 进样装置设定   128
  6.1.2 质谱分析样品前处理   129
  6.1.3 质谱分析用校正样品选择   129
  6.1.4 ICP-MS 测定方法的建立   129
6.2 仪器操作   130
  6.2.1 仪器操作及使用要求   130
  6.2.2 分析操作条件的设定   132

6.2.3　分析方法建立及标准曲线绘制　　135
　　6.2.4　样品分析及结果质量控制　　136
　　6.2.5　仪器检定与维护　　136
6.3　ICP-MS 分析方法　　141
　　6.3.1　ICP-MS 元素含量及同位素比值分析　　141
　　6.3.2　元素形态分析技术　　146
　　6.3.3　单颗粒分析技术　　148
　　6.3.4　分析通则　　148
6.4　ICP-MS 分析准确度影响因素及解决办法　　151
　　6.4.1　ICP-MS 分析准确度检验方法　　151
　　6.4.2　样品处理过程的影响及解决办法　　152
　　6.4.3　样品分析测定过程的影响　　154
　　6.4.4　分析方法的选择及可靠性的判断方法　　155
6.5　ICP-MS 在无机分析上的应用技巧　　155
　　6.5.1　仪器选用　　155
　　6.5.2　分析方法采用　　156
　　6.5.3　仪器应用扩展　　156
6.6　ICP-MS 在各个领域中的应用　　157
　　6.6.1　在地质和矿物样品分析中的应用　　157
　　6.6.2　在金属材料及金属氧化物分析中的应用　　167
　　6.6.3　在环境样品分析中的应用　　176
　　6.6.4　在食品医药和生化样品分析中的应用　　191
　　6.6.5　在有机产品分析中的应用　　207
　　6.6.6　在元素价态和形态分析中的应用　　218
　　6.6.7　在现场在线分析中的应用　　236

第 7 章　ICP 光谱/ICP 质谱仪器进展与应用前景　　242

7.1　ICP 光谱分析仪器的进展　　242
　　7.1.1　ICP 发射光谱仪的现状　　242
　　7.1.2　ICP 光谱分析仪器的技术动态　　243
7.2　ICP 质谱分析仪器的进展　　246
　　7.2.1　碰撞/反应池技术 ICP-MS　　246

		7.2.2 三重四极杆 ICP-MS	246
		7.2.3 应用新进展	247
		7.2.4 展望	249
	7.3	ICP-OES/MS 在国家标准及行业标准上的应用	250
		7.3.1 现行的有关 ICP-OES 标准	250
		7.3.2 现行的有关 ICP-MS 标准	261

附录   273

    附录 1   ICP-OES 分析常用光谱线   273

    附录 2   ICP-MS 常用分析质量数   278

    附录 3   GB/T 34826—2017《四极杆电感耦合等离子体质谱仪性能的测定方法》   282

参考文献   287

第 1 章
概　　述

电感耦合等离子体原子发射光谱/质谱（ICP-OES/MS）分析方法，是以电感耦合等离子体炬作为激发光源或离子源的原子发射光谱或无机质谱分析技术，被认为是当前最好的无机元素分析工具之一，可以分析周期表中绝大部分元素的含量信息，ICP-MS 同时还可提供同位素信息。

ICP-OES/MS 分析技术具有多元素同时测定、测定范围从常量到微量直至痕量、适应范围宽广、测定效率高、操作简便快捷、实用性强等特点，且已经发展出不同类型的商品仪器，具有优越的分析性能，因此日益成为无机分析强有力且实用的分析工具。这一优良的分析特性基于等离子体状态的特性及其具有的极高温度，有利于无机物在其中的蒸发、分解、原子化及电离化，在无机分析中既有利于在大气压下进行原子发射光谱分析，也有利于将生成的离子流引入质谱测定系统进行质谱分析。

1.1 等离子体的概念、特性及类型

1.1.1 等离子体的概念

等离子体在近代物理学中是物质的一种状态。物质通常呈现固态、液态和气态三态，等离子体则为物质的第四态。1879 年克鲁克斯发现，当气体处于高温状态下时，会分解为原子并发生电离，形成由离子、电子和中性粒子组成的"超气态"，其中带电的粒子处于"等离子体"状态，电子和阳离子的浓度处于平衡状态，宏观上呈电中性，故称之为等离子态或"超气态"。这种状态广泛存在于宇宙中，从处于放电中的气体到太阳和恒星表面的电离层都是等离子体。根据天体物理学家萨哈的计算，宇宙中 99.9% 的物质都处于等离子体状态。而人工生成的等离子体在工业生产及科学研究方面得到极为广泛的应用。

1928 年美国科学家欧文·朗缪尔和汤克斯首次将"等离子体"（plasma）一词引

入物理学，用来描述气体放电管里的物质形态。等离子体是指一种在一定程度上被电离（电离度大于 0.1%）的高温气体，其导电能力达到充分电离气体的程度，而其中电子和阳离子的浓度处于平衡状态，宏观上呈电中性的物质状态。这种等离子体可以达到很高的温度，物质在其中绝大多数呈现为电子、原子、离子状态。因此，等离子体在无机元素分析中可以用作光谱分析的激发光源，也可以在无机质谱分析中作为质谱分析的离子源。

1.1.2 等离子体的物理特性[1]

物理学上的等离子体是指物质处于高度电离、高温高能、低密度的气体状态，常被称为"超气态"，其性状与气体有很多相似之处，具有流动性，是一种电离气体，宏观上呈电中性。等离子体是一种导电的流体，与气体的相似之处是没有确定的形状和体积，但与通常的气体不同的是等离子体可被电磁场控制在一定的范围之内。由于等离子体存在带负电的自由电子和带正电的离子，具有很高的电导率，与电磁场存在极强的耦合作用，带电粒子可以和电场耦合，带电粒子流可以和磁场耦合。

（1）等离子体的密度

等离子体具有很宽的密度范围。自然和人工生成的各种主要类型等离子体的密度数值，从密度为 $10^6 m^{-3}$ 的稀薄星际等离子体到密度为 $10^{25} m^{-3}$ 的电弧放电等离子体，跨越近 20 个数量级。

（2）等离子体的温度

等离子体包含两到三种不同粒子，有自由电子、带正电的离子和未电离的中性原子或分子。不同的组分有不同的温度，即电子温度（T_e）、离子温度（T_i）和中性粒子温度（T_n）。由于密度和电离程度的不同，它们之间的温度可以相近，也可以有很大的差别。其温度分布范围从低温的 100K 到超高温核聚变等离子体的 $10^8 \sim 10^9$ K（1 亿～10 亿度）。

1.1.3 等离子体的类型

等离子体可以达到很高的温度，根据其电离程度的不同可以由几千摄氏度到几亿摄氏度。按其温度可分为高温等离子体和低温等离子体两大类，而低温等离子体又可分为热等离子体和冷等离子体。

高温等离子体：指高度电离的等离子体，电离度接近 100%，离子温度（T_i）和电子温度（T_e）都很高，等离子体的温度可达 $10^6 \sim 10^8$ K。

低温等离子体：指轻度电离的等离子体，电离度在 0.1%～1%，离子温度（T_i）一般远低于电子温度（$T_e \gg T_i$），等离子体的温度低于 10^6 K。

在实际应用中接触到的人工生成的等离子体多为低温等离子体，呈现为低温热等离子体（简称热等离子体）和低温冷等离子体（简称冷等离子体）。

热等离子体（thermal plasma）：当气体压力在常压时，由于等离子体中粒子的密度较大，电子浓度高，平均自由程小，电子和重粒子之间碰撞频繁，电子的动能很容易直接传递给重粒子（原子或分子），这样，各种粒子（电子、正离子、原子或分子）热运动的动能趋于接近，整个气体接近或达到热力学平衡状态，气体的温度和电子温度相等（$T_e \approx T_i \approx T_n$），温度约为数千摄氏度到数万摄氏度，这种等离子体称为热等离子体。无机分析中在大气压下工作的等离子体光源都具有热等离子体性状，温度约在 4000~10000K。

冷等离子体（cold plasma）：当气体放电系统在低压下时，由于气体压力和电子浓度很低，电子与重粒子碰撞的机会少，电子从电场中得到的动能不易与重粒子交换，重粒子的动能较低（$T_e \gg T_i$，$T_e \gg T_n$），即气体的温度较低，这样的等离子体处于非热力学平衡状态，故称为冷等离子体，如辉光放电及空心阴极灯内的等离子体。

1.2　无机分析中的等离子体概念

在物理学中，等离子体状态是指物质已全部解离为电子和原子核的状态，而无机分析中的等离子体概念则不是十分严格，无机分析中的等离子体仅在一定程度上被电离（电离度在 0.1%以上），是包含分子、原子、离子、电子等各种粒子的集合体。分析试样在等离子体中经历组分被蒸发为气体分子，气体分子获得能量被分解为原子，部分原子电离为离子等过程，形成了包含分子、原子、离子、电子等多种气态粒子的集合体，因而这种气体中除含有中性原子和分子外，还含有大量的离子和电子，而且带正电荷的阳离子和带负电荷的电子数量相等，使集合体宏观上呈电中性，处于类似等离子体的状态。

人工产生等离子体的方法有很多，如直流弧光放电、交流工频放电、高频感应放电、低气压放电（如辉光放电法）和燃烧法等。实际应用上大多是用电学手段获得，仅燃烧是利用化学手段获得。无机分析中的等离子体通常采用气体放电的方法获得，如火花电弧放电间隙、电感耦合等离子体焰炬（ICP torch）、微波等离子体焰炬（MP torch）及直流等离子体喷焰（DCP jet）等，均呈等离子体状态，应用于原子光谱分析上。通常光谱分析中，仅将外观上类似火焰一类的放电光源称为等离子体光源，如电感耦合等离子体焰炬、微波等离子体焰炬、直流等离子体喷焰等，而不将电弧、火花光源称为等离子体光源。一般的火焰不是放电光源也不列入等离子体光源。

这些等离子体光源用作原子光谱分析的激发光源，都有自身的特点和局限性。例如 DCP、ICP 是具有较大体积的光源，约几立方厘米，功率在千瓦级以上；MIP（微波诱导等离子体）是较小体积的光源，一般小于 1cm³，功率在几百瓦至千瓦级。但其有共同的优点：具有较高的蒸发、原子化、离子化和激发能力，许多元素有很灵敏的离子线；稳定性好；与火焰的稳定性相当，优于电弧和火花光源；分析精密度可与湿式化学法相比；样品组成的影响（基体效应）小；并且因为一般是在惰性气氛下工作，且工作温度极高，所以有利于难激发元素的测定。其中，以电感耦合等离子体（inductively coupled plasma，ICP）的应用最为广泛，ICP一词于1975年由国际纯粹与应用化学联合会（IUPAC）推荐，成为专用术语。作为原子发射光谱分析技术的ICP-AES（inductively coupled plasma-atomic emission spectrometer）得到了广泛的应用。随后利用ICP作为离子源的ICP-MS（inductively coupled plasma-mass spectrometer）技术，也得到迅速发展和广泛应用。

1.3 无机分析中的电感耦合等离子体

电感耦合高频等离子体是在大气压下利用电磁感应高频加热原理，在高频电场的作用下，使流经石英炬管的工作气体电离而形成的可以自持的稳定等离子体。其是一种具有火焰形状的放电光源，不仅外形与火焰相似，而且时间与空间分布的稳定性也近似火焰，但等离子体的温度和电子密度却比通常化学法产生的火焰高得多。因此，其在原子光谱分析上是一个很好的激发光源，同时，也是无机质谱分析中很好的离子源。

尽管1942年Babat[2]就实现了在大气压下无极的电感耦合放电，但直至1961年Reed[3]才利用旋涡稳流技术从切线方向引入工作气体，获得在大气压下通气的、稳定的ICP放电。Reed利用切线方向进气所产生的旋涡效应（被称为Reed效应），在炬管轴向所形成的低压区使等离子体内电离了的气体做循环流动，因而等离子体不会被冷却气流所吹灭。这样，Reed成功地解决了电感耦合等离子体的稳定性问题，实现了ICP光源的稳定放电。Reed所建立的ICP光源应用于高温化学等领域内，并且可以推广到发射光谱分析领域。这种在惰性气氛中无极放电的ICP，很快被认为是光谱分析中十分有效的汽化、原子化、激发、离子化-电离器（VAEI）的激发光源。

1962年美国V. A. Fassel和英国S. Greenfield开始将ICP光源用于原子发射光谱分析的ICP-AES法研究。1964年S. Greenfield[4]和1965年R. H. Wendt、V. A. Fassel[5]分别发表了ICP-AES的应用报道，指出ICP光源是一种有效的蒸发汽化-原子化-电离化的激发光源，可用于原子发射光谱分析，发展了ICP-AES分析技术。20世纪80年代国际上出现ICP光谱分析热潮，1975年出现了第一台ICP-AES同时型（多道型）商品仪器。1977年出现了顺序型（单道扫描）商品仪器ICP-AES发展的高潮。1993年出现中阶梯光栅（echelle）与光学多道检测器相结合的新一代ICP商品仪器，推出具有全谱直读功能的新型ICP-OES❶仪器，使发射光谱分析方法进入一个全新

---

❶ 由于商品仪器的日益普遍使用，ICP-AES仪器多属于光学仪器，生产厂家多将其称为ICP-OES（inductively coupled plasma-optical emission spectrometer）仪器，本书在后面的分析技术应用叙述中多沿用这一表述。

的发展阶段[6]。进入 21 世纪以来，ICP-OES 光谱仪器日益完善，仪器功能不断得到提高，仪器的分辨率及测定灵敏度达到极致，性价比不断提高，已经成为各分析实验室必备的检测工具。

1980 年 R. S. Houk、V. A. Fassel、G. D. Flesch、A. L. Gray 和 E. Taylor[7]首次报道了将 ICP 作为离子源用于无机质谱分析的研究成果，开启了 ICP-MS 分析技术的发展。1983 年出现了第一台电感耦合等离子体四极杆质谱商品仪器（ICP-QMS）。初期的 ICP-MS 商品仪器基本上与 ICP-OES 仪器相似，所使用的质量分析器、离子检测器和数据采集系统与四极杆质谱仪器类似。随后，ICP-MS 仪器得到迅速发展，分析性能大幅提升，应用领域不断扩展。采用 ICP 作为离子源的质谱仪器包括电感耦合等离子体四极杆质谱仪（ICP-QMS）、高分辨电感耦合等离子体质谱仪（HR-ICP-MS）[或被称为扇形磁场电感耦合等离子体质谱仪（SF-ICP-MS）]、多接收器电感耦合等离子体质谱仪（MC-ICP-MS）（主要用于高精度的同位素比值分析）、电感耦合等离子体飞行时间质谱仪（ICP-TOF-MS）[8]等几种类型。

ICP-OES 作为原子发射光谱分析技术，已被认为是无机元素分析的接近理想的分析方法，而 ICP-MS 不仅具有与 ICP-OES 相似的元素测定分析能力，且检测下限更低，具有同位素的测定能力，还可以通过新的生物标志物，利用元素标记策略实现生物分子和细胞的定量分析。借助 ICP-MS 的高分辨和更精准的测定能力，发展了微流控芯片-时间分辨 ICP-MS 单细胞分析技术，成功实现了单个细胞中元素的定量分析。在传统 2D 微流控芯片的基础上，开发了 3D 芯片技术，实现了 Cd、Zn、Fe、Pt 等元素在细胞内活性的分析。这一无机元素分析技术极有可能扩展到生物化学分析的应用上。

1.4 电感耦合等离子体光谱与质谱分析技术

将 ICP 作为原子激发光源发展起来的发射光谱分析技术 ICP-OES 和将 ICP 作为质谱分析的离子源而发展起来的无机质谱分析技术 ICP-MS，均具有很好的分析性能。ICP-OES 分析方法的依据是利用 ICP 作为发射光谱的激发光源，使试样蒸发汽化，解离或分解为原子态，原子状态进一步电离成离子态，原子及离子在光源中激发发射原子特征谱线，利用光谱仪将光源发射的光谱色散为按波长排列的光谱线，由光电检测器件检测光谱线的强度，按测定得到的光谱波长对试样进行定性分析，按发射强度进行定量分析。ICP-MS 分析技术的依据则是将 ICP 作为离子源，使试样蒸发汽化，解离或分解为原子态，进而电离成离子态，离子被提取出来并用质谱仪进行质谱分析。

1.4.1 ICP-OES 的分析特点

ICP-OES 法具有原子发射光谱分析的优点，可以同时测定多个元素，而且由于等离子体光源的超高温，其具有很高的激发能力，特别有利于难激发元素的测定。与其他光谱分析方法相比，其在 Ar 气氛中干扰水平较低，可以避免一般的化学干扰和基体干扰，从而使基体效应和共存元素的影响变得不明显。

① 作为光谱的激发光源，ICP 是一种超薄光源，自吸现象很弱，自吸效应比很多其他光源要小，元素浓度与测量信号呈简单的线性关系，标准曲线的线性范围可达到 5~6 个数量级以上，这样可以同时测定低浓度（低于 1mg/L）成分和高浓度（10^2mg/L 或 10^3mg/L）成分。因此，ICP-OES 可同时测定高、中、低含量及痕量组分。这是一个非常有价值的分析特性，充分发挥了多元素同时测定的分析效率。

② 作为原子发射光谱分析方法，ICP-OES 可以采用多种进样方式对固、液、气态样品直接进行分析，既可将气体样品直接进样分析，也可通过气溶胶形式对液体及固体样品进行分析。其对于液体样品分析的优越性是明显的，在对固体样品进行分析时，只需将样品加以溶解制成一定浓度的溶液，以溶液雾化进样的方式进行分析，这样不仅可以消除样品结构干扰和非均匀性，还特别有利于基体复杂和结构多样的样品分析，同时也有利于校准样品的制备，由于可以采用标准物质配制的标准溶液进行测定，其测定结果具有可溯源性。采用溶液进样技术时，其具有溶液进样分析方法的稳定性，分析精密度可与湿式化学法相比。

③ ICP-OES 法具有很高的灵敏度，很多元素的检出限都低于 1μg/L。而且分析溶液的固溶物含量范围较宽，适合于常规含量及微量成分的测定，可以测定低至 0.0001% 的成分含量。

④ ICP-OES 法实际应用范围很广。从理论上讲，ICP-OES 法可测定周期表中除氢以外的所有元素。已有文献报道的分析元素多达 78 种，即除 He、Ne、Ar、Kr、Xe 等稀有气体外，自然界存在的所有元素，都已有用 ICP-OES 法测定的应用报道。

1.4.2 ICP-MS 的分析特点

在以 ICP 为离子源，采用质谱仪按其质荷比进行分流检测的 ICP-MS 分析法中，被分析样品同样可以溶液雾化或固体直接蒸发为气溶胶的形式引入氩气流中，然后进入处于大气压下的氩等离子体中心区，在等离子体的高温下，使气溶胶去溶剂化、解离和电离。形成的 ICP 离子流经过不同的压力区进入真空系统，在真空系统内，正离子被拉出并按照其质荷比分离。检测器将离子转换成电子脉冲，然后由积分测量线路进行计数。电子脉冲的大小与样品中分析离子的浓度有关，通过与已知的标准或参考物质比较，实现未知样品的痕量元素定量分析。ICP-MS 分析法同样拥有多元素同时测定的分析能力，与 ICP-OES 分析法一样，元素定性定量分析范围几乎可以覆盖整个周期表，常规分析的元素可达 85 种。其检测能力相比 ICP-OES 高出 3 个数量级以上，同时，还具有同位素的分析能力。

① ICP-MS 对常规元素分析的动态线性范围，可跨越 8~9 个数量级，可检测元素的溶液浓度范围为 $0.x$ ng/L ~ x 00 mg/L❶。ICP-MS 拥有高灵敏的元素检出能力，有些重元素的检出限甚至可以达到 $0.0x$ ng/L，因此，其在高纯材料、微电子工业和科学研究上的超微量分析中具有重要作用。

② ICP-MS 中离子按其质荷比分离和检出，因此具有同位素分析和同位素比值分析的能力。可应用于核工业、地质、环境以及医药等领域的同位素示踪、定年或污染溯源等。基于同位素比值分析的同位素稀释法则常被用于标准物质定值分析和公认的仲裁分析。

③ 与等离子体发射光谱的数十万条紫外及可见光谱线相比，等离子体质谱的同位素分析谱线相对要少得多，周期表上的已知常规元素，共计不到 240 条同位素谱线，而且相对来说质谱干扰要小一些。因此，质谱分析的元素定性定量测定的干扰因素要小得多，特别在痕量成分的定量分析上更具优势。

④ ICP-MS 仪器作为高灵敏的元素检测器，所需样品量可以大大减少，可以快速多元素同时测定，适合高通量分析。同时可方便与多种色谱仪器（如高效液相色谱、离子色谱、凝胶色谱、气相色谱以及毛细管电泳等）联用，进行元素形态分析，具有更为广泛的应用范围。

ICP-MS 也可以与固体进样技术（如激光烧蚀进样系统等）联用，直接进行固体样品的分析，既可以进行固体的成分含量分析，也可以进行一些固体样品的元素分布图像分析，比如表面分析、剖面分析、微区分析等。

---

❶ x 表示 1~9 的整数。

第2章 电感耦合等离子体

2.1 电感耦合等离子体的生成

图 2-1 等离子体焰炬

电感耦合等离子体是由高频（RF）发生器和等离子体炬管组成的装置,将工作气体经高频感应放电而形成 ICP 焰炬。炬管由三个石英同心管组成,即外管、中间管和中心管。炬管外套有电感线圈,石英管中分别通入工作气体,在高频电流的作用下,炬管中的气体电离形成火焰状的热等离子体（如图 2-1 所示）。高频发生器和等离子体间采用阻抗自动匹配装置,恒定地给予等离子体输入功率,形成可持续的稳定的 ICP 焰炬,并找到合适的等离子体形状,通过气溶胶形式将样品注入等离子体,使 ICP 成为有用的分析技术。

2.1.1 ICP 焰炬的形成过程

在 ICP 光源中,由于高频电流的趋肤效应和载气流的涡流效应,当高频电流达到一定频率时, ICP 焰炬呈现环状结构的形成机制（如图 2-2 所示）。其形成过程是工作气体电离的过程。当高频电流通过负载线圈时,在炬管周围空间产生轴向交变磁场 H,这种交变磁场使空间气体电离,但此时它仍是非导体。炬管内虽有交变磁场却不能形成等离子体火焰。当在管口处用特斯拉（Tesla）线圈放电,引入几个火花,使少量氩气电离,产生电子和离子的"种子"。这时,交变磁场就立即感应这些"种子",使其在相反的方向上加速并在炬管内沿闭合回路流动,电子（离子）在电磁场作用下产生涡流并高速运动,电子与氩原子激烈碰撞,使电离度急剧增加（即产生"雪崩"现象）,这些电子和离子被高频场加速后,在运动中遭受气流的阻挡而发热,达到 10^5K 的高温,同时发生电离,出现更多的电子和离子,从而形成火焰状

第 2 章 电感耦合等离子体

的等离子体焰炬。此时，负载线圈像一个变压器的初级线圈，等离子体火焰是变压器的次级线圈，也是它的负载。高频能量通过负载线圈耦合到等离子体上，使 ICP 火焰维持不灭。

这个过程利用旋涡稳流技术由切线方向引入冷却气，在大气压下获得可通过工作气体的、稳定的 ICP 放电，形成了具有高温特点并呈火焰状的等离子体，可使核心部分温度达到近 10000K，有利于使物体完全蒸发并原子化、电离化，具有很高的原子化、离子化效率。这种无电极的放电没有电极沾污，长时间稳定性好，能适用于各种状态样品的分析，作为光谱分析或无机质谱分析能分析所有元素，有可接受的分析精度和准确度，可自动化分析且速度快、效率高。

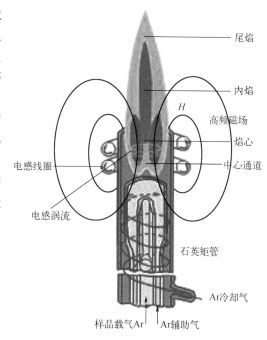

图 2-2 ICP 焰炬环状结构的形成

2.1.2 ICP 焰炬的形成条件

以 Ar-ICP 为例，形成 ICP 焰炬（ICP torch）必须具备四个条件：

① 负载线圈。电感耦合的负载线圈多为 2～4 匝铜管（商品仪器也有采用两块平行铝板的平板式负载线圈），中心通水冷却或采用免维护的等离子体铝质感应板，替代传统的螺旋负载线圈（见图 2-3）。高频发生器为其提供高频能源，频率采用 27MHz 以上的工频，商品仪器均采用 27.12MHz、40.68MHz 及 34MHz 工频，功率一般为 1～2kW。

② ICP 炬管。其由三管同心石英玻璃管组成，外管 ϕ20mm、中间管 ϕ16mm、内管出口处 ϕ1.2～2mm，外管气体以切线方向进入。

③ 工作气体。通常使用氩气，外管与中间管之间通入 10～20L/min 氩气，称为等离子气（即通常所称的冷却气）。等离子气是形成等离子体的主要气体，并起到冷却炬管的作用。中间管与内管之间通入 0.5～1.5L/min 氩气，称为辅助气，它的作用是提高火焰高度，保护内管。内管通入 0.2～2L/min

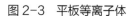

图 2-3 平板等离子体

氩气，称为载气，它将样品气溶胶带入 ICP 火焰。

④ 高压 Tesla 线圈。通过尖端放电引入火种，使氩气局部电离产生电子和离子的"火种"，在电磁场作用下产生涡流，电离度急剧增加成为导电体，进而产生感应电流。

2.1.3 ICP 焰炬形状与趋肤效应

ICP 焰炬虽然呈火焰状，但与一般化学方式（化合、分解）产生的火焰截然不同。用于光谱分析的 ICP 焰炬呈环状结构，外围温度高，中心温度低。外围是个明亮的圆环，中心有较暗的通道（习惯上称为中心通道或分析通道）。ICP 环状结构的形成，主要是高频电流的趋肤效应和载气冲击双重作用的结果。这种环状结构是 ICP 具有优越分析性能的主要原因。

趋肤效应是指高频电流在导体表面集聚的现象。等离子体具有很好的导电性，与通常的导体一样，它也具有表面集聚的性能。趋肤效应的大小，常用趋肤深度 δ 表示，它相当于电流密度下降为导体表面电流密度 1/e 时与导体表面的距离。即离导体表面 δ 处，电流密度已降至表面电流密度的约 36.8%，大部分能量汇集在厚度为 δ 处的表面层内，使感应区呈现很高的能量密度。趋肤深度的大小，与高频电流的频率有如下关系：

$$\delta = \frac{5030}{\sqrt{\mu \sigma f}} \qquad (2-1)$$

式中，f 为高频频率；μ 为相对磁导率（对气体而言 $\mu=1$）；σ 为电导率。可以看出频率愈高，趋肤效应愈显著。

2.1.4 ICP 焰炬形状与高频频率

ICP 焰炬的结构与使用的高频频率有关。当所用频率过低（低于 7MHz）时，形成如图 2-4（a）所示的泪滴状等离子体，焰炬呈泪滴状实心结构。这时，引入的样品气溶胶由焰炬外侧滑过，样品无法引入 ICP 火炬的中心通道而难被激发。随着频率增加，趋肤效应增大，趋肤层变薄，当频率增大到 10MHz 以上时，形成具有环状结构和中心通道的 ICP 焰炬，如图 2-4（b）所示。等离子体在高频条件下产生时，由于高频的趋肤效应使涡流趋向于集中在等离子体的外表面，形成一个稳定的环状结构。分析样品将由载气带进等离子体

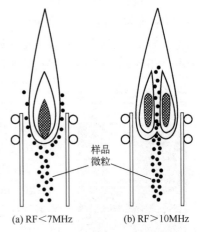

图 2-4 等离子体焰炬形状

的中心通道，而在等离子体的环形外区几乎没有样品气溶胶存在。此时，样品被有效地带入中心通道而被原子化、离子化，形成稳定的 ICP 焰炬，具有优越的分析性能。

1969 年 Dickinson 和 Fassel[9] 报道实现了这种环状结构的 ICP 焰炬用于发射光谱分析，多数元素的检出限达到 0.1～10ng/mL，从实验上实现了用 ICP 作为激发光源，成为 ICP 光谱分析发展过程中的一个重要阶段。

目前商品仪器的 ICP 光源采用 27.12MHz 和 40.68MHz 均可获得很好的分析性能。ICP-OES 激发光源大多采用 27.12MHz 和 40.68MHz，而 ICP-MS 的离子源则多数采用 27.12MHz。

2.2 ICP 的炬管结构及工作气体

2.2.1 ICP 的炬管结构

ICP 的炬管结构为三管同心的石英管，外管通"冷却气"，中管通"辅助气"，内管通入"载气"，直接将分析样品的气溶胶引入 ICP 焰炬中心。有的仪器还在内管下部样品气溶胶入口处，加入切向进气（Ar）的"护套气"以改善分析性能，减少记忆效应，提高某些元素的检出限（D.L.）。

图 2-5 为 ICP 的标准炬管结构，在外管的下端从切线方向通入工作气体，利用旋涡稳流技术由切线方向引入冷却气，使等离子体火焰离开外管内壁，以免烧坏石英管（石英在 1600℃软化），起到冷却炬管的作用，同时这部分气体也参加电离，形成等离子体焰炬，故也将其称为等离子气。在炬管轴向所形成的低压区使等离子体内电离了的气体做循环流动，使得等离子体不被冷却气流吹灭，从而保证在大气压下获得稳定的等离子体。

在高频发生器和等离子体间采用阻抗自动匹配装置，以及利用自动控制线路精密地恒定等离子体的输入功率，在适当的高频频率下，形成具有中心通道的环状结构，有利于样品气溶胶引入等离子体焰炬。由此形成的等离子体成为在惰性气氛中无极放电的 ICP 光源和离子源，是光谱分析的一个十分有效的汽化、原子化、激发、电离器的激发光源。

分析性能优越的 ICP 炬管必须具备如下性能：

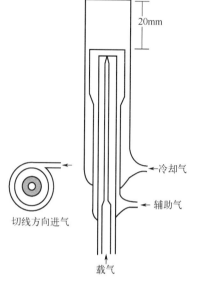

图 2-5　ICP 炬管结构

① 容易点燃 ICP 火焰；
② 产生持续、稳定的等离子体，引入试样对焰炬稳定性的影响轻微，无熄灭或形成沉积物的危险；
③ 样品经中心通道到分析观测区的量足够大；
④ 样品在等离子体中有较长的滞留时间并被充分加热；
⑤ 耗气量小；
⑥ 点燃 ICP 火焰所需功率尽量小；
⑦ 方便拆卸，容易安装，污染容易清洗。

商品仪器中广泛应用的是 Fassel 型炬管，采用氩气为工作气体。ICP 常规炬管冷却气的流量通常在 8～15L/min，Ar 气消耗比较大，虽有节气型的小炬管出现，Ar 气消耗量仅为 5～6L/min，但分析性能不及常规炬管。至今，商品化 ICP 光谱仪器多数仍然采用 Fassel 型炬管作为常规炬管。

2.2.2 ICP 的工作气体

目前 ICP 焰炬均采用氩气作为工作气体。当所用 Ar 气纯度在 99.99% 以上时，易于形成稳定的 ICP 焰炬，所需的高频功率也较低。用氩气作等离子气，分析灵敏度高且光谱背景较低，用分子气体(氮气、空气、氧气、氩-氮混合气)作工作气体，虽然在较高功率下也能形成等离子体，但点火困难，很难在低功率下形成稳定的等离子体焰炬，所形成的等离子体激发温度也较氩等离子体低。因而，商用仪器均未采用氮气、空气等分子气体作为工作气体。

这与单原子气体和分子气体电离所需能量和气体温度有关。如图 2-6 所示，把气体加热到同样温度，分子气体所消耗的热能远高于单原子气体。分子气体形成离子的过程须将分子状态的气体解离为原子，再进一步电离，需要解离能与电离能，而以原子态存在的氩，只给予电离能即可（见表 2-1）。

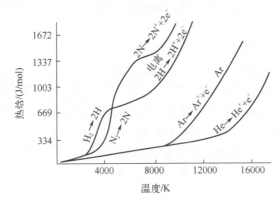

图 2-6 气体热焓与温度的关系[10]

表 2-1 气体的电离能

气体	氢（H—H）	氦（He）	氩（Ar）	氮（N—N）	氧（O—O）
解离能（键能）/(kJ/mol)	(436)	—	—	873 (946)	(498)
电离能/(kJ/mol)	1304	1523	1509	1402	1314

工作气体的物理性质，如电阻率、比热容及热导率等也影响等离子体形成的稳定性。ICP 的工作气体选用单原子气体氩气，而不是氮气或空气等分子气体，也是由于氩气在电阻率、比热容、热导率及解离能和电离能等物理性质上有利于等离子体焰炬的生成，易形成稳定的等离子体，所需的功率较低，即通常所说的易于"点火"，形成的等离子体温度也较高，具有很好的分析性能，可获得较高的灵敏度和较低的光谱背景，因此给 ICP 分析带来很好的检出限。从表 2-2 可看出氩的电阻率、比热容和热导率都是最低的。

表 2-2 气体的物理参数

气体类型	氢	氩	氦	氮	氧	空气
电阻率/($\Omega \cdot cm$)	5×10^3	2×10^4	5×10^4	10^5	10^5	10^5
比热容/[J/(g·℃)]	14.23	0.54	5.23	1.05	0.92	1.00
热导率/[10^4W/(cm·℃)]	18.2	1.77	15.1	2.61	2.68	2.60

据实验测试表明，当外管氩气流量为 5L/min、10L/min、15L/min 时，石英炬管热传导损耗的总能量分别为 60%、43%、20%。氩气为工作气体，维持 ICP 的最低功率要大大低于用氮气时。提高高频频率可以相应降低维持 ICP 所需的功率，但用分子气体形成的等离子体，其温度仍要比 Ar-ICP 和 He-ICP 低（如图 2-6 所示）。

现在的商品 ICP 仪器均采用 Ar 等离子体作为激发光源，并要求给以较大的流量（10L/min 以上）。氩气的消耗较大是其缺点。

2.3 ICP 光源、离子源及焰炬的特性

2.3.1 ICP 光源的特性

无机分析用的 ICP 大都由氩气形成，当炬管外通过射频线圈加上高频电磁场的同时，采用点火装置 [如高压的特斯拉（Tesla）线圈放电装置] 产生电火花，可诱导 Ar 气产生氩正离子和电子。

$$Ar \longrightarrow Ar^+ + e^-, \quad Ar + e^- \longrightarrow Ar^+ + 2e^-, \quad Ar^+ + e^- \longrightarrow Ar^* + h\nu$$

在高频电磁场的作用下，离子与电子高速涡流运行，电子撞击其他氩原子产生雪崩连锁反应，瞬间形成大量的氩正离子和电子。电子与原子的碰撞和解离、电子与离子的

碰撞和聚合，使来自高频电源的能量以光和热的形式转化释放，形成等离子体焰炬。

等离子体焰炬在正常射频功率条件下的温度可达 5000~8000K，电子温度（electron temperature）在 8000~10000K，电子密度约为 1×10^{15}~$3\times10^{15}\text{cm}^{-3}$。具有很高的原子化、离子化效率，是很好的光谱激发光源和质谱分析的离子源。

ICP 焰炬的中心通道温度约为 7000~8000K，有利于使试样完全蒸发并原子化。分析样品一旦以气溶胶形式进入等离子体焰炬中心通道的高温区域内，即可发生一系列复杂的物理化学反应。中间过程为去溶（desolvation）、蒸发（vaporization）、原子化（atomization）、激发（excitation）、离子化（ionization）等。样品溶液经去溶蒸发后，物质的分子团分解为分子和原子团，进一步解离成单个原子，气态原子进一步发生电离，失去最外层的电子而成为带正电荷的离子。这时原子与离子在高温下处于激发状态，相继发出原子光谱及离子光谱，成为富含原子线与离子线的激发光源。由于原子失去最外层一个电子的机会较多，所以原子电离后的绝大多数状态为一价的正离子（M^+），少数原子电离为二价的正离子（M^{2+}）。

与其他原子光谱激发光源不同的是，ICP 光源所发射的光谱线含有灵敏度更高的离子线。许多元素最佳原子光谱法的检出限，多为具有灵敏离子线的元素的 ICP 发射光源所提供，使 ICP 作为光谱分析光源具有更高灵敏度。

作为富含谱线的激发光源，ICP 光源也存在光谱谱线重叠干扰相对明显、光源的连续背景及在尾焰中的分子发射光谱干扰的问题。在氩等离子体中，少数元素原子的二次电离势低于 Ar 的电离势（15.759eV），可能形成二价离子，也容易引起干扰。因此，对 ICP 光谱仪的分辨率要求更高，并需要有对谱线干扰进行校正的处理软件，才能保证光谱测量的准确性。

2.3.2 ICP 离子源的特性

ICP 具有很高的原子化、离子化效率，是很好的质谱分析离子源。在通常所用的 Ar 等离子体中，由于氩气的电离势为 15.759eV，而大多数元素的电离势小于 8eV，因此，氩等离子体中绝大多数元素的电离效率几乎接近 100%，大多数元素的电离度都大于 90%。

在 ICP 焰炬中心通道的高温下分析物（M）的电离机理如下：

电子电离　　　　　　　　　$M + e^- \longrightarrow M^+ + 2e^-$

电荷转移电离　　　　　　　$M + Ar^+ \longrightarrow M^+ + Ar$

彭宁（Penning）电离　　　　$M + Ar^{m*} \longrightarrow M^* + Ar + e^-$

其中，M^* 和 Ar^{m*} 为亚稳激发态粒子（excited metastable species）。

电离的程度受温度影响较大，ICP 离子源的效率受中心通道的温度、样品进样量、溶剂负载、载气流量等因素的影响。

由于高频电流的趋肤效应和内管载气的气体动力学双重作用形成 ICP 环状结构，样品气溶胶随着载气从 ICP 底部通过中心通道，在中心通道被加热原子化及离子化。由于功率主要耦合于环形外区，所以样品气溶胶通过的中心通道的物理性质受外来因素的影响较小。因此，样品溶液化学成分的变化并不太影响维持等离子体的电学过程，有利于采用溶液进样分析。

2.3.3 ICP 焰炬的温度特性及分布

等离子体温度和温度分布是 ICP 光源激发特性最重要的基本参数。ICP 焰炬具有很高的温度，感应涡流加热气体形成的等离子体火焰，高温区温度可达 10000K，而尾焰区在 5000K 以下，由下至上温度逐渐降低，温度分布见图 2-7，ICP 放电分区见图 2-8。

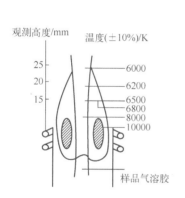

图 2-7 ICP 火焰温度分布

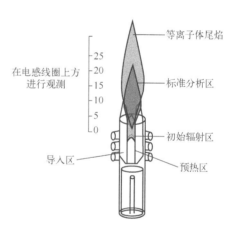

图 2-8 ICP 放电形状和分区名称

高频功率主要通过环形外区或感应区耦合到等离子体中，因而该区域的温度最高，同时由于外气流的热箍缩作用，此处电流密度很大，温度可达 10000K 以上，可作为分析物蒸发、原子化、离子化的区域和激发能量供应区。分析物进入中心通道，首先进入预热区（PHZ），预热区的主要作用是预热气体并使溶剂挥发；随后进入初始辐射区（IRZ），使分析物蒸发、挥发；最后气溶胶进入标准分析区（NAZ）直到尾焰。

作为光谱分析的激发光源，标准分析区是使分析物原子离子激发和辐射的主要区域，也是最适合的观测区域。一般在负载线圈以上 10～20mm。在此观测区域内，观测高度不同，温度是不同的。采用不同功率，在观测区域也得到不同的温度。同样地，使用不同载气流量，粒子在通道中停留的时间变化，也使得温度产生改变。在尾焰区域，环状结构消失，温度降低，原子、离子、电子可能又重新复合为分子或原子。由于温度低,此区域观测易挥发、使用原子线作分析线的元素(例如:Li、Na、K)还是相当有利的。

发射光谱光源的等离子体因为体积小,气体不断地流动与外界有大量的能量和质量交换,等离子体各部分有较大温度梯度,不服从普朗克(Planck)定律,体系不能认为是处在热平衡状态。但等离子体的某一部分,可满足除 Planck 定律外的其他条件,局部温度接近,可将体系归于局部热平衡(LTE)状态。光谱分析用的电弧光源及直流等离子体光源,经实验证明可以认为是处于 LTE 状态。而作为光谱分析光源的 ICP 则在不同程度上偏离热力学平衡状态,也有研究者认为其热环区接近 LTE 状态。

由于 ICP 光源的分析区不处于 LTE 状态,因而其温度要用组成它的各种粒子温度来表征。等离子体中温度有:①气体温度(T_g),取决于原子、离子等较重粒子的动能;②电子温度(T_e),取决于电子动能;③电离温度(T_i),取决于电离平衡;④激发温度(T_{ex}),以粒子在各能级上的布居数来描述。光谱分析通常要研究并测量上述四种温度。

质谱分析的离子源中,大多数元素均呈高度电离状态,当焰炬中心达到 7000K 时,对于第一电离度小于 8eV 的元素,大多数电离度达到 90% 以上。ICP 离子源的效率主要取决于 ICP 的高温,元素电离度程度受 ICP 温度的影响很大。在 ICP-OES 中,炬管通常是垂直放置的,等离子体激发基态原子发射出待测元素特定波长的光子;而在 ICP-MS 中,等离子体炬管通常是水平放置的,产生带正电荷的离子,而不是光子。因此,ICP-MS 离子源的温度特性与 ICP-OES 激发光源稍有不同。在 ICP-MS 中由于采样锥和炬管构成了相对封闭的空间,加载采样锥后大部分区域温度偏高。在采样锥附近等离子体通道效应明显,中心通道温度从 25mm 附近开始急剧上升到 8000K,在采样锥口前 1mm 左右急剧下降到 6000K 左右。

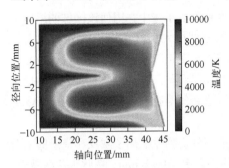

图 2-9 ICP 离子源的温度分布图

在常压下形成的离子源,产生待测元素带正电荷的离子,通过采样锥进入负压的质谱系统,加载采样锥后,由于锥后为低真空环境,流场的变化导致等离子体温度特性的改变,采样锥使 ICP 离子源的温度在接近进样锥处,反而有所升高,其 ICP 离子源的温度分布如图 2-9 所示。由于采样锥锥壁受到水冷系统的冷却作用,其周围气体温度较低,而等离子体温度有一定的升高且锥口前温度相对较高,有利于样品元素的电离[11]。

2.4 ICP 光谱光源与质谱离子源的异同

2.4.1 ICP 光谱激发光源的分析特性

作为光谱分析激发光源，典型的 ICP 是一个非常强的、白炽不透明的"核"，其上部有一个类似火焰的尾巴。核心伸展到管口上数毫米处，发射出连续光谱以及叠加在其上的 Ar 谱线（连续光谱是由 Ar 或其他离子同电子复合时产生的）。在核心以上 10~30mm 处连续光谱减弱，等离子体变得透明。光谱的观察常常在电感线圈之上 15~20mm 处进行，这里几乎没有背景发射。

由于 ICP 光源的高温状态，ICP 光源激发出的谱线不仅有原子线还有离子线，属多谱线光源，而且离子线的强度比原子线要强，相对来说灵敏度要高，同时谱线干扰较一般光谱光源也要明显，因此对分光系统的要求更高，需要有高分辨率的光谱仪。

由于高频感应焰炬比一般化学火焰具有更高的温度，能使一般化学火焰难以激发的元素原子化和激发，并且在 Ar 气氛中不易生成难熔的金属氧化物，从而使基体效应和共存元素的影响变得不明显。而且由于 ICP 光源的趋肤效应使其自吸现象很低，标准曲线的线性范围可达 5~6 个数量级，稳定性和测定精密度都很好，所以 ICP 光源在光谱分析上获得了广泛的应用。

ICP 光源接近于一个理想的光谱光源，能分析所有元素，不改变操作条件即可进行主、次、痕量元素的同时或快速顺序测定，能适用于固、液、气态样品分析，有可接受的分析精密度和准确度。特别是以溶液进样的方式进行测定时，ICP 作为原子发射光谱分析的激发光源，它的进样溶液的固溶物浓度允许范围比质谱分析要宽得多，因此，可以适当增加称样量提高测定下限，适合于常规分析的应用。

2.4.2 ICP 质谱离子源的分析特性

ICP 用作质谱分析的离子源，是一个流动的、非自由扩散型的离子源。放电的环状结构和切线气流所形成的旋涡使轴心部分的气体压力较外围略低，因此携带样品气溶胶的载气可以轻易地从 ICP 底部通过形成一个中心通道。等离子体感应区域的温度可高达 10000K，而在中心通道炬管喷射口处的气体动力学温度可能在 5000~7000K，周期表中的大多数元素都能产生高度电离。再加上采样锥的存在，靠近锥口的等离子体的温度要高些。

由于功率主要耦合于环形外区，所以样品气溶胶通过的中心通道的物理性质受外来因素的影响较小。因此，样品溶液化学成分的变化并不太影响维持等离子体的电学过程。也就是说，ICP 中施加电能的区域和样品通过的区域从结构上分开的特

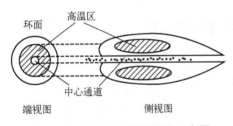

图 2-10 等离子体焰炬结构示意图

点,是 ICP 的物理和化学干扰比其他光源中所观察到的小的原因之一。

雾化气(nebulizer gas)或称为载气(carrier gas),将样品气溶胶载入炬中心通道(见图 2-10)。当载气流量不足以打开中心通道时,需要加用补充气(make up gas)。等离子体炬管的中心管(injector)其内径有所不同,有 0.8mm、1.0mm、1.5mm、2.0mm 和 2.5mm 几种。小内径中心管常用于高气溶胶线速度应用中,如有机试剂的分析。大内径中心管用于低气溶胶线速度中,以增加分析物在高温区的滞留时间。雾化气和补充气的最佳总流量与中心管的口径相关,大内径中心管适合较大的气体流量。

2.5 光谱光源与质谱离子源的分析特点及互补性

2.5.1 ICP-OES 分析的依据及过程

ICP-OES 的分析依据:高能量源(等离子体)产生的光能和热能将电子激发到较高能级(激发态),电子从较高能级再返回到低能级时发射出特征波长的光,其发光强度与待测元素浓度成正比。

ICP-OES 的分析过程如下:

① 激发。利用 ICP 光源使试样蒸发汽化,解离或分解为原子状态,原子状态进一步电离成离子状态,原子及离子在光源中激发发光。

② 分光。利用光谱仪将光源发射的光分解为按波长排列的光谱。

③ 检测。利用光电检测器件检测光谱,按测到的光谱线波长对试样进行定性分析,按光谱线强度进行定量分析。

2.5.2 ICP-OES 分析方法的优点与不足

ICP-OES 分析方法具有以下优点:

① 具有发射光谱快速同时进行多元素分析的优点,可对液体、气体及固体样品进行直接分析。

② ICP 的高温接近 10000K,具有很强的激发能力,可直接测定易形成难熔氧化物及非金属等难于激发的元素,可测定周期表中多达 73 种元素。

③ 不仅有原子线还有丰富的离子线,具有很高的灵敏度,检出限可达亚微克级每毫升。

④ 溶液进样总固溶物（TDS）的允许量高。基体效应较低，采用基体匹配法很容易建立直接测定的分析方法。

⑤ 标准曲线具有较宽的线性动态范围，可达 5~6 个数量级，可以对常量、低含量及痕量成分同时进行测定，很适合常规日常分析。

⑥ 具有良好的精密度和重复性。溶液进样可以采用基准物质进行校准，具有可溯源性。

同时，ICP 光谱分析也有难以克服的弱点：

① 工作气体氩气消耗量较大，用分子气体（氮气等）取代氩气的实验未能成功地推广到实际应用中。

② 通过气动雾化器进样的雾化效率很低。检出限对于某些元素分析仍不够低，灵敏度低于 ICP 质谱法及石墨炉原子吸收光谱法。

③ 具有发射光谱所带来的严重光谱干扰问题，需要仪器分光系统具有高分辨率，即使如此仍存在难以完全避免的光谱重叠干扰问题，仍需带有消除光谱线干扰的校正软件。

④ 总体来说，其灵敏度相比 ICP-MS 低 3~4 个数量级。

2.5.3 ICP-MS 分析的依据及过程

ICP-MS 的分析依据：高能量源（等离子体）产生光能和热能，激发原子外层电子，使其脱离电子层（电离过程），形成自由电子和带正电荷的离子，离子被提取出来并用质谱仪直接测量。

ICP-MS 简单分析过程如下：

① 样品在 ICP 中进行蒸发、解离、原子化、电离等过程。

② 离子通过接口锥和离子传输系统进入高真空的质谱仪部分，并按质荷比大小将离子按顺序分离。

③ 测量，记录离子流强度，得到质谱图，与标准质谱图比较得出浓度值。

2.5.4 ICP-MS 分析方法的优点与不足

ICP-MS 具有很多与光谱分析相似的优点：

① 多元素快速分析能力强，对一个样品中 20 种以上元素重复分析三次可在 2~3min 内完成，适用于高通量分析。

② 元素定性、定量分析范围广，常规的分析元素达 85 种，几乎可覆盖整个元素周期表（F、Cl、O、N 及稀有气体元素除外）。

③ 灵敏度高、检出限低，有些元素的检出限可达 $0.00x$ ng/L（10^{-3}ng/L 量级）。可用于高纯材料、微电子工业等领域中的超痕量元素的分析。

④ 元素分析的动态线性范围宽，可达 8~10 个数量级，可检测元素的溶液浓度范围为 $0.0x$ ng/L~$x00$ mg/L（10^{-2}ng/L~10^2mg/L 量级）。

⑤ 质谱谱线相对简单，干扰小。与 ICP 光谱的数十万条分析谱线相比，ICP 质谱的同位素分析谱线不到 240 条，相对少得多。因此，相对来说干扰也小，可以方便进行元素定性分析和元素指纹分布调查。

⑥ 可进行同位素比值分析、同位素稀释法分析和同位素分析。用于核环境、核材料、环境污染源（同位素比值方法）、同位素示踪剂方面的检测。

⑦ ICP 质谱仪可作为高灵敏的检测器与多种色谱仪器（如与高效液相色谱、离子色谱、凝胶色谱、气相色谱、毛细管电泳等）联用，进行元素形态的分析。

⑧ ICP 质谱仪也可以与固体进样技术（如激光烧蚀、电热蒸发进样系统等）联用，直接进行固体样品的分析，包括固体的成分分析、表面分析、剖面分析、微区分析、元素分布图像分析等。

同样，ICP-MS 分析方法也存在不足：

① 固体、气体样品分析需要联用固体或气体进样的专用装置。

② 基体效应比较严重，总固溶物（TDS）的允许量有限。

③ 锥口和离子镜易产生污染和记忆效应，需经常维护甚至更换。

④ 存在质谱干扰和非质谱干扰，如多原子离子的干扰、同量异位素干扰和双电荷干扰等。同样需要采取相应措施或增加消除干扰的装置。

⑤ 仪器价格昂贵。仪器操作和使用维护，相对于 ICP-OES 要求更高。

2.5.5　ICP-OES/MS 的互补性

ICP-OES 测量的是光学光谱，可以在 120~800nm 甚至可扩展到 1000nm 的波长范围测量，ICP-OES 对大部分元素的检出限为 1~10ng/mL，一些元素也可得到亚纳克（10^{-9}）级的检出限，很适合无机元素常规分析。ICP-MS 测量的是离子质谱，可提供在 3~250amu 范围内每一个原子质量单位（amu）的信息，还可测量同位素分量，其溶液的检出限大部分为 10^{-12} 量级。但由于 ICP-MS 的耐盐量较差，ICP-MS 的检出限实际上会因此而变差很多，一些轻元素（如 S、Ca、Fe、K、Se）在 ICP-MS 中有严重的干扰，其实际检出限也很差，实际应用也受到限制。

无机元素含量分析的浓度范围不同，使 ICP-OES 和 ICP-MS 两种分析技术具有很好的互补性。ICP-OES 适宜的分析范围从 $0.0x$ mg/L（10^{-2}mg/L 量级）到常量，ICP-MS 适宜的分析范围为 $0.0x$ ng/L~$x00$ mg/L（10^{-2}ng/L~10^2mg/L 量级）。

在耐盐性方面，ICP-OES 耐盐性较强，ICP-MS 耐盐性较弱。在易用度方面，ICP-OES 普适易用，ICP-MS 需专门技术人员进行操作。因此，实验室同时配备 ICP-OES 和 ICP-MS 仪器，可以很好地解决常规含量到低含量、痕量到超痕量无机元素的分析需求。ICP-MS 和 ICP-OES 互补性见表 2-3。

表 2-3　ICP-MS 和 ICP-OES 的互补性

项目	ICP-MS	ICP-OES
测定范围	痕量/超痕量分析	痕量至常量分析
检出限	10^{-12}g/mL	$1\sim10$ng/mL
易用性	一般	较好
干扰	相对较小	相对干扰较大
耐盐性	较弱	较强
仪器费用	高	一般

第 3 章
ICP-OES/MS 分析的仪器设备

3.1 ICP-OES/MS 的通用设备

ICP-OES/MS 分析仪器都是以 ICP 为光源或离子源，因此，均需要一套产生 ICP 的设备，包括高频发生器、等离子体炬管及进样装置。

3.1.1 高频发生器

3.1.1.1 高频发生器性能的基本要求

高频发生器是 ICP 焰炬的能源，在工业上称为射频发生器，在 ICP 光谱和质谱分析上又称高频电源。高频发生器性能的基本要求如下：

① 输出功率设计应不小于 1.6kW。这个输出功率是指输出在等离子体火焰负载线圈上得到的功率，又称正向功率。而反射功率越小越好，一般不能超过 10W。当高频电源频率为 27.12MHz 或 40.68MHz 时，功率在 300~500W 时就能维持 ICP 火焰，但不稳定，无法用于样品分析，必须使输出功率在 800W 以上，火焰保持稳定后才能进行样品分析。一般在上述两种频率工作时，点燃 ICP 焰炬所需功率为 600W。点燃焰炬后，需等待不小于 5s 使其稳定后才能进样分析。

② 高频频率通常使用 27.12MHz、40.68MHz 及 34MHz，这是由分析性能和电波管理制度决定的。分析性能要求 RF 频率不能过低，频率过低维持稳定的 ICP 放电必须增大输出功率，这不仅要消耗更多的电能，使发生器体积庞大，同时还要耗用更多的冷却氩气。此外，频率过低趋肤效应明显减弱，不易形成焰炬中心通道，样品难以从高温的焰炬中心通过 ICP 焰炬，发挥其高效的激发能力及离子化功能。

③ 高频发生器的频率和输出功率要稳定。频率稳定性一般要求≤0.1%，输出功率波动要求≤0.1%。频率稳定性在 ICP 发射光谱分析中，对测试的影响比功率稳定要小得多，频率稳定性比较容易做到。高频发生器输出功率的稳定性直接影响分析

的检出限与分析精度,是发生器的重要指标,它的波动将增大测量误差。

④ 电磁场辐射强度应符合工业卫生防护的要求。根据国家《环境电磁波卫生标准》,频率为 3~30MHz 时,一级安全区的电磁波允许强度应≤10V/m;30~300MHz 频率范围内允许强度≤5V/m。目前商品仪器的 ICP 电源的电磁辐射场强度远低于该标准值。

⑤ 高频发生器必须有良好的辐射屏蔽装置和单独的地线接地。高频发生器尽量采用独立接地,以免影响附近电气设备,尤其是同一电源的计算机。

3.1.1.2 高频发生器的类型

ICP 高频发生器按振荡激发方式可分为自激式和它激式两种类型,按激发元器件分为有电子管式和固态发生器。

自激式高频发生器(free running RF generator)在振荡器部分使用一个反馈圈从 L-C 振荡回路中采集反馈信号,供给功放管的栅极,经功率放大后再输回给 L-C 振荡回路维持持续地振荡,见图 3-1,振荡回路除了小部分射频被反馈外,大部分射频采用电感耦合的方式输出到等离子体炬管。最简单的结构是由一个大功率管同时完成振荡、激励、功放、匹配输出的功能,电路简单,调试容易。负载(ICP 焰炬)、振荡参数变化而引起频率迁移时,它有自动补偿、自身调谐作用。通过在高频输出端和负载线圈之间增加定向耦合器,在定向耦合器上取其高频信号,经减频、减波与提供的基准电压比较,其差值经放大反馈到输入的振荡管阳极电压,使输出功率稳定。但其功率转换效率较低,功率转换时损失较大,往往需要制成大功率高频发生器才可满足使用。同时,其振荡频率无法控制,如果自激式高频发生器不带功率自动控制电路装置,ICP 焰炬进入不同性质物质、样品溶液浓度相差很大、负载产

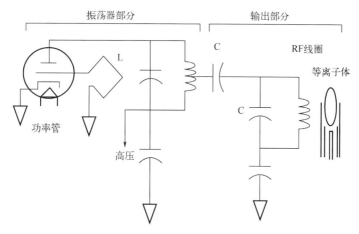

图 3-1 自激式高频发生器

L—电感;C—电容

生较大变化时，输出功率稳定性差，其分析的精度受到很大影响。

它激式高频发生器又称晶体控制式发生器（crystal-controlled generator），是由一个标准化频率为 6.78MHz 的石英晶体振荡器、倍频、激励、功放、匹配等五部分组成。采用标准化频率为 6.87MHz 的石英晶体振荡器，经过两次或三次倍频处理，使之产生 27.12MHz 或 40.68MHz 的工作频率，将这种电流激励和放大，其输出功率通过匹配箱和同轴电缆传输到 ICP 负载线圈上，振荡频率稳定。其优点是输出转化效率高，宜采用闭环控制激励级，使其实现功率自动控制。当 ICP 焰炬进入不同性质物质、样品溶液浓度相差较大、负载产生较大变化时，由于功率输出端自动反馈信号进行调节，使功率自动控制，其分析精度不受影响。这种类型的高频发生器，频率稳定度高、耦合效果好、功率转换效率高、功率输出易实现自动控制、输出功率的稳定性可达到≤0.1%，完全可以满足 ICP 光谱分析的要求。当负载阻抗发生变化时，可借助置于同轴电缆与负载线圈之间的阻抗匹配网络（匹配箱）自动调谐。同时，从安装在主高频传输线上的经定向耦合器，取出高频信号作为反馈信号，以标准电源为参比，然后对整机的输出功率进行调节，从而得到稳定的功率输出。

3.1.1.3　全固态高频发生器

随着大功率的晶体管和场效应管的发展，现在的高频发生器大多采用全固态 RF 发生器。全固态高频发生器（solid-state RF generator）主要是采用晶体管和场效应管代替了大功率电子管。晶体管激发模块的输出高频振荡信号，通过连续几级推动放大，最终被多个大功率场效应管并联完成功放后输出到等离子体炬。

全固态电路采用低压直流电源，不需要像电子管那样配置几千伏的阴极直流高压电源，没有电子管灯丝寿命的问题，功耗较小，发生器体积可以大为缩小，成本较低，适合仪器的小型化。目前全固态电路高频发生器已经被广泛应用于 ICP-OES 及 ICP-MS 仪器上。由于高频发生器的功放系统不具备百分之百的效率，仍有相当一部分功率以废热形式释放，所以固态电路仍需要有效地进行水冷却或者风冷却，否则容易出现高频发生器烧毁事故。

等离子体高频线圈前端是匹配网络，匹配网络的输入与输出信号的信号相位相差 90°，任何等离子体高频线圈负载变化引起的阻抗变化，都会产生一个输入输出信号的相位变化，它被反馈到相位检测器上，从而改变振荡器的输出频率，频率摇曳（swing frequency）变化在 ±1MHz 内，这样可以快速维持稳定的高频功率以适应负载的变化，这种方式被称为变频阻抗匹配。

ICP 高频发生器的振荡器和驱动电路采用一种锁相环电路，形成固态电路发生器的变频阻抗匹配（frequency impedance matching），如图 3-2 所示。这种匹配方式没有采用机械伺服电机改变空气电容的机械过程，可以快速适应等离子体炬负载的急剧变化（如有机试剂与水溶液之间的切换）。这种电路与变频电机采用变频器

（inverter）改变频率和电压的调速方法有很大的差别。

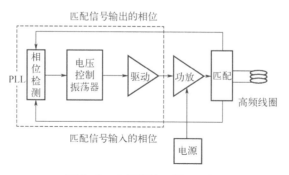

图 3-2 变频阻抗匹配原理图

高频电流的传输与普通的交流电路和直流电路不同，是用一段几厘米长的导线，它不仅有不可忽略的电阻，而且由于线路走线的路径不同，有很大的感抗和容抗，因此在整机中不能忽视它的存在。过去很多 ICP 光谱仪器装置中，高频发生器与主机是分离的，从高频电源到负载线圈之间必须采用同轴电缆连接。随着高频技术的进步，目前很多光谱仪均采用一体化结构，把高频电源与等离子体负载线圈装在一起，其距离愈近愈好，以降低高频电流传输引起的高频损耗。同时，为了提高功率转换效率，减小仪器体积，采用高频晶体管取代电子管或一般晶体管作为放大的器件，其放大电路见图 3-3。它只需采用两支高频的晶体管（Q_1 和 Q_2）完成功率放大。这种新型高频发生器，具有频率稳定度高、耦合效果好、功率转换效率高、稳定性好等优点。同时，仪器体积大大缩小，特别适合与整机体积小、中阶梯光栅分光-CCD

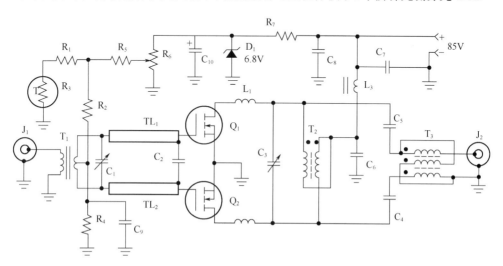

图 3-3 全固态高频发生器放大电路示意图

光电转换的所谓"全谱型"ICP 光谱仪相匹配。

目前商品化的 ICP 仪器，其高频发生器多数采用晶体管型高频发生器，称为全固态高频发生器。

3.1.2 等离子体炬管

等离子体炬管是 ICP 焰炬形成的重要部分。典型的 ICP 炬管由三层同心石英管套装而成。根据分析对象的不同有各种不同的类型。

3.1.2.1 通用型 ICP 炬管

ICP 发射光谱分析技术的开创者 Greenfield 和 Fassel 根据 Reed 三管同心、切线进气的 ICP 石英炬管原理，设计和加工出适用于光谱分析的 ICP 炬管，有 Fassel 型炬管和 Greenfield 型炬管（见图 3-4），促进了 ICP-OES 分析技术的发展。至今，商品化 ICP 光谱仪多数仍然采用 Fassel 型炬管作为常规炬管。常用炬管如下。

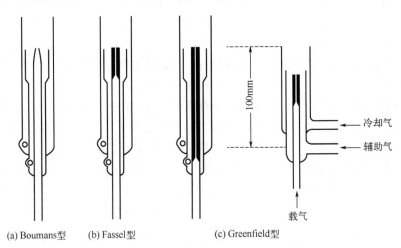

(a) Boumans型　　(b) Fassel型　　(c) Greenfield型

图 3-4　通用型 ICP 炬管

（1）Fassel 型炬管

形状与尺寸见图 3-4（b），其外管外径 20mm、壁厚 1mm；中间管外径 16mm、壁厚 1mm；内管外径为 2mm，其中心出口处内径为 1.0～1.5mm。总长度 100～120mm。冷却气氩气流量为 10～15L/min 时，可为常规仪器所采用。

（2）省气型炬管

通用型常规 Fassel 炬管的不足之处是耗气量大。为此，ICP 工作者在不影响 ICP 炬管点火容易、火焰稳定的前提下，对炬管结构做了一些改进，以节省工作气体。

① 中间管为喇叭口形的炬管。何志壮等[12]设计的中间管为喇叭口形的炬管（见图 3-5）使外管与中间管的环隙面积减小，适当提高结构因子（即中间管外径与外管

的内径比值）为 0.93 时，其炬管点火容易，火焰稳定，而且可节省氩气 40%。

② 微型省气炬管。通过降低炬管尺寸，在不影响点火及 ICP 火焰稳定性的前提下，节省氩气。其外管 14mm，中间管 12mm，内管 2mm，中心管出口处 1.0～1.5mm。其点火功率 0.6kW，工作功率 0.8～1.4kW，冷却气流量 10L/min。大多数元素的检出能力与常规炬管一致。但由于火焰温度较低，有些元素检出能力不如常规炬管，基体效应也较大。

（3）可拆卸式炬管

由于 ICP 光谱仪的高频发生器高频功率转换不够，使得负载线圈很多能量不能完全转换到 ICP 火焰上，使炬管外管易烧坏，有时内管中心处也经常发生堵塞而烧毁。所以有些商品仪器采用可拆卸式炬管（见图 3-6）。

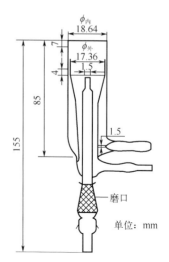

图 3-5 喇叭口形低气流炬管

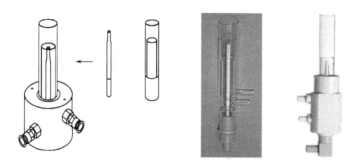

图 3-6 可拆卸式炬管

3.1.2.2 专用炬管

（1）有机物分析的专用炬管

有机物的主要成分是烃类化合物，当 ICP 分析有机物中杂质元素时，大量烃类化合物引入，使炭的微粒很容易在炬管内管中心处附留，使得内管堵塞无法进样，不能工作。所以做有机物分析时，要选用有机物炬管（见图 3-7）。

（2）耐氢氟酸型炬管

一般炬管的材料由石英制备，当分析氢氟酸或分析试样溶液介质是氢氟酸时，由于它对石英材质有腐蚀作用，不能采用。耐氢氟酸的炬管材质有：氧化铝，氧化锆，聚四氟乙烯，内管中心处镀铂、镀钯（图 3-8）。

（3）加长型炬管

在 Ar-ICP 光源中，可采用加长炬管或炬管上套一延伸管（图 3-9），将大气与等离子体火焰隔开消除大气进入的分子谱带的干扰。同样，如果采用真空型ICP光谱仪，使用这种方式可分析试样中的碳元素。

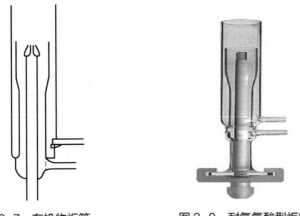

图 3-7 有机物炬管　　　图 3-8 耐氢氟酸型炬管

（4）带护套气型炬管

在中间管和内管之间，加入一支护套吹扫气（Ar）管，当试样溶液进入完毕后，用吹扫气清理内管和中间管。使试样中的盐类不附在内管中心出口处，防止堵塞（见图3-10）。

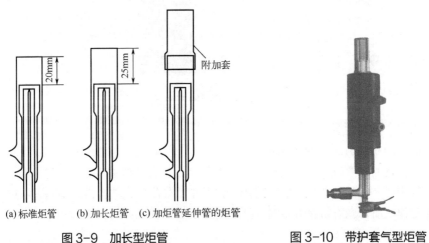

(a) 标准炬管　(b) 加长炬管　(c) 加炬管延伸管的炬管

图 3-9 加长型炬管　　　图 3-10 带护套气型炬管

（5）微流量同心雾化器

在ICP-MS分析中还用到一种微流量的高效雾化器[MCN-100型，图3-11（a）]以及一种带去溶装置的微流量雾化器[MCN-6000型，图3-11（b）]。

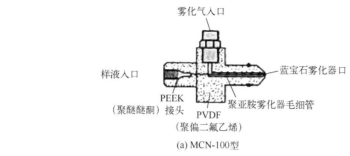

(a) MCN-100型

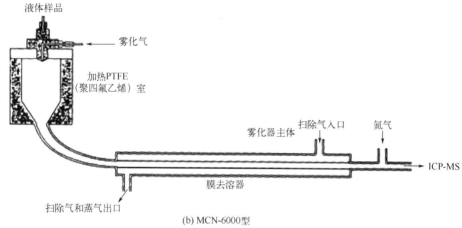

(b) MCN-6000型

图 3-11 两种类型微流量同心雾化器

（6）三臂型炬管

这类炬管常用于 ICP 仪器与其他仪器联用时。可实现二路通道进样，一路是常规的雾化室和雾化器进样，属于湿气溶胶进样；另一路是直接引入分析物的干气溶胶进样。如 ICP-MS 与激光烧蚀系统联用时，氩气、氦气载气引入的激光烧蚀产生的样品蒸气属于干气溶

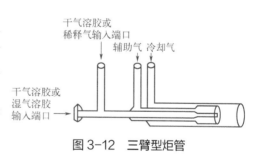

图 3-12 三臂型炬管

胶。等离子体质谱与气相色谱联用时，被氦气载气所携带的分析物，经联用专用的加热传输导管引入的也可以是干气溶胶（见图 3-12），多在 ICP-MS 仪器中使用。

3.1.3 进样系统

等离子体光谱、质谱仪器的样品大都是以气溶胶状态进入 ICP 焰炬。常规进样方式是采用溶液进样方式，即固体样品被消解制备成溶液后进样分析，或者分析物被溶剂萃取后进样分析。样品溶液经过雾化器雾化形成气溶胶，然后被氩气载入等

离子体炬。此时进入等离子体焰炬中心通道的是含水分或溶剂的湿气溶胶（wet aerosol）。与液相色谱联用的方法是把色谱分离后的分析物移动相或淋洗液由雾化器雾化进样，也是以湿气溶胶形式进样。

固体直接进样采用激光烧蚀的方法，将固体表面激光轰击蒸发，再由载气把生成的气溶胶引入等离子体炬。此时样品以干气溶胶（dry aerosol）的形式输送到 ICP 焰炬中心通道。与气相色谱联用或氢化物发生器联用时，在炬管端口直接输入载有分析物的载气，也基本为干气溶胶输入的状态。

3.1.3.1　ICP 进样装置类型

进样装置的性能对 ICP 发射光谱仪分析性能有很大的影响。仪器的检出限、测量精度、灵敏度均与进样装置的性能有直接关系。按照样品状态，进样方式可分为三大类：液体进样、固体进样、气体进样。每一类进样方式中又有许多结构、方法、方式不同的装置。

（1）液体进样装置

将液体雾化，以气溶胶的形式送进等离子体焰炬中。由炬管、雾化器、雾室三部分组成进样系统。可以有多种雾化器，如气动雾化器、同心雾化器、垂直交叉雾化器、高盐雾化器、超声波雾化器（包括去溶的超声波雾化器和不去溶的超声波雾化器）、高压雾化器（可用比通常雾化装置更高的气压喷雾）、微量雾化器、进样量少的雾化器和循环雾化器。溶液进样装置属常规商品仪器的标配。

（2）固体进样装置

将固体试样直接汽化，以固态微粒的形式送进等离子体焰炬中。可采用的方式有以下几种。①插入式进样：用石墨杯（Horlick 式）进样装置，将固体试样直接引入等离子体焰炬。②火花烧蚀进样器：采用火花放电将样品直接烧蚀产生的气溶胶引入 ICP 焰炬中。③激光烧蚀进样器：采用激光直接照射在试样上，将其产生的气溶胶引入 ICP 焰炬中。包括激光微区烧蚀进样。④电加热法进样器：可进液体样品与胶状物样品，类似 AA 石墨炉进样装置、钽片电加热进样装置。⑤ 悬浮液进样器：可将固体微粒以悬浮液的形式引入 ICP 火焰。固体进样装置在商品仪器上属需选用的附件。

（3）气体进样装置

将气态样品直接送进等离子体焰炬中，或将发生气态物质随氩气一同进入等离子体焰炬。如气体发生器、氢化物发生装置将生成的气态氢化物等送进等离子体焰炬中。气体进样装置除氢化物发生装置有商品附件外，其余多为自组装备件。

当前 ICP 发射光谱分析以溶液进样应用最为广泛，其进样精度和稳定性好，标准系列溶液容易配制，且具有可溯源性，得到广泛的应用。近年来固体直接进样得到应用，激光烧蚀进样器也已商品化。

3.1.3.2 溶液进样装置

溶液进样装置将溶液雾化转化成气溶胶引入 ICP 火焰中。通常由雾化器、雾室以及相应的供气管路组成。

（1）玻璃同心雾化器

玻璃同心雾化器是 ICP 光谱仪应用最多的雾化装置，当前最为通用的是迈哈德（Meinhard）雾化器，其结构见图 3-13。产品已标准化和系列化，并且在世界范围销售。

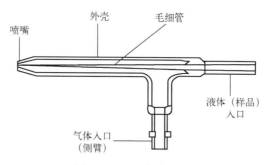

图 3-13 迈哈德雾化器

迈哈德雾化器是双流体结构，有两个通道，尾管由于负压作用使溶液样品吸入，支管通载气，材质为硼酸硅玻璃。喷口毛细管（中心管）与外管之间的缝隙为 0.01~0.035mm，毛细管出口处孔径为 0.15~0.20mm，毛细管壁厚为 0.05~0.1mm。迈哈德雾化器可分为 A 型、C 型和 K 型三种，它们的主要区别在于喷口形状及加工方法（见图 3-14）。A 型为平口型（又称标准型），其喷口处内管与外管在同一平面上，端面用金刚砂磨平；C 型为缩口型，其中心管缩进约 0.5mm，而且中心管抛光过；K 型与 C 型相似，制作方面只是中心管不抛光。C 型与 K 型雾化器进样耐盐能力较强，不易堵塞。A 型雾化器效率略高。

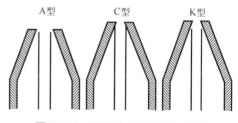

图 3-14 迈哈德雾化器喷口结构

玻璃同心雾化器的雾化性能主要包括试液提升量、进样效率及进样速率。进样效率是指进入等离子体的气溶胶量与提升量的比值，以百分数表示。进样速率是单位时间进入等离子体的物质绝对量。

玻璃同心雾化器的另一性能是对试液的含盐量（试液中离子总浓度）极为敏感。试液中盐量增加，显著改变试液物理性质，使进样效率明显下降，同时导致提升量的降低，甚至造成雾化器喷口处部分堵塞或完全堵塞，使之无法进样。采用高盐雾化器分析进样时，记忆效应增强，需增长清洗时间。

（2）交叉雾化器

交叉雾化器也是气动雾化器的一种，由互成直角的进气管、进样毛细管和基座组成，结构见图3-15。水平方位放置进气管，垂直方位放置进样管。两管放置的位置不应大于0.1mm。由于它是由互成直角的载气进气管和进样毛细管组成，故又称直角雾化器。其进气管和进样管的基座多为工业胶塑料，所以制作容易定型，加工不像玻璃同心雾化器那样废品率高。进样管采用玻璃材质或耐氢氟酸的铂-铱合金材质制作。后者可用于含氢氟酸试样引入。它与基座的连接采用固定式或可调节式，这两种方式各有所长。固定式雾化效率稳定，雾化时参数规格化，但雾化器发生堵塞时，更换就不如可调节式方便。

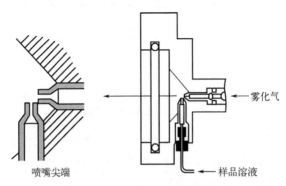

图3-15　交叉雾化器

交叉雾化器雾化性能基本与玻璃同心雾化器相似。有文献报道，其耐盐浓度比玻璃同心雾化器优越，但实验数据表明这种优点微乎其微。同时这两种雾化器的分析检出限与分析精度相近。

（3）高盐雾化器

常用的气动雾化器雾化性能和耐高盐性能差，即溶液离子总浓度不能过大，一般当离子浓度≥20mg/mL时，易造成雾化器堵塞无法工作。1966年Babington设计出可雾化高盐量试液的新型雾化器，称为Babington雾化器或高盐雾化器。其原理及基本结构如图3-16所示，蠕动泵通过输液管将溶液送到雾化器基板上，让溶液沿倾斜的基板（或沟槽）自由流下，在溶液流经的通路上有一小孔，高速载气从背面小孔处进入，使小孔出口处喷出高压气体，将溶液雾化。由于喷口处不断有溶液流过，不会形成盐的沉积，所以可承担高盐溶液的雾化作用，故称高盐雾化器。

商品化Babington式的高盐雾化器为GMK型雾化器，其结构见图3-17。GMK型Babington雾化器的雾化效率可达2%～4%，比一般气动雾化器高（气动雾化器雾化效率为1%～3%）。即便试液含盐量很高，如试液中钠浓度在2.5～100g/L变化时，其进样效率也变化不大。它在250g/LNaCl试液中还可以工作。GMK型雾化器的检出限比气动雾化器要低,测量精密度与气动雾化器相似。同时其记忆效应比气动雾化器小,分析样品之间清洗时间短。

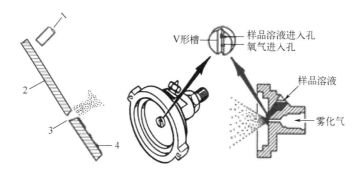

图 3-16 高盐雾化器原理和结构
1—样品溶液;2—雾化器基板;3—雾化气;4—溶液余液

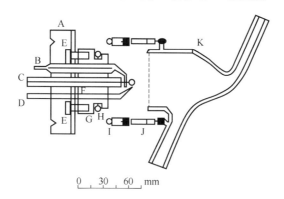

图 3-17 GMK 型雾化器
A—基座;B—进样管;C—进气管;D—碰击球;E,F,G,I,J—连接及紧固件;H—O 形垫圈;K—雾室罩

（4）双铂栅网雾化器

这是一种改型的 Babington 雾化器,其结构如图 3-18 所示。雾化器的主体为聚四氟乙烯材质,样品溶液由铂网面从垂直方向进入,雾化气喷口（0.17mm）从水平方向进气,雾化原理与 Babington 雾化器一样。它的改动是在喷口处前,加入两层可以调节距离的铂网,网孔为 100 目,当载气从小孔喷出将试液雾化时,经过已调节至最佳距离的双层铂网,使雾化的气溶胶更进一步细化,这种双铂栅网雾化器,既具有耐高盐的能力,又降低了分析检出限,是一种很好的雾化器。

气动雾化器的能源均为气体。它的特点是制作简便、价格低廉,但是雾化效率低。气动雾化器（包括玻璃同心雾化器和交叉雾化器）的雾化效率是 1%～3%,而 Babington 雾化器雾化效率为 2%～4%。试液中只有百分之几的试样能转变成气溶胶进入 ICP 火焰中,限制了 ICP 测定灵敏度的进一步提高。

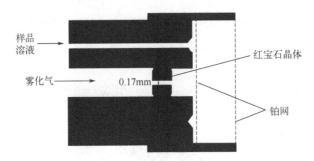

图 3-18 双铂栅网雾化器

（5）溶液雾化器

溶液雾化器需与雾室组成溶液进样系统，雾室一般是体积 $25\sim200cm^3$ 的玻璃容器。它的作用如下：①将雾化后的气溶胶进一步细化，去除大颗粒雾粒，将更细小、更均匀的气溶胶引入 ICP 火焰中；②缓冲因载气进样引起的脉动，载气带入的气溶胶流能平稳进入 ICP 火焰中；③根据气体压力平衡原理，雾室另一端连接废液排出口，使之能连续平稳地排出废液，雾室的气压始终保持恒定。

常用的雾室有双筒雾室[图 3-19（a）]、附撞击球单筒雾室[图 3-19（b）]和旋流雾室[图 3-19（c）]三种类型，其性能及特点如下：

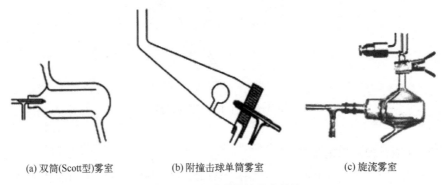

(a) 双筒(Scott型)雾室　　(b) 附撞击球单筒雾室　　(c) 旋流雾室

图 3-19　溶液进样的雾室结构

① 双筒（Scott 型）雾室。适应大流量、大提升量的雾化器工作。其分析的精密度较高。缺点是消耗试液多，记忆效应严重，清洗时间长。

② 附撞击球单筒雾室。使雾化器雾化的气溶胶进一步破碎，细化雾粒，提高雾化效率。缺点是载气进样引起脉动性大，使 ICP 火焰易产生抖动，分析精度差。

③ 旋流雾室。使气溶胶沿切线方向进入雾室，利用离心力作用分离大颗粒的雾粒，从而达到细化气溶胶的目的。它与小提升量（1mL/min 左右）同心气动雾化器结合，在雾化效率、分析灵敏度、精密度上取得良好的效果，为目前大多商品仪器所采用的雾室标准配置。

（6）超声波雾化器

超声波雾化器是将气体的能源转换为超声波能源，当试液流经晶体时，晶体表面向溶液至空气界面垂直传播的纵波所产生的压力使液面破碎为气溶胶。利用超声波振动的空化作用，将溶液雾化成高密度的气溶胶，其雾化效率可达 10%，使用这种雾化器进行分析时，检出限下降 1~1.5 个数量级，个别元素可下降 2 个数量级[13]。

目前已商品化的超声波雾化器有两种型号。一种是 CEITAC 公司生产的 U-5000AT 型超声波雾化器，由超声波发生器和去溶装置组成。超声波振动频率 1.4MHz，功率 35W，超声波换能器由金属铝散热片冷却，去溶加热温度 140℃，冷却除去溶剂温度 5℃。另一种是岛津公司的 UAG-1 超声波雾化器，其也是由超声波发生器与去溶装置组成。超声波振动频率 2MHz，功率 50W，超声波换能器由循环化学冷冻剂冷却，去溶加热温度 150℃，冷却除去溶剂温度 5℃。

超声波雾化器直接影响去溶效果的好坏，与检出限、分析精度、记忆效应有直接关系。现在的超声波雾化器，去溶效果较好，能把大部分溶剂除去，记忆效应明显减少，清洗时间与气动雾化器相似。

为确保超声波雾化器的良好性能，提供超声波雾化器的发生器晶体振荡器的频率必须是稳定的，它直接影响雾液粒径的大小，是检出限、精密度的关键。

此外，超声波雾化器的晶体振荡器冷却装置也很重要。晶体振荡片工作一段时间就会发热，热的晶体振荡片和凉的晶体振荡片的振荡频率会产生变化，使雾化效率发生变化，分析精密度下降。U-5000AT 型采用的是半导体冷却方式，而 UAG-1 采用循环冷却剂方式，其效果不一样。

超声波雾化器的特点如下：

① 雾化效率一般可达 10%~13%。雾粒细，检出限可下降 1~2 个数量级。

② 产生气溶胶的速度，不像气动雾化器那样依赖于载气的压力和流量。因此，产生气溶胶的速度和进样的载气流量可以独立地调节到最佳值。

③ 在装置结构上无进样毛细管，也无小孔径进气管的限制，不易堵塞。试液提升量由蠕动泵控制，黏度、试样比重等影响小。

④ 虽然超声波雾化器提高了雾化效率，但对于复杂基体物质，其分析元素谱线强度增加，同时基体元素谱线强度也随之增强，这就需要慎重考虑谱线光谱干扰、基体背景干扰等。当然，当 Li、Na、K 等碱金属浓度高时，由于它的雾化效应增强，这时就需要考虑 ICP 分析中平时很少见的电离干扰效应。

⑤ 超声波雾化器结构复杂，价格高。

（7）电子雾化器

电子雾化器是为了提高溶液进样的雾化效率，从其他专业移植过来的一种高效、稳定的溶液雾化系统。其原理为：采用两个均匀微米级细孔有机薄膜，不需高压雾化气流，仅在膜片的两端加以高频电场，在激烈振荡的电场作用下，从薄膜的微孔处不断喷射出大小一致的液滴，形成高效而均匀细小的气溶胶，直接进入等离子体焰炬。气溶胶喷头的膜片，采用耐腐蚀的高分子材料薄膜制成，经激光打孔形成 10μm 以下的均匀的密集微孔，孔径和形状保持严格一致，使得形成的气溶胶颗粒具有很好的一致性（可控制在不超过 10μm 的很窄范围内），从而很好地提高了溶液进样的雾化效率。根据厂家提供的实验数据，与雾化效率最好的迈哈德雾化器相比，其信噪比提高了近 4 倍，表现出很好的精密度和长时间稳定性。雾化器的精密度可在 0.2% RSD（相对标准偏差），而最好的迈哈德雾化器为 0.6% RSD[14]。但这类新型的雾化器目前还未在实际应用中得到推广。

（8）氢化物发生雾化器

文献也称之为气体注入进样系统。氢化物发生雾化器将分析元素转变为气态化合物，即将能生成氢化物的元素，经氢化反应生成气态化合物，引入 ICP 焰炬中。元素周期表中能生成氢化物的元素目前有：第 4 主族 Ge、Sn、Pb，第 5 主族 As、Sb、Bi，第 6 主族 Se、Te。常用方法是在酸性样品溶液中加入硼氢化钠或硼氢化钾，使其反应产生氢化物。

$$NaBH_4 + HCl + 3H_2O \longrightarrow NaCl + H_3BO_3 + 8H$$

$$\xrightarrow{E^{m+}} EH_n + H_2(过量)$$

式中，E 为氢化元素，m 可等于 n 或不等于 n。

上述生成氢化物的 8 种元素，其生成氢化物的形式分别为：AsH_3、BiH_3、GeH_3、PbH_4、SbH_3、SeH_2、SnH_4、TeH_2。

氢化物这种气体注入进样方式，检出限相较常规的气动雾化器明显得到很大改善，检出限下降 1～2 个数量级。氢化法与气动雾化法的检出限比较见表 3-1。

表 3-1 氢化法与气动雾化法的检出限比较

元素	检出限/(ng/mL)		元素	检出限/(ng/mL)	
	气动雾化器	氢化法		气动雾化器	氢化法
As	20	0.02	Te	50	0.7
Sb	60	0.08	Ge	10	0.2
Bi	20	0.3	Sn	40	0.05
Se	60	0.03	Pb	20	1.0

常规氢化法测定的 As、Sb、Bi、Se、Te、Ge、Sn、Pb，不仅在金属材料测量中应用广泛，在环境试样、生物化学试样及食品和饮料样品的测定中也极为重要。因为这些样品必测元素就在其中，同时普通的气动雾化 ICP 方法检测灵敏度不够，采用氢化物进样 ICP 方法才能检测。氢化物发生器类型有连续发生法和间歇式发生法。常用连续发生法产生氢化物引入 ICP 焰炬。

氢化法特点如下：

① 氢化法检出限有明显改善，虽然 8 种元素改善检出限的程度不同，但表 3-1 中实验数据表明，它比气动雾化器检出限要低 1～2 个数量级。

② 氢化法在氢化反应的同时可以分离基体，只有产生的氢化物元素能够引入 ICP 火焰，所以可降低基体干扰。

③ 由于氢化法采用大口径进样方式，故不存在雾化器堵塞问题。

④ ICP-OES 应用氢化法难以对上述的 8 种元素同时测定。例如：测定 Pb、Bi 时，它的介质酸性浓度不能过高，而 As、Se、Ge、Sb、Se、Sn 则需要在大酸度下进行。同样测定 Pb 时，需将试液中 Pb^{2+} 先采用氧化方式转化为 Pb^{4+}，只有将 Pb 转换为 PbH_4 后，才能引入 ICP 焰炬中测定。

⑤ 氢化法会带来较多的化学干扰问题。

（9）电热蒸发进样

将微量液体直接电加热蒸发的进样方式称为电热蒸发（ETV）进样引入法，适用于微体积（μL 级）且元素浓度极低的样品分析。VG Elemental 公司专为 ICP-MS 仪器设计了一种 ETV 进样装置（见图 3-20）。

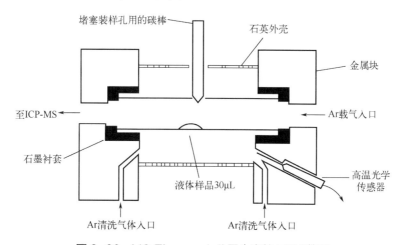

图 3-20　VG Elemenal 公司生产的 ETV 装置

3.1.3.3　固体直接进样装置

将固体试样直接引入 ICP 火焰，可以不需要样品前处理，减少试样溶解和稀释，提高分析灵敏度，同时也减少化学试剂及容器带来的污染，减少溶液稀释误差等。固体试样进样方式种类繁多，下面仅介绍 Hörlick 直接试样插入法和激光烧蚀进样法，这两种方法既可以测定试样成分也可以做微区分析。

（1）Hörlick 直接试样插入法

将试样放置在由石墨、钽、钨等材料制成的装样头上，如同一般采用的类似交、直电弧常用的各种类型石墨杯状电极，插入石英炬管中心管中（图 3-21 中的蒸馏

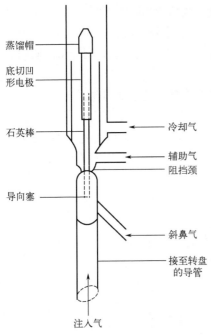

图 3-21 Hörlick 直接试样插入法

帽），再伸入 ICP 光源中，利用等离子体高温加热石墨杯中试样，使其蒸发进入 ICP 火焰中。支持石墨杯的石英棒，可以上下移动，经实验可调节到最佳的位置（见图 3-21）。Hörlick 直接试样插入法的性能及特点如下：

① 此法的检出限由于空白固体样品难以找到，因此得到确切的检出限数据比较困难。文献报道的数据相差很大。其检出能力比常用气动雾化器略好。

② 其分析的精密度一般比溶液法差，RSD 为 7%～10%。

③ 其基体效应比溶液法严重，制备与试样性质类似的标准样品较为困难。

此法特别适用于地质方面矿物、岩石的分析应用，也适用于难熔金属、合金的分析应用。但是，存在一些难点：取样量少，当试样不均匀时，分析结果的可靠性变差；固体进样基体效应比溶液进样要严重得多，而且难以克服，当采用基体匹配时，不管是金属试样还是地质试样，其标准试样都很难制备。目前正在逐步改进并加以推广。

（2）激光烧蚀进样法[15]

用激光束照射试样使其蒸发、汽化，用载气将气溶胶引入 ICP 火焰，如果在激光烧蚀装置上配置激光显微装置则可进行试样的微区分析。装置见图 3-22。

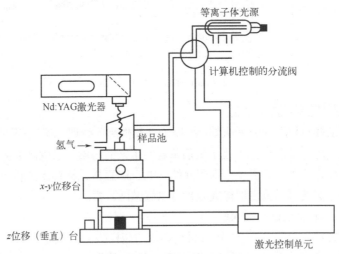

图 3-22 激光烧蚀进样装置

激光烧蚀进样法的工作原理及性能特点如下：钕钇铝石榴石（Nd:YAG）激光器通过折射板照射在样品上，使之蒸发、原子化，激发样品，引入 ICP 火焰检测样品成分。作一般固体样品测定，当折射板转开另一角度时，用显微镜以 x-y 位移台观察样品位置，并用 z 位移台调节焦距，然后恢复折射板位置，用激光照射进行样品的微区分析。这种方式适用于固体材料，特别适合地质样品单质矿物的测定。

ICP 的固体试样进样方式，以激光烧蚀 ICP 进样装置较为理想，已经有性能很好的商品配件出售，能与 ICP 仪器直接联用。

3.2 ICP-OES 分析仪器设备

ICP-OES 仪器的主要部件是光谱的激发光源、分光装置、光谱检测装置及数据处理系统。

3.2.1 激发光源

在 ICP-OES 仪器上，ICP 作为原子发射光谱的激发光源，ICP 等离子体焰炬的观测方式及其与光学系统的接口技术关系到仪器的性能水平。

作为发射光谱的激发光源，光谱的观测方式及观测高度影响着光谱测量的效果。光谱的观测方式有侧视或端视两种方式，对元素的测定灵敏度有不同的影响。对于侧视方式，由于采光的高度不同存在选择最佳观测高度的设置问题。ICP 炬管通常是垂直放置，从侧面观察，称为径向（侧视）ICP；从焰炬顶端观察，称为轴向（端视）ICP。现代的商品 ICP 光谱仪径向（侧视）ICP 为标准配置，高端仪器大多推出具有轴向（端视）或双向观测 ICP 的 ICP-OES，有较高的灵敏度和较好的检出限。

3.2.1.1 观测方式

作为发射光谱的激发光源，光谱的观测方式，可以采用侧视观测和端视观测两种方式（如图 3-23 所示）。观测方式对光谱测定的影响在下面解析。常规仪器多采用侧视方式，采光区及测光高度可以调节，稳定好，线性范围可达到五个数量级以上；端视观测方式采光面积增大，提高了 ICP-OES 的测定灵敏度，适合痕量元素的测定，但因其尾焰可能存在自吸因素而使测定的线性范围变窄，且由于等离子体高温尾焰对采光部件的影响，需要有相应处

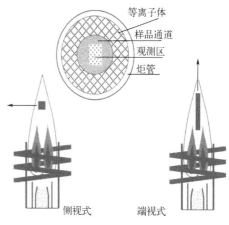

图 3-23　ICP-OES 观测方式

理尾焰的措施。现在高端仪器多数采用双向同时观测的方式。

ICP-OES 测光方式相对于通常垂直放置的炬管，从 ICP 光源的侧面进行测光时，称为侧视（side on），又称为径向观测 ICP 光源。当从光源的顶端进行测光时，称为端视（end on），即为轴向观测 ICP 光源。

（1）侧视观测

其测光装置平稳可靠，测光灵敏度满足大多元素测定的需要，一直是商用仪器的标准配置。侧视观测方式因受光谱仪入射狭缝高度的限制，仅能利用等离子体通道的一部分发射光。因此，在侧视 ICP 光源中，由于不同元素或不同谱线的发射强度的峰值处在不同高度，所以观测高度是一个重要分析参数，选择分析条件时必须考虑这一因素。

（2）端视观测[16]

端视观测方式从炬管的轴向方向来观测发射光谱信号，采光面积增大，比常规的侧视 ICP 有更大的测光面。因此，端视 ICP 比侧视 ICP 灵敏度要高、检出限更低，使 ICP 光源的检出限降低甚至一个数量级以上，适合痕量元素的测定。但因观测区包含了温度较低的尾焰，可能存在自吸因素而使测定的线性范围变窄，而且基体效应也更为复杂。且由于等离子体高温尾焰对采光部件的影响，需要有相应处理尾焰的措施，如采用侧吹气体保护或加装可冷却的接口锥加以保护，使得整个测光装置相对复杂。当前在高端 ICP 光谱仪器上均配置有双向观测的 ICP 光谱仪器（如图 3-24 所示）。

端视和侧视 ICP 光源中各种元素的发射强度沿高度（径向）或轴向的分布不尽相同。可以看出侧视中的峰值位置各不相同，选择分析条件时必须注意这一因素。而在端视光源中沿轴向高度，它们的峰值位置几乎相同。端视等离子体和侧视等离子体一样，电离干扰并不明显，只有在 K、Na 等碱金属体系中端视观测有略为明显或较为严重的电离干扰效应。多数情况下两种等离子体的电离干扰效应大致类似，其差别是在侧视中可找到一个不发生干扰的观测高度（通常称为零干扰点）。而端视 ICP 光源谱线强度高、光谱背景低，有利于改善光谱分析的检出限。在端视观测条件下自吸效应的增大和仪器检出限的降低使绝大部分元素的标准曲线向低浓度方向延伸，因此有利于对样品中微量、痕量元素的测定。随着 ICP-MS 的发展，冷锥技术的应用得到普及，端视等离子体光源受到越来越多的关注，并在很多方面得以应用[17]。

初期的轴向观测 ICP-OES 仪器采用水平炬管，需双向交替观测。实际应用发现，炬管水平放置不

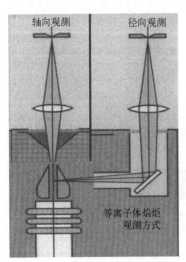

图 3-24 ICP-OES 双向观测

是最佳配置，水平炬管在运行中易产生盐分、炭粒的凝结和水滴，效果不够理想。现在的 ICP-OES 新品仪器均采用垂直炬管，双向同时观测的配置（如图 3-25 所示）[18]。图 3-25（b）中左图为实物照片，右图是一个带光路示意的同步观测方式。

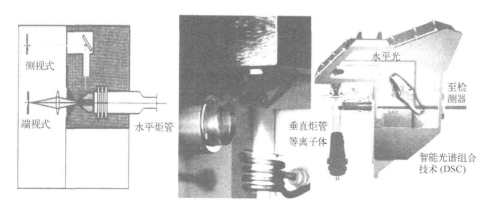

(a) 水平炬管双向观测　　　　(b) 垂直炬管双向观测

图 3-25　ICP-OES 双向观测示例

炬管垂直放置，可防止上述缺点，并能提高分析有机样品和高盐样品的稳定性。双向观测方式可借助智能光谱组合技术（DSC）实现双向观测同时进行，不影响测定速度，并可通过软件运作，使多种测定方式组合，扩展测定的线性动态范围，有利于多元素同时由低含量到高含量一次完成测定，并已获得很好的应用效果[19]。

3.2.1.2　观测高度

在采用侧视方式即径向观测方式时，从观测区中心到耦合线圈上端的距离，称为观测高度，如图 3-26 所示。

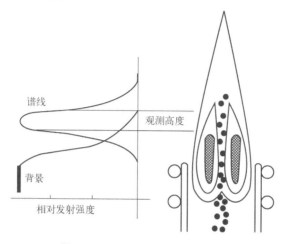

图 3-26　ICP-OES 观测高度

在这个高度可观测到谱线的最大强度，而背景强度最低。不同元素在不同的高度上呈现最大的光谱强度区，为最佳观测高度，一般在 10～18mm 处。

单元素测定时，应选取被测元素的最佳观测高度；多元素测定时，应采用折中观测高度。

3.2.1.3　外光路的接口处吹扫

此外，ICP 等离子体焰炬与光学系统外光路的接口处如能消除大气中氧及尾焰干扰物的影响，则可提高紫外分析性能及稳定性。在侧向观测时，等离子体焰炬与光学系统外光路的接口处与大气接触不可避免存在氧气和焰炬的污染物，影响 ICP 的紫外光谱线的测定性能。当采用最佳化的低气流吹扫外光路，清除外光路中的 O_2，且免除光路被污染的光学接口技术时，可以提高 ICP 仪器的 UV（紫外线）与 VUV（真空紫外线）性能，提高仪器稳定性和观测 120～180nm 谱线的灵敏度。很多元素如 Al、As、Br、Cl、Ga、Ge、Hg、I、In、N、P、Pb、Pt、S、Sn、Tl，它们的最强谱线落在 125～190nm 范围内，且有很好的信背比。有时低强度的真空紫外谱线，常用来测定高含量元素，避免样品稀释，使谱线的选择更灵活。

3.2.2　分光系统

当试样在 ICP 焰炬中分解为原子、离子并被激发后，辐射出各种不同波长的光，需要采用分光系统将这些复合光按照波长展开进行测定。这部分设备称为分光装置，也称为色散系统。

3.2.2.1　ICP-OES 对分光系统的要求

ICP 光源具有很高的温度和电子密度，可以激发产生原子谱线和更多的离子谱线。为了适应多元素同时测定的要求，对分光装置总的技术要求如下：

① 分光装置要具有宽的工作波长范围。ICP 光源具有多元素同时激发能力，这就需要分光装置具有从深紫外光→紫外光→可见光→近红外光工作波长范围的分光器，即波长范围需要在 Cl 134.72nm～Cs 852nm。由于空气中的氧气有吸收波长<190nm 的光谱线，如果需测定谱线波长小于 190nm 的元素，需将分光器抽真空或充氮气、氩气。通常非真空型的分光器可测波长范围为 190～800nm。真空型或充气型的分光装置可测至 Al 167.081nm。

② 分光装置应具备较高的色散能力和实际分辨能力。由于 ICP 光源发射光谱的谱线极为丰富，1985 年 Wohlers 发表的 ICP 谱线表中记录了 185～850nm 波长范围内就有约 15000 条谱线[20]。而此谱线表中并未含有谱线极其繁多的稀土元素谱线，这说明了 ICP 发射光谱谱线的复杂性，谱线越多各元素之间越容易产生谱线重叠干扰。这就需要分光装置具备较高的色散能力和实际分辨能力，从而极力减少谱线重叠干扰。因此，分光装置色散能力和分辨率要求尽可能地高。

③ 分光装置应具有低的杂散光及高的光信噪比。低的杂散光能有效降低背景和检出限,对于痕量元素分析及低含量元素测定是有很大帮助的。杂散光主要由于分光器内壁涂刷的无光黑漆均匀性不佳、挡光板未能挡除非所需要的其他光辐射、光栅未使用全息光栅等产生。当试样溶液中 Ca、Mg、Fe 等元素含量过高时,产生杂散光将提高背景值,降低光的信噪比。多道仪器的这种影响更为严重,更需注意。

④ 分光装置应有良好波长定位精度。ICP 光源中,各种元素及其元素谱线的性能不一样,有窄的谱线,有宽的谱线。总体而言,ICP 谱线的物理宽度应在 2~5pm 范围内,要获得谱线峰值强度测量的准确数值,其定位精度必须在峰值的 $<\pm3pm$,实际上对 ICP 光谱仪要求定位精度在峰值的 $<\pm1pm$。

⑤ 分光装置的结构应牢固平稳。分光装置的构架尤其是机座的材质,应牢固平稳,不易振动及位移,不易受温度变化的影响,有良好的热稳定性。分光器必须采用恒温装置。

⑥ 分光装置应有快速分光定位的检测能力。这对 ICP 扫描型分光器是极为重要的。波长零级校正、非测定波长区域快速移动、谱线定位测定方式、分光器内机械磨损校正等,都必须考虑。

⑦ 真空型或充气型分光装置,应使抽真空或充气设备简单,达到标准所需的真空度或充气量的时间要尽量短,以便快速测定。

3.2.2.2 分光装置

现在的商品光谱仪核心分光元件是光栅,大多采用反射光栅,绝大多数采用激光全息照相方法制造的全息光栅。当前 ICP 发射光谱仪使用的光栅有凹面光栅、平面光栅和中阶梯光栅。它们的基本原理相似,但仪器构造完全不同,性能也大不相同。采用凹面光栅装置的仪器多为多道型(Paschen-Rung 型)仪器或称同时型仪器;采用平面光栅装置的仪器为扫描型仪器或称顺序型仪器;采用中阶梯光栅双色散系统组成的多道型仪器或称全谱型仪器。

(1) 凹面光栅分光装置

凹面反射光栅是在球面反射镜上沿其弦刻出等间距、等宽度的平行刻痕线。凹面光栅分光成像在罗兰圆(Rowland circle)上,可以在罗兰圆上记录多条谱线。从 ICP 光源发射光经聚光镜进入凹面光栅,经光栅衍射后的单色光按波长不同,分别照射到在罗兰圆上安置的各个波长的出射狭缝上,出射狭缝后放置光谱检测器,可对多条谱线进行测量,形成多道型仪器,如图 3-27 所示。

凹面光栅光谱仪的特点:它的光栅既可作为色散元件,同时又起到准直系统和成像系统的作用,所以结构简单;由于分光器内无移动部件,所以性能稳定,分析精密度好。当在罗兰圆上装多块线阵固体检测器时,可用于测量 125~360nm 紫外和近紫外光谱区域的谱线，形成全谱型（Paschen-Rung型）仪器。

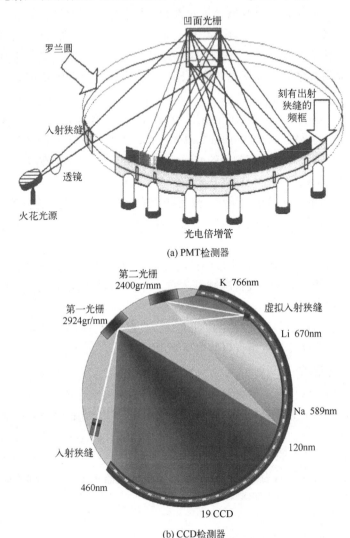

(a) PMT检测器

(b) CCD检测器

图3-27 采用Paschen-Rung型装置的多道直读仪器

（2）平面光栅分光装置

平面反射光栅在平面基板上刻划了很多等间隔、等宽的平行刻纹。增加光栅刻线密度可以提高光栅的色散率。采用平面光栅扫描式的光学系统有Ebert-Fastic和Czerny-Turner。常用Czerny-Turner光学系统的原理见图3-28，光源经过聚焦物镜照射到狭缝上，照射在准直的凹面镜焦点上经准直反射到平面光栅上，经平面光栅的衍射作用，使复合光经分光形成单色光，然后经凹面聚焦镜聚焦到出射狭缝，照射到检测器上。如果改变平面光栅的角度，即入射光的角度发生改变，出射光角度也发生改变，这样在出射狭缝就能得到一系列从短波长到长波长的光谱。

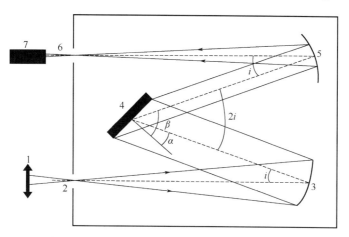

图3-28 Czerny-Turner 扫描型单色仪示意图
1—聚焦镜；2—入射狭缝；3—准直凹面镜；4—旋转平面光栅；5—聚焦凹面镜；6—出射狭缝；7—检测器

平面光栅分光装置可以采用高刻线光栅来解决既需要有高色散能力和高分辨率，又需要能测量宽工作波长范围的问题。现在有平面光栅刻线数为 4960gr/mm、4320gr/mm、3600gr/mm 的商品化仪器。然而，增加平面光栅的刻线数，虽然可提高仪器的色散与分辨能力，但工作波长范围进一步缩小。光栅刻线数与光谱波长范围关系见表3-2。

表3-2 光栅刻线数与光谱波长范围关系

光栅刻线数/(gr/mm)	2400	3600	4300	4960
光谱范围/nm	160~800	160~510	160~420	160~372
实际分辨率/nm	约0.01	约0.006	约0.005	约0.0045

（3）中阶梯光栅双色散系统分光装置

中阶梯光栅以较高的衍射级数和较大的衍射角应用于高色散的光谱仪上。其刻线密度很低（通常为几十条刻线每毫米），光学系统的焦距较短（≤0.5m），使光谱仪的分光系统结构紧凑，有较好的光学稳定性，可以利用高谱级的谱线来提高分辨率（通常使用 30~150 级的光谱）。中阶梯光栅双色散系统分光是通过中阶梯光栅按谱级进行色散，再通过棱镜或光栅谱级分离进行交叉色散（图3-29），产生二维光谱，使所有的谱线在一个平面上按波长和谱级排列，如图3-30所示。

中阶梯光栅分光装置的分辨率与光栅宽度成正比，与衍射角成正比，与使用波长成反比，在整个波长范围内其分辨率是不均匀的，即波长愈长其分辨率愈小。

表 3-3 为平面光栅光谱仪和中阶梯光栅光谱仪性能的比较。可以看出，同是焦距为 0.5m 的光谱仪，中阶梯光栅光谱仪的理论分辨率远高于平面光栅光谱仪。

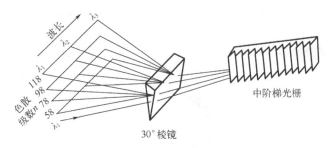

图 3-29　中阶梯单色器

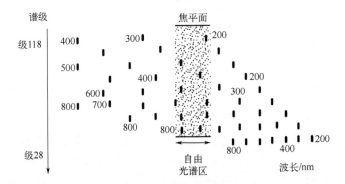

图 3-30　中阶梯光栅二维光谱成像

表 3-3　两种光栅光谱仪性能比较

技术指标	平面光栅光谱仪	中阶梯光栅光谱仪
焦距/m	0.5	0.5
刻线密度/(gr/mm)	1200	79
衍射角	10°22′	63°26′
光栅宽度/mm	52	128
光栅级次（300nm 处）	1	75
分辨率（300nm 处）	62400	758400
线色散率（300nm 处）/(mm/nm)	0.61	6.65
线色散率倒数（300nm 处）/(nm/mm)	1.6	0.15

中阶梯光栅-棱镜双色散系统与固体检测器组成的 ICP 光谱仪，属于同时型光谱仪，采用面阵式固体检测器可以同时记录下拍摄到的所有谱线，因此又称为全谱型光谱仪。

3.2.2.3 分光系统的性能指标

用于 ICP 发射光谱仪的分光装置大都采用衍射光栅,这类仪器需要关注色散率、分辨率、光栅光谱的级次重叠与分离方法,当然也要注意杂散光、仪器快速检测能力等。

(1) 衍射光栅的特点

光栅在光的照射下,每条刻线都产生衍射,各条刻线所衍射的光又会互相干涉,这些按波长排列的干涉条纹,就构成了光栅光谱。其衍射原理见图 3-31,图中 1 和 2 是互相平行的入射光,1' 和 2' 是相应的衍射光,衍射光互相干涉,光程差与入射波长成整数倍的光束互相加强,形成谱线,谱线的波长与衍射角有一定关系,遵从光栅方程式:

$$m\lambda = d(\sin\theta \pm \sin\varphi) \tag{3-1}$$

式中,m 为光谱级次(或称谱级);λ 为谱线波长;d 为光栅常数,指两刻线之间的距离(一般而言,$1/d$ 即光栅刻线数);θ 为入射角;φ 为衍射角。

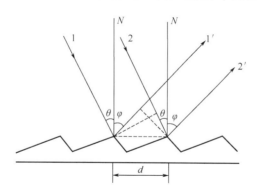

图 3-31 平面反射光栅的衍射

d—光栅常数;N—光栅法线;1,2—入射光束;1',2'—衍射光束;θ—入射角;φ—衍射角

从光栅方程式(3-1)可以看出:①当 m 取零值时,则 $\varphi = -\theta$,出现无色散的零级光谱,入射光中所有波长都沿同一方向衍射,相互重叠在一起,并未进行色散;②当光栅级次 m 取整数,入射角 θ 固定时,对应每一个 m 值,在不同衍射角方向可得到一系列衍射光,得到不同谱级的光谱线;③当入射角与衍射角一定时,在某一位置可出现谱级重叠,即谱级 m 与波长 λ 的乘积相等的各级光谱会在同一位置上出现。例如:一级光谱 600nm、二级光谱 300nm 和三级光谱 200nm 等重叠在一起(图 3-32)时,出现谱级干扰。

光谱分析是在不重叠的波段,不受其他谱级重叠的波长区寻找谱线进行检测。在中阶梯光栅分光利用高谱级以提高分辨率时,需要谱级分离的第二个色散装置,即采用双色散系统,以消除谱级重叠的影响。

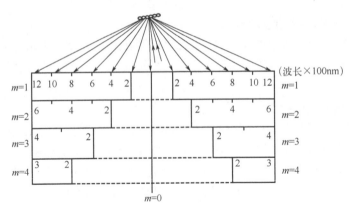

图 3-32　光栅光谱谱级重叠示意图

（2）光栅的色散率

色散率定义为单位波长差在焦面上分开的距离，$dl/d\lambda$。它分为角色散率和线色散率。

① 角色散率。将光栅方程式（3-1）进行微分，即为光栅的角色散率：

$$\frac{d\varphi}{d\lambda}=\frac{m}{d\cos\varphi} \quad (3\text{-}2)$$

角色散率与谱级（m）成正比，与光栅常数（d）成反比，与衍射角（φ）成正比。当离法线很近，$\cos\varphi \approx 1$ 时，其角色散率为：

$$\frac{d\varphi}{d\lambda}\approx\frac{m}{d} \quad (3\text{-}3)$$

② 线色散率。光栅光谱仪往往用线色散率来表示，这就要考虑物镜焦距 f_2 和谱面倾斜角 ε。这时线色散率为 $\dfrac{dl}{d\lambda}=\dfrac{f_2}{\sin\varepsilon}\times\dfrac{d\varphi}{d\lambda}$，因此，其线色散率为：

$$\frac{dl}{d\lambda}=\frac{f_2 m}{d\sin\varepsilon\cos\varphi} \quad (3\text{-}4)$$

此式表明：线色散率与物镜焦距（f_2）成正比，与光谱级次（m）成正比，与光栅常数（d）成反比，与谱面倾角（ε）成反比，与衍射角（φ）成正比。线色散率的单位为 mm/nm。

③ 倒线色散率。ICP 光谱仪往往采用线色散率的倒数表示仪器色散率大小，称为倒线色散率。单位是 nm/mm。它的数值越小，说明色散率越大。倒线色散率为：

$$\frac{d\lambda}{dl}=\frac{d\sin\varepsilon\cos\varphi}{f_2 m} \quad (3\text{-}5)$$

表明光栅光谱仪色散率的特性：色散率与谱级成正比，因此采用高谱级（m）可获得大的色散率；色散率与物镜焦距（f_2）成正比，焦距增大色散率增大；色散率与光栅刻划密度（$1/d$，即通常所言每毫米光栅刻线数）成正比。同一焦距、同一谱级的光谱仪，光栅刻线数越多，其色散率越高。

（3）光栅的分辨率

分辨率定义为两条谱线被分开的最小波长的间隔，即两波长平均值与波长之间的差比。Rayleigh 规定了一个"可分辨"的客观标准，称为 Rayleigh（瑞利）准则，见图3-33。

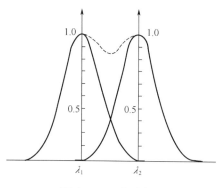

图3-33 瑞利准则

准则假定两谱线呈衍射轮廓，其强度相等，而且一条谱线强度的衍射极小值落在另一条谱线的衍射极大值上。在此情况下，两条谱线部分重叠，其侧部相交处强度各为 40.5%，这时两条谱线合成轮廓最低处的强度约为最大强度处的 81%，则认为两条谱线是可分辨的。

按照瑞利准则，光栅理论分辨率应为：

$$R = \frac{\lambda}{\Delta \lambda} = mN \tag{3-6}$$

式中，m 为光谱级次；N 为光栅刻线总数（即光栅刻线数×光栅宽度）。将光栅方程（3-1）代入式（3-6），即可得：

$$R = \frac{\lambda}{\Delta \lambda} = \frac{Nd(\sin\theta \pm \sin\varphi)}{\lambda} \tag{3-7}$$

如果 Nd 是光栅总宽度，令 $W=Nd$，可得：

$$R = \frac{\lambda}{\Delta \lambda} = \frac{W}{\lambda}(\sin\theta \pm \sin\varphi) \tag{3-8}$$

因为（$\sin\theta \pm \sin\varphi$）的最大值不能超过2，因而分辨率的最大值应为：

$$R = \frac{\lambda}{\Delta \lambda} = \frac{2W}{\lambda} \tag{3-9}$$

平面光栅虽然可以采用增加光栅刻线密度，即增加光栅刻线数来提高光栅的色散率，但不能使光栅的分辨率提高。光栅的理论分辨率只取决于光栅宽度、波长及所用的角度。因而，要得到高分辨率的光谱仪器，必须采用大块光栅及增大入射角和衍射角。

瑞利准则在很大程度上是理想化的，实际上对于两条强度相等的谱线，有时两者间距离较瑞利准则规定稍小时也能分辨。但对强度不同的两条谱线，尤其是强度大的谱线与其附近强度小的弱线，两者间距离较瑞利准则规定值大些时才能分辨。

（4）光栅的实际分辨率

上述均为理论分辨率，光栅光谱仪的理论分辨率是在假定的理想情况下可达到的结果，即采用无限窄狭缝，两条谱线是单色的并且强度相等，谱线的轮廓和宽度仅由衍射效应决定，成像系统无像差，等等。但实际上使用光栅光谱仪都无法满足这些条件，因此更为有用的光栅光谱仪分辨率是实际分辨率。实际分辨率只能达到理论分辨率的 60%～80%。

常用的测量光栅光谱仪实际分辨率的方法有谱线组法和半宽度法两种。谱线组法采用多谱线元素（如 Fe）的已知波长的谱线组，观测谱线是否被有效地分开，采用比长仪测量两谱线间的实际距离，用两谱线波长差计算实际分辨率。表 3-4 是英国皇家化学学会分析方法委员会所推荐的评价 ICP 光谱仪分辨率测量的谱线组。表 3-5 是我国 ICP 摄谱仪采用的测量分辨率的 Fe 谱线组。可以根据波长选用相应的谱线组。

表 3-4　用于检测分辨率的各种元素谱线组　　　　　　　　单位：nm

双线组						三线组
Al 237.31	B 208.893	Ge 265.12	Fe 371.592	Ti 319.08		Fe 309.997
Al 237.34	B 208.959	Ge 265.16	Fe 371.645	Ti 319.20		Fe 309.030
Al 257.41	B 249.773	Hg 313.155	Fe 372.256	Ti 522.430		Fe 310.067
Al 257.44	B 249.678	Hg 313.185	Fe 372.438	Ti 522.493		Ti 334.884
Al 309.27	Be 313.024	Na 330.23	Fe 390.648	—		Ti 334.904
Al 309.28	Be 313.107	Na 330.30	Fe 390.794	—		Ti 334.941

表 3-5　用于检测分辨率的 Fe 谱线组

λ/nm	$\Delta\lambda$/nm	R	λ/nm	$\Delta\lambda$/nm	R
234.8303	0.0204	11500	350.5061	0.0197	17800
234.8009			350.4864		
249.3180	0.0081	30800	367.0071	0.0043	85400
249.3261			367.0028		
285.3774	0.0088	32400	383.0864	0.0103	37200
285.3686			383.0761		
310.0666	0.0362	8600	448.2256	0.0084	53400
310.0304			448.2171		
309.9971	0.0080	38800	502.7136	0.0076	66100
309.9891			502.7212		
318.1908	0.0053	60000	—	—	—
318.1855					

半宽度法采用谱线轮廓半宽度来表示仪器的实际分辨率。在分析线 λ_0 的附近由 λ_1 到 λ_2 进行波长扫描，记录其谱峰轮廓，测定 $\frac{1}{2}$ 峰高处的峰宽，计算分辨率，用 nm

表示（见图 3-34）。实际分辨率 $= (\lambda_1-\lambda_2) \times \dfrac{l}{L}$。选用此法时，要选择没有自吸收的谱线作为测量谱线，避免误用未分开的双线。

实际应用上大多采用谱线半宽度作为仪器分辨率的技术指标。

（5）中阶梯光栅

中阶梯光栅刻制方式与平面光栅和凹面光栅完全不同，它刻制高精密的宽平刻槽，刻槽为直角阶梯形状，宽度比高度大几倍，且比入射波长大 10~200

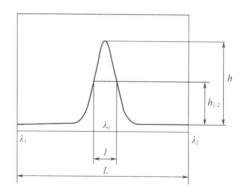

图 3-34　实际分辨率计算示例

h—峰高；$h_{1/2}$—半峰高；L—谱线的峰宽；
l—谱线的半峰宽

倍，光栅常数为微米级，光栅刻线数比平面光栅少得多，一般在 10~80 条/mm，闪烁角 60°，入射角大于 45°，利用高谱级线来提高分辨率。常用谱级 20~200 级。其原理如图 3-35 所示。

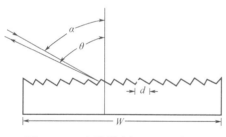

图 3-35　中阶梯光栅原理示意图

中阶梯光栅方程式与平面光栅是一样的：$m\lambda = d(\sin\theta \pm \sin\varphi)$。由于中阶梯光栅多在 $\varphi \approx \theta$ 条件下使用，故上式简化为：

$$m\lambda = 2d\sin\theta，即 m = \dfrac{2d\sin\theta}{\lambda} \quad (3\text{-}10)$$

光栅刻线总数是光栅的宽度（W）与刻线数（$1/d$）的乘积。因此中阶梯光栅的分辨率为：

$$R = \dfrac{\lambda}{\Delta\lambda} = mN = \dfrac{2W}{\lambda}\sin\theta \quad (3\text{-}11)$$

中阶梯光栅光谱仪采用高谱线级次提高分辨率，它的分辨率与光栅宽度成正比，与衍射角成正比，与使用波长成反比，所以在整个波长范围内其分辨率是不均匀的，即波长越长其分辨率越小。

在光栅基本性能中，关于谱级重叠的问题，即 $m\lambda = m_1\lambda_1 = m_2\lambda_2 = m_3\lambda_3 = \cdots$，谱级 m 与波长 λ 的乘积相等的各级光谱会在同一位置上出现，光谱仪器必须将这些重叠光谱进行分离，才能正确地测量光谱信号。对于采用中阶梯光栅的光谱仪，因为它使用高的光谱级，每级光谱覆盖波长范围较窄，由近百级光谱组合才能覆盖从超紫外区到紫外区至近红外区的范围。从中阶梯光栅几个光谱级的工作波段可以看出，200~205nm 波段是由 3 个光谱级来覆盖的，见图 3-36。所以需要谱级分离的第二个

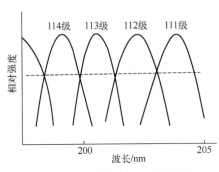

图 3-36 光谱级次重叠示意图

色散装置，称此装置为预色散系统。

中阶梯光栅光谱仪与平面光栅光谱仪不同，中阶梯光栅各级次的色散率不同，短波段色散率高，长波段色散率低。例如：一台具有 79 条/mm 中阶梯光栅、63°26′闪耀角，且在 42 级处的 ICP 光谱仪的倒线色散率与分辨率见表 3-6。

中阶梯光栅光谱仪为防止谱级重叠，都采用双色散系统。一般采用石英棱镜预色散系统（也有用光栅的），用中阶梯光栅作主色散器。石英棱镜沿狭缝方向（Y 轴方向）作预色散，用于谱级分离。中阶梯光栅作主光栅在 X 轴方向上进行波长色散。这种色散称为二维色散或交叉色散，得到的光谱称为二维光谱。

表 3-6 中阶梯光栅光谱仪的倒线色散率与分辨率

波长/nm	倒线色散率/(nm/mm)	分辨率/(nm/mm)
200	0.083	0.008
400	0.137	0.016
600	0.205	0.021

从图 3-37 可以看到中阶梯光栅光谱仪二维光谱中一些元素谱线所取的位置。Al 167.0nm 波长短，它的成像取在高级次位置；而 Pb 220.3nm 波长较长，它的成像取在低级次位置。同一个级次位置的 P 213.62nm 与 Cu 213.60nm 的成像按短波长向长波长的顺序分开排列。

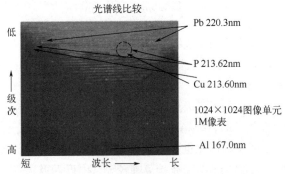

图 3-37 在中阶梯光栅光谱仪二维光谱中不同元素谱线所取位置

3.2.3 检测系统

光电转换及测量系统是将由分光器色散后的单色光强度转换为电信号,然后经测量→转移→放大→转换。信号输入计算机进行数据处理,进行定性、定量分析。ICP 光谱仪常用的光电转换器件有光电倍增管(PMT)和电荷转移器件(CTD)两大类。商品仪器上现用的 CTD 包括 CID(电荷注入器件)和 CCD[电荷耦合器件,包含分段式电荷耦合检测器(SCD)和互补金属氧化物半导体(CMOS)],作为图像传感器,应用于光谱信号的检测。可以采用不同的观测方式进行数据处理。

固体检测器 CTD 由于量子效率高(可达90%),光谱响应范围宽(165～1000nm),暗电流小,灵敏度高,信噪比较高,线性动态范围大(5～7 个数量级),且属于高集成度电子元件,有利于多谱线同时测定,是当前全谱型仪器的主流检测器。

3.2.3.1 光电倍增管

光电倍增管(PMT)一直作为光电转换元件应用。现今的光电倍增管,除了电极热发射的暗电流外,其他原因形成的暗电流在工艺上均可消除;在常温下使用仍具有很好的工作性能,输出电流范围完全可以满足 ICP-OES 测量的需求;在应用技术上仍有所发展,对紫外谱线检测仍保持有很高的灵敏度,尤其是增加负高电压自动调节技术;在商品仪器上出现了 PMT 的高动态检测器(HDD),使其适用于测定各个元素不同含量范围,通过采用自动调节负高压的供给方式,使光电倍增管输出电流达到最佳信噪比,其动态范围可达到 8 个数量级;使仪器在毫秒时间内对信号从低计数至百万计数的变化有线性响应,即无信号饱和,也不必人为调节电压,可进行快速而灵敏的检测,即具有瞬时测定痕量及高浓度元素的能力。HDD 至今仍应用于单道扫描型 ICP-OES 仪器上。

3.2.3.2 电荷转移器件

电荷转移器件(charge transfer device,CTD)是一类以半导体硅片为基材的光敏元件,能制成多元阵列式或面阵式检测器。有电荷耦合器件(charge coupled devices,CCD)和电荷注入器件(charge injection device,CID)两种,使 ICP 光谱仪性能得到很大的改善,现已成为原子发射光谱仪的主流检测器。可以与中阶梯光栅的双色散系统相结合,使仪器既具有多道光谱仪测定的快速性,又具有选择分析谱线的灵活性。可在一次曝光的同时摄取从超紫外→紫外→近红外光区的全部光谱。这种测量方式给光谱分析带来极大的好处:①可以方便查询分析谱线附近谱线干扰、背景干扰的状况,有利于分析谱线的选择;②可以同时测定内标元素内标线,充分发挥光谱分析内标法的补偿作用,提高定量分析的准确度;③可以同时测定分析线附近的背景值,采用扣除背景的工作方式,为微量分析提供有力保障;④可对每个元素选择多条分析线同时进行测定,同时获得多个测定数据,从这些数据中可以发现光谱干扰；⑤可采用灵敏度不同的分析线同时进行测定，扩大测量的浓度范围，避免多次稀释样品及重复测定。

（1）电荷耦合器件[21,22]

1）CCD结构及其工作原理

CCD原作为一种光电摄像器件，用于摄影及摄像器材（如家用的摄像机和数码相机）。后经过改进，使其光谱响应在紫外区有较高的量子化效应，作为光电转换器件，用于ICP光谱仪上成为多道检测器。CCD由光敏单元、转移单元、电荷输出单元三部分组成。每个像素就是一个MOS(金属-氧化物-半导体)电容器[图3-38(a)]。其由许多个光敏像素组成，是在半导体硅（P型硅或N型硅）衬座上，经氧化形成一层SiO_2薄膜，再在SiO_2表面蒸镀一层金属（多晶硅）作为电极，称为栅极或控制极，形成一个类似图3-38（b）的电容器。当栅极与衬底之间加上一个偏置电压时，在电极下就形成势阱，又称耗尽层[图3-38（c）]。

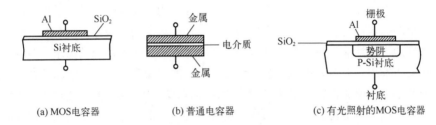

图3-38 MOS电容

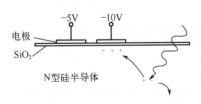

图3-39 光生电荷产生

当光线照射MOS电容时，在光子进入衬底时产生电子跃迁，形成电子-空穴对，电子-空穴对在外加电场的作用下，分别向电极两端移动，这就在半导体硅片内产生光生电荷（见图3-39）。光生电荷被收集于栅极下的势阱中，光生电荷与光强成比例，成为光电转换器件。

CCD可分为线阵式（linear）与面阵式（area）两种。面阵式CCD的像素排列为一个平面，是包含若干行和列的组合，成为全谱型光谱仪的固体检测器。目前，应用于ICP发射光谱的CCD均为几十万至百万以上像素，图3-40为4×5像素的二维CCD的电荷转移过程的示例。它是一个三相的CCD，每个像素有三个MOS电容器。阵列的右侧是行时钟脉冲电路。阵列下方是移位寄存器及列时钟脉冲电路。在时钟脉冲电路的控制下，光生电荷由上自下逐渐转移到寄存器，然后输出到信号放大器，从而获得完整的二维图像。

2）CCD的性能与特点

① 量子效率与光谱响应。量子效率与CCD器件的材料有关。就通用的半导体

硅材料而言，它的禁阻带宽约为 1.14eV，只有波长≤1090nm 的辐射能才能被硅基 CCD 检测。其量子效率与光谱响应关系很大。不同光谱波长的 CCD 量子效率相差很大。不同型号的 CCD 器件的波长响应范围不一样，通常波长响应范围为 400~1000nm。不同波长的光进入 CCD 获得不同的量子效率，一般在 500nm 左右，得到最好的量子效率。而 ICP 发射光谱绝大部分谱线波长在紫外区域。为使 CCD 器件适应发射光谱波段区域，目前采用三种办法。a. 采用透明导电金属氧化物（ITO）作透光栅极材料，取代多晶硅材料，提高紫外区的量子效率。b. 采用背照射方式，提高紫外区的量子效率。通常将衬底减薄到小于一个分辨率单元的尺寸，小于 30μm。c. 在 CCD 的敏感膜前涂上一层能吸收紫外光并发出 500nm 荧光的物质，而提高 CCD 在紫外区的量子效率。目前多数采用这种方法。

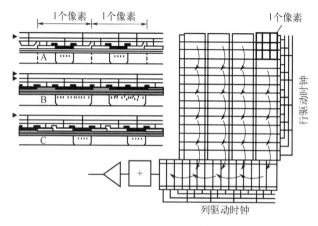

图 3-40 二维 CCD 结构原理

② 噪声。CCD 器件噪声的来源包括：信号噪声（N_s），包括信号光子散粒噪声与信号的闪烁噪声；读数噪声（N_r），由读数电路引起的噪声，受温度的影响，温度升高读数噪声提高；暗电流噪声（N_d），由热过程产生的电子从价带上升到导带而产生的电流，与器件的温度有关，可用冷却检测器的方式来降低暗电流。总噪声应为：$N_T = N_s + N_r + N_d$。总噪声中信号噪声是主要来源，后两种噪声与 CCD 器件温度有关，故需对其进行冷却。常用冷却 CCD 器件的温度有-15℃、-40℃、-70℃三种。冷却方法有温差电子冷却器和水循环冷却器两种。

③ 动态线性响应范围。ICP 发射光谱分析含量动态线性范围是 5~6 个数量级，CCD 检测器电荷转移器件应该可以达到。然而 CCD 中的势阱有一定的容量，如果超过了势阱容量，多出的信号将会溢出势阱，并扩散到邻近的像素中，从而给本来信号电荷较少或没有信号电荷的像素带来"污染"，产生假信号输出。这种现象称为电荷溢出，又称弥散（blooming）。由于弥散现象的存在，CCD 在分析含量动态线性响应范围只能做到 5 个数量级。为完成高、低含量差值大的样品测定，只能选择次

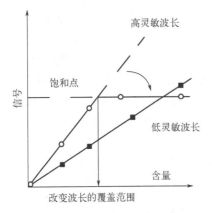

图 3-41 CCD 分析含量动态线性响应范围

灵敏线分析高含量样品，采用缩短曝光时间或缩小入射光阑等降低光强的工作方式，见图 3-41。在硬件上，防止电荷溢出的方法一般有两种：在势阱旁邻电极上加偏压，使溢出的电荷在此被复合；或设置"排流渠"，把一组像素用导电材料圈起来，当有电荷溢出时，通过它将过剩电荷导出，以免溢入邻近像素。现在采用 CCD 作为检测器的仪器厂家均会采取相对有效的技术解决 CCD 的溢出问题。

④ 灰度分辨率。灰度分辨率是影响动态线性范围及分辨率的重要因素。势阱（像素）中的电荷读出后，被模数转换卡转换至计算机进行数字信号处理。这种转换过程对 CCD 的性能会产生重要影响，用灰度分辨率这一重要参数来衡量。

灰度分辨率是指模数转换卡区分不同电子数目的能力。它不同于空间分辨率（它指势阱中最大容量），也是影响动态范围和分辨率的重要因素。一般灰度分辨率是 10～16bits。10bits 模数转换卡能产生 10 位二进制数（即 0～1024ADU）。其中每一个数被称为一个数模转换单位（ADU）。而 16bits 应为 16 位二进制数（即 0～65536ADU）。每一个 ADU 单位的电子数，可与数模转换卡的电子数相等。通常将它设置为与单个像素的读数噪声所代表的电子数相等。如果设置数模转换卡电子数目较少，可以对弱信号提高灵敏度，但很容易溢出；如果设置电子数较多，范围可以扩大。但是弱信号不易检出，小峰分辨率差。这是将 CCD 这种测光装置应用在 ICP 发射光谱仪中时应该考虑问题。一般采用设置电子数较多的方式，便于弱信号检测。光强过大时，采用光阑缩小、控制狭缝前遮光板曝光时间或更改分析谱线的方式工作。

例如，要在 CCD 检测器上将谱线 Cu 213.60nm 与 P 213.62nm 分开（如图 3-42

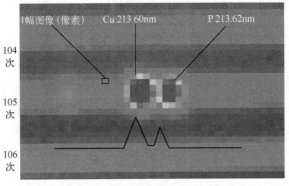

图 3-42 CCD 谱线分开能力

所示），除考虑分光器的光学分辨率外，还应考虑检测器上像素高低，像素越高分辨率越高。同时也需要考虑灰度分辨率模数转换卡电子数目的问题。

⑤ 光谱分辨率。CCD中的像素越高其光谱分辨率越高。CCD的最大容量（指势阱中积累的最大电荷数）随像素面积增大而加大，一般在10000～50000范围。

（2）电荷注入器件

电荷注入器件（CID）与CCD一样，也是由MOS电容构成的光电检测器件，但其转移、输出、读出方式与CCD不同，是非破坏性读出过程。CID检测器与CCD结构基本类似，也是由金属-氧化物-半导体构成的电荷转移器件。在N型硅的衬底上氧化一层SiO_2薄膜，在薄膜上装有两个金属（Si）电极。它与CCD的不同在于，CCD器件衬底P型或N型的硅半导体材料均可使用，而CID的衬底只能用N型硅，所以电极势阱下收集的是少数载流子空穴。如图3-43所示，当有光照射时，硅片中产生电子空穴对。当控制电极被施加负电压时，空穴被收集在电极下的势阱中，空穴形成的光生电荷量与光照的强度成正比。这就是CID光敏作用的原理。

与CCD转移方式的不同之处在于，产生的光生电荷可以在两个电极之间转移并读出。当许多单个CID组成面阵时，就组成二维的电荷注入阵列检测器。每个单元由两个MOS电容组成，通常将MOS电容称为像素。ICP光谱仪一般采用几十万个像素的CID阵列检测器。

CID读出过程与CCD不同，它不需要将阵列所有电荷顺序全部输出，只用改变电极电压，让电荷在两个电极下的势阱转移，就可实现读出过程。而且可实现非破坏性多次读出。从CID电荷转移与读出来看，它在两个像素间没有电荷转移，没有要迈过的势垒，所以它没有电荷溢出的弥散现象。

图3-44是由若干像素组成的CID阵列检测器。为了控制电极电压变化过程，

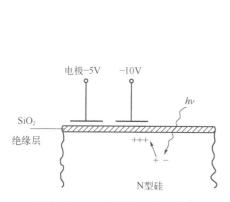

图3-43 CID检测器光电效应

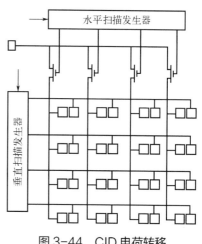

图3-44 CID电荷转移

将行电极和列电极分别接到垂直扫描发生器和水平扫描发生器上,从而可以进行 x-y 选址,用偏置二极管输出电荷信号。

CID 总的性能类似 CCD,但也存在一些差别:

① 量子效率不如 CCD。只能采用在 CID 敏感膜前涂上一层能吸收紫外光并发出 500nm 荧光的物质的方法,以提高 CID 在紫外区的量子效率。一般而言,在 200~1000nm 光谱范围内 CID 的量子效率不低于 10%,在 500nm 时峰量子效率约为 90%。

② 暗电流。CCD 制冷达到所需温度时,一般为 0.001~0.03 个电子/(像素·s),而 CID 的暗电流为 0.008 个电子/(像素·s)。

③ 动态范围。CID 为非破坏性读出,无电荷溢出弥散现象,分析动态范围较宽。

④ 整体结构较 CCD 复杂,且属于专利产品,在应用上受到一定的限制。

CCD 属开放产品,商品化程度高,市场上有不同规格的 CCD 部件出售,而且价格便宜,因此 CCD 在光谱仪中应用比较广泛。

3.2.3.3 图像传感器

互补金属氧化物半导体(complementary metal oxide semiconductor,CMOS)是电脑主板上的一块可读写的 RAM(随机存取存储器)芯片。其与 CCD 图像传感器的研究几乎是同时起步,但由于受初期工艺水平的限制,CMOS 图像传感器在图像质量、分辨率、噪声和光照灵敏度等方面,用于光谱仪器检测器时均不够理想。而 CCD 可以在较大面积上有效、均匀地收集和转移所产生的电荷并在低噪声下测量,因此一直是光谱仪器固体检测器的主流元件。进入 21 世纪以来,由于集成电路设计技术和工艺水平的提高,CMOS 图像传感器过去存在的缺点已得到克服,而且它固有的像元内放大、列并行结构,以及深亚微米 CMOS 处理等独有的优点,更是 CCD 器件所无法比拟的,而且与 CCD 技术相比,CMOS 技术集成度高、采用单电源和低电压供电、成本和技术门槛低。低成本、单芯片、功耗低和设计简单等优点使 CMOS 图像传感器作为光谱仪器固体检测器再次成为应用研究的热点[23,24]。

(1)CMOS 检测器件的结构

CMOS 图像传感器和 CCD 在光检测方面的工作单元结构都是 MOS 电容,工作原理没有本质区别,只是制造的基底材料不一样以及在集成度上有差别。CCD 集成在半导体单晶材料上,而 CMOS 集成在金属氧化物的半导体材料上。工作原理的不同点在于像素光生电荷的读出方式。CCD 是通过垂直和水平 CCD 转移输出电荷,而在 CMOS 图像传感器中,电压通过与 DRAM(动态随机存储器)类似的行列解码读出。图 3-45 和图 3-46 分别为 CCD 和 CMOS 的工作原理。

CCD 图像传感器工作原理为:①曝光后光子通过像元转换为电子电荷包;②电子电荷包顺序转移到共同的输出端;③通过输出放大器将大小不同的电荷包转换为电压信号。

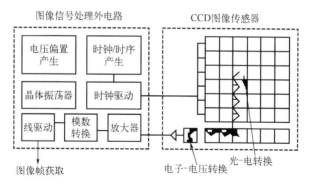

图 3-45 CCD 图像传感器工作原理

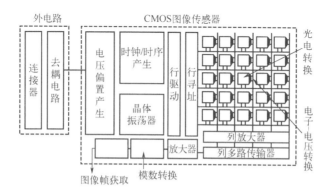

图 3-46 CMOS 图像传感器工作原理

CMOS 图像传感器工作原理为：①传感器内部芯片集成度高，而外围电路简单；②光子转换为电子后直接在每个像元中完成电子电荷-电压转换。

（2）CMOS 与 CCD 图像传感器在工作方式上的差别[25]

如图 3-45 和图 3-46 所示，可以看出 CMOS 与 CCD 图像传感器在工作方式上的不同：CMOS 图像传感器输出的数字信号可以直接进行处理，电路的基本特性是静态功耗几乎为零，只有在电路接通时才有电能的消耗；CMOS 集成度高，可以将放大器、模数转换器（ADC）甚至图像数字信号处理电路集成在芯片上，图像传感器的外部处理电路比 CCD 要简单得多。

（3）CMOS 性能与特点

CMOS 与 CCD 图像传感器在结构、工作方式和制造工艺兼容程度上的差别，使得 CMOS 图像传感器具有 CCD 所不具有的一些优点：

① CMOS 图像传感器输出的数字信号可以直接进行处理。

② CMOS 电路的基本特性是静态功耗几乎为零，只有在电路接通时才有电能消耗。

③ CMOS 集成度高，可以将放大器、ADC 甚至图像数字信号处理电路集成在

芯片上。

④ CMOS 制造成本低、结构简单、成品率高，价格上与 CCD 相比具有优势。

⑤ CMOS 图像传感芯片除了可见光，对红外光也非常敏感。在 890～980nm 范围内其灵敏度远高于 CCD 图像传感芯片的灵敏度，并且随波长增加而衰减，衰减梯度也相对较慢。

CMOS 固态检测器已经不断为现代光谱分析的商品仪器所采用，在读取速度和光信号接收转换处理电路上，比现在全谱仪器上流行的 CCD/CID 固体检测器要简便和有效。如利曼采用 CMOS 阵列检测器的 ICP-OES 产品 Prodigy 7，CMOS 检测器 28mm×28mm，有效像素点 1840×1840，约 338 万像素，每个像素大小在 15μm；其读取速度是传统的 CCD 检测器速度的 10 倍，线性范围普遍提高 10 倍以上；检测器信号控制不再使用速度较慢的寻址以太网通信，使得 ICP-OES 的检测速度更快，并可以增强信号的灵敏度和稳定性。2016 年在美国匹兹堡会议上展现的新产品 PRODIGY PLUS 增加了卤素检测波段，使得检测波长扩展到 135～1100nm[26]。

当前，在灵敏度、分辨率、噪声控制等方面 CCD 仍优于 CMOS，随着 CCD 与 CMOS 传感器技术的进步，两者的差异有逐渐缩小的态势。CMOS 与 90%的半导体都采用相同标准的芯片制造技术，而 CCD 则需要一种极其特殊的制造工艺，CMOS 具有低成本、低功耗、高整合度以及高读出速率等优点，这将有利于光谱仪器的优化及小型化发展。在未来的发展中，二者互相借鉴对方的技术优势，从而使二者的性能水平接近并更加优化。

3.2.4 计算机及电控系统

ICP 光谱仪的检测系统，不论是顺序型还是同时型都需要配备专用的电子计算机，用于仪器光学系统和检测系统的控制，分析数据的处理、存取和传输。通过计算机控制高频发生器、炬管室及进样系统、分光系统、测光系统参数设定和进行数据处理。同时通过预定编制的软件进行光谱干扰的校正及分析结果的统计处理等。

（1）电控系统

由检测器得到的谱线信息需要进行定量化处理，信号处理器可放大检测器的输出信号，把信号从直流变成交流（或相反），改变信号的相位，滤掉不需要的成分，执行某些信号的数学运算，如微分、积分或对数转换。通常，光电检测器的输出采用模拟技术处理和显示，将从检测器输出的平均电流、电位等放大、记录或显示。与模拟技术相比，计算机的数字化技术有更多的优点：可改善信噪比和低辐射强度的灵敏度；提高测量精度；降低光电倍增管电压和温度的敏感性；并可向数字化发展，对仪器的操控不断实现自动化与智能化，通过电控系统对仪器运行、仪器参数设定及分析程序自动控制，完成数据采集、运算及储存；通过计算机进行设定及控制。

现代商品仪器通过计算机的电控系统，具有可以自动点火和仪器自动监控，提供自动扫描、寻峰、定位，自动扣背景、画谱图（profile），自动设置光电倍增管负高压、测定条件，自动进行数据处理、误差统计和质量控制等功能。

（2）数据处理及计算机软件

在光电检测的仪器中，采用电子计算机进行分析程序控制及数据处理。用于ICP系统的计算机必须能为ICP光谱分析校准范围提供合适的分辨率。ICP光谱分析的线性范围高于5个数量级，要充分发挥其分析能力，计算机应有10^{-6}的分辨率。同样，电子系统把光电倍增管得到的逻辑信号转换成计算机的数字信号，也必须有相同的分辨能力。运用数字技术通过计算机将光谱仪器分析过程以文件管理、数据采集、数据处理等操作软件形式，实现光谱信号的采集、处理、标定、设置等[27]。

将光谱信号向数字化转变，促使仪器实现"信息化""数字化"，在物理层（PHL）和处理层（PL）达到完善，计算机软件的功能使光谱仪器向操作"傻瓜化"、功能"智能化"发展，显示出分析仪器的优越功能。

ICP-OES仪器由于可对多元素同时进行激发，属多谱线体系，谱线解析和信号数据处理已经成为干扰校正及谱线强度精确测量的关键，特别在应用于食品安全检测、环境控制、生物与临床医学等复杂体系分析中更显重要。因此商品仪器均带有背景校正功能、干扰元素系数校正（IEC）软件，开发有谱线干扰自动校正的专用软件。如商品仪器PE公司推出的多组分谱图拟合技术"MSF"（multicomponent spectral fitting）、安捷伦公司推出的实时谱线干扰校正方法"FACT技术"（fast automated curve-fitting technique）软件。通过计算机软件将样品的实际谱图分解为分析元素的谱线、空白溶剂的谱线、基体或干扰元素的谱线，与预先建立的标准谱图进行比较，拟合出纯待测元素谱图进行测定；或是以高斯分布数学模式对被测物和干扰物的谱图进行最小二乘法线性回归，实时在线解谱，实时扣除谱线干扰，同时进行背景校正，以此来消除谱线干扰，提高ICP-OES的选择性和准确度。

随着计算机数据处理软件系统的开发与应用，出现了智慧型仪器数据处理软件系统ChemDataSolution[28]，实现了多种数据类型、多个变化因素综合影响下的大数据载入，解决了智能数据分析的接口问题，使其成为复杂科学仪器数据处理、多谱线发射光谱数据分析的强大工具。

3.2.5 光谱干扰校正系统

对于光谱干扰的校正，通常的商品仪器均有离峰扣背景校正法及k系数校正法，可由计算机软件自动进行。离峰扣背景校正法，只能消除连续背景、杂散光的影响，对谱线重叠干扰无能为力。k 系数校正法即干扰元素系数校正法（IEC），对两者均能校正，但要准确计算校正系数。当干扰元素含量较高、测量偏差又较大时，校准误差较大。干扰校正系数的测定方法及计算方法如下。

光谱干扰使待测元素分析线的强度偏高，需进行光谱干扰校正。分别配制一套分析元素和干扰元素标准溶液并对其进行标准化。将干扰元素的标准溶液作为未知样进行分析。同时得到干扰元素浓度和干扰元素为分析元素所贡献的浓度。即可计算干扰校正系数：

$$k_j = \frac{干扰元素为分析元素所贡献的浓度}{仪器确定的干扰元素浓度}$$

例如：制备 1mg/L 待测元素溶液和 1000mg/L 干扰元素溶液各 1 份。分别喷入空白溶液、1mg/L 待测元素溶液和 1000mg/L 干扰元素溶液，测量待测元素分析线的绝对强度。由 1mg/L 待测元素溶液的绝对强度减去空白溶液的强度得到净分析强度 I_n，1000mg/L 干扰元素的绝对强度减去水的强度得到净干扰强度 I_m。

按下式计算干扰校正系数 k_j，即 1mg/L 干扰元素相当的分析元素的浓度（1mg/L）：

$$k_j = \frac{I_m \times 1}{I_n \times 1000}$$

式中，k_j 为共存元素 j 对分析元素的光谱干扰校正系数；I_m 为干扰元素的净干扰强度；I_n 为待测元素的净分析强度。

在得到干扰校正系数 k_j 后，把它输入到方法中进行校正。

3.2.6　ICP-OES 仪器性能的要求和判断

ICP 光谱仪器不管是多道、单道还是全谱型仪器经调到最佳状态后，需满足下列性能要求，才适于分析工作。

（1）短期稳定性的要求

连续测量工作曲线系列溶液中较低标准溶液（不是最低标准溶液），测量元素的绝对强度或相对强度 10 次，其相对标准偏差一般不超过 1.0%。

当测定试样溶液中元素浓度高于 $5000 \times D.L.$ 时，$RSDN_{min}$ 是唯一需要评价的性能参数，测出值应低于方法中给出的 $RSDN_{min}$ 值。

（2）长期稳定性的要求

对工作曲线系列溶液中较低标准溶液（不是最低标准溶液），每隔 30min 测量一次各待测元素的绝对强度或相对强度。计算 11 次测量的相对标准偏差，一般要求不超过 2.0%。

在预测定条件下每隔 0.5h 测定一次，观测 3h 的测定结果。每次对每种元素浓度最高的校准溶液测定 3 次，取其绝对强度或强度比的平均值，计算 7 个平均值的标准偏差，绝对强度法相对标准偏差小于 1.8%，内标法相对标准偏差小于 1.2%。

（3）光谱仪实际分辨率

每台商品仪器均应给出仪器的分辨率。对于仪器的实际分辨率可以根据谱线的半峰宽进行检验。通常采用波长扫描方式，观察穿过谱线左右时的影响，用点描出其峰形，测定峰高一半处的峰宽，并计算分辨率，用 nm 表示，如图 3-34 所示。

测定仪器于 200nm 左右分辨率，实际分辨率应优于 0.010nm。

（4）背景等效浓度与检出限

用工作曲线系列溶液中零标准溶液 c_0（0 浓度水平）、较低标准溶液 c_1（10 倍检出限）和较高标准溶液 c_2（1000 倍检出限），在待测元素波长处测试，计算背景等效浓度（BEC）和检出限（D.L.）。

要求 D.L.＞2BEC。若求得的检出限数值不大于该仪器说明书标称值的两倍，并且不超过分析方法标准所规定的具体数值，一般可认为满意。

（5）标准曲线的线性

通常应采用基体匹配法配制工作曲线系列标准溶液，其线性范围一般应不小于三个数量级，经实验不进行基体匹配时方可采用纯标准溶液测定，对于全谱型仪器（CCD），每一测量元素最好用扣背景强度计算，同时每一工作曲线需标明谱线及左右扣背景强度位置，各测定元素工作曲线相关系数应在 0.999 以上。

注意事项：

① 溶液中所溶解的固体总量一般不超过 1%，大于 4% 的应使用高盐雾化器。

② 采用氢氟酸溶液时，应使用耐氢氟酸的雾化器、雾化室和刚玉芯管，严格防止污染及腐蚀。

③ 氢化物发生系统需检查管道及流量，保证管道畅通、流量稳定，为防止熄火可适当加大功率。

④ 如果不了解试样组分，无法配制与分析试样相匹配的校准溶液，则可采用加入法，按以下方法配制校准溶液。

取四份等体积的同一试样溶液，分别置于四个容量瓶中，除一瓶外，在其他三瓶中分别加入不同已知量的元素标准溶液，使其浓度分别为试样溶液中分析元素估计量的 1 倍、2 倍、3 倍。把四个容量瓶中的溶液稀释至同体积。

求出各瓶溶液的读数平均值，以读数平均值为纵坐标，加入的分析元素浓度为横坐标作图。将所作出的直线向下方延长至与横坐标轴相交，该交点与坐标之间的距离代表原测试溶液中该元素的浓度。计算试样中该元素含量。

注意，加入法只能在扣除背景和空白，且强度与浓度确为直线关系时才能使用。

3.3 ICP-MS 分析仪器设备

ICP-MS 仪器主要由高频发生器及 ICP 离子源、进样系统、接口锥及离子透镜、碰撞/反应池、质量分析器、检测器和数据处理系统等组成，并带有气路控制系统、循环冷却系统和多级真空系统等辅助设备。示意图见图 3-47。

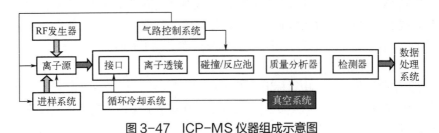

图 3-47　ICP-MS 仪器组成示意图

3.3.1　ICP 离子源

作为质谱分析仪器的离子源也包括进样装置、炬管、高频发生器等。

（1）进样装置

ICP-MS 常规溶液进样装置与 ICP-OES 基本相同，由雾化器、蠕动泵、进样管、内标管和排液管等组成。样品溶液的提升方式有两种：一种是靠蠕动泵输送样品溶液的方式；另一种是自吸雾化器利用气体流动产生的文丘里效应自行提升溶液的方式。不同的是，ICP-MS 进样系统中内标管是常用的，而在 ICP-OES 中内标用得相对较少。另外一个不同是 ICP-MS 的雾室一般都采用制冷雾室，水样溶液制冷温度一般控制在 2～3℃，有机试剂根据其挥发性可控制在 -20～-10℃，而 ICP-OES 一般采用常温雾室。

ICP-MS 采用制冷雾室主要有两个目的：一是制冷去溶，让更多溶剂冷凝下来，提高分析物的相对浓度，减少等离子体焰炬的溶剂负载，降低溶剂容易引起的多原子离子的干扰程度；二是保持恒定的雾室温度和雾化效率，减小由仪器进样系统所引起的漂移。

（2）炬管和高频发生器

ICP-MS 仪器使用的炬管，目前商品化仪器中采用的大多是基于 Fassel 类型的炬管。当用于仪器联用时采用三臂型炬管（见图 3-12），这种炬管可实现二路通道进样：一路是常规的雾化室和雾化器进样，属于湿气溶胶进样；一路是直接引入分析物的干气溶胶进样。等离子体质谱与液相色谱联用时，氩气载气所携带的分析物属于湿气溶胶进样；等离子体质谱与气相色谱联用时，氦气载气所携带的分析物，经过联用专用的加热传输导管引入的可以是干气溶胶进样；等离子体质谱与激光烧蚀系统联用时，氩气、氦气载气引入的激光烧蚀产生的样品蒸气属于干气溶胶进样。

ICP-MS 离子源也由等离子体炬管和高频发生器组成。高频发生器是 ICP 离子源的供电装置，其主要功能是产生能量足够强大的高频电能，并通过高频线圈产生高频磁场，输送稳定的高频电能给等离子体焰矩，以激发和维持氩气等气体形成的高温等离子体。高频发生器分为自激式高频发射器和他激式高频发生器（晶体控制式发生器）两种。自激式高频发生器常使用的频率是 40.68MHz，他激式高频发生器多采用的频率是 27.12MHz，也有商品仪器采用 34MHz。

3.3.2 接口及离子光学系统

3.3.2.1 接口

接口的功能是将等离子体中的离子有效地传输到质谱仪，并保持离子的一致性及完整性。在质谱仪和等离子体之间存在着温度、压力和浓度的巨大差异，前者要求在高真空 [10^{-5}～10^{-9}mbar（1mbar = 100Pa）] 和常温（约 300K）条件下工作，后者则是在常压（1000mbar）和高温（约 7500K）条件下工作。目前，市面上的 ICP-MS 多采用双锥设计理念，即采样锥（孔径 0.8～1.2mm）和截取锥（0.4～0.8mm），并通过机械泵维持接口处的低真空（2～5mbar）。也有商品仪器采用三锥接口，在前两锥之后，增加了一个超截取锥。常见锥口结构见图 3-48。

图 3-48 各种锥口的结构图

位于前端的与等离子体连接的锥称为采样锥，为减小高温等离子体对锥体的影响，一般将其安装在制冷平板上。由于采样锥在等离子体中逐渐腐蚀，工作一段时间后需更换，同时在高盐样品（如海水）分析中，因样品基体沉积，锥口逐渐堵塞，需清洗后才能继续使用。采样锥后端为膨胀室，通过一级或二级机械泵维持真空度在 2～5mbar。

由于采样锥前后端存在压差，大量等离子体通过采样锥进入膨胀室。氩气 ICP 是弱电离等离子体，其中含有大量氩气分子未电离。气态原子、分子、离子及电子进入膨胀室，速度迅速增加，并以超声速在几微秒内膨胀，形成超声喷射流。气态粒子速度迅速增大，将热能转化成动能，使得气体动力学温度从初始温度 5000～

7500K 降至 100～200K。此时，由于电子温度仍保持在初始温度，气态粒子处于热不平衡状态，同时因电子密度迅速下降，可以防止离子-电子复合。研究表明，在采样瞬间等离子体组分处于"冻结"状态，称为绝热膨胀，使科学家在实践中能对元素离子进行有效测量，这是 ICP-MS 分析测试的基础。

截取锥的作用是选择来自采样锥孔的膨胀射流的中心部分，并让其通过截取锥进入下一级真空。典型孔径大小为 0.4～1.0mm，足以防止沉积及堵塞。截取锥锥口位于距马赫盘 2/3 处时为截取锥的最佳位置（即能提供最大信号强度处）。

锥口是消耗品，锥口设计关键是口径与形状，主要考虑离子采集效率与减少冷锥面的多原子离子的形成和进入，减少锥口积盐和样品基体进入。

制造锥口的材料主要有高纯镍、铜或铂。常用的是镍锥，铂金锥主要用于高纯物痕量分析、HF 进样系统，也应用于硫酸、磷酸试剂的分析和需要加氧的有机试剂分析。锥口的安装一般按照简单快速密封的要求，采样锥一般采用石墨垫片同时完成密封和导电接地。也有的锥口采用密封圈的安装方法。

ICP-MS 仪器的接口区域是 ICP 和 MS 的连接区域，通过采样锥和截取锥这两个锥，在大气压下电离的等离子体被引入 6～10Torr（1Torr = 133.322Pa）压力的质谱仪中。将 ICP 这样高温的离子源与质谱仪的金属接口连接起来，这对仪器的接口区域提出了独特的要求，这也是在以前的原子光谱技术中从来没有遇到过的。再加上基体、溶剂、分析物离子、颗粒物、中性粒子均以极高的速度冲击接口锥，这在接口区域造成了一个极端恶劣的环境。

接口最常见的问题是采样锥、截取锥的堵塞和腐蚀，一般而言采样锥的情况比截取锥更加明显。堵塞和腐蚀并不总是显而易见的，因为锥上堵塞物的积累和锥孔的腐蚀常常要经历很长的一段时间。因此采样锥和截取锥要定期检查和清洗，其频次通常取决于分析样品的类型和 ICP-MS 质谱仪的设计。

例如，已有大量研究文献资料表明，接口区域的二次放电会使采样锥过早地变色和退化，尤其是当仪器分析复杂基体样品或者仪器高通量地分析样品时。除了接口锥之外，接口区域的金属腔室也同样暴露在等离子体的高温之下。因此接口区域腔室需要用循环冷却水系统进行冷却，冷却水通常含有某种成分的抗凝剂和防腐剂，用不循环的连续流动水也可以冷却。

采用循环冷却水系统可能更广泛些，因为它可以把接口区域的温度控制得更准。除了需要经常检查循环冷却水的质量以确保接口冷却系统没有腐蚀之外，接口腔并不需要真正的日常维护。如果由于某种原因导致接口变得太热，这通常会触发仪器的安全联锁保护，及时熄灭等离子体。

因此，ICP 质谱仪器的接口区域使用时需要注意的问题有：

① 检查采样锥和截取锥是否洁净，是否有样品沉淀。通常每周要检查一次，这取决于样品的类型和工作的负荷。

② 应用仪器制造商推荐的方法拆卸和清洗锥。通常把锥浸没在盛有稀酸的烧杯里，或者浸没在含有清洗剂的热水里，或者浸没在超声水浴或酸浴里，也可以使用细毛绒布料或者粗抛光粉进行擦拭。

③ 不要用任何金属丝来戳锥孔，这会造成永久性的损坏。

④ 分析某些样品基体时镍锥会很快退化，建议使用铂锥分析强腐蚀性溶液和有机溶剂。

⑤ 用 10~20 倍的放大镜周期性检查锥孔的直径和形状，不规则的锥孔形状会影响仪器性能。

⑥ 待锥彻底干燥后方能装回仪器，否则上面的水和溶剂会被真空系统抽入质谱仪。

⑦ 检查循环水系统的冷却水，可以发现接口区域腐蚀的信息。

3.3.2.2 离子光学系统

离子光学系统由离子透镜组成。离子透镜的主要作用是为了避免中性粒子的干扰，传输离子并聚焦至质量分析器。离子透镜的设计整体可以分为光子挡板型、离轴型和90°偏转型三类[29]。离子透镜各部分组成介绍如下。

（1）离子提取透镜

离子提取透镜处在截取锥后面，是离子束最先接触的离子透镜部件。离子提取透镜有单离子提取透镜和双离子提取透镜，双离子提取透镜可以采用组合式提取电压，如一个采用零电压，另一个采用负电压提取离子。离子提取有多种提取模式，如负提取模式和正提取模式。

虽然各种离子提取锥的口径设计不同，易沾污程度也不同，但长时间高基体样品溶液的使用下都需要清洗，所以一般被装在常压区里方便拆卸，平时被滑阀隔离在真空室外。

（2）聚焦离子透镜

聚焦离子透镜用于抑制离子束在传输过程中离子因相互碰撞而产生的发散，改善离子动能的分布。聚焦离子透镜可以是单个离子透镜或多个离子透镜的组合。目前 ICP 质谱仪器多使用离子透镜组，即由多个片状或筒状离子透镜组成，它们可以被施加负电场，引导正离子沿电势低的方向飞行，使离子具备向前运行的动能。两个被施加不同负电场的离子透镜之间可以形成弧形的电势等位线，在两个施加负电场的离子透镜之间，弧形电势表面形成离子聚焦。

离子透镜组中的个别透镜也可被施加正电场，正电场直接挤压发散的正离子回到离子光学的中心轴，完成聚焦。尤其在碰撞/反应池内离子束受到碰撞反应气体碰撞时发生发散，施加正电场的离子透镜可以明显促使离子聚焦，改善离子传递效率和离子动能分布。与单离子透镜相似，质量数不同的离子在相同离子透镜组的条件下可有不同的传输效果，这是引起质量歧视效应的原因之一。在多个离子透镜工作参数调试过程中，对轻、中、重质量数的元素常采用折中条件来适应多元素同时分析，也可针对个别困难的元素进行特别优化，单独采用个性化参数。

（3）差压孔板或小孔板

在离子光学系统中差压孔板起到类似光谱狭缝的作用，差压孔板是接地的，离子透镜把离子束聚焦后通过到孔板中心的小孔，而散射离子和中性分子被最小限度地挡在外面，避免它们撞击极杆产生背景噪声。另外小孔板把真空系统隔离成第二级真空与第三级真空，故称为差压孔板。差压孔板前面为第二级真空区域，小孔板后面的真空区为第三级最高真空区域，这样有利于四极杆和检测器的工作。

（4）光子挡板

传统的离子透镜组在截取锥和离子透镜间，同轴放置了一个称为光子挡板的金属盘片，穿过截取锥的光子、中性粒子被它阻挡，ICP等离子体中的被分析物正离子受离子透镜的导引控制，绕过光子挡板后再汇合，而电子受离子透镜电场排斥而被阻挡，中性粒子在传输过程中遇到挡板而停止运输，带电的正离子在离子透镜电场的作用下，聚焦成散角尽量小的离子束进入质量分析器。这种结构设计虽然避免了ICP等离子体中的光子和中性粒子直接进入检测器而引起信号响应，但可能引起50%~80%的离子损失。PerkinElmer的ELAN系列的离子透镜系统和光子挡板见图3-49。

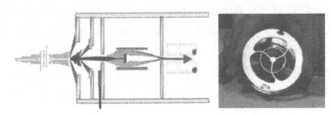

图3-49　离子透镜系统和光子挡板

（5）离轴离子偏转镜

通过光子挡板的方式虽然可以消除等离子体产生的光子和其他中性粒子对电子倍增器的干扰，但需将离子散焦在光子挡板的周围，然后再将离子重新聚焦，造成离子传输的低效率和质量歧视。为了消除采用光子挡板带来的负面影响，有些ICP-MS仪器采用离轴离子路径的设计，即离子流在截取锥后被提取离子透镜提取，经过离子透镜组聚焦及离子偏转透镜的电场作用，使离子束离开光轴穿过差分板上偏离光轴的小孔后进入四极杆。这一设计虽然没有使用光子挡板，却利用了中性粒子和光子不受电场作用仍沿光轴前进的特性将离子分开，与使用光子挡板相比，离子的传输效率有所提高。离子偏转镜的主要作用是让离子束偏离入射中心轴，让光子和其他中性分子仍按入射的中心轴飞行，最终被离子偏转镜或小孔板所反射或阻挡，达到离子与光子和中性分子的分离。图 3-50（a）和（b）是两种典型偏转镜的示意图。

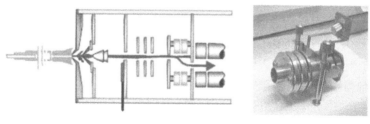

(a) Omega lens 偏转镜

(b) Chicane lens 偏转镜

图 3-50　两种典型偏转镜结构示意图

（6）90°偏转型离子透镜

这种离子透镜系统可使离子进行 90°偏转，让中性分子和光子偏离离子光学的中心轴，降低仪器背景噪声和中性分子对离子透镜系统的污染，是目前厂家普遍采用的离子光学系统。主要有圆弧形离子偏转透镜、四极杆离子反射镜、整体直角离子偏转镜等（见图 3-51）。

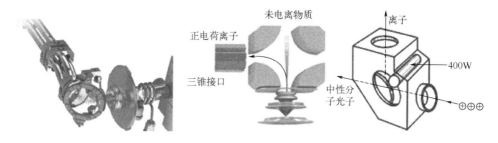

图 3-51　90°偏转离子透镜系统

目前在售的 ICP 质谱仪器基本上都是采用双离轴偏转、QID（离子偏转器）四极杆偏转或 90°偏转（反射）加离轴偏转透镜或双离轴偏转透镜，离子传输到质量分析器前，将中性粒子和光子、中子等干扰去除，有效降低仪器的背景噪声水平。

保持质谱仪离子光学系统的稳定性要达到以下要求：

① 经常监视灵敏度是否有损失，尤其是进行复杂基体检测后。

② 如果清洗了进样系统、炬管和接口锥后，灵敏度依然较低，则可能意味着离子透镜系统已经变脏。

③ 重新调节或者重新优化离子透镜电压。

④ 如果重新优化后的透镜电压和以前的电压有显著不同（通常比以前设定的电压要高），则极有可能是透镜变脏。

⑤ 当透镜电压高得令人无法接受时，意味着离子透镜系统可能需要清洗或者更换（按照仪器操作手册推荐的程序进行）。

⑥ 由于离子光学系统设计的不同，有的离子透镜系统需要用水或稀酸浸泡清洗或超声清洗；有的离子透镜系统需要用砂纸和抛光粉进行清洁，并用水和有机溶剂冲洗；有的离子透镜系统则是消耗品，无法维护，过一段时间后需要更换。

⑦ 清洗完离子光学系统后，要确保其彻底干燥之后再装回去，否则水和溶剂会被真空系统抽入质谱仪。

⑧ 重新安装离子光学系统时通常推荐使用无尘手套，以避免沾污。

⑨ 更换离子光学系统时别忘了检查或者更换 O 形圈或封圈。

⑩ 根据仪器的具体工作负荷，一般而言，经过 3~4 个月使用后，离子光学系统性能通常会变差，建议根据需要进行清洗或更换。

3.3.3 四极杆质量分析器

四极杆质量分析器由 4 根圆柱形或双曲面电极杆组成，双曲面有利于改善丰度灵敏度。极杆采用热膨胀系数较低的材料制成，主要材料有钼金属、镀金陶瓷、合金材料等。四极杆质量分离器的极杆两两成对，每对极杆上被施加高频（RF）的交流电压（V）和直流电压（$\pm U$），施加的高频电压幅度可以相同，但相位相差 180°。基于在四根电极之间的空间产生一个随时间变化的特殊电场，只有给定 m/z 的离子才能获得稳定的路径而通过，其他离子则被过分偏转，与极棒碰撞被中和而丢失，从而实现质量选择。四极杆的特性直接影响到 ICP-MS 的检测范围、分辨率、灵敏度和分析速度，是 ICP-MS 的核心部件。

近些年 ICP-MS 最激动人心的创新也是在该部分，即串联四极杆技术。串接 ICP-MS/MS 在单级 ICP-MS 的基础上，池前加入可质量筛选的四极杆质量分析器，组成二级质谱，目的是对进入碰撞/反应池的离子进行准确质量筛选。串联四极杆技术具有强大的干扰消除能力以及灵活分析能力，可以使用质谱多反应监测（MRM）功能精确控制进入碰撞/反应池内的离子，并在碰撞/反应池中进行精确的反应过程控制，从而能够有效地解决传统 ICP-MS 在使用反应性气体时因共存基体或元素易形成新的干扰离子或共存离子的问题，尤其适用于对复杂基质中易受多原子离子、双电荷离子、同质异位素干扰以及受相邻基体元素同位素拖尾影响的超痕量元素进行分析。

3.3.4 质谱干扰消除系统

3.3.4.1 碰撞/反应池

为解决多原子离子干扰问题，1997 年 Micromass 公司的 Platform 型 ICP-MS 第一次使用了碰撞/反应池技术。碰撞/反应池分为碰撞模式与反应模式，碰撞模式属于广谱抗干扰技术，对全部干扰均有效，使用最广泛。目前主流 ICP-MS 均可使用碰撞模式，但不同品牌之间的干扰消除效果差异很大。碰撞/反应池技术由于专利的原因，各家都不一样，成为最有区别的一个部分。碰撞/反应池有四级杆设计、六级杆设计、八级杆设计，还有在接口上设计碰撞/反应池技术的。四级杆设计和其他设计不同之处在于四级杆能够进行质量甄别，也就是可以让一定范围内的质量数通过。碰撞/反应池可以使用包括甲烷、氧气、氢气和氦气在内的任何一种气体，还可以使用氨气、氧化氮等强反应气。

虽然各家的碰撞/反应池的设计和理念不同，但其去干扰的原理基本都属于动能甄别和质量甄别两种。

① 动能甄别（KED）。即碰撞模式，用惰性碰撞气体，如 He 气，经过大量的离子-分子碰撞后，多原子离子干扰转变成无害的非干扰物质。该模式可以直接抑制干扰物的信号，包括解离和转移干扰物两种方式。应当注意的是，只有碰撞气体的碰撞能大于多原子离子的键解离能时，碰撞诱导解离反应才可以发生。表 3-7 是部分双原子离子与 He 气碰撞的情况。

表 3-7 部分双原子离子与 He 气碰撞的情况

分析物	质量数/amu	干扰离子	解离能/eV	碰撞能（设定 E_{lab}=17eV）	CID 反应
Cr	52	ArC$^+$	0.75～0.93	1.21	可以
Fe	56	ArO$^+$	0.31～0.68	1.13	可以
Cu	63	ArNa$^+$	0.20	1.01	可以
Zn	64	ArMg$^+$	0.16	1.00	可以
Se	80	ArCa$^+$	0.10	0.81	可以
As	75	ArCl$^+$	0.72～2.2	0.86	不可以
Sm,Gd	154	BaO$^+$	4.1～5.6	0.43	不可以
Gd	156	CeO$^+$	8.3～8.5	0.43	不可以

② 质量甄别（DRC）。即反应模式，用纯反应性气体 NH_3、H_2、O_2、CH_4 等，把受干扰的分析物离子通过反应转化成不受干扰或受干扰程度较小的多原子离子进行检测。反应模式针对敏感离子具有高效消除的能力，但这种好处不是每个样品都可以享受的。例如，待测样品中往往含有一定盐分（NaCl），或者在样品消解时使用了盐酸/高氯酸，上机溶液会含有氯（Cl），Cl 性质活泼，在等离子体中会产生一系

列多原子离子，最著名的是 ^{75}ArCl，因为它重合在砷元素唯一的同位素上面，导致 As 本底值非常高，根本无法测量。借助氧气反应池技术，As 与 O_2 结合成 ^{91}AsO，而 ^{75}ArCl 不与 O_2 反应，解决了 ^{75}ArCl 干扰 As 的问题。干扰消除原理见图 3-52。

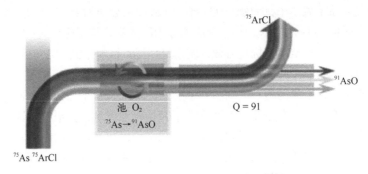

图 3-52　As 受 ArCl 干扰消除示意图

早期反应池与碰撞池有较大的差异，它们的区别可以建立在池的工作热特征上，而不是单纯地区别于使用气体的不同。反应池常采用较高的池压，碰撞机会更多，离子动能差异减小，高的反应气体压力促使平衡反应向产物方向进行。现代的碰撞/反应池常可以分别采用反应气体、碰撞气体以及混合气体。实际操作是改变池工作模式和工作参数。反应气体主要有 NH_3、CH_4、H_2、O_2 等，碰撞气体有 He、Xe、Ne 等。混合气体（如 H_2/He、NH_3/He、O_2/He）中的 He 气为缓冲气体，在加压池系统中缓冲气体与离子多次碰撞，对离子束中的离子起到一定程度的热化作用。

商品仪器的碰撞/反应池有强调技术特点的不同命名，如动态反应池（DRC）、碰撞池技术（CCT）、八极杆反应池系统（ORS）；也有简单命名如采用平板四极杆的碰撞/反应池（Q cell）；还有无池体结构而采用碰撞/反应接口技术的命名。

3.3.4.2　冷等离子体

冷等离子体技术于 1988 年被首次报道，是一个非常有效的技术，主要是通过修改 ICP 操作参数、降低 ICP 功率、增大载气流速、加大采样深度，来降低 Ar 产生的多原子离子干扰，其背景信号要比分析信号显著降低。这使半导体行业中痕量的 Fe、Ca、K 的检出限达到了 10^{-12} 量级。

诸多研究表明，多原子离子干扰产生的机理主要在于高频线圈与等离子体间存在电容耦合，产生约几百伏的电势差，如果不能有效消除的话，将会导致等离子体与样品锥之间的放电现象（称为二次放电）。这种放电现象将会增加多原子干扰离子的形成，并且影响离子进入四极杆分析器的动能，使得离子透镜系统很难优化，因此必须消除这种二次放电。冷等离子体的工作原理就在于尽量地消除等离子体与样品锥之间的电势差。一般情况下，高的 ICP 功率会给出高的离子化效率和基体耐受力，但是由于等离子体与接口之间存在的电势差，大量的 Ar 气与样品在等离子体内部与样品锥后形成了大量的多原子离子干扰；冷等离子体的 ICP 的高频线圈采用中心接地，使得电势差减小，同时降低功率（一般为 500～600W），从而使该电势差较小进而消除二次放电，减少多原子离子生成量。但是由于等离子体中心通道的温度较低，基体分解不完全，基体耐受性差，氧化物干扰更大，因而只适用于基体很低的样品，如水和稀酸。

同时，低的离子化能量，使得冷等离子体难以分析一些难电离元素，如 B、Zn、Cd。

冷等离子体技术被用于半导体行业中的痕量元素分析。但是由于仪器设计上的局限，其检出限并未达某些分析的要求。

3.3.4.3 屏蔽炬

屏蔽炬（shield torch）技术于 1992 年商品化，实际上屏蔽炬技术是冷等离子体技术的一种最有效的改进，现在已被广泛地用于半导体行业中超痕量元素的分析。其工作原理是在等离子体工作线圈和 ICP 炬管之间，利用一个接地的薄屏蔽板更为有效地降低了电势差。其最大的优势在于，可以使用较高的 ICP 输出功率（900～1000W），同时又能消除二次放电，使得多原子碎片无法再离子化，大大降低了背景噪声，降低如 ArH、Ar、ArO、C_2、ArC 的干扰至皮克每克量级，从而使 K、Ca、Fe 等元素的检出限至亚皮克每克量级。与早期的冷等离子体技术相比，又叫高功率的冷等离子体技术。

屏蔽炬技术由于可以工作在类似正常的 ICP 工作状态，使得基体的影响降至最小。ICP 工作状态稳定且背景噪声低，样品基体充分解离，减少了接口与真空系统的污染。更高的离子化能量，使得屏蔽炬可以分析一些难电离元素如 B、Zn、Cd 等。更重要的是，屏蔽炬技术可以直接分析基体和等离子体负载最大的未稀释的强酸、碱和有机试剂中的痕量杂质（皮克每克量级），而这些试剂的直接分析是半导体产业中最重要的一环。

屏蔽炬技术从高功率常规分析状态转为使用冷等离子体状态无须更换任何部件，一个样品可用两种状态切换分析，而切换只需数秒，又可以优化采样深度等操作条件，大大提高了分析效率。该技术已成功地应用于高纯材料的分析。

3.3.4.4 干扰方程校正技术

在碰撞/反应池技术发明之前，分子离子的干扰问题长期困扰着 ICP-MS 分析工作者，尤其是多数环境样品均含有相当浓度的 Cl，而且其浓度随样品变化较大，Cl 对环境工作者最关心的 As 元素的检测形成严重干扰，使其检测结果误差较大。为了解决这个问题，环境分析专家通过经验与理论计算，利用干扰分子离子在待测元素质量数处与在其他质量数处存在一定的理论相关关系或经验相关关系，推导出一些干扰校正方程来扣除干扰分子离子的影响。

这些干扰方程中最常用的为美国国家环保局的 ICP-MS 标准方法使用的干扰方程，包括 EPA200.8 方法干扰校正方程和 EPA6020 方法干扰校正方程。其他专家也针对不同的特殊样品推导出了特定的干扰校正方程，对特定样品也起到了很好的校正作用。干扰校正方程一般是针对特定的样品类型，在一定范围内使用，不能对所有样品使用同一种校正方程。

3.3.4.5 ICP-MS/MS 系统

ICP-MS/MS 是在传统的 ICP-QMS 的基础上发展起来的一种质谱技术，即在传统单级质谱反应池之前加入全尺寸四极杆，具有精确的池前单位质量数筛选能力，被业内的科学家们誉为"化学高分辨"型质谱。ICP-MS/MS 仪器在 MS/MS 下具有卓越的反应模式，第一级四极杆筛选出某一质荷比的母离子进入反应池，在池中与反应气体反应后由第二级四极杆扫描反应产物，确定待测元素的哪种加合离子产率更高，从而选出最佳离子对。然后采用 MS/MS 的原位质量模式或质量转移模式，彻底消除干扰。MS/MS 出色的丰度灵敏度性能，可消除强基体元素引起的拖尾效应。

3.3.5 离子检测器

离子检测器将离子转换成电子脉冲，由积分线路计数，其计数值与样品中该质荷比的离子浓度正相关。离子检测器的重要指标包括死时间、最佳灵敏度、动态线性范围和脉冲与模拟信号的交叉校正等。

电子倍增检测器是一种常用的质谱仪检测器，按打拿极的排列方式可分为连续打拿电子倍增器和不连续打拿电子倍增器。双模式的电子倍增器，因为两种模式的信号线性响应不一致，所以需要对两种模式进行交叉校正（或者称为脉冲/模拟因子调谐）。

扫描脉冲计数检测器，俗称全数字脉冲计数检测器。这种检测器扩展了脉冲检测器的动态响应上限，使之超过 1010cps（离子每秒计数值）。该检测器的控制部分采用一个特殊电极，在电极上面施加一定的电压可以影响电子到后级放大部分的传输效率。当电压动态变化时，检测器的有效离子检测效率从 90%（用于低的离子通量）到 0.01%（用于高离子通量）相应变化。

戴利检测器是一种基于光电倍增管的检测器，这种检测器使用寿命长，而且没有脉冲模拟两种模式之间的转换，不需要交叉校正。戴利检测器采用镀铝的阴电极吸引离子，离子撞击电极后溅射出电子，电子接着撞击闪烁屏转化成光线，被光电倍增管检出放大输出。

3.3.6 数据处理系统

ICP-MS 数据处理系统采用计算机结合专用软件完成。目前一般公司都采用软件工作站的方式对仪器控制和数据分析软件进行管理，可以方便进行仪器及附件的设置、运行和维护。在软件控制界面可以设置仪器参数、方法编制、干扰消除设置、数据处理及报告生成等。

3.3.7 辅助系统

（1）真空系统

真空系统由分子涡轮泵和机械真空泵组成。

所有的质量分析器都必须在高真空状态下操作，真空泵是所有质谱仪的"核心"部件。质谱技术要求离子具有较长的平均自由程，以便离子在通过仪器的途径中与另外的离子、分子或原子碰撞的概率最低。真空度直接影响离子传输效率、质谱波形及检测器寿命。真空度越高，待测离子受到干扰越少，仪器灵敏度越高。

ICP-MS 采用的是三级动态真空系统，使真空逐级达到要求值。

① 采样锥与截取锥之间的第一级真空约 10^{-2}Pa，由机械泵维持；

② 离子透镜区为第二级真空（10^{-4}Pa），由扩散泵或涡轮分子泵实现；

③ 四极杆和检测器部分为第三级真空（10^{-6}Pa 以上），也由扩散泵或涡轮分子泵实现。

（2）气路系统

等离子体炬一般配置 3 种氩气气路：冷却气、辅助气和雾化气或载气。有的进样系统采用微量雾化器，所以也用到第 4 种氩气气路（补充气）。

其他辅助的气路有：用于气溶胶稀释的氩气稀释气（俗称为护鞘气或护套气），通常加在炬管的连接处，也有加在雾化室端口的；有用于有机试剂分析的加氧除碳的氧气气路，它们直接加在雾化室或炬管连接管上。氩气一般采用总管引入再用多通接头分接，其他种类的气体（如氧气）则单独连接。一般仪器通常采用高压气体钢瓶或液氩罐的气源，高压气体经过减压阀后再由仪器的各种流量控制器精细控制流量。

（3）循环冷却水系统和软件系统

循环冷却水系统由水泵、制冷机、控温系统、压力表、调压阀等组成，是等离子体质谱仪器配置的独立辅助装置。等离子体质谱的锥口、等离子体炬管的 RF 线圈、水冷却型等离子体高频发生器、半导体制冷雾室、分子涡轮泵等常常需要循环水进行冷却。有些商品仪器对不同部件也采用风冷、气冷的方式。如高频线圈铜管内采用氩气冷却，等离子体高频发生器或者分子涡轮泵也有采用风冷的。

循环冷却水一般采用蒸馏水或市售超纯水，不用去离子水，水温一般控制在20℃±0.5℃。

3.3.8 ICP-MS 仪器性能要求及测试方法

（1）ICP-QMS 仪器常规技术指标

ICP 质谱仪器的主要技术指标有质量范围、分辨本领、灵敏度、丰度灵敏度、测量精密度和准确度等。以四极杆为质量分析器的 ICP-MS 仪器，由于已经发展为成熟的商品仪器，是目前应用最广泛的 ICP 质谱分析仪器之一，通常表示为 ICP-QMS。其常规技术指标主要包括：背景计数率，灵敏度，检出限，丰度灵敏度，氧化物离子产率，双电荷离子产率，质量稳定性，质量分辨率，短期稳定性，长期稳定性，同位素丰度比，抗高盐、碳基、氯基干扰能力等。下面所列的常规 ICP-MS 仪器多属于这类仪器。

（2）ICP-QMS 仪性能的测定方法

GB/T 34826—2017 给出了四极杆 ICP-MS 仪器性能各参数客观、公正的测试方法，该标准的实施，对评价各类四极杆 ICP-MS 仪器性能提供了依据。标准制定的仪器性能参数具有完整性、系统性和科学性，可以从多方面、多角度反映仪器测定指标的优劣。指标设置具有公正性、客观性和科学性，同时具有可操作性。具体测定方法可参照该标准执行（见附录3）。

3.4 ICP-OES/MS 分析的常规仪器

3.4.1 常规 ICP-OES 商品仪器

当前 ICP-OES 仪器生产厂商、仪器型号及主要技术指标如表 3-8 和表 3-9 所示。

表 3-8 同时型 ICP-OES 商品仪器型号及特性

厂商及仪器型号	同时型 ICP-OES 仪器基本参数	检测方式
赛默飞世尔（Thermo）iCAP 7000 系列（iCAP PRO）	中阶梯光栅-棱镜双色散系统，光栅刻线 52.91gr/mm，波长范围 166～847nm，焦距 383nm，分辨率 0.007nm（200nm 处），驱气型光室。CID 检测器，固态高频发生器，频率 27.12MHz，功率 750～1500W	全谱直读。最新型号采用垂直炬管双面观测技术
珀金埃尔默（PE）Optima 8000 系列 Avio 500 ICP-OES	中阶梯光栅-光栅/棱镜双色散系统，波长范围 165～403nm/403～782nm，光栅刻线 79gr/mm，焦距 504mm。平板式等离子体负载，双 SCD 检测器，充 N_2 气光室。固态高频发生器，频率 40.68MHz	全谱直读，双向观测，MSF 多谱拟合技术
安捷伦（Agilent）ICP 730 ES、ICP-OES 5900	中阶梯光栅-棱镜双色散系统，波长范围 165～1100nm，光栅刻线 94.74gr/mm，焦距 0.4m，CCD 检测器，充气光室。高频发生器，频率 40.68MHz。垂直炬管双向同步观测智能光谱组合（DSC）（SVDV）ICP-OES 技术，5800 型自由曲面光学系统	全谱直读，FACT 谱线拟合校正
日本岛津（Shimadzu）ICPE-9800、ICPE-9820	中阶梯光栅双色散系统，光栅刻线 79gr/mm，波长范围 167～800nm，百万像素 CCD 检测器，真空室。小炬管设计 Eco 模式，固态高频发生器，频率 40.68 MHz	全谱直，垂直炬管双向观测，自动切换

续表

厂商及仪器型号	同时型 ICP-OES 仪器基本参数	检测方式
美国利曼（LEEMAN LABS）ICP Prodigy 系列	固定式中阶梯光栅-弧面棱镜/透镜交叉色散系统，波长范围 165～1100nm，光栅刻数 79gr/mm，焦距 750mm，大面积固态阵列 L-PAD 检测器，ICP Prodigy 7 采用 CMOS 固态检测器，固态高频发生器，频率 40.68MHz	全谱直读，双铂网雾化器
德国耶拿（JENA）ICP PQ 9100	中阶梯双色散系统，波长范围 160～900nm，光学分辨率 0.003nm（在 200nm 处），垂直矩管，双向观测。高灵敏度、高量子化效率 CCD 检测器，像素分辨率优于 0.002nm，充气式光室。固态高频发生器，频率 40.68MHz，功率 1700W	全谱直读，全自动气体质量流量控制
德国斯派克（SPECTRO）SPECROGREEN	凹面光栅 Paschen-Rung 装置，一维色散；多光栅系统：（3600+1800）gr/mm；波长范围 130～770nm。线阵 CCD 检测器；垂直炬管，径向双面观测（DSOI）。固态高频发生器，频率 40.68MHz。密闭充氩循环光室	全谱直读，整个光谱区域内光谱分辨率保持恒定
聚光科技（杭州谱育）EXPEC 6500 ICP-AES	中阶梯光栅的二维分光系统，谱线范围 165～870nm，自激式全固态高频电源，背照式深制冷面阵 CCD 高速数采系统	全谱直读，垂直炬管双向观测
钢研纳克 Plasma 3000 ICP-AES	中阶梯光栅-二维分光系统，光栅 52.67gr/mm，焦距 400mm，谱线范围 165～900nm，科研级 CCD 检测器全谱采集。自激式全固态高频发生器，频率 40.68MHz	全谱直读，垂直炬管双向观测

表 3-9 顺序型 ICP-OES 商品仪器型号及特性

厂商及仪器型号	顺序型 ICP-OES 仪器基本参数	检测方式
HORABA JY JY Ultima Expert	平面光栅 Czerny-Turner 装置,背靠背双面 4343/2400 gr/mm 离子刻蚀光栅，焦距 0.64m，波长范围 120(深紫)～160～800nm，分辨率 0.0035 nm。背照式 CCD 检测器/固态高频发生器，频率 40.68MHz；充气光室	高速扫描全谱采集功能。HDD 高动态检测器，IMAGE 全谱定性半定量系统
岛津（Shimadzu）ICPE-8100	平面光栅 Czerny-Turner 装置，刻线 2400～4960gr/mm；焦距 1m，最高分辨率 0.0045nm。波长范围 160～850nm；PMT 检测器，双光室双 PMT，带内标通道，高频发生器，频率 27.12MHz，功率 1.8kW（Max）	高分辨率扫描型仪器。不同光室不同分辨率，适应不同波段测量
GBC 公司 Intgera XL	双道扫描 Czerny-Turner 装置，平面光栅刻线 3600gr/mm；焦距 0.75m；波长范围 160～800nm；分辨率最高为 0.004nm。PMT 检测器，双 PMT，双光路，双单色器可选。光室空气/真空可选。自激式高频发生器，频率 40.68MHz	低流速（冷却气 10 L/min），低功率，可拆卸石英炬管
科创海光 WLY 100-2	单道扫描 Czerny-Turner 装置，平面光栅 3600gr/mm；1m 焦距，固态高频发生器，频率 40.68MHz	单道扫描，分辨率≤0.009nm；PMT 检测器
钢研纳克 Plasma-1000	单道扫描 Czerny-Turner 装置平面光栅，刻线 3600gr/mm；1m 焦距。PMT 检测器，高频发生器，频率 40.68MHz，功率 0.75～1.5kW	单道扫描仪器，分辨率≤0.008nm
无锡金义博 TY 9900	单道扫描 Czerny-Turner 装置，平面光栅刻线 3600gr/mm；1m 焦距,PMT 检测器，自激式高频发生器，频率 40.68MHz，功率 0.8～1.2kW	单道扫描仪器，分辨率≤0.008nm

注：由于商品仪器技术创新，型号不断更新，此表仅为各公司当前典型产品提供相关数据，仅供参考。

3.4.2 常规 ICP-MS 商品仪器

当前 ICP-MS 仪器生产厂商及仪器型号和主要部件及参数见表 3-10。

表3-10 ICP-QMS仪器生产厂商仪器型号和主要部件及参数

生产厂商	在售型号	RF发生器 频率/MHz	RF发生器 功率范围/W	进样系统 雾室温度	锥口 采样锥口径/mm	锥口 截取锥口径/mm	锥口 超锥/mm	离子透镜 偏转方式	碰撞反应池 结构	检测器 动态线性范围	四极杆系统 材质结构	四极杆系统 频率/MHz	四极杆系统 质量范围/amu	四极杆系统 扫描速度(amu/s)
安捷伦科技	Agilent 7800	27.12	500~1600	-5℃~室温	0.9	0.4	—	90° 双离轴偏转	八极杆	10^9	双曲面高纯钼	3	2~260	3000
安捷伦科技	Agilent 7850	27.12	500~1600	-5℃~室温	0.9	0.4	—	90° 双离轴偏转	八极杆	10^9	双曲面高纯钼	3	2~260	3000
安捷伦科技	Agilent 7900	27.12	500~1600	-5℃~室温	0.9	0.45	—	90° 双离轴偏转	八极杆	10^9	双曲面高纯钼	3	2~260	3000
赛默飞	Thermo iCAP RQ	27.12	400~1600	-10~20℃	1.1	0.5	—	90° 偏转	平板四极杆	10^9	双曲面高纯钼	2	4~290	>3000
珀金埃尔默	P-E Nexion 1000 (G)	34	400~1600	选配	1.1	0.9	1.1	QID 四极杆偏转	四极杆	10^9	殷钢	3	1~285	>5000
珀金埃尔默	P-E Nexion 2000 (G)	34	400~1600	选配, C以上标配	1.1	0.9	1.1	QID 四极杆偏转	四极杆	10^9	殷钢	3	1~285	>5000
德国耶拿	Jena Plasma Quant MS	27.12	300~1600	-12~20℃	1.1	0.5	—	90° 反射	一体化（iCRC）	10^{11}	双曲面高纯钼	3	2~260	>2000
岛津	ICP-MS 2030	27.12	500~1600	-5℃~室温	0.8	0.35	—	90° 偏转	八极杆	10^9	双曲面高纯钼	2	5~260	>2000
北京衡昇	iQuad	27.12	500~1600	-10~20℃	1.0	0.65	—	90° 双离轴偏转	六极杆	10^{10}	双曲面高纯钼	2	2~290	>4000
杭州谱育	EXPEC 7200	27.12	700~1600	-10℃	—	—	—	—	—	—	—	—	—	—
杭州谱育	SUPEC 7000	27.12	700~1600	-10℃	—	—	—	—	—	—	—	—	—	—
钢研纳克	PlasmaMS300	27.12	400~1800	-10℃~室温	1.1	0.65	—	—	—	—	—	—	—	—
天瑞仪器	ICP-MS 2000	27.12	600~1600	-20~20℃	1.1	0.75	—	—	—	—	—	—	—	—
莱伯泰科	LabMS 3000	27.12	500~1600	-15~80℃	1.1	0.5	—	—	—	—	—	—	—	—

第 4 章
ICP-OES/MS 分析的进样方式与标准制备

4.1 进样方式

ICP-OES/MS 分析方法可以对固、液、气态样品直接进行测定。对于液体样品分析的优越性十分明显，对于各种类型样品的分析，通常只需将样品加以溶解制成一定浓度的溶液即可。通过溶解制成溶液再行分析，不仅可以消除样品结构干扰和非均匀性，同时也有利于标准样品的制备。分析结果也具有可溯源性，可作为标准方法。对于固体样品的直接分析，可以解决样品分解过程，直接测定可同时测定多个元素，甚至可实现"全谱"自动记录和测定。

4.1.1 液体进样方式

液体进样法是最方便、最直接和应用最多的进样方法。采用雾化装置将液体样品雾化，以气溶胶的形式引入 ICP 焰炬中。雾化装置由雾化器和雾室组成，根据所使用的雾化器种类不同，液体进样主要有以下几种。

① 气动雾化进样：采用同心雾化器、垂直交叉雾化器、高盐量的 Babington 雾化器等雾化进样。

② 超声波雾化进样：采用去溶和不去溶的超声波雾化器进行雾化进样。

③ 高压雾化进样：采用耐高气体压力的雾化器进行雾化进样。

④ 微量雾化进样：采用进样量少的雾化器和循环雾化器进行雾化进样。

⑤ 惰性（耐氢氟酸的）雾化进样：采用特殊材料（如铂、铑或聚四氟乙烯等）制作的、不易被氢氟酸腐蚀的雾化装置进行雾化进样。

当液体样品需经包括分离和富集在内的预处理，或稀释系数较大、样品量有限、高盐，有一系列校准标准或需用标准加入法，或溶液性质如黏度影响雾化时，则流动注射技术（FI）比连续雾化法具有更明显的优势，并且为在线同位素稀释法提供了极佳的应用前景。FI 技术在样品分析中能提供在线分离稀释，并可进行在线标准加入。通过使用流动注射技术和直接注射雾化器，取消了传统的标准加入法中费时的溶液制备步骤，同时保留了标准加入法的基体校正的优势。

液体进样法也有通过电热蒸发技术、激光蒸发技术和电感加热蒸发技术等将溶液样品引入 ICP-MS 的特殊技术，在此不作介绍。

4.1.2 固体进样方式

采用固体进样装置将固体试样直接汽化，以固态微粒的形式引入 ICP 焰炬中。固体样品进行直接分析，可减少烦琐的样品制备过程，具有省时的优点，同时减少了污染的可能性，并避免了溶液制备过程中的稀释效应，对降低检出限有利；消除了溶液法中由于水的存在引起的多原子离子干扰；有些固体进样法，不仅能进行整体取样，而且能进行特定微区的描迹，如采用 LA-ICP-MS（激光烧蚀电感耦合等离子体质谱）进行深度分析。但固体进样技术目前还存在着一定的局限性，如对需基体匹配的标准样品进行校正，样品的不均匀性及样品粒子传输中的分馏现象是该技术面临的严重问题。同时，固体进样装置相对复杂，价格昂贵。目前采用的固体进样装置主要有：

① 激光烧蚀（LA）进样。采用激光直接照射在试样上，使产生的气溶胶引入 ICP 焰炬中，包括激光微区烧蚀进样。

② 火花烧蚀（SB）进样。采用火花放电将样品直接烧蚀产生的气溶胶引入 ICP 焰炬中。

③ 固体进样电热蒸发（SS-ETV）进样。类似 AA 石墨炉进样装置、银片电加热进样装置。

4.1.3 气体进样方式

采用气体进样装置将气态样品直接引入等离子体焰炬中。当前标准配件的气体进样装置主要有气相色谱法（GC）的进样装置和蒸气发生氢化物发生装置（VG）两种附件进行气体进样分析。也可以用自己组装的气体发生装置将样品中待测元素生成气体由载气直接引入 ICP 焰炬中进行分析，例如用酸试剂将样品溶液中的碳酸盐以 CO_2 气体形式进样，用 ICP 光谱法在 193.091nm 处测定 C，从而获得样品中的碳酸盐的含量，碳的线性范围在 0.01~250μg/mL，检出限为 0.035μg/mL[30]。也可以用离线二氧化碳发生及原位再溶解作为样品分析试液的制备方法，以一定量水样与 4mL 盐酸溶液（1+9）反应，使样品中碳酸盐及碳酸氢盐转化为 CO_2，并在原溶液中原位再溶解，经过仪器常规采用的单管进样装置导入仪器中，经气液分离器在

172.4kPa 压力条件下，使试液中的二氧化碳分离析出，用 C 247.86nm 测其浓度[31]。

4.1.4 其他进样方式

① 悬浮液进样：将悬浮液直接雾化进样分析，或将悬浮液以电热蒸发的方式进样。

② 直接插入式进样、粉末固体法、电弧雾化等进样方法。

4.2 样品前处理

4.2.1 分析样品要求

ICP 对试样的要求与通常的化学分析法相同，不同种类的样品如无机材料、矿物、植物、生物、食品、环保等分析样品，都有不同的要求以及相应的样品制取规范。对于需要进行前处理的样品，总的要求如下：

① 采样的代表性。每一个分析用的样品必须对某一种类的物质（如金属、矿石、生物、食品、环境样品等）具有代表性。通过样品的粉碎、缩分，最终得到分析用试样。

② 分析样品的加工。样品加工应包括直接从现场钻取的屑样或对从现场取得的原始样品进行粉碎（研磨）、过筛、缩分、混匀至需要的粒度，并保证均匀，得到有代表性的分析用样品。

破碎、过筛过程中要注意样品的污染问题，常用的破碎机等设备及筛网等都是由金属制成的，某些情况下可用刚玉鄂板破碎机，或用玛瑙球磨机来粉碎样品。需要测定样品中微量元素时更应避免引入污染，可采用玛瑙、刚玉、陶瓷等研磨设备及尼龙网筛来解决粉碎过程中的污染问题。

潮湿的样品（如铁矿、炉渣、污泥、环保样品等）在破碎前需要干燥，不然影响粉碎效果。如要求测的元素中含有易挥发元素，在不影响粉碎工作的情况下，尽可能不烘样，采用自然风干，或于低于 60℃下干燥（测定 Hg、Se 时在 25℃下干燥）。

③ 样品加工粒度。需要进行前处理的固体样品，一般粉碎至 0.10~0.075mm（即为 160~200 目）。如原始样品量大，可用破碎机反复破碎至全部通过 0.84mm（20 目）筛孔后，混匀缩分至 100g 以上，再粉碎至所需的粒度。样品的粒度关系样品的均匀性，也与样品的完全分解及溶解速度有关，越细的样品越易于被酸、碱等分解。

对于金属样品，可切屑后再细碎。如果样品是均匀的且极易于溶解，切屑即可。对于金属丝材或薄片状试样，剪切为适当大小即可。

对于动植物、生化样品和食品等有机样品，可干燥后剪碎再细碎。

不同领域对于分析样品的取样和制样均有相关标准规定，需按标准进行。

4.2.2 分析用试剂

4.2.2.1 分析用水

《分析实验室用水规格和试验方法》(GB/T 6682—2008)规定了三个级别实验室用水的标准。特别是 ICP-MS 由于常用于痕量分析和微量测定,对水质有更高的要求。在配制元素标准溶液和样品处理过程中要求使用电阻率达 $18.2\mathrm{M}\Omega \cdot \mathrm{cm}$ 的超纯去离子水,常用去离子纯水装置获得。

4.2.2.2 分析用酸

在 ICP-OES/MS 分析中常用酸分解样品,常用的酸有硝酸、盐酸、氢氟酸、高氯酸等,也用其混合酸用来增强分解能力。硫酸与磷酸的黏滞性会引起大的基体效应,也会影响溶液的传输和雾化,且它们的沸点较高,难以蒸干除去(磷酸在受热时逐步形成焦磷酸、三聚及多聚磷酸)。尽管它们具有很强的分解能力,能分解一些矿物、合金、陶瓷等物质,但在 ICP 分析方法中尽量避免使用。ICP-MS 分析更应注意所用酸的纯度,通常用优级纯以上级别的硝酸等,如电子级 BV-Ⅲ、高纯级硝酸等。一些无机酸的物理特性见表 4-1。

表 4-1 无机酸的物理特性

酸	分子式	浓度/%	浓度/(mol/L)	相对密度	沸点/℃	备注
硝酸	HNO_3	68	16	1.42	84/122	HNO_3/68% HNO_3 恒沸物
氢氟酸	HF	48	29	1.16	112	38.3% HF 恒沸物
高氯酸	$HClO_4$	70	12	1.67	203	72.4% $HClO_4$ 恒沸物
盐酸	HCl	36	12	1.18	110	20.4% HCl 恒沸物
硫酸	H_2SO_4	98	18	1.84	338	98.3% H_2SO_4
磷酸	H_3PO_4	85	15	1.70	213	分解成 $H(PO_3)_4$

在一般的 ICP 分析中常用王水及逆王水处理样品,王水是用一份 16mol/L 的 HNO_3 溶液和三份 12mol/L 的 HCl 溶液以体积比混合得到的。二者混合后所产生的亚硝酰氯(NOCl)和游离氯(Cl)是一种强氧化剂。王水通常用于分解金属(金、银、铂、钯)、合金、硫化物及一些矿物;逆王水由三份 HNO_3 和一份 HCl(体积比为 3∶1)混合而成,逆王水可将硫化物转化为硫酸盐,为了避免生成硫或 H_2S,应在用水冷却的条件下工作。

4.2.2.3 化学试剂

ICP 分析特别是 ICP-MS 分析常用于痕量、超痕量成分的测定,通常是采用分析纯或高纯的化学试剂及其溶液。整个分析过程中涉及到的化学试剂,要十分注意其对待测成分的污染问题。

在 ICP 分析中主要用高纯试剂配制标准溶液。高纯试剂是指试剂中杂质含量极微小、纯度很高的试剂。纯度以 9 来表示，如 99.99%、99.999%。高纯试剂种类繁多，标准也没有统一。按纯度级别可分为高纯、超纯、特纯、光谱纯等。

4.2.3 分析试液的制备

4.2.3.1 分析试样的分解方式

试样通过溶解制成溶液再行分析，这是 ICP-OES/MS 分析上最方便的方式。可以采用酸（碱）溶液进行直接溶解，即酸（碱）溶解法；或通过酸（碱）熔剂经熔融分解后酸化制成溶液，即熔融法；或采用微波消解法直接制备分析溶液。

（1）酸（碱）溶解法

常用两种基本方式：敞开式容器酸分解、密闭式容器（多用微波消解法）酸分解。对于很多无机材料，大多可以采用酸碱进行溶解，或用多种无机酸的混合酸进行溶解。

一般在敞开容器中难溶于酸（碱）溶液中的试样，可以在一定的氢氟酸存在下进行溶解；然后用高氯酸加热至冒烟近干除去氟化物；最后加硝酸或盐酸溶解盐类，溶解后在一般酸溶液系统下进行测定。这种处理方式，如样品仍有明显的酸不溶物，需将其过滤，用碱法熔融处理后，酸化，与过滤液合并，再行测定。

（2）熔融法

对那些不能为上述酸类所溶解的试样，需用碱熔法熔样。如矿石、原材料、酸性炉渣、耐火材料中元素成分的测定。可将样品置于铂皿或其他适宜的坩埚中，用碳酸钠、碳酸钾、碳酸钠＋硼酸、偏硼酸锂（$LiBO_2$）、氢氧化钠＋过氧化钠、铵盐等方式于马弗炉中进行高温熔融，熔块以水浸取后，用硝酸或盐酸酸化，定容测定。使用偏硼酸锂的好处是不引入 K、Na 离子。可测 Si、Al、Ca、Mg、As 等含量。

其他类型试样的分解方法参考不同应用领域的样品分解要求进行。

（3）微波消解

由于微波消解设备的功能日益完善和装置设备的普及，其已经被用于有机物样品的分析，对于难分解的无机材料及矿物样品是一个有力的手段。

微波是指频率在 300～300000MHz 的高频电磁波，其中最常用的频率为 2450MHz±13MHz。一般民用微波炉输出功率为 600～700W，可在 5min 内提供 180kJ 的热能。微波可以穿透玻璃、塑料、陶瓷等绝缘体制成的容器。微波辅助酸消解法利用酸与试样混合液中极性分子在微波电磁场作用下，迅速产生大量热能，促进酸与试样之间更好地接触和反应，从而加速样品的溶解。其反应速度大大地高于传统的样品处理技术，而且所制得的试样溶液的酸溶剂等可以降到最低，特别是对于 ICP-OES/MS 法的分析。微波消解技术早期大都是用于生物样品的湿法消解，之后扩展到无机物料分析。这一处理样品技术已日益为 ICP-OES/MS 分析中难溶物料的有效分解手段。

4.2.3.2 制备分析溶液应注意的问题

试样在酸溶解处理成为溶液时，必须保证待测成分定量地转移到测定溶液中，必须保证待测成分不被丢失或沾污。因此，由样品制备 ICP-OES 分析溶液时，溶样时要注意加热蒸发易挥发成分或产生沉淀物而造成的损失，如应特别注意加热时 Hg、Se、Te 等易挥发损失的元素和易形成挥发性氧化物（如 Os、Ru）、挥发性氯化物（如 $PbCl_2$、$CdCl_2$）的损失。

同时要注意溶样时所用试剂及容器材质所带来的污染。特别是 ICP-MS 在对痕量成分以及超痕量成分进行分析时，容器所带来的污染更要注意。表 4-2 和表 4-3 可供参考。

表 4-2 加热易发生挥发或沉淀损失的元素

加热出现损失形式	出现挥发或沉淀损失的元素
以单体释放出来	氢、氧、氮、氯、溴、碘、汞等
以氢化物形式挥发	碳、硫、氮、硅、磷、砷、锑、铋、硒、碲
以氧化物形式挥发	碳、硫、氮、铼、锇、钌等
以氯（溴）化物挥发	锗、锑、锡、汞、硒、砷等
以氟化物形式挥发	硼、硅等
以羟基卤化物挥发	铬、硒、碲等
以卤化物形式沉淀	银、铅、铊
以硫酸盐形式沉淀	钙、锶、钡、镭、铅等
以磷酸盐形式沉淀	钛、锆、铪、钍等
以含氧酸形式沉淀	硅、铌、钽、锡、锑、钨等

表 4-3 $HF-HClO_4$ 溶液蒸发时元素的损失率

元素	损失率/%	元素	损失率/%
As	100	Re	不定
B	100	Sb	<10
Cr	不定	Se	不定
Ce	<10	S	100
Mn	<2		

特别是 ICP-MS 法常用于痕量或超痕量元素的测定，更应注意酸和容器材质带来的污染，表 4-4 中酸及容器材质中所含元素量都很微量，但在超痕量分析中，却是不可忽视的污染源。

表4-4 酸和容器材质造成的污染 单位：×10⁻⁹（质量分数）

酸	材质	Al	Fe	Ca	Cu	Mg	Mn	Ni	Pb	Ti	Cr	Sn
氢氟酸 HF	特氟隆	3	3	1	<0.04	<3	0.1	<0.4	<0.1	0.1	<0.4	—
	白金	10	10	10	0.4	10	0.2	0.3	0.5	1	0.5	—
盐酸 HCl	特氟隆	<4	3	5	0.2	3	0.1	—	<0.4	—	—	—
	白金	2	2	10	1	6	0.2	0.6	<0.4	0.4	Tr	<0.4
	石英	10	10	60	1	10	0.4	2	0.5	2	0.6	0.4
硝酸 HNO₃	特氟隆	2	8	4	<0.01	7	0.1	—	—	—	—	—
	白金	20	20	30	0.4	20	0.6	Tr	1	0.8	—	—
	石英	20	20	60	0.1	20	0.6	—	—	0.3	—	—

注：—表示未检出；Tr 表示未作定量检测。

4.2.4 各种类型试样的分析试液制备

4.2.4.1 常规分析实验溶液的制备

当试样可直接溶解于相应的溶样酸中时，不存在干扰待测元素测定的基体成分或经过采用萃取、离子交换、沉淀等分离方法除去试样基体后制成的、以水为基本溶剂的分析溶液。一般为盐酸或硝酸介质，浓度在5%以下。可以上机直接进行分析，测定其中元素含量。

当样品不含有机物及其他特殊介质时，待测组分含量在仪器的分析线性范围内的样品，如水样或试剂水溶液等，可以酸化后或不酸化直接上机分析。

同时，必须按相同操作制备相应的空白试验溶液，与试样同时进行测定。

取样量根据试样中待测元素含量和方法的检出限确定。试样溶液的用量根据仪器和分析要求确定。

4.2.4.2 固体试样分析溶液的制备

固体试样可通过不同方式制成分析溶液，根据制成溶液中共存基体的状况与采用校准标准溶液的情况，可以大体分成无机物试样与有机物试样等类型。

（1）无机物试样分析溶液的制备

无机物试样包括钢铁及其合金、有色金属及其合金、冶金物料、地质矿物、无机化工产品等物料。

样品通常采用酸、碱试剂溶解（熔融）或微波消解，制成酸性水介质溶液。此时试样基体成分共存于溶液中，必须采用基体匹配的校准标准溶液，以及带同操作的空白溶液进行校正分析，消除基体的干扰，方可获得可靠结果。

试样不能完全分解时，其残渣可采用熔剂先熔融处理后，再用一定量盐酸或硝酸溶液（5%）转入水溶液合并于主液中，直接测定元素的总含量。

实在难以用无机酸碱直接溶解的样品，可以采用微波消解法制备，否则只能采用熔融法制备。不同类型样品的处理，均按其所属领域的取样和制样标准（国家标准或行业标准）规定的样品处理方法进行操作。

（2）有机物试样分析溶液的制备

有机物试样包括食品、动植物样品、生物制剂、医药生化制品、煤焦及油类化工制品等，采用 ICP-OES 法测定其中金属元素含量。样品通常含有大量碳、碳水化合物或碳氢化合物，采用强氧化剂进行湿式或干法消解、微波消解等，将大量碳、碳水化合物及碳氢化合物消解除去，残存的待测成分用无机酸处理成酸性介质水溶液进行测定。

此时试样基体已被消解除去，溶液中仅存待测元素，采用待测元素的标准溶液以及带同操作的空白溶液进行校正分析，即可获得可靠结果。

不同类型样品的处理，均按其所属领域的取样和制样标准（国家标准或行业标准）规定的样品处理方法进行操作。

（3）化工产品试样溶液制备

如测化学试剂和化工原料等样品的杂质元素含量，若该样品基本是可挥发性的，取适量样品低温加热挥发至干，残渣用适量酸溶解并定容至一定体积后测定；若样品基体是不挥发性的，需将样品溶液用萃取或离子交换或沉淀等分离方法除去主体元素后，再制成样品溶液进行测定，即可测出杂质元素含量。也可配制含相应基体的标准溶液对样品溶液进行测试，以消除基体效应的影响，测定样品中杂质元素的含量。当无法配制相应基体含量的标准溶液时，可用标准加入法进行测定。

（4）环境测试样品的分析溶液制备

地下水、自来水、地表水等水样：当样品不含有机物及其他特殊介质，待测组分含量在仪器的分析线性范围内时，这类水样可经酸化或不酸化直接进样测定，如有悬浮物时过滤后可直接上机分析。已酸化的水样用相应酸度的水作空白，未酸化的水样用水作空白，以消除酸度影响。

土壤、水系沉积物等：可称取适量样品，置于聚四氟乙烯（PTFE）烧杯中，用盐酸、硝酸、氢氟酸和高氯酸加热消解，在 200℃下冒高氯酸烟处理，赶硅、除尽氢氟酸后，再于少量盐酸中溶解制成酸性水溶液进行测定。或采用高温熔融分解样品，以酸性水溶液进样测定。

4.2.4.3 液体试样分析试液的制备

油类等液体试样，如润滑油、液态化工产品、类石油及液体碳烃溶液等样品，选择适当有机溶剂进行稀释后，直接上机分析，测定其中金属杂质元素含量。此时，仪器必须使用有机物溶液直接进样分析的附件及仪器条件，并采用有机金属元素标准溶液进行校正分析，方可获得准确结果。

对含有较高浓度的有机物的液体样品，可以采用微波消解法，加入硝酸和高氯酸及过氧化氢消解，待有机物完全分解，以酸性水溶液的形式上机测定。此时，采用水介质的元素标准溶液进行校正分析即可。

4.2.4.4 气态样品或以气态形式进样的分析

对于某些样品中砷、锑、铋、锡、硒、碲、汞等元素的测定，可采用氢化物法分离基体和富集待测元素，以气态形式进样测定，此时，需加装氢化物发生装置附件。或以适宜的气体发生装置，以生成 CO_2、H_2S、SO_2 等的气体形式直接进样测定样品中的 C、S 等元素的含量。

4.2.4.5 其他样品分析溶液的制备

对于电子产品构件、塑料制品、纺织品或其他工业制品等样品中有害元素的分析试液的制备，根据分析需要可采取干法分解或酸碱浸取法。

干法分解。称取一定量样品于瓷坩埚或石英坩埚中，放入马弗炉内（最好先在煤气喷灯或电炉上将样品炭化），逐渐升温至540℃并保持至样品完全灰化后，残渣用少量盐酸或硝酸溶解，制成稀酸溶液（5%）中，上机测定。如轻工产品或纺织品、有害元素的测定。

酸（碱）浸取法。称取粉碎的固体样品或一定体积的样品，置于一定浓度无机酸（碱）溶液中，在一定温度下浸泡一定时间，将待测元素提取于稀酸（碱）溶液中，上机测定。如电子产品有害元素的测定。

以上各类处理方法均需做试剂空白，标准溶液的介质和酸度应与样品溶液一致。

4.2.5 形态分析样品的前处理

元素在样品中可能会以各种不同的价态和赋存状态、与其他元素以各种不同的化学作用相结合或者以不同的结构形式存在，这就是物质的形态。元素的不同形态所具有的毒性、化学活泼性和生物可给性等化学性质有时会相差很大。例如，三价 Cr(Cr^{3+}) 毒性很小，而四价 Cr(Cr^{4+}) 毒性很大；甲基汞的毒性大于二价 Hg(Hg^{2+})；无机砷毒性很大，而绝大多数砷糖却几乎无毒。在环境毒理学、生物医学和食品营养学等学科领域，如果只测定某元素在样品中的总量，往往无法评价该元素的化学、生理学、毒性和营养学的意义。因此，元素形态分析已经成为现代分析化学、环境化学、生物医学和食品科学等领域一个重要的技术支撑。而要获得准确的元素形态分析结果，最难的并非形态的检测技术，而是样品前处理过程中元素形态的保持和元素的不同形态的相互分离。

形态分析样品前处理指样品分解和净化两个环节。形态分析样品前处理并无专门的技术，关键是根据形态分析的具体要求选择合适的分解和分离方法，保证所需形态在样品处理过程中不被破坏。对于气体和液体样品，不存在分解问题，只需滤膜过滤，液相部分直接或经适当分离后即可进行形态分析，而过滤残渣（颗粒物）

如果需要测定其中的元素含量，则需从滤膜上转移至适当容器中，分解后再分析。对于固体样品，首先必须进行适当的分解。一般而言，应采用尽可能温和的分解方法，以避免破坏形态。用水溶液或有机溶剂完全溶解样品是最简单和最常用的分解方法，但很多有机基质的样品难以溶解，通常可采用提取和水解的方法进行分解。提取既可看作一种部分溶解的方法，也可看作一种萃取技术（固-液萃取）。高温提取有可能引起形态的挥发损失或某些形态破坏，微波辅助和超声辅助提取较好。水解方法有酸水解、碱水解和酶水解等多种方式。

多数样品是全部溶解（分解）后制备成样品溶液的，简单基体的样品溶液有时可以直接用于后续分析，但复杂基体样品溶液往往需要先进行样品净化。样品净化的目的是除掉样品溶液中干扰形态分析的基体物质和共存组分。和普通样品净化一样，选择合适的分离技术从样品溶液中将被测物质分离出来或将基体物质和干扰组分分离出来。

形态分析中最简单的任务是只分析样品中一种特定的形态，在这种情况下，样品净化操作除了要消除样品溶液中的基体和共存组分干扰外，还应特别关注该元素其他形态的干扰是否已经消除。通常情况下是在样品净化操作中，采用适当的分离技术，将某元素的特定被测形态分离出来，进行后续的原子光谱分析。例如，如果要测定土壤和沉积物中的有机锡，样品用醋酸-甲醇溶液提取，就可以将有机锡转移至萃取溶剂中，而无机锡不进入萃取溶剂中。又如，测定水样中的 Te（Ⅳ）或 Te（Ⅵ）时，可以在 pH = 5 时用 DDTC-CCl_4 溶剂萃取，Te（Ⅳ）因与 DDTC 形成稳定的疏水配合物而完全萃取到有机相，萃取率接近 100%，而 Te（Ⅵ）则不形成配合物完全留在水相中，这样就可将 Te（Ⅳ）或 Te（Ⅵ）分开进行测定。

4.3 标准溶液制备

ICP-OES/MS 分析通常采用溶液进样，因此需要用标准溶液绘制标准曲线后进行测量。分析用标准溶液可以自己配制，也可以从市场上购买有证的标准溶液。无论自己配制还是购置，都要注意标准溶液的正确使用，因为正确使用标准溶液是保证测量值准确和可溯源性的重要手段。

（1）基准物质和标准样品

由于 ICP-OES/MS 法与化学分析方法一样是相对标准样品的分析方法，可溯源于基准物质。通常采用标准溶液进行校对，也可以直接采用有证标准样品进行校正。

所用标准溶液需要用基准物质配制，实际工作中采用基准试剂配制或直接用标准样品制备。基准试剂需符合以下条件：纯度大于 99.95%，组成恒定，实际组成与化学式完全相符；性质稳定，不易分解、吸湿、被空气氧化等，试剂三证（准生产证、质量合格证、营业许可证）齐全，出厂日期清楚，使用不超过保质期。通常基准试剂包装严密，放置在干燥器中，避阳、防潮，保存期不超过十年，但纯金属表面可能出现氧化，需做表面处理后方可使用。

（2）标准储备液

各种元素标准储备液浓度通常为 1.000g/L。储备液标签应注明元素化合物的分子式、浓度、介质、制备时间、制备人。可以自己用基准物质配制，也可以购置商品标准溶液。应注意以下几点：

① 在使用商品标准溶液前应仔细阅读标准溶液证书上的全部信息，以确保正确使用标准溶液。

② 选用的商品标准溶液应在有效期内，其稳定性应满足整个实验计划的需要。

③ 标准工作溶液的配制应有逐级稀释的记录，且标签要注明名称、浓度、介质、配制日期、有效期及配制人。

④ 标准溶液存放的容器应符合要求，注意相容性、吸附性、耐化学性、光稳定性和存放的环境温度。

⑤ 对使用频率较高的或有疑问的标准溶液进行品质检查时，可采用另一标准溶液进行比对。

⑥ 标准溶液在有效使用期内应进行定期检查，验证其特性值稳定、未受污染。如果标准溶液定期检查发现浓度变化，应立即停止使用。

（3）标准溶液的使用与保存时间

ICP-OES/MS 分析上用的标准溶液一般分为标准储备液和使用标准溶液。各种元素的标准储备液浓度通常为 1.000g/L，并标有确切的浓度值及不确定度。通常用塑料瓶密闭保存，保存期通常不超过 3 年。出现沉淀物或剩余量少于 1/10 时，不能再使用。

使用时根据分析测定范围需要，将其稀释为一定浓度的使用标准溶液。稀释标准溶液时应逐级稀释（每级 10 倍量为宜）。使用多元素标准溶液时还需要考虑元素与元素、元素与介质的相互干扰和影响，通常需要分组配制，如氢氟酸元素组、贵金属组、稀土元素组等。

标准溶液的保存期与元素的性质、浓度、总体积和环境温度有关。浓度为 100μg/mL 的标准溶液可保存 6 个月，浓度为 1~20μg/mL 的常用标准溶液应在一个月内使用。ICP-MS 分析常用的不超过 1μg/mL 的标准溶液应随配随用。

第 5 章
ICP-OES 分析操作技术

5.1 实验准备

5.1.1 ICP-OES 进样装置设定

根据分析对象选择相应的进样装置，进行安装调试。通常以溶液进样为商品仪器的基本配置，可直接对溶液及液体样品进行测定。对固体样品直接进行测定，则需要改装固体进样装置，如 ICP-激光烧蚀固体进样装置；对气体样品进行分析，则需要建立气体进样装置与 ICP 等离子体焰炬的联用，如氢化物发生装置附件。

通常商品仪器均配置溶液进样装置，使用时进样系统还应依据分析的元素、基体和溶样酸的性质，选择相应的雾化器、雾室。如果样品溶液中含氢氟酸，则必须用耐氢氟酸雾化器、耐氢氟酸雾室和炬管陶瓷中心管。分析溶液盐分高于 10mg/mL 时应采用高盐雾化器；用于油品直接分析时应采用专用有机物进样系统。

① 炬管中心管道的选择。不同类型的商品仪器，可以配备不同形式的炬管。为了改变到达离子区样品的特性，要求等离子体炬管中使用不同的中心管。对于可拆卸式炬管，应根据分析对象不同选用不同类型的中心管。比如：分析水相时选用 1.5mm 石英管，分析有机相时选用 1.0mm 石英管，分析高盐溶液时选用 2.0mm 石英管，分析含氢氟酸溶液时选用氧化铝陶瓷制品。

② 雾室的选择。根据进样溶液的性质不同要选用不同类型的雾室。

水溶液雾室：金属材料产品分析选用标准配置的旋流雾室即可，记忆效应小，但比回形雾室稳定性差，蒸气压较高的样品选择能制冷的恒温雾室。

有机溶液雾室：低密度有机样品喷雾腔里应有挡板管，这将减小样品的汽化密度；还要用分析有机相的中心管。高挥发性有机样的分析要求控制喷雾腔的温度，要求在喷雾腔上套上能维持温度为 4℃的循环流体装置，应选用专用冷凝器。

雾室有的是可以拆卸的，也有的是不可拆卸的，如玻璃旋流雾室。对于可拆卸式雾室，在使用前要检查雾室的密封性，确保 O 形圈无破损。

③ 雾化器的选择。标准雾化器的应用范围较宽，含有较多溶解性固体的分析溶液可能导致标准雾化器的阻塞，清洁雾化器相当困难，应格外小心。为防止雾化器的阻塞，可加装含氩湿润器附件；高密度有机试样及高盐溶液应采用 V 型槽雾化器。

④ 耐氢氟酸进样系统，包括雾化器、雾室及炬管中心管，均需更换为耐氢氟酸腐蚀的部件。例如更换为瓷质中心管、耐氢氟酸雾化器、耐氢氟酸的雾室。

5.1.2 分析试样的准备

按照分析要求，根据进样装置的需要制备分析试样或分析溶液。商品仪器的一般配置均对溶液进样而言，所以按分析方法规程将样品制备为分析溶液。

5.1.3 标准校正样品的选择

根据测定范围，选择标准校正样品。对于溶液分析而言，要准备一套适合样品分析含量范围的标准系列溶液。浓度在 1μg/mL 以上的标准溶液可以使用已有的不超过一个月的现有标准溶液，浓度在 1μg/mL 以下的标准溶液，应该现用现配。

5.1.4 ICP-OES 分析程序文件的设定

使用商品仪器进行分析时，需预先编制分析程序文件，包括分析元素谱线设定，标准曲线系列的含量数值等，仪器分析参数如工作气体流速、观测方式及高度等的设定，作为分析程序文件保存，以便分析时调用。

分析程序文件的建立，首先选择要测定元素的分析谱线，由于 ICP-OES 谱线丰富，测定时需选择相应的谱线进行定性定量分析。谱线选择要考虑分析元素的含量、分析谱线的灵敏度、谱线干扰、背景、级次、投射到固体检测器上的位置等因素。

5.1.4.1 选定分析谱线与级次

① 对于微量元素的分析，要采用灵敏线；对于高含量元素的分析，要采用弱线。谱线信号有足够的强度是准确定量分析的前提，信号太强，CID/CCD 光电转换负荷大，线性变差，影响定量的准确性。

② 应优先选择无干扰谱线，其次选择干扰小的谱线。采用二元色散系统，可以同时接收大量谱线信息，元素可供选择的谱线较一维色散系统多得多，因而通常情况可以选择到无干扰且强度较高的谱线作为分析线。在分析基体复杂的样品时，有时难以选择到无干扰的谱线，可以退而求其次，选择干扰较小的谱线，通过干扰校正、背景校正等办法解析干扰进行分析。

③ 相同的谱线具有不同的级次，不同的级次其强度也不同，利用谱线的列信息，选取落在靠近检测器中心位置的谱线与级次。对于强度接近的同一谱线的两个级次，

有时取两者的平均值,用这种方法可提高结果的精密度。

④ 谱线选择或添加后,采用汞灯、氩线、氮线、含长波中波短波元素的混合溶液等对仪器进行粗校准,然后用元素对谱线进行精细校准,使得实际谱线波长与理论值、级数对应。波长位置是否准确影响分析的精度、正确度,波长位置校准是分析前必须进行的工作。

5.1.4.2 选择或添加谱线

根据上述的原则选择分析谱线,添加所需谱线到方法文件中。具体操作步骤见仪器说明书,通常商品仪器均带有谱线库,可以通过运行软件很方便地进行。添加所需的元素谱线(和级次),删除无用的谱线(如果是利用原有的方法文件)。具体操作可在分析模块的对话框中按提示进行。确认所需的谱线(和级次)会在软件的元素周期表中列出。

添加所需的元素谱线(和级次)的对话框中含有元素的谱线以及每条谱线的详细资料,包括谱线与级次、所属波长范围、谱线在固体检测器中的坐标位置、谱峰状态(是否经过校准)、谱线状态(Ⅰ代表原子谱线,Ⅱ代表离子谱线)、相对强度、用于分析的谱线和为新方法自动选择的谱线。通过点击"加入……"或"删除……"按钮,来添加或删除选定的谱线。显示"分析可用"表示可用于定量分析的谱线,只有此处被选择的谱线,才能出现在元素周期表中,用于定量分析。

5.1.4.3 添加谱线库中不存在的谱线

在某些情况下,需要将一条谱线库中不存在的谱线添加其中。在仪器操作软件上称此为"创建谱线"。过程如下:

① 找到波长表的可靠设定值以确保所选择的谱线有正确的波长;

② 在软件相应的对话框中,点击"添加谱线";

③ 打开加入谱线的对话框,点击"建立"输入波长,点击"确认"。

选用此谱线后,按前面方法进行校准即可。

5.2 仪器操作

5.2.1 日常分析操作事项

使用 ICP-OES 仪器进行分析,其日常操作步骤主要有:①开机预热;②设定仪器参数和分析方案;③编辑分析操作软件程序;④ICP 点火操作;⑤谱线校准;⑥绘制标准曲线;⑦分析样品;⑧熄火并返回待机状态;⑨完全关机。

5.2.1.1 检查 ICP 炬管

在开机进行分析操作前,先检查所安装的等离子体炬管是否适当。不同仪器使用不同类型等离子体炬管,其装配可按仪器使用说明书的安装步骤进行。

炬管形式如下：①整体式炬管。其中心管是石英材质，与炬管是一个整体，炬管直接安装在固定位置上使用，整体式炬管只能整体更换。②半可拆卸式炬管。其中心管是单独的，炬管外层管、内层管和/或中心管底座是一体的，使用时将中心管安装在中心管底座上，有的仪器再将中心管底座固定在炬管上。中心管要略低于炬管内层管的上边缘。③全可拆卸式炬管。中心管、炬管外层管、内层管、中心管底座和炬管底座都是分离式的。使用时按照说明书组装好。带金属外套的可拆卸式炬管在装配时，炬管的石英部分应与金属外套相匹配，中心管正好插入中心套，确保中心管道处于炬管的正中央。

商品仪器的可拆卸炬管均确保其炬管管体和金属炬管外壳完全配套，对于石英炬管的更换及清洗，操作起来均很方便。对于整体式炬管只能整体更换。

炬管在使用前要清洗干净，并晾干，检查炬管表面，不得有破损。半可拆卸式或全可拆卸式炬管会有一些O形圈，作密封用，要经常检查O形圈是否老化或破损，防止漏气。如果金属炬管内外两侧的密封圆环存在明显的破损或破坏，应该检修或更换。

对于有固定卡位的仪器炬管架，只要将炬管固定到位即可保证炬管安装位置，对于没有固定卡位的炬管架，安装炬管的位置要使炬管内层管的上边缘与线圈的下边缘保持2~5mm的距离。炬管固定之后，将等离子气（冷却气）和辅助气与炬管连接。

等离子体炬管安装妥当即可开机运行。下文以同时型仪器中阶梯光栅分光-面阵式固体检测器的仪器和顺序型仪器高刻线平面光栅单道扫描仪器为例，介绍ICP-OES分析仪器的日常分析操作问题。对于其他类型的仪器，可参照仪器使用说明书。

5.2.1.2 开机

（1）仪器预热

在仪器开始使用或断电后重新开机运行时，要通电预热使仪器达到稳定状态，才可进行测试工作，一般在15~30min即可。使用短波段（200nm以下）时需使分光系统处在真空系统或充满惰性气体状态下，使光室达到要求的真空度，以保证紫外谱线的分析要求。在点火之前，必须检查各路气体流量是否符合要求，水冷和排风系统是否正常，当前商品仪器均可自动点火，自动显示各项指标是否满足要求，否则将无法自动点火。

（2）选定进样系统泵管

当采用溶液进样方式时，均由蠕动泵采样，此时需根据进样溶液的不同，选用不同的进样泵管。下列两种管道可选用：聚乙烯管（Tygon），适用于水溶性样品，强酸类，强极性溶剂，含甲醇、乙醇等有机溶剂的溶液；维托橡胶管（Viton），适用于低极性溶剂，如烷烃、芳烃、卤代烃，如汽油、煤油、甲苯、二甲苯、氯仿和四氯化碳等。

（3）检查雾化进样系统

检查炬管、雾室、雾化器、气管、毛细管的连接。

商品仪器多使用旋流雾化进样系统，安装时把排放废液的毛细管与喷雾室的底部连接，雾化器插入雾室，雾室固定在炬管下，然后将载气与雾化器连接，接上雾化气管道、进样毛细管和排样毛细管。连接雾化气管和雾化气入口，将喷雾室及雾化器配置同焰炬系统相连，最后，用夹子锁定在设备中。使用前，务必关上等离子体焰炬箱门。每次分析实验开始前应检查泵管是否完好，如有磨损应立即更换。

5.2.1.3 仪器条件的优化

（1）雾化气流量设置

雾化气流量直接关系到仪器的灵敏度和稳定性，随着雾化气流量的增加，灵敏度迅速增大，随后变化趋小，甚至灵敏度略有下降。这是受雾化效率、等离子温度场的变化和传质速度交互作用的影响所致。冷却气流量和辅助气流量对 ICP 的稳定性有显著影响，均应按仪器类型要求设定。

（2）进样量设置

由于进样速度由蠕动泵控制，泵管夹持松紧程度、弹性、泵速、泵速均匀程度、泵头直径、滚柱直径、滚柱数量等与进样的稳定性直接相关。通常 ICP 分析的进样量应控制在 0.5~1.5mL/min，过大的进样量将使等离子体焰炬火焰不稳定，甚至出现熄火。一般多采用 1.0mL/min。

（3）功率调整

高频发生器加载到 ICP 上的功率是维持 ICP 稳定的能量，它通过负载线圈耦合到 ICP 上。功率影响等离子体的温度和温度场分布，随着功率提高，开始时灵敏度增加，同时背景增加，继续增大功率，信背比改善不明显甚至会变差。

对于易激发的元素如 Na、K，应选择较低功率；难激发元素选择较高功率。通常多元素测定时选择折中功率，兼顾难易激发的元素。

（4）调用或建立分析方法程序文件

调用预先编制好的分析方法程序文件。如预先未编制则需新建方法文件，按仪器操作要求格式进行编制，内容包括测定元素及其分析谱线、测定次数、光谱干扰校正参数、标准曲线标准系列设定等内容。

（5）设置背景校正

对于 ICP 光谱仪来说，常常采用基体匹配以消除干扰。但在很多情况下，由于样品之间的成分不同、样品与标准之间的成分难以完全匹配、连续光谱以及谱线拖尾等的出现，呈现背景干扰。因此测定时，还需进行背景校正。图 5-1 为背景对信号强度的影响。如果用每个峰值中心位置确定的原强度计算浓度，较高背景的峰值将得到偏高的结果。只有对背景校正才可消除由于背景抬高所带来的干扰。浓度是以净强度为基础计算的：净强度 = 原强度 − 背景强度。

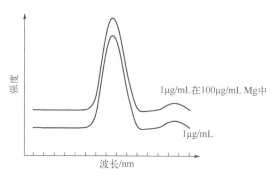

图 5-1　背景对信号强度的影响示例

在选择背景位置时，应遵循：将背景位置定在尽可能平坦的区域（无小峰）；将背景位置定在离谱峰足够远的地方，从而不受谱峰两翼的影响；左背景、右背景以及左右背景强度的平均值尽可能与谱峰背景强度一致。

5.2.1.4　谱线定位或峰位校正

同时型仪器分析谱线的位置已经预先设置好，或仪器装备有自动定位功能，如采用汞灯或采用 C、N 和 Ar 线进行自动定位，执行波长校准程序，可确保较长时间的波长稳定性。但在分析前仍需导入相应元素的标准溶液，检查分析线的峰位是否保持不变，并做精确的定位，方可保证测定的准确性。

顺序型的扫描型仪器每次开机进行测定时，都要进行谱线定位或峰位校正。在分析样品前，对仪器波长进行初始化，以零级光的机械位置为起点，进行谱图扫描，以准确设定谱峰的位置。在仪器的操作软件上点击相关按钮，进入操作界面。在这个界面设定扫描范围和宽度，设置完成后，将进样管放入含有待测元素的纯水溶液（浓度不大于 10μg/mL）中，点击"扫描"按钮开始扫描。等所选元素扫描完成后，软件自动认定峰位。有时需要分析者人为判断设定峰位。例如，在扫描范围内出现双峰时，就需要分析者从技术的角度加以判断，手动确定峰位。

扫描型仪器定完峰位后，可在扫描谱图上设定扣背景点，以及使用峰值检测功能实现仪器检测条件的优化。一般要选择实际样品和标准溶液的扫描谱图上都比较平滑的地方。实际操作时，可在操作界面上选定的左/右边设定扣背景点。可以仅扣单边背景，也可左背景和右背景均扣。完成上述过程后可以进行强度优化，将进液管放入标准溶液（10μg/mL）中，点击"峰值监测"按钮进入监测界面，可以实时显示强度变化。当改变载气流量时，可以观测到被测元素强度的变化。同样，可以用在其他参数的调节中，如冷却气用量、辅助气用量和炬管位置的调节（水平位置和高度）。由此设定该元素激发的最佳条件。

5.2.1.5 标准曲线绘制

仪器参数和运行软件设定完毕即可点燃等离子体焰炬。预热 15min 以上，喷入空白溶液，仪器显示平稳后，在所建立的分析方法文件下，先由低至高测量各标准溶液，记录各分析线的强度值，查看每条分析线的回归曲线线性情况、每条分析线的峰位及扣背景位置是否正确，必要时进行适当调整。当标准曲线线性相关系数在 0.999 以上，即可认为符合分析测定要求。确定所得到标准曲线的线性回归方程，即可进行样品的分析测定。

每次测量完标准溶液后，必须逐一查看每个元素、每条分析谱线的峰位和扣背景位置设定。特别是扣背景的位置，如不是设在背景平坦处，而是设在有小波峰或斜坡处，则扣背景出现错误效果，影响曲线线性和测定结果。只有当谱线的峰位正确，所扣背景合理有效，所绘制的标准曲线才是可靠的。

5.2.1.6 样品分析

在相同的条件下，逐个测量样品溶液，记录测定结果。

同样，在样品测量完成后，仍需逐一查看被分析样品中每个元素、每条分析谱线的峰位和扣背景位置是否合适，特别是扣背景的位置，对于未能进行基体匹配或未能完全匹配的试样，或含有未知成分的试样，有可能出现差别。应该在测定时打开其谱线图查看分析线的波形、峰位及背景情况，确认峰位和扣背景设置与标准溶液测定时是否一致。如不一致，应以待测样品为准，调整方法文件中的设置，重新回归标准曲线，计算样品测定结果，或再重新进行一次测定求得样品分析结果。

为了控制分析质量，需要在测定过程中加测含量相近的标准样品溶液或控制样品溶液，以检查测定质量是否符合要求。

5.2.1.7 质量控制

在用 ICP-OES 分析时，为保证检测结果的准确性，必须对涉及的各个环节进行质量控制，诸如样品分解、标样或控样监测、空白控制、标准曲线溶液配制、仪器状态保证、基体匹配、内标校正、干扰校正、背景校正、测量精度、仪器漂移等环节。

仪器分析质量控制的过程中，商品仪器可以通过在仪器软件中编辑和运行 LC 检查表和 QC 检查表，设定 QC（质量控制）值及 LC（极限检查）值对仪器的状态进行监控。QC 是用来监测仪器性能的，而 LC 被用来检查样品是否符合规格要求。通常在测量过程中穿插标样或控样，同时测量，看测试结果与推荐值是否一致，这是最好的结果控制办法。

5.2.1.8 关机

测定完毕后,先熄灭等离子体焰炬,用蒸馏水喷几分钟冲洗雾化系统后,再关蠕动泵,松开泵夹。

待高频发生器充分冷却(约 5~15min)后,关闭预热电源。

关闭风机、循环水系统电源,关闭气体总阀门。

使计算机退出仪器软件运行系统,关闭计算机主机箱电源,再关显示器、打印机。

周末或较长时间停用仪器,应关闭仪器及总电源。

5.2.2 ICP-OES 仪器主要操作条件的选择

5.2.2.1 分析元素谱线的选择

ICP-OES 分析根据发射光谱线进行定性定量分析,谱线选择要考虑谱线的特性,并根据分析元素的含量、分析谱线的灵敏度、谱线干扰、背景、级次、投射到固体检测器上的位置等因素进行选用。

(1) 分析谱线的特性

ICP 光谱分析的谱线,按照受 ICP 工作参数影响的行为不同,被 Boumans 分为软线和硬线两类:标准温度在 9000K 以下的谱线属于软线,9000K 以上的属于硬线。软线主要是那些电离电位较低和中等(≤8eV)的元素的原子线,以及二次电离电位较低的元素的一次离子线,其他的原子线和离子线则是硬线。

在 ICP 中心通道中谱线强度的极大值位置呈轴向分布,随着谱线性质的变化,其谱线的最大强度软线出现在较低观测高度,而硬线则在较高处(图 5-2)。因此在不同观测区域会观测到功率对强度的不同影响,软线的强度极大值随发生器功率增大而移向低观测高度。硬线的强度极大值位置不受发生器功率影响,但强度随功率增大而迅速增大。

(2) 分析谱线的选择

1) 选定分析谱线与级次

可在仪器提供的谱线库里选定,添加到分析程序文件中。

① 对于微量元素的分析,要采用灵敏线,对于含量较高元素的分析,要采用次弱线;

② 应优先选择无干扰谱线,其次选择干扰小的谱线;

③ 相同的谱线具有不同的级次,不同的级次其强度也不同,利用谱线的列信息,选取落在靠近检

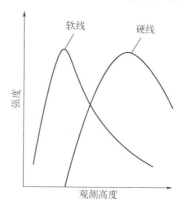

图 5-2 软线和硬线发射强度与观察高度

测器中心位置的谱线与级次；

④ 谱线选择或添加后，采用汞灯或氩线、氮线、含长波中波短波元素的混合溶液等对仪器进行粗校准，然后用元素对谱线进行精细校准，使得实际谱线波长与理论值、级数对应。

2）选择或添加谱线

根据上述的原则选择分析谱线，添加所需谱线到方法文件中。操作过程参见5.1.4.2 节。

3）添加谱线库中不存在的谱线

在某些情况下，需要在仪器操作软件上创建谱线。具体操作参见 5.1.4.3 节。

（3）设置干扰校正

当存在谱线干扰时，设置干扰校正，如采用干扰元素校正系数（IEC）。

光谱分析不可避免会存在光谱干扰，特别是共存元素较多或含量较高时。当存在谱线干扰时，采用如下步骤进行处理。

1）确定干扰元素

由光谱仪软件中给出的谱线库可以查出分析线的干扰情况，了解存在的干扰元素，其他干扰则需通过实验来确定，在基体复杂的样品分析时尤其要注意。如果没有把握弄清哪个元素产生谱线干扰，那么可检查元素周期表中的"谱线信息"列表，看是否有潜在的谱线干扰。或在待测样品中列出最可能存在的元素，配制一套单元素的标准溶液使其浓度接近样品含量，将每一个标准溶液作为未知样进行分析。最后在分析线谱图上观察其谱线形态，确定哪个元素的谱峰与测定元素谱峰完全重叠或部分重叠，以确定哪个元素对测定元素产生干扰。如高合金牌号的不锈钢、高温合金中铝的 394.4nm、309.2nm、308.2nm 分析线，受 Ni、Mo、Cr、Zr、Nb、V 等不同程度的干扰，而有的谱线库中只列出 Ni 有干扰，但当样品中上述元素含量较高时，均会出现不同程度的干扰情况。

2）选定干扰校定方法

对所分析样品进行测定，调出所分析元素各条分析谱线的谱图，查看分析谱线的干扰情况，以确定需要采用哪种干扰校正方法（背景校正或谱线干扰校正）。背景干扰可以扣背景校正。对于呈现明显谱线重叠干扰的情况，可以采用谱线干扰系数校正法消除其干扰。

3）干扰元素校正系数（IEC）

当采用 ICP 光源时，一般情况下可认为，所测得的干扰元素浓度与它对分析元素所贡献的浓度是成正比的，其比值为一常数，用 k_j 表示。此常数可以通过光谱仪进行测定。分别配制一套分析元素和干扰元素标准溶液并对其进行标准化。将干扰元素的标准溶液作为未知样进行测定，同时得到干扰元素浓度和干扰元素为分析元素所贡献的浓度。由此可计算干扰校正系数 k_j 值：

$$k_j = \frac{\text{干扰元素为分析元素所贡献的浓度}}{\text{仪器确定的干扰元素浓度}}$$

例如：干扰元素 B 的标准溶液（100μg/mL）在 A 309.271nm 处进行分析时，测得 A 浓度为 8.4μg/mL，在同样的分析中，B 测得的浓度为 100.4μg/mL。由于在 B 标准溶液中没有 A（要仔细检查 A 的其他灵敏线以确保这一点是真实的），所以报告中 A 的浓度是由于 B 的干扰造成的，其干扰校正系数 k_j = 8.4/100.4 = 0.08367。

在得到干扰校正系数 k_j 后，再把它输入到方法中去，分析方法中 B 对 A 的干扰将被扣除。

4）减少谱线干扰的方法

在某些情况下，干扰可能会很小，可通过减小谱峰的测量宽度或者改变谱峰的测量位置来进一步降低干扰。在分析低浓度的样品时，可以通过将谱峰的测量宽度减少到两个甚至一个，来改善分析结果。它除了减少光谱干扰外，还常常导致分析信号的强度增加。但是，谱线可能更易受到谱线漂移的影响，在恶劣的实验室条件下尤为突出。

5.2.2.2 炬管工作气体流速

（1）冷却气

对于给定的 ICP 体系，冷却气流速有个最低限，低于这个限度会导致外管过热而烧毁，或使焰炬熄灭。采用比等离子体稳定工作所需最低限稍大的冷却气流速可以减少氩气消耗。用更大的冷却气流速对分析性能影响不大。分析有机溶剂的样品时，需优化冷却气流速，同时采用较大的功率。

由于它是形成等离子体焰炬的主要气体，有些文献将其称为等离子气。

（2）辅助气

对于只含无机物的水溶液样品，辅助气一般省略不用。但在分析有机物时，辅助气用于防止炬管的炭沉积物是必不可少的。

（3）载气

雾化器的重要参数，同时影响中心通道内各种参数和分布以及试样在通道内的滞留时间。超声雾化时，一定程度上载气会影响带入焰炬中的气溶胶的量，气动雾化时则更是如此。因此，谱线强度随载气流量的变化反映气溶胶流速和等离子体特性两方面因素。由于在 ICP 优化的载气条件下，雾化器接近它的饱和水平，因此载气的优化条件最终取决于等离子体而不是雾化器。

载气流量增大时，谱线强度峰位置移向高观测高度，但峰值降低（图 5-3）。增大载气流量对提高信背比、改善检测能力似乎是有利的，尤其是对软线。但是，载气流量增大时，基体影响趋于严重，对于软线的影响也更为严重。因此，应在检测能力和干扰两者之间作折中。

在氢化法进样情况下,观测到谱线净信号和信背比随载气流量增大而单调降低,背景的影响不明显。这与分析元素在通道观测区的滞留时间因载气流量增大而减小及其被载气稀释有关[12]。

5.2.2.3 观测高度

常规商品仪器均以侧视观测为标准配置,侧视观测方式需要选择观测高度。观测高度是观测位置距负载线圈上缘的高度,以 mm 为单位。实际上,光谱仪观察窗本身有一定高度,观测高度是观测窗中点与线圈上缘之间的高度。

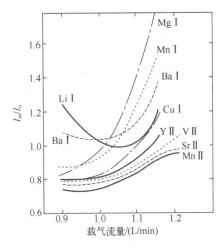

图 5-3 基体效应与载气流量的关系
KCl 溶液:10mg/mL;功率:1.5kW;观测高度:15mm

光源中温度、电子密度、氩的各种粒子密度等参数在中心通道内呈轴向分布,分析元素粒子受到加热,经历蒸发、原子化、激发、辐射等过程,随元素和谱线而不同,表现为各种元素和谱线的强度与观测高度有关。图 5-4 是 Baumans 给出的一些代表性元素和谱线的最合适的观测高度[32]。

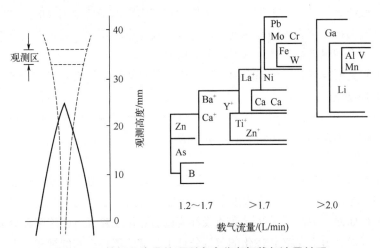

图 5-4 若干元素最佳观测高度分布与载气流量关系

一方面,随着中心通道位置的升高,样品受热时间增加,沸点高的物质蒸发和原子化趋于完全,因此,W、Mo 之类元素的谱线强度极大出现在较高观测高度。另一方面,随着高度逐渐升高,脱离环形热区,这时温度逐渐降低,Li、Na、K 等碱金属的原子线在此位置出现强度极大值。Zn、Cd、P 之类元素易于原子化,但激发电位较高,在低观测区原子化已充分,并且有较高温度利于激发,所以它们的谱线强度极大值出现在较低的位置。软线的最佳观测高度受功率的影响,增大功率时观测高度移向较低位置。硬线则受功率的影响不明显。Blades 和 Horlick 的实验观察表明:谱线强度峰的观测高度与它的标准温度大体呈直线关系,如图 5-5 所示。

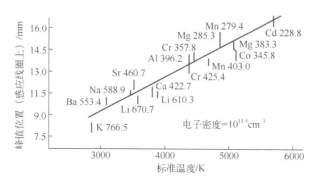

图 5-5 谱线的峰值与标准温度的关系

在仪器的最佳载气流量(1.0L/min)条件下,NaCl 对硬线的影响受到抑制,随高度改变很小。但对软线 CaⅠ、CrⅠ的影响随观测区上移,谱线强度由抑制变为增强。图 5-6 是钠盐在不同观测高度对谱线信号的基体影响,干扰影响最小的观测高度在 20mm 处,同时有很好的检出限。因此,在小功率下,可通过正确选择观测高度取得较轻的基体干扰效应。

5.2.2.4 测定条件的优化

上述讨论可归结为以下几点。

① 若同时需要有高的检出能力和低的干扰水平,则功率、载气流量、观测高度三者可采用的数值范围很小。偏离最佳工作条件时,功率较高则检出限变差,载气较大和观测高度较高则干扰严重,观测高度较低则检出限变差、干扰水平提高,载气过小还限制了气溶胶的产生。

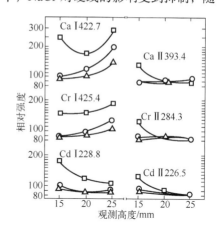

图 5-6 Na(6.9mg/mL)对不同谱线的基体干扰

○—功率 1025W,载气流量 1.0L/min;
△—功率 1250W,载气流量 1.0L/min;
□—功率 1025W,载气流量 1.3L/min

② 最佳工作参数随仪器而稍有不同。当更换炬管、雾化器等组件时,需要重新调整设置的参数。

③ 通过对一条硬线(如 MnⅡ 257.6nm)信背比变化的观察和若干条软线、硬线(如 LiⅠ 670.7nm,BaⅠ 553.5nm,ZnⅠ 213.9nm,MnⅡ 257.6nm)的 KCl 基体

干扰的观察，能迅速找到优化条件。具体步骤是：

a. 功率。选择高频发生器能稳定工作的最小功率，通常约为 1kW。

b. 载气流量。在固定功率条件下，取光谱观测窗约 5mm 高，观测窗中心位于负载线圈上 15mm。改变载气气流，观测 Mn Ⅱ 257.6nm 的信背比，取信背比最大时的载气流量并固定。

c. 观测高度。观测 10mg/mL KCl 基体对上述软线和硬线的净信号的影响。所观测的范围为负载线圈上 15mm±(2~3)mm。根据观测结果改取新的观测高度，使基体影响不超出±15%的范围。

d. 确认经过上述观测高度调整后，载气流量是否要稍微调整，取最终确定的流量。

5.2.2.5 常用工作参数

实际采用的工作条件主要取决于炬管，大的炬管需要大流量的工作气体，因而需要大的功率。然而，多数商品提供 Fassel 型的小型炬管。许多研究表明，不同型号的 ICP 光谱仪所优化的工作参数很接近。

表 5-1 是用雾化方法分析水溶液样品时的常用工作参数。

表 5-1　ICP-OES 常用工作参数

炬管	Fassel 型	炬管	Fassel 型
载气流量	0.6~1.0L/min	正向功率	1.1~1.3kW
辅气流量	0~0.5L/min	观测高度	14~18mm
冷却气流量	12~18L/min	雾化速率	0.5~2.0mL/min

表 5-2 是 ICP 分析三种类型样品溶液时的典型折中工作条件。

表 5-2　ICP-OES 的典型折中工作条件

工作参数	无机物水溶液	无机-有机物水溶液	有机溶剂
功率/kW	1.1	1.1	1.7
冷却气流量/(L/min)	14	14	18
辅气流量/(L/min)	0.2	0.7	0.9
载气流量/(L/min)	1.0	0.9	0.8
观测高度/mm	15	15	15
雾化速率/(mL/min)	1.4	1.4	0.8~1.4

5.2.3　仪器检定与维护

ICP 光谱仪器使用时及使用一段时间后，需要对仪器进行校准和期间核查，平时使用过程中也需要对仪器进行维护。

5.2.3.1 仪器校准

仪器使用时需要进行的校准包括：波长的校准、浓度-发光强度相关性的校准、依照校准规程进行的仪器校准。

（1）波长校准

在仪器分析前，必须对波长进行校准，这是保证准确分析的前提，特别是扫描型仪器。有的仪器设有自动校准，如先由 C、N 和 Ar 线自动波长校准程序校准波长，开机运行即可自动进行校对，然后用相应元素曝光进行精确校准。

根据波长的稳定性对波长进行校准。以前在运行过程中若波长漂移也要对其进行校准。

在校准时切记要核实波长数值、级数，并且用系列浓度溶液检测线性，线性好意味着校准正确完成。

（2）浓度-发光强度相关性校准

在分析时必须对浓度-发光强度相关性进行校准，它是元素分析定量的依据。每次进行分析测定时，都必须用标准系列溶液，由操作者自己重新校准。

（3）依照校准规程进行的仪器校准

仪器校准是出于溯源的要求。依据《发射光谱仪检定规程》（JJG 768—2005）进行检定或校准，给出仪器的综合性能和不确定度。ISO 17025—2005 要求所有的影响测试质量的仪器都需要校准，校准证书需要有不确定度的内容。校准证书标明的不确定度是实验室计算不确定度中 B 类不确定度的重要分量。

在仪器大修后和校准周期结束前应对仪器进行校准。仪器校准应由专业的校准实验室完成。

5.2.3.2 期间核查

仪器运行一段时间经过校准之后，在两次仪器校准期间，根据仪器运行和维护情况，还需要对仪器进行至少一次期间核查，特别是在仪器维修后应进行期间核查或状态确认，以确保仪器可以正常使用。可以参阅《发射光谱仪检定规程》的要求进行。

5.2.3.3 仪器日常维护

（1）进样系统维护

使用者应每天对进样系统进行维护，包括泵管更换、炬管清洗、疏通雾化器（堵塞）、雾室积液排除、废液排放和冷却循环水监视等。

（2）冷却循环水维护

冷却循环水应根据情况进行维护，主要是定期更换冷却液。冷却液应保持无霉菌等微生物、不含腐蚀成分或含有防腐（缓蚀）成分、不结垢。

（3）气路系统维护

必须保证供应足够纯度的洁净氩气，氩气输出压力应维持在0.7MPa，测试过程中避免断气熄火。进行短波（<200nm）分析时，对光室应充分充气，保证紫外波段分析的稳定性。

0.5~1年应检查一次气路，查看过滤器变脏与否，必要时需及时进行更换；检查气阀、压力表或流量计状态是否正常。

（4）光路系统维护

外光路和内光路的光路系统都要进行维护。外光路维护相对频繁，尤其是内外光路的隔离窗体、外光路反光镜表面易沾污，应3~6个月清理1次。光路系统的维护需由仪器维修工程师进行。外光路应根据各元素灵敏度情况进行准直。建议每年对内光路进行维护1次。

（5）电控系统维护

电控系统维护应由专业的工程师完成，经验丰富人员可进行电路板的清洁维护。

（6）软件维护

工作软件是实验人员对仪器的控管工具，需对软件和数据进行控制和维护，以保障其功能正常、安全可靠。控制机应设有密码，禁止插入移动存储器。

5.2.4 样品分析结果的质量控制

分析结果的质量控制，需要在测定过程中加测含量相近的标准样品溶液或控制样品溶液，以检查测定质量是否符合要求。

为保证检测结果的准确性，除了对分析过程各个环节进行严格控制，从样品分析过程、仪器状态保证、干扰校正等环节加以保证外，还需要对仪器分析结果进行质量控制。

（1）测定精度控制

短期精度检查是确保准确分析的前提。两次独立测试结果的绝对差值不大于重复性限（r）。例如，3.0% Cr 平行样测定2次结果之差须不大于0.040%，单次测量精度（SD）必须控制在0.028%以内。即：

$$SD \leqslant \frac{0.040\%}{\sqrt{2}} = \frac{0.040\%}{1.414} = 0.028\%$$

如果 SD 超过 0.028%，则应考虑对进样系统进行优化、维护或更换部件。可能由泵管磨损严重、雾化器堵塞、气流控制不稳、气流配比不当、ICP 功率不稳、泵滚柱磨损、泵夹松动或过紧等原因造成，应确认原因所在，进行针对性维护或维修。

（2）仪器漂移控制

仪器的漂移常常由长期稳定性指标显示出来，其表象为周期性变化或单向变化。

若出现周期性变化并观察到波长红移或蓝移，长波段和高级次谱线更加明显，应是温度波动的原因。光室在38℃上下波动（冷却低于38℃，受热高于38℃），则应考虑环境温度控制是否符合要求、光室温控系统是否有故障。

若漂移呈单向性，则应考虑光室真空度或充气时间是否足够，泵管是否磨损老化，以及负载线圈冷却效果、炬管变脏、雾化器堵塞或性能变差等因素的影响。

常见的现象为由于光室充气时间短造成短波信号单向正漂移，长波变化不大。若呈现无规律现象，则应考虑ICP的稳定性、电控部分、炬管变脏、ICP负载和炬管的匹配等因素。

（3）质量控制及极限检查

仪器软件中往往通过质量控制（QC）及极限检查（LC）对仪器的状态进行监控。QC用来监测仪器性能，而LC被用来检查样品是否符合规格要求。编辑和运行LC检查表同编辑和运行QC检查表相似。

质量控制（QC）用标准样品进行反复分析，以确保光谱仪产生的结果正确无误。运行QC标样前，需要建立一个QC检查表，表内包括QC标样所含元素、浓度以及可接受的范围，任何超出该接受范围的结果均会被标记。根据QC标样的结果，操作人员或者自动进样器就可以作出决定来重新进行标准化以及/或者重新运行QC标样。

极限检查（LC）应用于未知样品，极限检查表包括元素列表以及每一元素所确定的上下限，对超出该界限的结果进行标记。

（4）内标校正

内标校正可以校正仪器的波动、基体效应。在ICP光谱中，使用内标是很平常的事，它能补偿一些光谱漂移带来的干扰，因此能改善长期精密度。

内标元素及其谱线选择需遵循下列原则：分析样品中不含内标元素，谱线信号强度足够大，内标元素与被测元素谱线同时进样曝光，内标谱线无干扰。

在方法文件中可以设置内标元素及其内标分析线，测量时记录谱线对的强度比，并以此绘制工作曲线，得到回归方程，以此计算测定结果。有的仪器配置有在线内标加入的附件，但在线加入内标元素不是严格意义上的内标校正。

（5）标样/控样监测

在每次测试后如何判断结果的对错，是每一个操作者应该掌握的技能。对于分析者而言，最好的结果检验办法是在测量过程中测量标样或控样，看测试结果与推荐值是否一致，质量管理者对实验者进行检测质量评价时也常采用该法，只是将标样或控样作为盲样来考核实验者。

若要提高检测的质量必须强化标样或控样监测与考核，结合其他手段如人员比对、方法比对、能力验证、设备比对等进行质量监督和控制，并保持相应的频度。

5.3 ICP-OES 的分析测定方法

5.3.1 多元素直接测定

ICP 光谱法实际应用中最为典型的是多元素同时测定,也是 ICP 仪器发挥最大优势和效率的特点。ICP-OES 分析通过选用合适的仪器和分析谱线,绝大多情况下可以对试样中待测成分进行直接测定。主要是解决样品处理问题和选择合适的分析线,采用基体匹配以及谱线干扰校正等方式可以确保测定结果的准确性。商品仪器对每台类型仪器均提供有各个元素测定方法的推荐仪器参数供直接测定参考使用。

5.3.2 分离-富集测定

在无机材料分析中,当由于基体成分复杂且含有大量的共存金属元素时,相互干扰很大,而且共存元素干扰难以消除,直接测定难以得到可靠结果。此时,将 ICP-OES 法作为元素测定的一种分析手段,预先简易化学分离后再行测定,可以解决没有现成分析方法、没有标准样品可供校正的复杂基体样品分析问题,也可通过分离富集方达到更低的测定下限,用于痕量分析,充分发挥 ICP 仪器的作用。

5.3.2.1 沉淀分离测定

采用沉淀分离将基体成分除去之后再用 ICP-OES 法进行测定,可对受基体严重干扰的低含量成分进行测定,不仅可以消除基体干扰同时可以提高测定下限。例如纯铅样品采用 1+3 的硝酸溶解,用 1+1 的硫酸溶液将铅基体以硫酸铅形式沉淀,用 ICP 光谱法同时测定滤液中 As、Sb、Cu、Sn、Bi、Cd、Zn、Fe 等元素的含量,实现了高纯铅中微量杂质成分的快速测定[33],加标回收率为 97.62%~100.42%,RSD($n=11$)为 0.74%~2.32%。又如采用沉淀分离法以 ICP 光谱法测定 99.99%纯银中的 20 种杂质元素[34],样品采用硝酸溶解后再加入王水继续加热处理制备分析试液,采用此种方式沉淀分离大量的银基体以测定高纯银痕量杂质元素,同时解决了纯银中不溶于硝酸的杂质元素金和铂等难于被准确测定的问题。同样也可用共沉淀分离-ICP 光谱法测定难熔金属岩石中 12 种稀土元素的含量[35]。样品用 Na_2O_2 熔融分解,用盐酸(1+4)转入烧杯中,往溶液中加入氨水,以样品中含有的 Fe、Al、Ti、Zr 作载体,共沉淀分离除去钠盐及能与氨水形成络氨离子的金属元素,沉淀物用热稀盐酸溶解,可用 ICP-OES 方法同时测定试液中 La、Ce、Sm、Eu、Gd、Tb、Ho、Er、Dy、Tm、Yb 和 Y 的含量,各元素标准曲线的线性范围为 0.10~25μg/mL,方法的检出限为 0.20~1.0μg/g,结果的相对标准偏差(RSD,$n=9$)为 3.2%~6.2%,加标回收率为 90%~110%。解决难熔金属岩石中稀土元素含量为 0.001%~0.50%时的测定问题。也可利用氢氧化铁共沉淀分离卤水中痕量的钴、镍、锰,经王水(1+1)

溶解沉淀定容后测定，用 ICP 光谱法测卤水中的痕量钴镍锰，Co、Mn 的检出限为 0.10mg/L，Ni 的检出限为 0.27mg/L，加标回收率为 95.0%～102.0%，精密度（$n=12$）为 1.05%[36]。既消除了卤水中大量钠盐及矿物质的基体干扰，又提升了测定灵敏度。

5.3.2.2 离子交换分离测定

为了消除基体干扰，也可采用阴离子交换树脂，分离基体干扰成分后进行测定。例如，在用 ICP 光谱法测定铋系超导前驱粉中痕量镍时，就曾经采用阴离子交换树脂除去 Bi 及部分 Pb、Sr、Ca、Cu 等基体元素，然后在碱性条件下再通过甲苯萃取镍与丁二酮肟的配合物，用稀盐酸反萃取富集镍，然后用 ICP-OES 法测定，相对标准偏差为 1.9%，方法检出限为 0.19μg/g[37]。又如用离子交换纤维柱分离 Cr Ⅲ 和 Cr Ⅵ，有很好的分离效果。分离后的 Cr Ⅲ 和 Cr Ⅵ 可用 ICP-OES 法分别测定，实现了 Cr 的价态分析[38]。

5.3.2.3 萃取分离等其他富集测定方法

采用火试金法以锑作捕集剂富集铱，将样品同含有氧化锑、碳酸钠、碳酸钾、硼砂和面粉的熔剂混合，在 950℃熔融，铱被捕集到熔融的锑中，灰吹得到含铱的试金合粒，将其酸溶后，在 215.268nm 波长下测铱[39]。

采用间接银量法以 ICP-OES 测定碳酸钴中氯的含量[40]。试样用硝酸分解后，加一定（过量）的硝酸银标准溶液，试液过滤分离后采用 ICP-OES 法测定溶液中的 Ag^+ 量，从而间接测定碳酸钴中的氯含量。样品溶解前加入硝酸银可减少氯离子的损失，提高测试结果的准确性。测试较优条件为硝酸（1+1）、硝酸银和乙醇的加入量分别为 10mL、5mg 和 15mL，采用慢速滤纸过滤，分析谱线波长为 328.068nm，RSD≤0.35%。该方法灵敏度高、精确度与准确性均很好。

采用化学萃取分离富集的方式，在 0.57～1.43mol/L 硝酸介质中，用甲基异丁基酮（MIBK）萃取磷钼杂多酸，使磷与基体铁分离，在 213.618nm 分析线处用 ICP-OES 测定高纯铁中的痕量磷[41]，方法检出限为 0.020mg/L。操作虽然比较烦琐，但该法可用于高纯铁中0.00010%～0.010%磷的测定，相对标准偏差（$n=10$）在 0.54%～2.9%。

从上述的应用实例可以看出，ICP 光谱法作为元素分析的一种有效手段，加上简单的化学分离操作，可以具有更好的实用价值。而这种分离、富集只需要在保证待测成分完整保留的前提下，把干扰成分降低到不干扰 ICP 光谱测定的水平，即可达到分离富集的目的，并不要求化学上的绝对分离完全。

5.3.2.4 气体发生-分离富集

采用氢化物发生、氯化物发生、气体发生等方式可以进一步提升 ICP 光谱分析的灵敏度和应用范围。例如利用自制简易氢化物发生装置与电感耦合等离子体原子发射光谱仪联用可同时测定土壤中的汞和砷。使用王水（1+1）消解样品，保持样品溶液的酸度为15%，还原剂为15g/L硼氢化钾溶液；在ICP-OES仪器入射功率1450W、蠕动泵进样1.7mL/min、等离子气流量16L/min、雾化气流量0.45L/min的条件下进行测定。方法中汞和砷的线性范围分别为0.50～10.0μg/L和5.00～100μg/L，线性相关系数为0.9998，测定结果的RSD（$n=6$）为3.1%～4.8%，检出限分别为0.016μg/g和0.12μg/g，定量限分别为0.064μg/g和0.48μg/g[42]。

而且氢化物发生装置还被大多数仪器厂商列为仪器的标准附件，可以与ICP-OES仪器联用，直接进行测定。

使用超声波喷雾器作为氢化物发生器和样品导入器，利用ICP光谱法测定水样中超痕量氢化物形成元素的含量，形成在线氢化物发生新方法。将超声雾化器应用于在线氢化物发生技术上，而不使用其他气相分离器，与传统的氢化物发生系统相比，该技术提高了方法的检测极限，这是氢化物形成元素超痕量测定的必要条件。与同心喷雾器相比，所开发技术的检测极限提高了56～450倍，所获得的检出限值远低于最大浓度限值。并且使用天然水样检验了所开发方法的实际适用性[43]。

5.3.3 无机物料的测定

无机材料如钢铁合金、有色金属材料及无机材料中，大多为无机元素成分含量的测定，样品分析试液中基体元素及多种合金成分共存，故应选用具有高分辨率的仪器，并带有很好的干扰校正软件。消解方式可以是酸直接溶解、微波消解或酸碱熔剂熔融后酸化制成酸性水溶液。试液中大量基体成分及共存元素，带来基体干扰和谱线干扰的影响，通常采用基体匹配和干扰系数校正的方法进行分析。

5.3.4 有机物料测定

有机物料包括石油化工油类和有机物样品以及生物材料中无机元素。主要是在于对有机物样品的处理中，如何将有机物基体如碳氢化学物质或碳水化合物进行消解。残余物经酸溶处理后在水溶液中进行测定，由于大量有机物主体已经消解除去，要测定其中存在不多的无机元素含量，很少存在大量无机元素基体的干扰问题，大多情况下也可以直接进行测定。主要是选用合适的分析谱线和仪器有足够的灵敏度。

有时将有机物料直接溶解于有机溶剂中以溶液进样方式直接进行测定，这时仪器进样系统的配置以及测定时仪器参数的设定，与水溶液进样的状态有很大的不同。由于有机溶剂的存在对仪器运行参数有影响，主要包括高频功率、冷却气流量、观测高度、载气流量和进样系统的设置。因此，需要加大高频功率，提高冷却气流量，分解干扰谱带。进样系统有时还需带有冷却装置以除去挥发性溶剂。炬管中心管也需改用小口径，以适合不同挥发性溶剂试液的进样，防止等离子体熄灭，还需要避免中心管、炬管积炭。较大的冷却气流量可以降低有机分子带的发射。通入较大流量的辅助气,降低冷却气和雾化气流量以免引入太多的有机溶剂,观察高度也要高些。为了提高灵敏度,有时还需通入含氧气的辅助气,以便有效抑制有机物中 C_2 分子的光谱干扰,使等离子体火焰更接近水溶液进样时的状态,从而提高测定的灵敏度,保证分析测试的重复性与精密度。

5.4 ICP-OES 应用技巧

5.4.1 仪器选用

ICP-OES 商品仪器有多种型号,有同时型(包括全谱型和多道型)及顺序型(即扫描型),可适用于不同分析要求。同时型适合固定测定元素的分析,分析速度快且效率高。顺序型仪器适用于分析元素可以任意设定的分析,具有测定所需元素的灵活性,测定速度不如同时型仪器。现在,全谱型仪器具有同时型仪器的优点也具有顺序型仪器的灵活性,并经不断的技术进步,仪器的分析性能得到提高,已发展成为当前的主流仪器。但有一点必须注意,全谱型仪器的分辨率不是固定、均衡的,其分辨率指标(标称)通常都是在 200nm 处的数据,当前大多在 200nm 处分辨率为 0.007nm 以上,可以满足大多分析要求,但在 300~400nm 处的分辨率一般都要变差很多(如有的仪器到了 300nm 分辨率便在 0.010nm 以上,到了 400nm 处可能变为 0.020nm 以上)。因此,对于要求很高分辨率的测定,顺序型仪器更有优势,采用高刻线密度离子刻蚀光栅的顺序型仪器,其分辨率可达到 0.003~0.004nm,因此,分析测定具有很多发射谱线的样品时,往往需要采用高分辨率的顺序型仪器。如高纯稀土及其氧化物中稀土杂质的分析,通常都选择采用顺序型仪器进行测定。

此外,从分析对象来看,在无机材料的元素分析中,样品消解后,测试溶液中仍存在大量基体及共存元素,谱线干扰严重,选用仪器时,以仪器的分辨率为重点考察对象,以达到减少光谱干扰的目的;而对有机物料及环境水体的元素进行分析时,由于样品基体多为有机物如烃、醇、醛、酸、酯等,在样品分解过程中均可消解除去,测试溶液中仅含残存的待测元素,元素之间的干扰相对较轻。因此,选用仪器时,以仪器的灵敏度为重点考察对象,灵敏度越高越能达到检测样品中待测元素的目的,处理样品量可以尽量少。

5.4.2 分析方法选用

ICP-OES 分析时选择合适的分析方法,在一般情况下每台商品仪器都会推荐该仪器的每种元素的测定条件,以便用户在编辑分析方法程序文件时引用。纯水溶液没有基体共存元素存在时,基本上可以达到进行分析测定的目的。但即使如此,也要检查在所用条件下是否存在非光谱干扰,以确保分析结果的准确性。在进行具有

"法律意义"的分析测定时，最佳的选择应该是采用相应的标准分析方法，如仲裁分析、分析结果比对或验证分析、实验室能力验证分析，都要求采用相应的标准分析方法进行测定，这样报出的结果才是有效的。标准分析方法都是经过多个实验室验证比对的，具有普适性，并有精密度数据保证，是被广泛采信的数据，也是具有法律意义的。随着"标准化"的推行和发展，不断有国际标准（ISO）、国家标准（GB）、行业标准的 ICP-OES 标准方法出现，采用标准方法进行分析测定是必然的发展趋势。

5.4.3 仪器应用扩展

ICP-OES 仪器通常作为无机元素含量测定的分析手段。作为一种分析技术，它具有原子发射光谱的优点，可以对物质中存在的无机元素及其含量范围进行定性定量分析，已经成为分析实验室必备的常规分析仪器。特别是当一般化学分析方法找不到合适试剂或测定方式对某些元素进行分析时，利用 ICP-OES 的发射光谱分析特性可以很好地测定。同时，利用化学分析的分离手段，不仅可以进一步提高其分析选择性和灵敏度，还可以利用其灵活性及多元素、多谱线快速同时测定的功能进行实验研究，拓宽其应用范围。

例如，利用 ICP-OES 仪器作为研究手段，可对物质功能及与材质相关的问题进行判断分析和研究。如研究以马来酸酐和丙烯酰胺为功能单体，N,N'-亚甲基双丙烯酰胺为交联剂，过硫酸铵为引发剂，合成马来酸酐、丙烯酰胺共聚物吸附剂 P（MA-AM），考察其对溶液中各种离子的吸附效应，发现该试剂对 Fe^{3+} 具有很高的选择性[44]。

又如，用 ICP-OES 法测定不同行驶里程的液压助力转向油液中主要金属 Fe、Cu、Al 的含量，进而判断液压转向系统的磨损状况，并在不解体状态下，诊断汽车液压转向系统的故障原因，对汽车液压助力转向系统进行故障诊断[45]。

利用 ICP-OES 法研究了镍基单晶高温合金中 Mo、W、Ta、Re、Ru 元素之间的相互干扰问题，除了 Re 外，其余 4 种元素的测定中均受共存元素的光谱干扰。当采用混合校正系数矩阵法对测定结果进行校准时，经过矩阵 K 的校准，可以消除共存元素之间的光谱干扰，其测定精密度 RSD（$n=11$）均在 1.5%以下，且标准加入回收率为 97.0%～105%[46]。

又如利用 ICP-OES 仪器研究了质量浓度为 0～5mg/mL 的铁基体的非光谱干扰效应。通过计算干扰函数的各项数值及考察各项数值与铁基体浓度的对应关系，得到了铁的非光谱干扰的一些规律[47]。

5.5 ICP-OES 法在各个领域中的应用

ICP-OES 分析技术在很多领域中得到广泛的应用，至今公开发表的应用论文每年仍有几百篇之多，包括分析化学、冶金工程及金属材料分析、地质资源勘查、化工油气、农业资源、食品分析、轻工产品、公共卫生与预防医学、药物分析、临床医学以及材料研发、环境检测、生命科学等领域（见表5-3）。各领域上也有很多应用的文章和综述评论发表[48]，在"分析化学手册（第三版）"3A分册中列有各个领域中的应用实例近400多条，可供查阅[49]。

表5-3 电感耦合等离子体原子光谱分析的应用领域

序号	领域	分析成分
1	冶金分析领域	钢铁及合金产品、生铸铁、铁合金及冶金物料等的常量及微量成分分析
2	金属材料领域	有色纯金属及其合金、稀有金属、贵金属、稀土金属等的成分及杂质分析
3	地质矿产资源领域	岩石矿物、地球化学样品、矿物资源化学组成及元素含量的勘查测定
4	石油化工及能源领域	石油化工、煤焦工业、化工材料、核能材料中金属含有量的分析测定
5	水质、环境分析领域	水、大气颗粒物、土壤及水系沉积物、固体废物、废气、污水等的检测
6	食品分析领域	饮料、动植物食品、加工食品等所含营养元素、有害元素的分析测定
7	生物与植物样品分析	包括人体血液、生化样品、生物制品、动物组织和微生物样品、菌类和藻类等植物样品和中草药材及其制剂等的金属元素含量测定
8	电子轻工产品分析	纺织品、电子电器产品、塑料及其制品中有害或限用的金属元素测定
9	其他领域分析应用	信息和电子产品、文物考古、公安刑侦、天然放射性金属元素的分析
10	元素形态分析应用	在环境、食品、生物分析中元素价态或赋存状态的分析

5.5.1 在无机材料及化合物分析中的应用

5.5.1.1 在黑色金属材料分析方面的应用

（1）在钢铁及铁合金分析中的应用

黑色金属材料的分析范围包括铁、锰、铬、钢铁及铁合金。钢铁产品包括生铸铁、中低合金钢、高合金钢、工具钢、高温合金和金属功能材料几大类型材料。其中生铸铁包括炼钢生铁、铸造生铁、普通铸铁和合金铸铁，用作机械的结构件和各种部件，化学成分中因碳和硅含量较高，且有游离碳、石墨碳存在，给样品溶解带来难度。一般钢铁及其合金包括一般工程结构用合金钢，地质、石油钻探用合金钢，电工用硅钢，铁道用合金钢，不锈、耐热和耐蚀钢，压力容器用合金钢，石油钻探用合金钢，管道用钢及汽车用钢，工具钢和各种模具用钢。这些钢材的合金元素的含量多在5%以下，也有大于5%的，但高合金钢材、高温合金以及金属功能材料中的合金元素却有含量远远高于5%以上的测定要求，而且其中的痕量成分也要求测定。

大多数的黑色金属材料可用无机酸分解，以溶液的方式直接进行测定。常用的酸有盐酸、硝酸、高氯酸、氢氟酸、硫酸等无机酸以及它们的混合酸等，适用于大多数黑色金属材料及合金。对于含有难溶元素及易于水解的元素需要加大酸度或引入合适的配位剂。对于少量难溶黑色金属材料及合金可采用密封容器酸消解样品或用微波消解技术溶解样品。由于钢铁及其合金材料均含有大量的铁基体或多种合金元素，因此其分析测定必须考虑大量的铁基体或共存合金元素的干扰，通常采用基体匹配法消除基体及共存元素的相互干扰。选用具有高分辨率的ICP光谱仪更为适合钢铁、高合金等复杂基体冶金产品的直接测定。

对于一般钢铁产品的ICP-OES分析方法，国家标准GB/T 20125—2006规定了用ICP-OES法测定钢铁材料中Si、Mn、P、Ni、Cr、Mo、Cu、V、Co、Ti、Al等元素含量的分析方法，适用于铁含量大于92%的碳钢、低合金钢中上述元素的成分分析。试料用盐酸和硝酸的混合酸溶解，并稀释至一定体积，将试样溶液直接引入ICP-OES光谱仪进行测定。该法快捷有效，为钢铁分析中常用的分析方法。对于高合金材料也有相应的行业标准分析方法可供参考执行，如YB/T 4396—2014用于测定不锈钢中Si、Mn、P、Ni、Cu、Mo、Ti、Al、V、Co等成分，试样溶于王水或合适比例的硝酸、盐酸混合酸中，定容后可以直接测定。标准里不含铬的测定，并指出当碳含量大于0.8%、铬含量大于28%时此标准不适用。一般碳含量很低，不存在难溶于王水的碳化铬时，该法也可以同时测定铬，但要确保不会有溶解不完全的碳化铬存在，否则测出的铬的结果将偏低。

钢铁分析中使用ICP光谱仪进行测定的元素C、Si、Mn、P、S、Ni、Cu、Mo、Mn、Co、Ca、Ba、Mg、Sc、Zr、Hf、Nb、Ta、W、As、Bi、Sn、Pb、Sb、Ba、La、Ce、Y、Nd、B、Cr、Al、Ti、V、Zn、K、Na、Sr等，也有相应的国家标准、行业标准分析方法。

高温合金包括变形高温合金和铸造高温合金、焊接用高温合金丝及粉末高温合金，主要用作航空航天材料，地面燃气轮机的动叶片、静叶片、涡轮盘及其他工业用耐热承力部件、高温构件等，有多种合金元素共存且含量很高。试样的溶解需要选择不同配比的混合酸和配位剂，才能顺利进行分析。《用电感耦合等离子体原子发射光谱法分析镍合金的标准试验方法（基于性能）》（ASTM E 2594-20）规定了用ICP-OES法测定镍基合金（含镍基高温合金）中铝、硼、钙、铜、镁、锰、铌、磷、钽、锡、钛、钨、钒、锆等元素含量的分析方法。

金属功能材料（metallic functional materials）包括软磁合金、变形永磁合金、弹性合金、膨胀合金、热双金属和精密电阻合金及铸造永磁合金、稀土永磁材料、烧结钕铁硼永磁材料、形状记忆合金、储氢材料以及快淬合金-非晶态合金或微晶材料，广泛用于电子工业及各种控制元件，基体成分多种多样，含量很高且有一定的成分范围要求，需要对其高含量成分进行准确测定。也可以采用具有高分辨率的ICP-OES仪器进行测定，但需要对其高含量成分测定偏差进行准确监控，以保证其测定结果的可靠性。

（2）在冶金物料分析中的应用

冶金工业分析中还需要对很多冶金原材料、燃料、辅料、炉渣、耐火材料等样品进行成分分析和品质判定。冶金物料是以矿物为主的原、辅料，包括钢铁冶炼用的铁矿石、锰矿、铬铁矿、钛铁矿、钼矿、钨矿等金属矿物原料，也有非金属矿如石灰石、重晶石、萤石、硼矿、石墨等辅料，冶炼工艺过程还有添加合金元素用的各种铁合金、硅钙脱氧剂等。这些物料的成分分析，对其主成分和杂质元素含量的测定，均可采用 ICP-OES 法。冶金物料的化学成分不一定比钢铁合金产品复杂，但其样品的前处理却比钢铁材料要困难得多。除了使用不同比例混合的无机酸溶解样品外，通常还需使用熔剂在高温下熔融处理，再用酸溶液浸取进行 ICP 测定。同时，采用基体匹配法进行校准，样品处理时所用熔剂及处理过程都要严格匹配。现在采用微波消解技术可以解决其溶样中的难题，使这些物料的溶样处理变得简便、快捷，试样溶液也更为简单容易匹配。如对于铁矿石及铁合金的分析 ISO 和 GB 都有标准可供执行：ISO 11535—2006 适用于铁矿石中铝、钙、镁、锰、磷、硅和钛含量的测定，GB/T 6730.76—2017 可用于铁矿石中钾、钠、钒、铜、锌、铅、铬、镍、钴含量的测定，GB/T 24194—2009 可用于硅铁中铝、钙、锰、铬、钛、铜、磷和镍含量的测定。不少冶金物料包括黑色冶金矿物精料及冶金过程的中间合金、冶金过程所需的辅料，都有 GB 分析方法及 YB/T 行业分析标准方法可供引用。

5.5.1.2 在有色金属及合金材料分析中的应用

除铁以外的金属（含半金属）统称为有色金属。我国把有色金属中的铁、锰和铬划为黑色金属，将锕系金属镭、锝、钋、钫以及超锕系元素划为放射性金属，余下的 64 种金属定为有色金属。其中生产量大、应用比较广的 10 种金属——铜、铝、铅、锌、镍、锡、锑、汞、镁、钛等称为常用有色金属。

有色金属按其用途及其在地壳中的储量状况一般分为有色轻金属如铝（Al）、镁（Mg）等，有色重金属如铜（Cu）、锌（Zn）等，贵金属如金（Au）、银（Ag）、铂（Pt）等以及稀有金属和半金属如硅（Si）、硼（B）、硒（Se）、碲（Te）等五大类。稀有金属又分稀有轻金属如锂（Li）和铍（Be），稀有重金属如钛（Ti）和锆（Zr）等，稀有难熔金属如钨（W）、钼（Mo）等，稀散金属如镓（Ca）、铟（In）等，稀土金属如镧（La）、铈（Ce）等，稀有放射性金属如钍（Th）、铀（U）等。这些有色金属及其合金的元素含量及其中杂质元素的测定，均可采用 ICP-OES 法。试样通常采用合适的无机酸进行溶样，定容后即可直接测定。对有生产规模的有色金属材料如铝、铜、锌及其合金等的分析更有国标可供执行。

在有色金属材料的分析上有 ICP-OES 的国家及行业标准方法，国内工业上常用的主要有色金属多有国标分析方法可供引用，如铝及铝合金的化学分析方法 GB/T 20975.25—2020，可用于铝及铝合金中硅、铁、铜、镓、镁、锰、铬、镍、锌、钛、银、硼、铋、锂、铅、锡、钒、锆、钡、铍、钙、镉、钴、铒、铪、铟、钾、钠、钼、钕、磷、锑、钪、锶、钨、钇、镱37种元素含量的测定。根据合金的类型及元素的含量，采用以下4种试料溶解方法：①用盐酸和过氧化氢溶解；②用盐酸-硝酸混合酸溶解；③用氢氧化钠溶液和过氧化氢溶解；④用盐酸和硝酸混合酸、过氧化氢溶解。定容后直接测定，以基体匹配法校正基体对测定的影响。铜及铜合金化学分析方法GB/T 5121.27—2008，用于铜及铜合金中磷、银、铋、锑、砷、铅、锡、硒、碲、铍、硼等25种元素含量的同时测定，也适用于其中单一元素的测定，试样用硝酸-盐酸混合酸或硝酸溶解，在酸性介质中，用电感耦合等离子体发射光谱仪，于各元素对应的波长处测量其质量浓度。硒和碲的质量分数不大于0.001%时，以砷作载体共沉淀富集微量硒、碲与基体铜分离；铁、镍、锌、镉的质量分数不大于0.001%时，电解除铜分离富集；磷、铋、锑、砷、锡、锰的质量分数不大于0.001%，铅的质量分数不大于0.002%时，用铁作载体，氢氧化铁共沉淀磷、铋、锑、砷、锡、碲、铅与基体铜分离、富集；镍的质量分数大于14%时，以镧作内标。锌及锌合金化学分析方法GB/T 12689.12—2004，可对其中铅、镉、铁、铜、锡、铝、砷、锑、镁、镧、铈等元素的含量直接测定。

ICP-OES在有色金属分析中的应用有很多国家标准（GB）及行业标准（YS/T）可供引用。

5.5.1.3 在稀土金属及其化合物分析中的应用

稀土金属是我国重要的有色金属矿产，在工业各领域尤其是国防科技领域，具有特殊的意义。稀土元素为周期表中第三副族中的元素，包括镧（La）、铈（Ce）、镨（Pr）、钕（Nd）、钷（Pm）、钐（Sm）、铕（Eu）、钆（Gd）、铽（Tb）、镝（Dy）、钬（Ho）、铒（Er）、铥（Tm）、镱（Yb）、镥（Lu）、钪（Sc）、钇（Y）。它们的化学性质极为相似，采用传统化学分析方法难以测定。尤其是对4N（99.99%）或4N以上纯稀土金属或稀土氧化物中的杂质元素的测定，主要采用ICP-OES和ICP-MS分析技术。我国国家标准分析方法就是采用ICP-OES+ICP-MS的方法，可以解决稀土元素中痕量成分的测定问题。

由于稀土元素为多谱线元素，特别是15种镧系元素的分析灵敏线均在350~450nm波段内。其光谱基体干扰、元素谱线之间的干扰现象也很复杂，光谱谱线重叠干扰极为严重。因此，要求所使用的ICP光谱仪具有高分辨率。所以目前高纯稀土金属、稀土氧化物中稀土杂质元素与非稀土杂质元素的测定，多数采用大色散率、高分辨率的扫描型ICP光谱仪。这是目前较为简便和有效的手段。

稀土材料的化学分析在我国具有系统的分析方法，有ICP-OES分析的国家及行业标准方法可以引用，GB/T 18115.1~GB/T 18115.15—2020为镧系15种稀土元素的金属及其氧化物中稀土杂质测定的ICP-OES/MS方法，第1部分规定了镧中铈、镨、钕、钐、铕、钆、铽、镝、钬、铒、铥、镱、镥、钇14种稀土杂质的测定方法，试料以盐酸溶解，在稀盐酸介质中，直接以氩等离子体光源激发，进行光谱测量，以基体匹配法校正基体对测定的影响。GB/T 12690.5～GB/T 12690.18 中稀土金属及其氧化物中非稀土杂质成分的测定中均有 ICP-OES 的分析方法可供采用，稀土行业分析标准方法中也有很多 ICP-OES 的分析方法可供引用。

5.5.1.4 在非金属元素测定中的应用

在黑色金属材料分析中，测定金属材料中的 C、S、P、Si、B、N、Cl、Br、I 等非金属元素时，应用上受到 ICP-OES 仪器的一些限制。由于这些元素的分析灵敏线多在紫外光区（如表 5-4 所示），应用 ICP 光谱法分析时需要仪器具有 200nm 分析范围以下的能力，需采用有真空分光室或充满惰性气体的光室。

表5-4 ICP-OES 分析元素处于紫外光区的灵敏谱线（200nm 以下）

元素	波长/nm	元素	波长/nm	元素	波长/nm
H	121.57	Sn	147.415	Pb	168.215
O	130.485	N	149.262	Te	170.000
Tl	132.171	Si	152.672	Au	174.047
Cl	134.724	Bi	153.317	P	177.495
B	136.246	Br	154.065	Pt	177.709
P	138.147	Sb	156.548	P	178.287
Sn	140.052	C	156.10	S	180.713
Ga	141.444	In	158.583	Hg	184.95
S	142.503	Ge	164.917	As	189.042
S	143.328	C	165.70	Tl	190.864
Pb	143.389	S	166.669	C	193.091
I	142.549	Al	167.078	Se	196.068

随着 ICP 仪器的发展，ICP-OES 仪器的分析谱线范围已经可以扩展到125nm处，在真空或高纯氩充气条件下，可以选择这些灵敏线进行测定，结合溶液进样的优点，使测定这些元素的标准物质较易配制，因而成为应用热点[50]。用 ICP 光谱法可以解决油类分析、电镀液和工业用水中卤素的测定。应用 ICP 光谱法测定了车用汽油中的氯含量，以航空煤油为稀释剂（4+1）直接进样，在辅助气中加入 0.05L/min 氧气，以消除积碳，保持等离子体稳定，在波长 134.724 nm 处进行测定。方法的加标回收率在 96.6%～103.9%，相对标准偏差（RSD，$n=10$）在 1.57%～4.49%，检出限为 0.27mg/L[51]。又如采用氧弹燃烧进行前处理，用 ICP 光谱法测定塑料中的氯和溴，选用 Cl 134.724nm、Br 153.174nm 为分析线，检出限分别为 0.053μg/mL 和 0.030μg/mL，相对标准偏差（$n=6$）分别为 1.09%和 0.97%[52]。用 ICP 光谱常规方法

测定二次精制盐水中碘的含量。用标准加入法背景校正，以常规法测定二次盐水中碘的含量。碘的分析线 I 142.550nm 光谱干扰过大，强度也不很高；I 178.276nm 的谱线强度偏低；I 180.038nm 谱线强度最大，且背景和干扰小，故适宜作为分析谱线。若能采用生成挥发物的进样装置，将能更准确地测定二次盐水中的痕量碘含量。可解决传统方法检验时间长、准确性差的问题[53]。

5.5.2 在地质资源与矿物材料分析中的应用

地质样品（包括岩石、矿物、地球化学样品）的成分分析是 ICP-OES 分析法最早的应用领域。尤其是地球化学样品测定，已经成为地质实验室不可缺少的分析手段。地质样品种类繁多，分析元素和分析误差规范不尽相同，随着样品和测试样品目的的不同而有所变化。下文主要介绍 ICP-OES 在岩矿、地球化学样品分析中的应用。

（1）岩矿分析

岩石全分析又称硅酸盐岩石分析，既用于地质理论研究又用于地质学的应用研究领域。需要测定的主量分析元素有：SiO_2、Al_2O_3、Fe_2O_3（包括 FeO、Fe_2O_3）、MgO、CaO、Na_2O、K_2O、TiO_2、P_2O_5 和 MnO。这些元素的总量包括吸附水和结晶水，在 99.50%～100.50% 之间，ICP-OES 分析方法的 RSD 为 0.2%～1%，可以满足上述元素的测定要求。除分析主量元素外，根据地质研究的要求，也需测定一些微量元素，其中包括 Au、Ag、Cd、Pb、Co、Zn、Ba、Sr、B、Bi、As、Sb、Hg、Se、Cr、Ni、Cu、Ga、Ge、Hf、Li、Mo、Nb、Ta、Zr、Ni、Sc、Sn、U、Th、V、W、Y、Ce、La 及其他稀土元素等，ICP-MS 法更可以发挥作用。

ICP-OES 法在硅酸盐岩石测定中，由于 SiO_2 含量 45%～80%、Al_2O_3 含量 10%～20%、Fe_2O_3 含量 1%～20%、MgO 含量 0.1%～20%、CaO 含量 0.1%～30%、Na_2O 含量 1%～10%、K_2O 含量 1%～10%、TiO_2 含量 0.01%～5%、P_2O_5 含量 0.1%～5%、MnO 含量 0.005%～1%，这些元素含量范围对于 ICP-OES 分析而言均属高含量测量，所以样品稀释比例大，基体效应影响小，不必考虑基体匹配，同时由于高含量的测定，谱线选择余地大，也可不考虑光谱谱线干扰问题。

（2）地球化学样品测定

地球化学样品 ICP-OES 分析方法与岩石全分析采用酸溶的方法有很多相似之处，均可用 HCl、HNO_3、$HClO_4$、HF 四酸法分解样品。有时可将试样酸分解后，放置过夜，次日继续加热至白烟冒尽，赶尽 HF，再用盐酸溶液溶盐，定容后直接测定。地球化学样品分析的测定误差相比岩石全分析大大放宽，只需了解地球化学变化，甚至有时不需要准确测定，分析精密度 RSD＜5% 即可满足需要。因此采用 ICP-OES 及 ICP-MS 法测定，可分析元素多，同时测定分析效率高，适于大批量样品的分析测定。

地球化学样品分析多为探矿寻找异常与靶区。以比例尺 1/200000、1/50000 填图的方式，鉴别某些特殊元素含量异常高的局部范围，通常称为异常区或靶区。尤其是微量元素测试，可以采用 ICP-OES 方法，但采用 ICP-MS 直接测定更为高效。

单矿物、包裹体样品测定。研究矿物组成，查明某些元素的赋存状态，确定矿物名称及其分子式，只需测定其主要成分及比例即可。若要确定新矿物的组成，则必须对单矿物作全元素的精密分析。若能采用激光微区-ICP-OES 法测定单矿物主量元素与杂质元素，这将是一种更有效的方式。

在地质资源及矿物材料领域的分析上有国家标准分析方法也有地质行业的 ICP-OES 标准分析方法可供参考借鉴。该类样品包括岩石、矿产资源（含矿产品）样品、土壤、沉积物、淤泥、矿渣等，重要的是考虑样品分解问题。该类样品多采用常压下酸溶或密封加压下酸溶方法处理。常用的样品分解方法如下：

① 四酸溶解法。可以采用 $HCl+HNO_3+HF+HClO_4$ 四种无机酸分解样品，并冒高氯酸烟赶尽 HF，最后在硝酸溶液中测定，通常称为四酸法。但四酸溶样法用酸量较大，污染不易控制，不适于地质样品中难溶矿样及一些超痕量元素的 ICP 分析。同时不能分析 Si 元素，必须采用其他方法单独分析 Si。

② 偏硼酸锂（$LiBO_2$）分解试样法。试样在铂金坩埚或石墨坩埚中，加偏硼酸锂在 1000℃熔融后，制成数微米厚的样片，粉碎后用 5%硝酸浸取，再定容测定。可加 Co 100μg/mL 作内标分析。

③ 常规碱熔法。如果不需分析 K、Na 两种元素，可采用常规碱熔方式（氢氧化钠（钾）、碳酸钠（钾）熔融）对样品进行分解。例如，在银坩埚中加氢氧化钾，升至 550~600℃，熔融 3~5min，以 Co 10μg/mL 作内标，在 5%硝酸介质中进行分析。

对于难溶于酸中的样品分析，可采用酸性熔剂硫酸氢钾、焦硫酸钠熔融方法分解样品。也可采用半熔法（如碳酸钠-氧化锌混合溶剂的半熔法）分解样品。这时除了考虑溶解效率外，还要考虑不同种类的熔剂可能带来的影响，酸性熔剂焦硫酸钠和硫酸氢钾对谱线强度会有影响。

一般采用过氧化钠或偏硼酸锂为熔剂，根据样品种类不同，过氧化钠与样品的质量比约为（5:1）~（8:1），偏硼酸锂与样品的质量比一般为（3:1）~（5:1）。

由于矿物成矿条件的不同，矿物结构复杂，为了保证矿样的完全分解，常常不得不采用高温熔融分解。但采用氢氧化钠（钾）进行碱融后酸化，会引入大量 Na^+、K^+ 而产生离子化和盐效应的干扰。等离子体焰炬中电子密度很高，易电离元素对谱线强度无明显影响，但大量盐类的基体效应却不能不引起注意，因此在保证完全熔融的前提下尽量减少熔剂的用量。当盐类的浓度并不太高（≤5%）时，只要校正溶液和样品溶液的熔剂种类和用量尽可能保持一致，对测定的影响不大。尽可能少用硫酸盐和磷酸盐。也可以通过加入内标元素予以校正。

随着微波消解仪器性能的提高，采用微波消解技术处理矿石样品，既可保存更多的待测成分，又可最大限度降低溶样过程引入酸类盐类的量，还可以有效地分解绝大多数土壤和沉积物样品，已被越来越多地应用于地矿样品分析中。

在该领域的分析上有国标和有地质行业的 ICP-OES 分析标准方法可供参考借鉴，包括各种有色金属矿石、矿产资源（含矿产品）样品，区域地球化学样品、生态地球化学评价动植物样品的分析方法和土壤、沉积物、淤泥、矿渣等的 ICP 分析方法。如 GB/T 14506.31—2019 规定了用偏硼酸锂熔融-电感耦合等离子体原子发射光谱法测定硅酸盐岩石中二氧化硅、三氧化二铝、全铁、氧化钙、氧化镁、氧化钾、氧化钠、二氧化钛、氧化锰、五氧化二磷、锶和钡含量的测定方法，该方法也适用于土壤、沉积物样品中上述成分的测定。GB/T 3884.18—2023 适用于铜精矿中砷、锑、铋、铅、锌、镍、镉、铬、氧化铝、氧化镁、氧化钙含量的测定，试料用盐酸、硝酸、氢氟酸、高氯酸溶解，在稀硝酸介质中，用电感耦合等离子体原子发射光谱法直接测定。

5.5.3 在水质、环境样品分析中的应用

（1）分析范围及要求

环境分析样品包括水、大气颗粒物、土壤以及水系沉积物、固体废物等。

环境水质分析可分为饮用水、自然水（地下水、雨雪水、湖水、江河水、海水等）、工业废水、生活污水以及各级处理过的污水等。无论是生活饮用水、工业用水、农业用水、渔业用水，还是特殊用途用水等都有一定的水质要求。

大气颗粒物是指悬浮于空气中的固体或液体颗粒与气体载体共同组成的大气飘尘。大气颗粒物形状复杂，可分为 TSP（总悬浮颗粒物）、PM_{10}、$PM_{2.5}$。研究表明，粗粒子多由 Ca、Mg、Na 等 30 多种元素组成，细粒子主要是痕量金属、硫酸盐、硝酸盐等。不同环境条件、不同时间、不同粒径的大气颗粒物组成成分差异较大。大气颗粒物可长期悬浮于空气中，同时 PM_{10} 可进入人体呼吸道，$PM_{2.5}$ 可直接进入人体肺部，对环境与人体健康都产生巨大的危害。其中的重金属元素可用 ICP-OES 法进行测定。

工业废弃物多为与生产工艺过程相关的重金属污染。在固体废物中，对环境影响较大的是工业有害固体废物和城市垃圾。固体废物、矿物、岩石中的有害金属元素通过地表径流、大气沉降等多种途径进入环境中，最终累积于土壤与水系沉积物中。随着环境条件的变化，土壤、沉积物中累积的金属元素会造成二次污染，甚至通过食物链危害人类和生态系统的安全。固体废物中的有害成分主要有汞、镉、砷、铬、铅、铜、锌、镍、锑、铍等，可以采用 ICP-OES 分析技术对样品中的多元素同时检测。

（2）样品处理

一般情况下，水样中元素含量测定可以分为测定"水溶性"元素含量和测定水中"酸可溶出"元素总量。测定水溶性元素含量，可将水样过滤、酸化后直接分析。测定酸可溶出元素总量，即测定水溶性与固体悬浮物中的元素总量，需将水样直接酸化消解后，再测定酸可溶出元素总量。对于饮用水及水源水等清洁用水，采样后可直接测定。

大气颗粒物样品使用大气采样器采集，使用滤膜采样后用微波消解法消解，一般采用混合酸体系消解大气颗粒物样品。

对于土壤和沉积物样品，由于其成分复杂，且含有难以消解的石块及沙砾，所以在样品消解前还需要经过预处理，先将其干燥、研磨、过筛制成分析样品，称样进行消解后再测定。

微波消解可以有效地应用于土壤、水系沉积物样品的消解。对于一些易损失金属元素，测定结果准确度和精密度均比较高。一般在测量样品中金属 Hg 等元素时需要采取这种方法。

空气中的污染物并不是以单一状态存在，往往以多种状态（如气态和气溶胶状态）共存于空气中，取样比较复杂，需要采取综合采样方法，如采用泡沫塑料采样法、多层滤料法以及环形扩散管和滤料组合采样法等，用各种方法将不同状态的物质同时采集下来。

不同金属元素存在于空气中的状态也不尽相同。常见的汞以蒸气状态存在，而大多数金属元素是以气溶胶形式（如烟、雾、尘）分散在大气中。铅、铬、锰、锌、锑、硅、砷等氧化物则以悬浮颗粒物形式存在而污染大气。这些金属类物质进入大气后，由于性质不同，对人体危害也不一样。常见环境试样，如水质中铜、锌、铅、镉、银、汞、锂、钠、钾、钙、镁、铝、锰、铁、镍、钴、铬、钒、硒、钡等元素的测定，大气悬浮物中汞、铅、镉的分析，固体废物中铜、锌、铅、镉、铬、镍等元素的分析，土壤成分的分析，生物、植物样品中重金属元素的分析，采用 ICP-OES 法，是很有效的分析手段。

除了通常的直接雾化进样、超声波雾化器、氢化物发生器等直接测定方法外，有很多时候还需要采用浓缩富集或联用技术，测定水质中 As、Pb、Se、Tl 等 ICP-OES 检出能力不够的元素，其效果相当良好。

水质及环境试样的 ICP-OES 分析，主要是在取样和分析试液的预处理上，而处理成分析溶液后使用 ICP 仪器进行测定比较简便，仪器操作上没有特别的要求，只要仪器的灵敏度足够，检出限越低越有利于分析测定。

（3）水质中无机污染物的分析

自来水、海水、河水、湖水、排放水等，作为无机成分的分析项目、标准项目、饮用水质项目、监视项目，合计 22 个项目，17 种元素。美国、日本、欧盟等均采用 ICP-OES 或 ICP-MS 作为标准方法来进行水质检测。

采用带有超声波雾化装置的 ICP-OES 分析方式，水质样品可不经过任何预处理，直接进样即可测定其中所有元素（除 Hg 之外）。而分析 Hg 需将氢化雾化器与 ICP-OES 相结合，可达到很高的检测灵敏度。

对于水质测定的多种元素，国际上均有相应的 ICP 法标准可供参考，如 ISO 11885—2007《水质 电感耦合等离子体原子发射光谱法测定选定元素》、ASTM D 1976—2007《用电感耦合氩等离子原子发射光谱法对水中元素的标准试验方法》、ASTM D 7035—2004《用电感耦合等离子体原子发射光谱法（ICP-AES）测定空气颗粒物中金属和类金属的标准试验方法》。国内也有相应的行业标准可供参考应用，如 HJ 776—2015 的 ICP-OES 分析方法用于水质中 32 种元素的测定；DZ/T 0064.22—2021 的 ICP-OES 分析方法用于地下水质分析，测定其中铜、铅、锌、镉、锰、铬、镍、钴、钒、锡、铍及钛等的含量；DZ/T 0064.42—2021 的 ICP-OES 分析方法用于地下水质分析，测定其中的钙、镁、钾、钠、铝、铁、锶、钡和锰等的含量；HG/T 6117—2022 的 ICP-OES 分析方法用于高盐废水中铜、镍、铅、锌、镉含量的测定。

（4）大气悬浮物的分析

环境大气中的有害污染物质，由于长期悬浮在大气中，对人类的身体健康是极为有害的。尤其是 Sb、Cr、Zn、Co、Hg、Sn、Ce、Se、Tl、Ti、Ni、V、Ba、Pd、As、Pt、Mn、Be 等元素及其化合物，均为测定的重点元素。行业标准 HJ 777—2015 采用电感耦合等离子体发射光谱法测定空气和废气颗粒物中的金属元素含量。

UAG-ICP-OES 和 ICP-MS 都是测定这些元素的有效方法，但需注意的是，城市中的大气悬浮物包括尘埃、灰尘、煤尘、烟尘以及汽车排放的尾气等，它们的成分是较复杂的。所以样品采集及样品处理需特别注意。一般采用硝酸、氢氟酸、高氯酸湿法分解或微波分解以及高压釜分解方式进行工作。

（5）土壤成分的分析

土壤成分与环境及人类有密切关系，它涉及地球化学、农业化学、农学、园艺、畜牧、医学等。土壤成分分析元素种类很多，各种元素含量差异很大，某些元素含量是 ng/g 级，而另一些元素含量是百分含量级。ICP-OES 更适合土壤成分的分析，因为它更适合各种含量差距较大的样品分析。

土壤成分分析的分析条件设定、样品的分解、标准溶液制备等，基本与地球化学试样分析相同。中国环境监测总站对土壤中 17 种元素的测定，采用 ICP-OES 法。如 HJ 974—2018 采用碱熔-ICP-OES 法测定土壤和沉积物中 11 种元素的含量；HJ 804—2016 采用二乙烯三胺五乙酸浸提-ICP-OES 法测定土壤中 8 种有效态元素的含量；LY/T 3129—2019 采用 ICP-OES 方法测定森林土壤中的铜、锌、铁、锰全量。

（6）固体废物的分析

固体废物分析包括矿渣、城市垃圾焚烧后的残灰成分的有害元素的测定。矿渣种类繁多，垃圾焚烧后的残灰成分也极为复杂。ICP-OES法测定的难题是试样分解。一般采用高压釜或微波消解以酸分解的方式，用HCl-HNO_3-HF或$HClO_4$-HNO_3-HF混合酸进行分解，也可以采用碱熔的方式。如果需分析K、Na，则采用偏硼酸锂作熔剂，在1000℃下熔融近1h。碱熔方式可参照上述的岩矿分析。行业标准如HJ 781—2016采用ICP-OES方法，用于对固体废物中22种金属元素的含量进行测定。

5.5.4 在生化样品与药物分析中的应用

（1）分析要求

生化样品包括人体血液、器官，动物组织等样品和微生物样品，以及菌类、藻类等。植物样品包括中草药药材及其制剂等，需要对其中金属元素的含量进行测定。ICP分析技术应用于生物学和医学中，可以对细胞、组织或完整生物体内全部金属原子的分布、含量、化学种态提供有用的信息，已成为生命科学领域——金属组学的研究工具之一。

生化样品的主体为碳水化合物，其中的金属元素含量很低，只要将其有机物主体除去，余下的金属元素溶液可用ICP法以金属离子的标准溶液为基准直接测定。

（2）样品前处理

处理多采用酸溶方法，采用含氧化剂的酸加热至样品颗粒消化后，加适量高氯酸，加热直至冒烟，彻底消解有机物基体。或采用干法灰化至灰渣为白色，无残存有机物及碳，最后用2%的硝酸溶解，进行测定。现在多采用微波消解或微波灰化后酸分解的方法。溶解用2%的硝酸为好。

① 生物样品前处理。生物样品包括人体、动物各组织器官、毛发、血、尿等样品。除了尿液样品可以直接稀释外，一般采用硝酸消解，对于有机基质比较高的样品，采用硝酸/双氧水消解。为了减少污染，通常采用微波消解。

组织样品：剪碎后，放入真空冷冻干燥机中低温干燥48h，取出研磨成粉状并记下干重。用硝酸-过氧化氢和超纯水，进行微波消解。

② 医药样品前处理。包括药物中间体和原料药的杂质检查，以及中药质量评价和金属含量的分析。检测的元素多为碱金属和碱土金属，过渡元素中的铬、铁、铜、锌等；与抗癌药物治疗相关的有贵金属元素如铂等；非金属元素磷、硫、硒、氯、溴、碘等；汞和砷等无机杂质及放射性元素。根据医药样品基质和要检测的元素选择合适的消解方法。中药可以是原药材，或是汤剂以及成品制剂。

中药材微量元素测定前处理，常常采用HNO_3-H_2O_2静置过夜预消解，随后再行微波消解，测定。

标准分析方法中的应用不断得到扩展，该领域的分析方法不断引进ICP-OES分析方法，如DB45/T 719—2010《植物类中药材铬、镍、锑、锡含量的测定 电感耦合等离子体发射光谱（ICP-AES）法》，DB44/T 1935—2016《头发中微量元素的测定　电感耦合等离子体原子发射光谱法》。

5.5.5　在石油化工产品及能源样品分析中的应用

能源领域样品的分析包括石油化工、煤焦工业、核能材料方面的分析应用。

5.5.5.1　在石油化工产品分析上的应用

（1）分析要求

石油炼制加工中，石油及石油产品的金属含量是研究炼油工艺及其产品质量评估的重要指标之一。其产品如润滑油、原油、重油、沥青、焦炭、渣油、轻油等，其中一些金属成分测定是必要的。同样石油添加剂、催化剂中某些金属含量直接影响炼制石油的催化作用。例如：催化剂中 Ni、V 元素沉积量达到一定含量时，导致催化剂丧失活性，使之失效。各种化工产品的主要成分及其中杂质成分的测定，既是生产工艺控制的需要，也是产品质量的评判依据，ICP 法分析提供了极便利的测试手段。

ICP-OES 在石油样品测定中的难点是石油样品处理，以及分析时所用的标准物质。当通过灰化酸溶残渣，以酸水溶液状态进行测定时，分析要求及校准标准与常规溶液进样分析类似。

（2）样品处理

根据不同的石油产品采用干法灰化、湿法消解、微波消解及微波灰化法，也可用直接稀释法进行测定。对于液体石油样品，可以采用有机溶剂稀释的方式，直接将稀释后的样品引入 ICP 焰炬中测定。

对于 ICP-OES 分析选择有机溶剂稀释剂有要求：稀释剂要有良好的油溶性和稳定性；有较低的密度、黏度和挥发性；纯度要高，不含被测元素；溶剂毒性小，廉价易得；对 ICP 焰炬放电稳定性要好。一般使用的溶剂多为二甲苯、甲苯异丁基苯酮（MIBK）、四氢化萘、氯仿和四氯化碳等。

当采用有机溶剂稀释方法时，制作标准曲线的标准溶液必须采用有机溶剂中含金属标准系列。而这种标准系列的制备必须具有稳定的化学计量，能与样品相似的基础油或有机溶剂混溶，在 ICP 炬管中要有良好的放电稳定性。

（3）标准分析方法示例

GB/T 17476—2023 的 ICP-OES 法对润滑油和基础油中多种元素的测定，适用于使用过的和未使用的润滑油和基础油中的添加剂元素、磨损金属以及污染物的分析；GB/T 30902—2014 的 ICP-OES 法适用于对无机化工产品中杂质元素的测定；SH/T 0706—2001 的 ICP-OES 法适用于对燃料油中铝和硅含量的测定；SH/T 0715—2002 的 ICP-OES 法适用于原油和残渣燃料油中镍、钒、铁含量的测定；SH/T 0749—2004 的 ICP-OES 法适用于对润滑油及添加剂中添加素含量的测定；SN/T 1829—2006 的

ICP-OES 法适用于对石油焦炭中铝、钡、钙、铁、镁、锰、镍、硅、钠、钛、钒、锌含量的测定；SN/T 3186—2012 的微波灰化-ICP-OES 法适用于对原油中钠、镁、钙、铁、钒、镍、铜元素的测定；SN/T 3189—2012 的有机进样-ICP-OES 法适用于对原油中钠、镁、铁、钒、镍、铜元素的测定；SN/T 3190—2012 的灰化碱熔-ICP-OES 法适用于对原油及残渣燃料油中铝、硅、钒、镍、铁、钠、钙、锌、磷的测定。

5.5.5.2 煤焦样品的分析

煤焦分析包括煤炭、煤灰及焦炭产品中无机元素的分析测定。

（1）分析要求

工业用煤及焦炭的成分，可分为有机成分与无机成分。有机成分主要为碳、氢、氧、氮、硫等组成复杂有机化合物，为煤的本体。无机成分为硅、铝、钙、镁、铁、钛、钾、钠、硫化铁及二氧化硫等物质，是地层掺入的杂质。煤中砷、氯、氟、锗、镓、铀、钒、硒、汞、钾、钠、铁、钙、镁、锰、铬、镉、铅、铜、钴、镍、锌的测定方法中，ICP 法已纳入行业标准及国家标准。

（2）样品处理

煤质、煤焦中金属成分的测定均需先将其碳质灰化至灰分后，用无机酸溶解转入溶液中再用 ICP 法测定。

煤样的灰化通常采用干式灰化，先空气干燥成分析煤样，再将其放在灰皿中铺平，置于马弗炉中，由较低的温度缓慢升温到 300℃，然后缓慢升温到 500℃，在此温度下灼烧至无碳粒。而灰化后的煤灰样可用酸分解后在酸介质中定容测定，难于完全用酸溶解的灰样，可以采用适当熔剂熔融分解，再酸化转为溶液进行测定。

（3）标准分析方法示例

国家标准及行业标准中，如：GB/T 38394—2019 的 ICP-OES 法，适用于煤焦油中钠、钙、镁、铁含量的测定；SN/T 1829—2006 的 ICP-OES 法，适用于石油焦炭中铝、钡、钙、铁、镁、锰、镍、硅、钠、钛、钒、锌含量的测定；SN/T 5304—2021 的 ICP-OES 法，适用于煤中全硫、磷的测定；SN/T 1599—2005 的 ICP-OES 法，适用于煤灰中主要成分的测定；SN/T 1600—2005 的 ICP-OES 法，适用于煤中微量元素的测定。

5.5.5.3 化工材料与产品的分析

（1）基本要求

化工材料与产品种类繁多，包括化学试剂、化工产品、无机化学品、各种电镀液中无机元素成分。在相应的行业中有各自的测定要求，并有各自的行业标准要求，可按行业标准进行。

（2）样品处理

由于化工产品种类繁多，属于化学试剂或化工原料中杂质金属元素的含量测定，各种电镀液中无机元素成分的测定，样品的处理比较简单，溶于水及酸溶液中便可进行测定；属于无机化学品则视材料的类型采用合适的溶解方法制备分析溶液，大多可以直接测定。

（3）标准分析方法示例

在化工材料及产品分析领域上，ICP-OES 分析方法的应用也越来越为普遍，有国家标准及行业标准方法可供引用。

国家标准分析方法如：GB/T 30902—2014，ICP-OES 分析方法用于无机化工产品中杂质元素的测定；GB/T 37248—2018，ICP-OES 法用于高纯氧化铝中痕量金属元素的测定；GB/T 34609.2—2020，ICP-OES 法用于铑化合物中银、金、铂、钯、铱、钌、铅、镍、铜、铁、锡、锌、镁、锰、铝、钙、钠、钾、铬、硅含量的测定；GB/T 33913.2—2017，ICP-OES 法用于三苯基膦氯化铑中铅、铁、铜、钯、铂、铝、镍、镁、锌量的测定；GB/T 24916—2010，ICP-OES 法用于表面处理溶液中金属元素含量的测定。

行业标准分析方法如：SN/T 5249—2020，ICP-OES 法用于沉淀水合二氧化硅中铁、锰、铜、铝、钛、铅、铬、钙、镁、锌、钾、钠含量的测定；SN/T 4312—2015，ICP-OES 法用于陶瓷色釉料中稀土总量的测定；SN/T 4304—2015，ICP-OES 法用于出口氯化钡中铝、镁、铅、硅的测定；SN/T 4305—2015，ICP-OES 法用于出口三氧化二锑中铅、铁、铜、砷、硒、铋、镉、汞含量的测定；SN/T 4026—2014，ICP-OES 法用于日用玻璃产品中铝、铁、钙、镁、钠、钾、钛、铅、镉、硅、锌、铜的测定。

HG/T 5763—2020，ICP-OES 法用于茂金属聚烯烃催化剂中金属元素的测定；HG/T 6054—2022，ICP-OES 法用于重整催化剂中铂含量的测定。

YS/T 833—2020，ICP-OES 法用于铼酸铵中铍、镁、铝、钾、钙、钛、铬、锰、铁、钴、铜、锌、钼、铅、钨、钠、锡、镍、硅量的测定；YS/T 1164—2016，ICP-OES 法用于硅材料用高纯石英制品中杂质含量的测定；YS/T 1157.2—2016，ICP-OES 法用于粗氢氧化钴中镍、铜、铁、锰、锌、铅、砷和镉量的测定；YS/T 667.2—2009，氢化物发生-ICP-OES 法用于化学品氧化铝填料用氢氧化铝及拟薄水铝石中砷、汞、铅含量的测定；YS/T 667.3—2009，ICP-OES 法用于化学品氧化铝 4A 沸石中镉、铬、钒含量的测定；YS/T 667.4—2009，氢化物发生-ICP-OES 法用于化学品氧化铝 4A 沸石中砷、汞含量的测定。

JC/T 2027—2010，ICP-OES 法用于高纯石英中杂质含量的测定；JC/T 2132—2012，ICP-OES 法用于钛酸锶钡中掺杂元素和微量元素含量的测定。

DB53/T 665—2015，ICP-OES 法用于精细化工废催化剂不溶渣中铂、钯、铑量的测定；DB53/T 666—2015，ICP-OES 法用于石油化工废催化剂不溶渣中铂、钯量的测定。

5.5.6 在食品分析中的应用

（1）基本要求

食品的种类繁多，包括加工食品、饮料以及动植物食品如大米粉、奶粉、蔬菜、蜂蜜和农副产品等，是供给人体必需元素和引入有害元素的来源，与人体健康密切相关。食品安全法对重金属及有害元素等外源污染物的检测有质量要求。对食品有关微量元素的分析，对其中金属元素含量的分析，对有利的营养元素、有害元素的测定都是需要的。ICP-OES 法测定食品中微量元素的重要环节是食品试样的消解。ICP-OES 法是测定食品及动植物、中草药药材中多种元素的含量很有效的手段。

（2）样品处理

食品与生物、植物分析样品的分解一般采用干法、湿法、微波消解法、高压釜法以及高频加热密闭通氧气法等。通常采用湿法消解或微波消解的方式处理样品，将样品中的有机物基体分解来制备分析溶液，直接测定。必须使食品与动植物样品消化后变成透明清亮的溶液，同时要求消化处理过程既不能沾污也不能损失试样。

① 干法灰化法。在低于 500℃下灰化，然后用硝酸溶解即可制得分析溶液。但需注意：As、Se、Pb 等元素在该温度下可能挥发，而当温度超过 550℃时，Al、Fe、Cr 也将有所损失。

② 湿法消解法。用硝酸-高氯酸、硝酸-过氧化氢、过氧化氢-硝酸-高氯酸、硝酸-硫酸等消解方法。

③ 微波消解法。用硝酸、硝酸-过氧化氢、硝酸-过氧化氢-氢氟酸等微波消解，可以加快溶解的速度，同时避免某些元素的损失。

干法灰化法容易造成某些被测元素（如 S、K、Na 等）的损失，而湿法消解应注意某些元素可能消解不够完全使分析结果偏低。

（3）标准分析方法示例

在食品领域的分析上有国家标准及行业标准的 ICP-OES 标准分析方法可供引用，如：GB/T 30376—2013 的 ICP-OES 法，用于茶叶中铁、锰、铜、锌、钙、镁、钾、钠、磷、硫的测定；GB 5009.246—2016 的 ICP-OES 法，用于食品中二氧化钛的测定；GB 5009.268—2016 的 ICP-OES 法，适用于食品中铝、硼、钡、钙、铜、铁、钾、镁、锰、钠、镍、磷、锶、钛、钒、锌的测定；SN/T 2891—2011 的 ICP-OES 法，用于出口食品接触材料如高分子材料、聚乙烯、聚丙烯中铬、锆、钒和铪的测定。

5.5.7 在元素形态分析中的应用

元素的形态即该元素在一个体系中特定化学形式的分布，元素形态分析是识别或定量检测样品中某种元素实际存在的价态或赋存状态的分析，在环境、食品、生物分析中占有越来越重要的地位。元素在环境中的迁移转化规律、元素的毒性、生物利用度、有益作用及其在生物体内的代谢行为，在相当大的程度上取决于该元素存在的化学形态，特别是汞、砷、铅、硒、锡、碘、铬等元素形态的分析更受关注。目前研究比较多的元素形态分析如下。

砷形态：亚砷酸盐（As^{III}）、砷酸盐（As^V）、一甲基胂酸（MMA）、二甲基胂酸（DMA）、砷甜菜碱（AsB）、砷胆碱（AsC）、砷糖（AsS）、阿散酸、洛克沙胂等。

汞形态：甲基汞、乙基汞、苯基汞、无机汞等。

硒形态：硒酸（Se^{VI}）、亚硒酸（Se^{IV}）、硒代蛋氨酸（SeMet）、硒代胱氨酸（SeCys）、甲基硒代半胱氨酸（SeMeCys）等。

铅形态：四甲基铅（TeML）、四乙基铅（TeEL）、三甲基铅（TML）、三乙基铅（TEL）、二甲基铅（DML）、二乙基铅（DEL）、无机铅。

锡形态：三甲基氯化锡（TMT）、二丁基氯化锡（DBT）、三丁基氯化锡（TBT）、二苯基氯化锡（DPhT）、三苯基氯化锡（TPhT）。

铬形态：三价铬（Cr^{III}）、六价铬（Cr^{VI}）。

碘形态：碘离子（I^-）、碘酸根（IO_3^-）。

溴形态：溴离子（Br^-）、溴酸根（BrO_3^-）。

ICP-OES 用于元素形态分析需要采用色谱及各种分离柱联用进行预先分离，再行测定。

5.5.8 在电子电器、轻工产品分析中的应用

（1）基本要求

ICP-OES 法还广泛应用于纺织品、电子电器产品、塑料及其制品中有害或限用的金属元素测定。对于纺织品、纺织材料及其产品，可萃取重金属砷、镉、钴、铬、铜、镍、铅、锑等进行测定。对塑料及其制品限用的有害金属元素铅、汞、铬、镉、钡和砷的测定，试料可用 HNO_3-H_2O_2-HBF_4 混合溶剂经微波消解处理后，用 ICP 光谱仪测定。

（2）样品处理

对于不同类型的电子电器产品的分析，主要区别在于样品的消解上，通常将试样经灰化或酸消解后进行定量分析。不同类型电子电器产品的样品，可采用不同方式制备分析溶液。

① 金属材料。普通金属试样经粉碎后，用硝酸盐酸混合酸加热溶解。对于含锆、铪、钛、钽、铌或钨的样品，用 HNO_3+HF（1+3）混合酸溶解，赶酸后定容测定。

② 聚合物。样品粉碎后可用微波消解法分解，玻璃、陶瓷等非金属也可采用微波消解法分解。

（3）标准分析方法示例

在该领域的分析上有国家标准及行业标准的 ICP-OES 标准分析方法可以引用，如 GB/T 33351.2—2021 中的 ICP-OES 法，可用于电子电气产品中砷、铍、锑含量的测定；GB/T 39560.5—2021 中的 ICP-OES 和 ICP-MS 法，可用于电子电气产品中聚合物和电子件中镉、铅、铬以及金属中镉、铅含量的测定；GB/T 30419—2013 中的 ICP-OES 法，用于玩具材料中可迁移元素锑、砷、钡、镉、铬、铅、汞、硒的测定；SJ/T 11011—2015 中的 ICP-OES 法，可用于电子器件用纯银钎料中杂质含量铅、铋、锌、镉、铁、镁、铝、锡、锑、磷的测定；SJ/T 11030—2015 的 ICP-OES 法，可用于电子器件用金铜及金镍钎料中杂质铅、锌、磷的测定；SN/T 2046—2015 中的 ICP-OES 法可用于塑料及其制品中铅、汞、铬、镉、钡、砷、硒、锑的测定；SN/T 2186—2008 中的 ICP-OES 法可用于涂料中可溶性铅、镉、铬和汞的测定。

第 6 章
ICP-MS 分析操作技术

6.1 实验准备

6.1.1 ICP-MS 进样装置设定

ICP-MS 进样装置设定与 ICP-OES 分析相同，根据分析对象选择相应的进样装置，进行安装调试。通常以溶液进样为商品仪器的基本配置，可直接对溶液及液体样品进行测定。如需要与其他进样装置进行联用，则需要联用接口。如：激光烧蚀、电热蒸发等固体进样装置可与 ICP-MS 直接联用；液相色谱、离子色谱、毛细管电泳等也可与 ICP-MS 直接联用进行元素形态分析；气相色谱与 ICP-MS 联用则需要一个专用接口，进行元素形态分析。氢化物发生器与等离子体质谱联用可以改善仪器检测能力，最明显的如无机元素 Hg，以及其他氢化物元素如 As、Se、Sb 等。氢化物发生器还可以完成分析物元素与基体的分离，减轻基体效应的干扰。

与 ICP-OES 仪器一样，ICP-MS 通常商品仪器也配置溶液进样装置，使用时进样系统还应依据分析的元素、基体和溶样酸的性质，选择相应的雾化器、雾室。如果样品溶液中含氢氟酸时必须用耐氢氟酸雾化器、耐氢氟酸雾室和炬管陶瓷中心管。分析溶液盐分高于 10mg/mL 时应采用高盐雾化器，用于油品直接分析时应采用专用有机物进样系统。不同的是 ICP-MS 所采用的雾室，一般都是制冷的雾室。最早的仪器采用夹套水冷式，现代的仪器大多数采用半导体制冷雾室装置。其作用一方面是制冷去溶，让更多溶剂冷凝下来，提高分析物的相对浓度，减少等离子体焰炬的溶剂负载，减少溶剂容易引起的多原子离子的干扰程度；另一方面是保持恒定的雾化室温度和雾化效率，减小由仪器进样系统所引起的漂移。在实际应用中，水溶液进样时雾室通常恒温控制在 2~3℃，对于一般有机试剂可以恒温制冷到-10℃，对于挥发性极强的有机试剂需要冷却到-20℃。

6.1.2 质谱分析样品前处理

ICP-MS 分析样品前处理参见 4.2 节。因为 ICP-MS 主要用于试样中痕量元素的分析，所以在进行样品前处理时，一定要注意前处理所用的设备如烧杯、容量瓶等的洁净度，所用试剂如水、酸等的纯度要符合相关要求，同时要注意样品处理时环境因素的影响。

6.1.3 质谱分析用校正样品选择

与 ICP-OES 一样，根据测定范围，选择 ICP-MS 标准校正样品。对于溶液分析而言，要准备一套适合样品分析含量范围的标准系列溶液。ICP-MS 分析用标准溶液的浓度一般都在 ng/mL 量级，其放置时间一般不超过 5 天，对于易变化的元素，如 Hg 等，应现用现配。

6.1.4 ICP-MS 测定方法的建立

6.1.4.1 编制分析程序文件

在样品分析前，首先在计算机上编制与待分析样品相适应的分析程序文件。该文件应包括所分析元素的同位素及内标元素（对于同位素稀释法和同位素比值测定，应选择所需的同位素对）、干扰校正公式、校准标准系列浓度、稀释因数、数据采集参数、样品和标准以及监控样的分析序列、样品重分析的个（次）数、测定结果的表达格式（统计数据的表达）等。

6.1.4.2 仪器条件的选择和设定

在进行分析前，要根据分析需要选择离子透镜参数、ICP 功率、载气压力及流量、采样深度、溶液提升量、每个通道积分时间、质谱测量方式（扫描还是跳峰）、仪器分辨率等仪器参数。

初始化仪器操作条件。由于仪器硬件各不相同，在此不提供具体的仪器操作条件。分析者有责任检验仪器配置和操作条件是否满足分析要求，仪器性能和分析数据是否符合质量监控规范。

6.1.4.3 数据处理方式和质量保证的设定

在 ICP-MS 仪器分析中测定结果数多采用工作曲线法（外标法）以质量浓度或质量分数表示，并设定干扰系数校正或其他干扰校正法对质谱干扰进行校正。将其编制于方法文件中，通过计算机软件直接在线校正或采用求干扰系数法离线校正，对分析结果进行数据处理。

设定分析期间的质量控制样（QCS）以及标准物质测定，可以为数据质量提供参考，应和样品结果一起提供并记录在案。为了保证分析质量，需要设定相应方式如逐级稀释法、基体加标法、内标响应等，对整个分析过程进行控制，并保存所有的质控数据，以便参考或检查。每批样品分析至少带一个实验空白，以确定是否存在沾污或记忆效应。

6.2 仪器操作

6.2.1 仪器操作及使用要求

ICP-MS 分析样品的日常操作步骤如下：开机点火和预热仪器、仪器校准和仪器调谐、编辑分析方法、建立校准曲线、分析样品、熄火并返回待机状态。

6.2.1.1 开机

仪器通电后打开主机电源和工作站，从工作站软件中开启抽真空开关，仪器将由关机模式转换为待机模式，该过程通常需要 20min 左右。在点火之前必须检查气体压力（包括氩气和碰撞反应气）是否符合要求，开启和检查循环冷却水系统和排风系统。大多数仪器都有自动报警功能，如以上项目未满足要求，仪器将无法自动点火。

6.2.1.2 进样系统的选择

常规样品通常采用石英玻璃进样系统；如果样品溶液含有氢氟酸，必须采用耐氢氟酸进样系统。如果样品总溶解固体量（TDS）较高，可采用耐高盐雾化器；如果样品溶液含有大量的有机物，应采用专用的有机进样系统。

常用的蠕动泵泵管有聚乙烯管和维托橡胶管两种。其中，聚乙烯管适用于水溶性样品，强酸，强极性溶剂，例如甲醇、乙醇等有机溶剂；维托橡胶管适用于低极性溶剂如烷烃、芳烃、卤代烃类，例如汽油、煤油、氯仿和四氯化碳等。

半导体制冷雾化室系统一般在分析水溶性样品时将雾室温度保持在 2℃左右。对于挥发性的有机样品，必须对雾化室进行冷却，通常保持在-5℃，甚至到-20℃，以维持等离子体的稳定。

等离子体石英炬管可根据不同的分析样品选择不同的中心管。如水溶液选择 2.0～2.5mm 的石英管，分析有机试剂选择 1.0～1.5mm 的石英管，分析含氢氟酸溶液时选择氧化铝或铂材料的中心管。

6.2.1.3 进样系统的安装

泵管安装：按进样方向利用蠕动泵上的压块和卡座安装所有泵管。排废管的内径要大于进样泵管的内径，内标管可采用较小内径的泵管。内标的三通接头通常用在泵后，进样后应检查进样管内标管，不能存在气泡，而排液管中应呈现一段气泡一段溶液。

炬管安装：当前商品仪器的炬管大都采用炬管座，需检查炬管与气管（冷却气和辅助气)是否正确连接,再利用卡口直接安装在座上。

雾化器安装:除了带盖的十字交叉雾化器外,同心雾化器的口径大都统一,可以换用,雾化器直接通过O形圈插入雾化室。

锥口安装:使用专用工具安装拆卸锥口,定期检查石墨垫片或O形圈的完整和密封。

6.2.1.4 仪器实验室要求及应急处理

(1)对仪器实验室的要求

实验室应远离强磁场、热辐射、震动、污浊气流和多粉尘的地方。实验室内应保持洁净、干燥,做好防尘、控温设计。实验台应离墙50cm以上以便于操作和维修。

电压不稳的地区对仪器需加稳压电源,经常非正常停电的地区可安装不间断电源。主机需有独立地线,接地电阻小于4Ω,地零电压需小于1V。主机电源应避免接入其他大功率设备的电路。仪器的电源需使用单独开关,并且不允许使用漏电保护。

仪器配套循环冷却水系统的工作温度通常为20℃,而在工作中循环水散热量较大,因此,放置循环水的房间最好安装空调。

ICP-MS使用高纯氩气作载气,要求纯度在99.995%以上。氩气用量为15～20L/min。可用钢瓶或液氩罐供气。带碰撞/反应池的ICP-MS还需使用碰撞反应气(如氦气、氢气、氧气、氨气或几种气体的混合气),通常要求纯度在99.999%以上。由于用量很小(每分钟毫升级别),可以采用小气体钢瓶供气。

等离子体质谱在炬室和高频发生器排出的大量废热和样品溶液蒸气,需要通过实验室排风系统排出,对排风量有一定的要求。排风管的设计还需要考虑风雨倒灌的情况。

(2)仪器使用要点

仪器的安装调试应由仪器厂商专业人员完成。实验室应制定仪器标准操作规程,操作人员需经过专业培训,通过考核后才可上机操作。建立仪器使用记录档案,由专人管理和维护。

有些仪器软件中设有维护故障日志,操作者可将调谐校准信息等保存于软件中。

(3)仪器应急处理原则

① 如果实验室突遭停电,仪器会自动熄火和卸掉真空,此时应及时关闭仪器计算机稳压电源的电源开关。在来电或故障排除后,做好开机前的各项检查后再重新开机。

② 如果仪器在点火过程中,等离子体焰炬异常或声音异常,应立即熄灭等离子体焰炬,查找原因处理后再重新点火。

③ 如果电脑和仪器通信中断,可以重新启动电脑或者重新启动整机。运行中也可以通过硬件(按钮或炬室门)先熄灭焰炬再重启电脑。

④ 如果遇循环冷却水系统突然停水或水温过高，仪器的自锁功能会自动熄灭焰炬。

⑤ 如果仪器实验室气味异常，应立即切断电源，首先检查电源电路方面的问题。

⑥ 如遇实验室其他的紧急情况，操作者应迅速撤离，如果时间允许，在离开前应关闭总电源和气源。

6.2.1.5 关机

测定完毕熄火前，可吸喷 5%的硝酸溶液清洗系统 5~10min，后吸喷超纯水中几分钟后熄灭等离子体，松开蠕动泵上的泵夹及管线，仪器进入待机模式，关闭冷却循环水和排风机。液氩钢瓶气体的减压阀可保持在原状态或者关闭，如气体管道不漏气，管道内仍可保持一定管压，以备仪器突然遭受停电时可利用管道内的气压动作。最后计算机退出仪器软件，关闭计算机、显示器、打印机的电源。放长假或仪器长期不用时需卸掉真空，将仪器和总电源彻底关闭。

6.2.2 分析操作条件的设定

6.2.2.1 设定分析程序

仪器进行样品分析时，按设定的分析程序文件由计算机控制自动进行。该文件应包括所分析元素的同位素及内标元素（对于同位素稀释法和同位素比值测定，应选择所需的同位素对）、干扰校正公式、校准标准系列浓度、稀释因数、数据采集参数、样品和标准以及监控样的分析序列、样品重分析的个（次）数、测定结果的表达格式（统计数据的表达）等。分析程序文件可在样品分析前，预先在计算机上编制与待分析样品相适应的分析程序文件，储存于计算机中，分析操作时直接调用即可。

6.2.2.2 仪器条件的优化

在进行分析前，要根据分析需要选择离子透镜参数、ICP 功率、载气压力及流量、采样深度、溶液提升量、每个通道积分时间、质谱测量方式（扫描还是跳峰）、仪器分辨率等仪器参数。

初始化仪器操作条件。由于仪器硬件各不相同，在此不提供具体的仪器操作条件。分析者有责任检验仪器配置和操作条件是否满足分析要求，仪器性能和分析数据是否符合质量监控规范。

在碰撞/反应池模式中，操作者需要根据实际样品中的干扰物和待测元素的性质选择使用不同的气体（如氦气、氢气、氧气、氨气、甲烷或混合气），优化的根据是改善分析物的信背比。调谐参数可包括离子透镜参数、气体流量、带宽、动能歧视设置等。

有些仪器碰撞/反应池也有自动调谐功能，可根据厂商的建议或参照说明书选择性使用。

6.2.2.3 数据处理

（1）标准曲线法

当采用外标法进行分析时，仪器对分析浓度的表示多采用标准曲线法。待测组分 B 的含量一般用 B 的质量浓度 ρ_B（待测组分 B 的质量除以混合物的总体积）或 B 的质量分数 W_B（待测组分 B 的质量与混合物的质量之比）表示。计算机自动进行全部数据处理。

（2）质谱干扰校正

采用数学公式校正法校正质谱干扰。通过计算机软件直接在线校正或采用求干扰系数法离线校正。

① 求干扰系数法。通过喷入适当浓度的含单一干扰元素的溶液，分别测定干扰同位素与所形成的复合干扰离子（或双电荷离子相应质量处信号的强度）计算复合干扰离子（或双电荷离子）的产率。根据计算出的复合干扰离子（或双电荷离子）的产率，以及样品溶液中干扰同位素的信号强度，可计算出复合干扰离子（或双电荷离子）对被测元素的被干扰同位素的强度贡献，计算出干扰系数 k，然后对受干扰元素进行干扰扣除。

$$干扰系数\ k = \frac{被干扰元素表观浓度}{干扰元素浓度}$$

$$干扰扣除量 = 干扰元素浓度 \times k$$

② 计算机在线数学公式校正法。通过干扰元素的另一个不受同量异位素干扰的同位素丰度和测得的离子强度，计算出对被测元素的被干扰同位素的强度贡献，推导干扰公式，建立需要输入的干扰校正公式。

③ 同位素排除质谱干扰。如果一种待测元素选择了不止一个同位素，不同同位素计算出的浓度或同位素比值可以为分析者检查可能的质谱干扰提供有用信息。衡量元素浓度时，主同位素和次同位素都要考虑。

④ 同位素稀释法。同位素稀释法按如下公式计算：

$$c_s = \frac{M_{sp} K (B_s R - A_s)}{W_s (A_x - B_x)}$$

式中　c_s——样品中被测元素的浓度；

　　　M_{sp}——稀释剂的质量；

　　　K——天然元素与浓缩元素的原子量之比；

　　　W_s——样品质量；

　　　A_x——参考同位素的天然丰度；

B_x——浓缩同位素的天然丰度；

A_s——参考同位素在浓缩同位素稀释剂中的丰度；

B_s——浓缩同位素在浓缩同位素稀释剂中的丰度；

R——测量到的参考同位素/浓缩同位素的比值。

⑤ 同位素比值测定。测定时需对同量异位素干扰进行校正，方法同上述①求干扰系数法。

⑥ 质量偏倚校正。在同位素稀释法或同位素比值分析中，必须对所有测定的参考同位素和浓缩同位素的计数进行同位素质量偏倚校正。

同位素质量偏倚的校正公式为：

$$a(A/B) = t(A/B)(1+an)$$

式中　$a(A/B)$——测得的同位素 A 与 B 的比值；

　　　$t(A/B)$——已知的同位素标准中同位素 A 与 B 的比值；

　　　a——单位质量的偏倚；

　　　n——两同位素的质量差。

溶液中元素的浓度单位为 μg/L，固体样品干重的单位为 mg/kg。计算样品浓度时要乘以相应的稀释倍数。元素浓度低于方法检出限时不予报出。

分析期间的质量控制样（QCS）以及标准物质测定结果可以为数据质量提供参考，应和样品结果一起提供并记录在案。

6.2.2.4　质量保证和控制

应保存所有的质控数据，以便参考或检查。每批样品分析至少带一个实验空白，以确定是否存在沾污或记忆效应。

（1）逐级稀释

如果被分析物浓度足够高（稀释后，最小浓度应至少为 10 倍仪器检出限）应进行逐级稀释。稀释后的分析结果与原始样品测定值之差不应超出±10%。

（2）基体加标

将被分析物标准加入部分处理好的试样中或稀释后的试样溶液中，回收值应在已知值的 75%~125%。加入标准的量应 10~100 倍于方法检出限。

每分析 10 个试样后和全部分析结束时，插入一个校准标准监控标准曲线的漂移情况。校准标准的分析结果应在要求值的 10%以内，否则应停止分析，解决存在的问题并再次校准仪器。

重复加标试样的分析频度是 20%。重复测定值间的相对百分差按下式计算：

$$RPD = \frac{D_1 - D_2}{(D_1 + D_2)/2} \times 100$$

式中，RPD 为相对百分差；D_1 为第一次试样测定值；D_2 为第二次试样测定值。

大于10倍仪器检出限的双样浓度值，RPD应控制在±20%以内。

（3）线性校准范围

通过测定三种不同浓度的标准溶液的信号响应，建立适合每种待测物的线性校准范围上限，其中一份标准的浓度要接近线性范围的上限。此过程中应注意避免对检测器造成损坏。当仪器硬件或操作条件发生变化时，要随时用被分析元素判断线性校准范围，并决定是否需要重新分析。

（4）仪器性能

样品测定前要检查仪器性能并确保仪器处于正常状态。每分析10个样品进行一次常规校正，随后将校正空白和校正标准作为代替样测定。校正标准的测定值可用于判断校准是否有效。标准溶液中的待测物浓度要在±10%偏差范围内。如果校准不在规定检出限内就要重新校正仪器（校正检验时的仪器响应信号可用来重新校正，但必须在连续样品分析前检验）。如果校正检验不在±15%偏差范围内，其前的10个样品就要在校正后重测。如果由于样品基体引起校正漂移，将5个样品一组穿插在校正检验中间以避免类似的漂移。

（5）内标响应

分析者应监控整个样品分析过程中的内标响应以及内标与各分析元素信号响应的比值。这些信息可用来检查质量漂移、加入内标引起的错误或由于样品中的背景引起个别内标浓度的增加。任何一种内标的绝对响应值的偏差都不能超过校准空白中最初响应的60%~125%。如果超过此偏差，要用清洗空白溶液清洗系统，并监控校准空白的响应值。如果响应值又超出监控限，中止样品分析并查明漂移原因。

6.2.3 分析方法建立及标准曲线绘制

（1）分析方法的建立

① 选择同位素和内标元素：对于一般应用，仪器软件对分析元素提供干扰比较少的同位素由操作者选用。也可按具体样品种类选用其他同位素，主要需考虑的是质谱和非质谱干扰、元素含量、同位素丰度、工作模式等，如在常规模式下 ^{53}Cr 可以被使用，但在碰撞/反应池模式下一般选择丰度较高的 ^{52}Cr。

② 设定信号采集的模式和参数：信号采集模式可以是扫描谱图分析、同位素分析（包括半定量、全定量和同位素比值分析）或时序分析。采集参数指检测元素用的通道数、停留时间、回扫次数、积分时间。一般定量选用1~3个通道，谱图扫描选用6~25个通道，时序分析采用一个通道。停留时间和回扫次数与元素总的积分时间相关，根据样品中元素含量的高低和同位素丰度设定积分时间，积分时间一般为0.1~1.0s。

③ 设置蠕动泵参数：样品进样流程可分为提升、稳定、采集和清洗四个阶段。蠕动泵可以恒速进样，有些仪器有自动提升清洗功能，可设定自动变速程序，可在提升和清洗阶段设为快泵速，稳定和采集阶段设为慢速泵。

④ 干扰方程校正：一般仪器软件会设置常用的干扰校正方程，操作者可以根据实际样品的基体选择相应的干扰方程，也可自己编辑干扰方程。

⑤ 选择或编辑报告类型：仪器通常都有报告模板，操作者可选择标准报告格式输出报告，也可自定义报告格式。

（2）标准曲线绘制

仪器条件优化完成后在所建立的分析方法文件下，由低至高测定各系列标准溶液。当标准曲线线性相关系数在 0.99~0.999 以上时可认为符合测试要求，即可进行样品的分析测定。

6.2.4 样品分析及结果质量控制

建立好标准曲线之后，立即分析处理好的样品溶液。ICP-MS 样品分析分为半定量分析、定量分析和同位素比值分析。

在 ICP-MS 分析中，为保证检测结果的准确性，应对涉及的各个环节进行质量控制（除样品前处理过程）。主要包括标样和质控样监测、空白/背景控制、标准曲线溶液配制、仪器状态保证、基体匹配、内标校正、干扰校正、质量歧视校正、死时间校正、测量精度和重复性、仪器漂移等。

6.2.5 仪器检定与维护

6.2.5.1 仪器检定

仪器检定根据 JJF 1159—2006《四极杆电感耦合等离子体质谱仪校准规范》进行。大型仪器的检定周期一般为 2 年，在检定周期内，每半年应进行一次期间核查。ICP-MS 期间核查的目的是使仪器设备在两次校准的有效期内，关键仪器的关键量值维持良好的置信度。

检查方法如下。

① 按仪器设备操作规程对设备通电运行。

② 检查气路：检查气路系统是否可靠密封、不泄漏，报警器可否正常工作。

③ 检查计算机或带微机仪器功能键：当键盘输入指令时，各相应功能键是否正常工作。检查仪器加热系统是否有残留物。

④ 质量轴调谐：按仪器操作规程进行质量轴的调谐，参数应符合要求。

⑤ 检查稳定性：在 30min 内静态基线最大零漂移应为±0.006。

⑥ 检查回收率：Ln/Bi 元素。

评定依据：按照 JJF 1159—2006 技术规定要求。
① 氧化物离子产率≤3.0%；
② 双电荷离子产率≤3.0%；
③ 短期稳定性≤3.0%；
④ 长期稳定性≤5.0%。

期间核查结果处理。对以上检查结果，应填写"仪器设备期间核查记录"，完成后统一归档。在期间核查过程中若发现仪器工作不正常或评定指标未能达到规定要求，应及时通知设备管理员，由设备管理员组织有关人员检修，检修后的仪器经检查或检定达到技术性能要求后方能投入使用。

6.2.5.2 仪器维护

（1）进样系统的维护

实验人员应每天对进样系统进行检查，包括蠕动泵、泵管、雾化器、雾室（积液排除）、炬管、中心管等，必要时进行更换。

1）泵管的使用与维护

① 新的泵管在使用之前用手拉伸一下；
② 确保泵管正确放置在蠕动泵的通道内；
③ 定期检查样品的提升情况；
④ 如果泵管发生磨损，建议立刻更换；
⑤ 分析的样品量大时，隔天或隔周更换泵管；
⑥ 仪器不进样时，及时释放泵管上的压力；
⑦ 泵管和进样毛细管可能造成的沾污；
⑧ 泵管是一种消耗品，建议多备一些存货。

2）雾化器的维护

维护雾化器的频率主要取决于被分析样品的类型及雾化器的具体设计。不管采用哪一种雾化器，应该注意确保雾化器的喷嘴没有被堵塞。有时候操作人员可能没有注意到，细颗粒已经在雾化器的喷嘴上沉淀，长时间会导致灵敏度降低，结果不准确，长期稳定性较差。除此之外，O形圈和进样毛细管被溶液腐蚀，仪器的性能也会降低。

3）雾室系统的维护

① 确保排废液管固定紧密，不发生泄漏；
② 确保从雾室出来的废液由蠕动泵排废液管排出；
③ 如果使用液封，要确保排废液管中的液面稳定；
④ 检查雾室和炬管中心喷射管之间的O形圈和球形磨口接头，确保连接得恰到好处；

⑤ 雾室可能是某些基体/待测元素形成沾污的污染源，因此在测下一个样品之前要彻底冲洗干净；

⑥ 仪器不用时将雾室中的液体排空；

⑦ 每隔 1~2 周应检查雾室和排废液管，具体由工作量而定。

4）炬管的维护

等离子体炬管和样品喷射管不仅与样品基体和溶剂接触而受到腐蚀，而且还要在点火后维持高温的等离子体。由于高温和液体样品的腐蚀性质使得石英炬管的外管受到沾污和变色。如果问题严重，有可能导致放电。

样品喷射管等被样品基体组分堵塞。当气溶胶离开样品喷射管时发生"去溶"，这意味着样品在进入等离子体之前已由小的雾滴转变成微小的固体颗粒。尤其是对于某些样品基体，这些颗粒在样品喷射管上长时间沉积，有可能导致堵塞和漂移。

当雾化有机溶剂时，如果在雾化气流中没有加入少量的氧，碳迅速在样品喷射管和锥孔上产生积累，这个问题可能更为严重。有些炬管使用金属屏蔽圈来减少等离子体和炬管之间的放电。由于高温和高频电磁场的影响，这些金属屏蔽圈或屏蔽炬都是消耗品，状态不好时会影响仪器的性能，因此应时刻意识到这点，在需要时对其进行更换。

炬管维护的一些技巧：

① 检查石英炬管外管上的变色或沉积情况。如有必要将炬管浸泡在合适的酸或溶剂中去除上面的污物。

② 检查炬管的热变形情况。不同心的炬管会导致信号损失。

③ 检查样品喷射管的堵塞情况。如果样品喷射管是可拆卸式的，如有必要可将喷射管浸泡在合适的酸或溶剂中；如果炬管是不可拆卸式的，可将整个炬管浸泡在酸中。

④ 重新安装炬管时，确保炬管放置在负载线圈的中心，并与采样锥之间保持正确的距离。

⑤ 如果由于某种原因取下过线圈，则在重新安装时要按照操作手册中推荐的方法检查，以确保线圈每一圈之间的距离是正确的。

⑥ 检查 O 形圈和球形磨口接头的磨损和腐蚀情况，必要时更换。

⑦ 如果采用金属屏蔽炬与线圈接地，需确保屏蔽炬处于正常的运行状态，并根据需要及时检查，必要时更换。

每隔 1~2 周应检查炬管，具体视工作量而定。

5）进样系统的清洗

石英或玻璃材质的雾室、连接头、炬管和中心管可放在一定浓度的热王水或硝酸中浸泡过夜，然后用去离子水充分清洗，自然晾干或吹干后备用。

玻璃材质的雾化器也可用5%～10%的稀硝酸浸泡清洗,但不宜使用超声波清洗或煮沸清洗。雾室、雾化器上使用的O形圈不能用氧化性酸浸泡,可以使用去离子水清洗。

同心雾化器很容易被溶液中的颗粒物堵塞,有的样品溶液允许使用0.45μm的滤膜过滤或离心分离后进行检测。通常对于堵塞的雾化器,可将雾化器浸泡于50%的浓硝酸中,浸泡72h以上,洗净酸液后再利用蠕动泵,反向泵入去离子水清洗雾化器至通畅为止。

(2) 锥口的维护

接口最常见的问题是采样锥、截取锥的堵塞和腐蚀,采样锥的情况比截取锥更加明显。除了接口锥之外,接口区域的金属腔室也暴露在等离子体的高温之下,需要用循环冷却水系统进行冷却。下面这些提示有助于延长接口和锥的寿命。

① 检查采样锥和截取锥是否洁净,是否有沉积物。通常每周要检查一次。

② 应用仪器制造商推荐的方法拆卸和清洗锥。不要用任何金属丝来戳锥孔,这会造成永久性的损坏。

③ 分析某些样品基体时镍锥会很快退化,建议使用铂锥分析强腐蚀性溶液和有机溶剂。

④ 用10～20倍的放大镜周期性检查锥孔的直径和形状,不规则的锥孔形状会影响仪器性能。

⑤ 待锥彻底干燥后方能安装回仪器,否则上面的水和溶剂会被真空系统抽入质谱仪。

⑥ 检查循环水系统的冷却水,可以发现接口区域腐蚀的信息。例如,铜盐或者铝盐或者接口使用的其他金属。

(3) 离子透镜系统的维护

离子透镜系统并不像大家想的那样不需要经常检查,由于它距离接口区域很近,会积累一些小的颗粒物和中性粒子,时间久了,这些粒子会被撞击重新电离,从而进入质量分析器,影响仪器的性能。一个脏的或者被沾污的离子光学系统通常会使仪器的稳定性变差,并需要逐步提高离子透镜电压。

下面的提示有助于保持离子光学系统的最佳离子传输效率和良好的稳定性:

① 经常监视灵敏度是否有损失,尤其是进行复杂基体检测后;

② 清洗进样系统、炬管和接口锥后灵敏度依然较低,可能意味着离子透镜系统已经变脏;

③ 重新优化后的透镜电压和以前的电压有显著的不同(通常比以前设定的电压要高),则极有可能是透镜变脏;

④ 当透镜电压高得令人无法接受时,意味着离子透镜系统可能需要清洗或者更换(按照仪器操作手册推荐的程序进行);

⑤ 由于离子光学系统设计的不同,有的离子透镜系统需要用水或稀酸浸泡清洗或超声清洗,有的离子透镜系统需要用砂纸和抛光粉进行清洁,并用水和有机溶剂冲洗,有的离子透镜系统则是消耗品,无法维护,过一段时期后需要更换;

⑥ 清洗完离子透镜后,要确保其彻底干燥之后再装,否则水和溶剂会被真空系统抽入质谱仪;

⑦ 重新安装离子光学系统时要使用无尘手套,以避免沾污;

⑧ 更换离子光学系统时别忘了检查或者更换 O 形圈或封圈;

⑨ 根据仪器的具体工作负荷,一般 3~4 个月,离子光学系统性能会变差,建议根据需要进行清洗或更换。

(4) 检测器的维护

电子倍增检测器是消耗品,实际应用中尽量避免长时间测定高强度信号。插入式检测器可以由操作者自己更换。

(5) 真空系统的维护

机械泵的真空泵油每个月都应该检查,以保证泵油液面处于最大、最小刻度线之间。如果泵油颜色变深了,则需要更换泵油。必须先将仪器切换到完全关机状态,将废泵油排放至废油桶后添加新泵油,等待 5min 使所有的泵油都真正流入泵中,再次确认泵油液面高度。

平日里如果发现油雾过滤器处积油太多,应该在机械泵工作状态下,直接旋松泵顶部的气镇阀 2~3 圈,并保持 3~5min,让泵油流回泵中。

(6) 冷却循环水的维护

需每天检查冷却水的水温控制和水面高度是否合适,定期换水。通常在循环水中加入 50mL 异丙醇循环以保持无菌态。

(7) 气路系统的维护

定期检查内、外气路,看是否漏气,必须保证开机时氩气的输出压力不低于 0.6~0.7MPa。每次换气时将接口冲洗干净。

(8) 操作软件的维护

控制仪器的电脑应做到专机专用,同时禁止插入带病毒的存储设备。

(9) 实验室环境的维护

常规行业的仪器实验室应保持干燥洁净,温度 15~30℃,温度变化不超过 2℃/h,湿度 40%~80%,必要时需配置除湿机。对于进行超纯分析的实验室,必须达到洁净实验室的设计要求等。

6.3 ICP-MS 分析方法

6.3.1 ICP-MS 元素含量及同位素比值分析

6.3.1.1 定性分析

ICP-MS 仪器可在可利用的质量数范围内采用扫描方式获取每个同位素谱线的质谱信号，根据谱图的质谱信号可以判断存在的元素和同位素。ICP 质谱图比 ICP 光谱图简单得多，常用同位素谱线在 200 条以下，所以影响定性结果的干扰较少，定性结果相对可靠。仪器的元素定性分析软件建立在谱图的元素同位素丰度比值判断上，对每种元素的各个同位素套用相应的同位素比值进行判断和定性，谱图上元素的同位素分布基本上符合自然同位素比值是定性某种元素的基本判据。有的仪器的定性软件可以对样品基体元素或试剂背景造成的干扰进行校正，这样可以提高定性判断的准确性。

6.3.1.2 半定量分析

半定量分析主要提供快速简单无标样或缺少标样的多元素快速分析，经严格校正后的半定量灵敏度分布曲线的测试结果误差可在 30%～50%范围内。

ICP-MS 半定量分析法是利用各种已知的同位素的相对计数和它们的质量数采用高次曲线进行拟合绘制出同位素灵敏度分布曲线图。每个质量数对应一个相对灵敏度因子，该因子综合考虑了当前的等离子体炬条件、分析物的电离势、样品的基体效应等因素。相对灵敏度因子校正后的灵敏度分布曲线可以被用于半定量分析。ICP-MS 所能分析的元素或被选定测量的元素，可以通过相对灵敏度因子推算元素含量。在半定量分析中，半定量标准物质中所含的元素种类需包括低、中、高质量数的元素。

一般的商品仪器软件已经存入了各元素的相对灵敏度因子，由于仪器灵敏度会随仪器条件变化而变化，因此，在进行半定量分析前需要采用 4 种或 4 种以上元素的标准溶液重新建立灵敏度分布曲线或修改相对灵敏度因子。选用的几种元素最好可以覆盖低、中、高质量数范围。标液中含有的元素越多，相对灵敏度因子越精确。因此，半定量结果也越准确。

6.3.1.3 定量分析

绝大多数仪器的定量分析是相对分析，样品检测结果是与标准样品比较后得出的。定量分析主要有以下几种分析技术。

（1）校准曲线法

此法是采用多元素混合标准溶液来配制一组不同浓度的标准溶液系列，用于建立校准曲线。根据被测定元素的含量范围，一般配制 5 个或 5 个以上浓度的标准系列溶液，在仪器最佳条件下按浓度从低到高依次测定，每个校准浓度至少测定3次，取平均值。绘制校准曲线，计算回归方程，扣除背景或以干扰系数法修正干扰。试样溶液中待测元素浓度按式（6-1）计算：

$$c_{检} = \frac{I_{检} - b}{a} \tag{6-1}$$

式中　$c_{检}$——试样溶液中待测元素浓度；
　　　$I_{检}$——试样溶液中待测元素响应信号；
　　　b——校准曲线与纵坐标轴的截距；
　　　a——校准曲线的斜率。

校准曲线法仅适用于无基体干扰或干扰可以忽略情况下的测定，在使用校准曲线法时应注意：

① 尽量消除试样溶液中的干扰；
② 标准溶液与试样溶液基体尽可能保持一致；
③ 如果存在基体干扰，应采用内标法、基体匹配法或标准加入法；
④ 校准曲线法常与内标法配合使用；
⑤ 当试样中待测元素浓度高于校准曲线范围时，应将试样稀释至待测元素浓度在校准曲线范围内，再重新测定。

校准曲线法的校准曲线见图6-1。

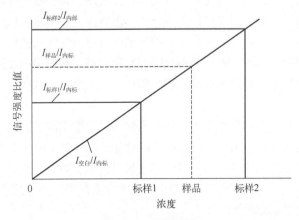

图6-1　校准曲线

（2）内标法

内标法指在校准曲线法的基础上于等容积的空白溶液、标准溶液和样品溶液中分别等量加入（或利用三通接头通过蠕动泵在线恒速加入）2~3种（或更多种）元素标准混合溶液作为内标溶液，所有被测溶液中的内标元素浓度保持一致，以内标元素的信号变化来校正一些样品的基体效应或消除仪器的漂移对测定元素的影响。

具体操作如下：

内标法的校准曲线是建立在分析物信号与内标信号比值的基础上，见图6-2。在大多数软件的实际处理中，常以标准系列溶液中的一个空白溶液的内标检测值或几个空白溶液的平均内标值为起始点，定为100%的内标回收率。随后的所有标样和样品的强度浓度结果数据都采用实时的内标信号强度算出内标回收率，再利用该回收率校正原始的检测数据。

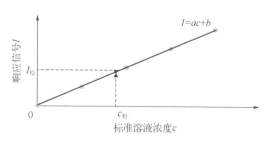

图6-2 内标法的校准曲线

内标可以根据分析物的质量数覆盖范围选用2个或2个以上的内标元素。每个分析物可采用指定的内标元素直接进行参比校正。也可以采用插值法（或称内插法）进行计算。

采用插值法计算时，如分析物离子的质量数落在两个不同内标质量数之间，按邻近的两个内标回收率形成的梯形比例计算出该分析物质量数位置上的回收率，见图6-3。并用这个回收率进行该分析物分析结果的校正。落在两个或多个内标质量数区域外面的，按邻近的两个内标回收率的延长线进行计算。

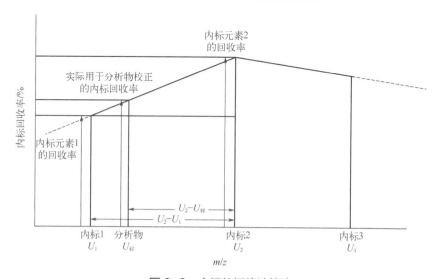

图6-3 内标的插值计算法

内标加入的方法可以通过三通接口在线加入或制备样品溶液时直接加入。在线加入比较方便而且可以避免分别加标引入的误差。在线内标常采用 Y 形或 T 形三通接头，内标管可以采用小口径蠕动泵管（如内径 0.19mm）与大口径进样管（如内径 1.02mm）配合，可以获得较小的稀释比，细的泵管采用的内标溶液浓度要比粗的内标泵管大一些，因为稀释比大。一般采用与进样管相同口径的内标泵管，形成的稀释比为 1∶1。

样品溶液中加入内标的量由实际形成内标元素的信号强度而定，一般内标信号达到稳定的几万或几十万（CPS）以上的信号强度比较合适。

在使用内标法时应注意以下事项：

① 试样溶液中应不含有内标元素或内标元素含量很低以至可忽略；

② 各标准溶液与试样溶液中内标元素的含量应一致；

③ 内标元素标准溶液可直接加入标准溶液和试样溶液中，也可在标准溶液和试样溶液雾化之前通过蠕动泵在线自动加入；

④ 内标法常被用来配合校准曲线法使用；

⑤ 当试样中待测元素浓度高于标准曲线范围时，应将试样稀释至待测元素浓度在校准曲线范围内，再重新测定；

⑥ 常用的内标元素有 ^{6}Li、^{9}Be、^{45}Sc、^{59}Co、^{72}Ge、^{89}Y、^{103}Rh、^{115}In、^{159}Tb、^{165}Ho、^{185}Re、^{205}Tl、^{209}Bi 等。

（3）基体匹配法

配制 5 个或 5 个以上与试样相近基体的标准系列溶液，按照标准曲线法测定出试样中待测元素的浓度。基体匹配法适用于试样基体成分已知，且基体成分对待测元素有干扰的定量分析。

溶液中待测元素的测定步骤和浓度计算方法同"（1）校准曲线法"。

（4）标准加入法

当缺少样品基体信息无法进行基体匹配，或样品的基体效应不能通过稀释、内标法或基体分离来避免时，可使用标准加入法进行测定。标准加入法是在几份相同的样品溶液中加入不同等份标准溶液，样品溶液实际为零标样加入溶液。尽管在建立第一个标样点（除样品溶液外）后，即可得到样品的分析结果，但一般标样点仍需要 3 点以上，以减少单点标样检测时偏差的影响。多份标样回归的校准曲线可以提高分析结果的准确度。通常加标的增量应该接近或大于实际样品的分析物的浓度，但采用多元素统一浓度的标准溶液进行加标时会有困难。

标准加入法可以利用数轴移动的方式转化到外标法（俗称为扩展的标准加入法），见图 6-4。数轴移动后，软件直接利用标准加入法校准曲线的灵敏度来计算样品的浓度，适用于基体基本相似的样品，利用数轴移动后的工作曲线进行连续分析，避免了一个样品配制一系列加标溶液的烦琐过程。

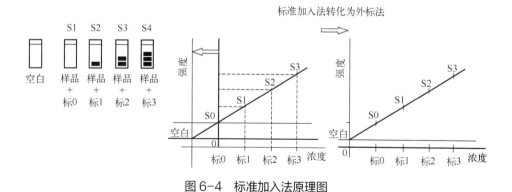

图 6-4　标准加入法原理图

在标准加入法中,加标量要比样品的分析物元素含量适当高些,也就是标样浓度的增量与样品含量要相当,否则校准曲线会趋于平坦。样品中各种元素的含量常常高低不一,当采用多元素混合标准溶液加标时要格外注意。

标准加入法也可以同时采用内标法来校正长时间测试时的锥口效应和仪器的漂移,如果需要检测的样品量不多时或者采用流动注射进样系统时也可以不采用内标法。标准加入法中一般不使用试剂空白,也不进行试剂空白的扣除,因为试剂空白溶液中不存在基体和基体效应,常常容易造成不恰当的过度扣除。当空白溶液和样品溶液中呈现恒定的背景干扰(如多原子离子干扰),不因基体变化而变化时,可以尝试扣除空白。

一般标准加入法不适合应用于分析物谱线存在干扰(如多原子离子干扰、同量异位素干扰)的样品,而且实际应用时需要重视样品基体的背景干扰问题,除非样品中分析物的浓度远远大于纯基体溶液在分析物谱线上形成的背景等效浓度。原因是等离子体质谱与等离子体光谱不同,无法进行背景扣除,所有重叠在分析物谱线上的干扰信号都将被计算成分析物浓度输出,造成正误差。如果需要在干扰存在的谱线上使用标准加入法,则必须采用各种抑制干扰工作模式,把干扰信号抑制到与分析物信号相比可以忽视的程度。

使用标准加入法时应注意:

① 此方法只适用于浓度与响应信号呈线性关系的区域;

② 至少应采用 4 点(包括试样溶液本身)来绘制外推关系曲线,同时首次加入标准溶液浓度值应和试样溶液浓度值大致相同。

(5)同位素稀释法[54]

在样品中添加某种精确称重的待测元素同位素稀释剂,利用添加前后同位素比值的变化(见图 6-5)来测得某元素含量的方法被称为同位素稀释法。添加到样品中的同位素试剂被称为同位素稀释剂。该方法通常应用于含两个以上稳定同位素的元素的定量分析。

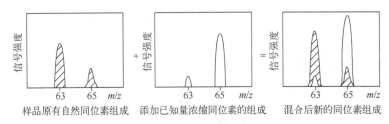

图6-5 同位素稀释分析原理示意图

等离子体质谱在同位素稀释分析时常把固体样品消解后再加入同位素稀释剂溶液，在溶液中各种同位素可以快速交换，容易达到平衡。同位素的交换平衡是同位素稀释分析时要注意的重要事项。采用固体同位素稀释剂直接加入时，需要在样品消解前加入。稀释剂加入量最好使样品在检测时两种同位素的比值接近 1，这样可以提高分析精度。值得注意的是，元素的不同化学形式或化学形态、非金属元素的不同状态，都可以减缓影响这种交换平衡过程。在元素形态分析中，添加元素形态必须与样品中的元素形态相同，以便快速达到平衡。

在试样溶液中加入已知量的待测元素稀释剂，分别测定试样溶液和加入稀释剂的试样溶液中待测元素的同位素比值。试样溶液中待测元素浓度按式（6-2）计算：

$$c = \frac{m_{sp}K(B_s R - A_s)}{m(A_x - B_x R)} \qquad (6\text{-}2)$$

式中 c——试样中待测元素浓度；

m_{sp}——稀释剂的质量；

K——天然原子量和稀释剂的原子量之比；

m——试样的质量；

A_x——试样中 A 同位素的丰度；

B_x——试样中 B 同位素的丰度；

A_s——稀释剂中 A 同位素的丰度；

B_s——稀释剂中 B 同位素的丰度；

R——试样和稀释剂混合后 A/B 同位素比值。

使用同位素稀释法时应注意对所有同位素进行质量偏倚和同量异位素干扰校正。

（6）同位素比值分析

同位素比值测定一般采用多接收高分辨 ICP-MS。采用四极杆质谱仪测定时应注意质量歧视效应、同位素比值漂移和基体效应。

6.3.2 元素形态分析技术

电感耦合等离子体质谱（ICP-MS）作为一种高灵敏度的分析技术，在痕量、超痕量无机元素分析方面已被广泛应用，其与色谱分离技术相结合为元素形态分析提供了强有力的检测工具。

形态分析是分析化学的一个分支，包括物理形态和化学形态分析。国际纯粹与应用化学联合会（IUPAC）于2000年统一规定了元素形态分析的定义。即一种元素的形态是指该元素在一个体系中特定化学形式的分布。形态分析是指识别和（或）测定某一样品中的一种或多种化学物质的分析过程[55]。元素的化学形态指某一元素在环境中实际存在的离子或分子形式，元素的化学形态与毒性、生物可利用性、迁移性密切相关，因此该方面的研究在环境科学、生命科学、食品安全、药学、微量元素医学等领域备受关注[56]。

如六价铬毒性比三价铬毒性大100倍，有机汞毒性远超过无机汞，烷基汞毒性又比芳香基汞毒性大，元素硒毒性很小，而亚硒酸钠、硒酸钠毒性很大。因此，传统分析方法所提供的元素总量的信息已经不能对某一元素的毒性、生物效应以及对环境的影响做出科学的评价。而元素形态分析方法不仅可以获取到总含量信息，还可以借助一定的分离技术来获取不同形态的含量，已经成为分析科学领域中一个极其重要的研究方向。

元素形态分析包括元素的形态分离以及各形态定量检测。由于样品基体复杂且待测组分含量低，元素形态分析比常规元素的总量分析要困难得多。高选择性的分离技术与高灵敏的检测技术相结合的各种联用技术在形态分析中发挥了重要作用，该技术所具备的复杂基体不同形态化合物鉴别与分析能力，使其成为元素形态分析的主要研究工具。目前，以电感耦合等离子体质谱（ICP-MS）为检测器与各分离技术联用成为元素形态分析的发展趋势，其在元素形态分析及应用的研究领域主要集中在以下三方面：生物医学、食品和药品安全、生态环境地球化学。随着人们对元素形态分析重要性认识的不断加深，元素形态分析方法体系的建立和完善是开展相关应用领域工作的重要前提和基础。

目前的形态分析联用技术主要包括：①气相色谱-电感耦合等离子体质谱联用技术（GC-ICP-MS）；②毛细管电泳-电感耦合等离子体质谱联用技术（CE-ICP-MS）；③离子色谱-电感耦合等离子体质谱联用技术（IC-ICP-MS）；④高效液相色谱-电感耦合等离子体质谱联用技术（HPLC-ICP-MS）。这些联用技术中，GC-ICP-MS的灵敏度高，样品传输率接近100%，但其适用于易挥发或中等挥发性样品的分离，应用范围相对较窄；CE-ICP-MS的分离效率高，样品和试剂消耗量少，但受到进样量限制使得最低检出浓度较大；IC-ICP-MS主要分析阴离子和阳离子及小分子极性化合物，是液相色谱的有益补充，具有分离效果好和快速方便等优点，但离子色谱流动相中的盐类会造成ICP-MS进样管和采样锥的堵塞，使得基体效应严重；HPLC-ICP-MS以广泛的应用范围、简单的接口技术，成为元素形态分析研究中应用最广泛的联用技术[57]。

ICP-MS联用技术是开展痕量、超痕量元素形态分析的行之有效的方法，但在应用过程中仍存在一些难题：①样品前处理问题。样品基体复杂，如何保证样品前处理过程中各元素形态的稳定。②缺乏元素形态分析国家标准，无法满足目前元素形态分析的需求。③未知元素形态的定性、定量问题。由于缺乏元素形态标准物质，如何实现未知元素形态结构的鉴定。④分析效率低。元素形态分析多为单一元素形态分析，阻碍了实际的应用需求。因此，ICP-MS联用技术在元素形态分析研究中还有很大的发展与提高空间，需要研究者共同努力。

6.3.3 单颗粒分析技术

单颗粒ICP-MS（SP-ICP-MS）技术被公认为是定性和定量测定含有特定元素的低浓度的单颗粒最有前途的方法，单颗粒目标可以是纳米粒子，也可以是$PM_{2.5}/PM_{10}$等大气粉尘颗粒物，或者是合成的超细颗粒物及包合物等，更可以是生命科学研究前沿的细胞、藻类、病毒等活体小颗粒型目标物。相对传统的元素监测方法，SP-ICP-MS技术快速有效并提供更多的信息。它能够测定颗粒尺寸分布、颗粒个数、颗粒内部元素的浓度、颗粒外部溶解出来的元素浓度等。而且，它能够区分含有不同元素的特定粒子。SP-ICP-MS的原理是基于测量一个单粒子产生的信号强度和信号宽度。当然，悬浮的单粒子必须被有效稀释，粒子间有一定间隔，以确保一次只有一个单粒子到达ICP-MS的等离子体中进行高速破解，然后被原子化和离子化，每个粒子在ICP-MS中产生一个脉冲信号，脉冲信号的宽度和高度代表粒子中元素的浓度。颗粒溶解或释放到周边溶剂中的可溶性元素将产生一个连续信号，代表溶出元素或溶剂本底元素的浓度。SP-ICP-MS配合定制的单细胞进样接口系统以及最新的数据分析软件系统，可以用于藻类、细胞等活体单颗粒分析，这时该技术被称为单细胞ICP-MS（cell-ICP-MS）。为了保证测定数据的可靠性，藻类或细胞在进入ICP-MS的等离子体离子源之前必须是完整和具有生物活力的。藻类或细胞颗粒的直径可以高达百微米级别，在样品传输过程中很容易破碎或失去活力，因此单细胞ICP-MS的进样系统是特制的。另外，由于单颗粒藻类或细胞内可能吸收多个纳米粒子，细胞内的纳米颗粒必须可以独立或按细胞内个数进行统计，在软件上也需要特定设计。

6.3.4 分析通则

电感耦合等离子体质谱技术的术语定义、分析方法原理、分析环境要求、试剂和材料、仪器分类、分析样品、测试方法、结果报告及安全注意事项，汇集于电感耦合等离子体质谱分析方法通则里。JY/T 0568—2020《电感耦合等离子体质谱分析方法通则》（以下简称通则），同样适用于ICP-QMS质谱仪器对无机元素微量和痕量成分或核素的定性分析、半定量分析、定量分析及同位素比值等的测定。

6.3.4.1 通则中对ICP-MS仪器的选用

电感耦合等离子体质谱仪常用的质量分析器为四极杆质量分析器、双聚焦扇形磁场质量分析器和飞行时间质量分析器，质荷比一般在 4~290amu❶范围内。商品ICP-MS仪器按质量分析器类型及检测器个数，可分为ICP-MS四极杆质谱仪（四极杆质量分析器+检测器）、ICP-MS高分辨质谱仪（双聚焦扇形磁场质量分析器+检测器）、多接收电感耦合等离子体质谱仪（双聚焦扇形磁场质量分析器+多个检测器）、ICP-MS飞行时间质谱仪（飞行时间质量分析器+检测器）。

四极杆质量分析器（QMS）由四根精密加工的棒状电极组成，在四极上施加直流电压和高频电压，在极间产生双曲线形高频电场，通过改变直流电压、高频电压使不同质荷比的离子顺序通过高频电场，到达检测器进行检测，在商品化仪器上应用最为广泛。这种四极杆质谱仪（ICP-QMS），由四极杆质量分析器+单个检测器组成，而由多个四极杆串联的ICP-QMS为多重四极杆串联质谱仪，可由二重、三重四极杆+单个检测器构成，有利于质谱干扰的消除。

四极杆电感耦合等离子体质谱仪的仪器性能指标，在JJF 1159中有规定，包括质量范围、背景噪声、氧化物产率、双电荷产率、检出限、灵敏度、丰度灵敏度、质谱分辨率、质量偏差、质量稳定性、冲洗时间、同位素丰度比、测量精度、短期稳定性、长期稳定性等，性能指标要以满足实际分析需求为原则。

6.3.4.2 通则中对质谱分析中的质谱干扰的定义与消除

同量异位素干扰（isobaric interference）：指两个元素的同位素具有相近质量，不能被质量分析器分辨时所引起的质谱干扰。

多原子离子干扰（polyatomic ion interference）：指当由两个或两个以上原子结合而成的复合离子，具有和待测元素相近的质荷比，不能被质量分析器分辨时所引起的干扰。

双电荷离子干扰（double charged ion interference）：指失去两个电子的离子，具有和待测元素相近的质荷比，不能被质量分析器分辨时所引起的干扰。

物理干扰（physical interference）：待测样品溶液与标准溶液的黏度、表面张力和溶解性总固体等物理因素的差异所引起的干扰属于物理干扰。

因此，在ICP-MS分析测定时，这些干扰需采取相应措施消除：

① 物理干扰。可用内标法或标准加入法进行校正。

② 同量异位素干扰。通过选择测定不受干扰的同位素或数学公式干扰校正可减少或消除同量异位素干扰。干扰校正方程可根据实验及样品实际情况进行编辑、使用，在使用前必须验证其正确性。

③ 多原子离子的干扰。这种干扰很大程度上受仪器操作条件的影响，减少或消

---

❶ amu表示原子质量单位。

除多原子离子干扰可采用下列一种或几种方法：a. 优化选择合适的操作条件；b. 采用适当的样品分离方法去除干扰基质；c. 采用干扰校正方程进行校正；d. 采用碰撞/反应技术进行干扰消除。

④ 双电荷离子的干扰。双电荷离子干扰受仪器操作条件的影响，减少或消除双电荷离子干扰可采用以下一种或几种方法：a. 优化选择合适的操作条件；b. 采用适当的样品分离方法去除干扰基质；c. 采用干扰校正方程进行校正。

干扰校正方程可参考通则附录 B 中的表 B.1 常用干扰校正方程。

6.3.4.3 通则中的质谱定量分析方法

（1）标准曲线法（外标法）

由不同浓度的标准溶液系列（包括校准空白）绘制标准曲线，查出试样溶液中待测元素浓度。适用于无基体效应下的测定。

在使用标准曲线法时应注意：①尽量消除试样溶液中的干扰；②标准溶液与试样溶液基体尽可能保持一致；③待测元素浓度应在标准曲线线性范围内；④有基体效应时，应采用内标法或标准加入法。

（2）内标法

在使用内标法时应注意：①内标元素的质量数、电离能应与所测元素接近；②内标元素不与待测元素形成稳定化合物，不干扰待测元素测定；③试样溶液中应不含有内标元素或内标元素含量低至可以忽略；④加入的标准溶液与试样溶液中内标元素的含量应一致。

内标元素的选择可参考"通则"中附录 A 的表 A.1。

（3）标准加入法

当缺少样品基体信息无法进行基体匹配，或样品的基体效应不能通过进一步稀释、内标法或基质分离来避免时，可以使用标准加入法进行测定。

在使用标准加入法时应注意：①此法只适用于响应信号与浓度成正比的区域；②包括试样溶液本身在内，至少采用四点来绘制外推关系曲线，即 $n \geqslant 4$；③加入的标准溶液最小浓度宜与试样溶液浓度 c_x 大致相同，通常采用响应信号预测方式进行确定。

（4）同位素稀释质谱法（isotope dilution mass spectrometry）

在试样中加入已知量的、与待测元素或物质相同但同位素丰度不同的稀释剂，混合均匀达到同位素组成的平衡，测量混合样品中待测元素的同位素比值，计算出待测元素或物质的含量。采用同位素稀释质谱法对样品中元素含量进行测定时，同位素比测量对及稀释比例的选择、质量歧视效应的校正，均应按照 JJF 1267 进行。

6.3.4.4 ICP-MS 分析中出现的问题

（1）同位素丰度灵敏度问题

丰度较大的同位素会产生拖尾峰，影响相邻质量峰的测定。需将质谱仪的分辨率调节为高分辨率或者采用强拖尾过滤技术等方式来减少或消除这种干扰。

（2）记忆效应问题

在分析某些样品或标准品时，样品中待测元素沉积并滞留在管路、雾化器、雾室、炬管、接口等位置上会导致记忆干扰，可通过延长样品间的洗涤时间或加入干扰消除剂来避免这类干扰的发生，或事先在样品及标样中加入合适的试剂以降低记忆效应（如测汞时加入金溶液）。

6.4 ICP-MS 分析准确度影响因素及解决办法

6.4.1 ICP-MS 分析准确度检验方法

ICP-MS 分析结果的准确性通常可以用下列三种方法检验：

① 平行（重复）测定。两份结果若相差很大，差值超出了允许差范围，这就表明两个结果中至少有一个有误，应重新分析。两份结果若很接近，可取平均值，但不能说所得结果正确无误。

② 用标准物质（样品）对照。在一批分析中同时带至少一个同类型的标准物质（样品），如操作无误且标准物质（样品）结果与标准物质（样品）样的参考值一致，说明本批分析结果没有出现明显的误差。

③ 用不同的分析方法对照。与可靠的其他仪器分析方法结果或与经典的分析方法结果比对，这是比较可靠的检验方法。

作全分析时，可用求和法：对一个试样作全分析，各组分含量之和应接近 100%。

完整的元素仪器分析流程大体上概括为四个步骤，见图 6-6。影响 ICP 仪器元素分析准确度的主要因素有：分析人员的素质、分析试样的代表性、样品前处理、仪器性能以及分析数据处理。

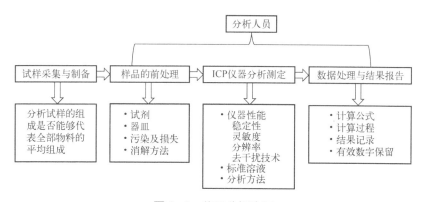

图 6-6　仪器分析流程

6.4.2 样品处理过程的影响及解决办法

6.4.2.1 样品分解所用试剂及容器材质所带来的污染及解决办法

(1) 样品分解所用试剂的影响

分析用水、酸等各类化学试剂的影响：样品中微量、痕量、超痕量元素的分析中，样品分解所用的水、酸等试剂的纯度直接影响分析结果的准确性。例如，高纯金中多种痕量杂质元素分析的乙酸乙酯萃取-ICP-OES法中，所用的乙酸乙酯萃取剂Mg的本底值比较高，为了测定高纯金中0.0001%的Mg，必须对市售的萃取剂乙酸乙酯进行提纯，以降低其中多种元素的空白，尤其是Mg的空白值，否则无法满足测定要求。具体解决办法是用盐酸（1+11）对乙酸乙酯进行2～3次洗涤。

又如，用镍锍试金ICP-MS或INAA（仪器中子活化分析）法测定地质样品中痕量铂族元素时，铂族元素的本底值主要来源于捕集剂镍试剂。国内外镍粉或氧化镍都很难以满足岩石样品ng/g以下铂族元素含量的分析。分析纯黑色Ni_2O_3中铂族元素含量比较高，影响了低含量样品的测定。解决办法是通过溶剂萃取和离子交换（YPA4螯合树脂）除去贵金属，纯化后的镍中铂族元素空白值明显降低（表6-1）。

表6-1 捕集剂纯化效果

捕集剂状况	铂族杂质, $w_B/10^{-9}$					
	Ru	Rh	Pd	Os	Ir	Pt
未纯化	7.07	1.52	1.61	28.17	6.44	67.5
纯化	<0.06	<0.04	0.15	0.16	0.35	<0.04

(2) 实验器皿与实验室环境的影响

分析实验室由于分析的样品种类和分析测定的元素都比较多，因此用到的器皿种类也较多，且各类材质的器皿［白金、玻璃、石英、聚乙烯、PTFE（聚四氟乙烯）、FEP（聚全氟乙丙烯）等］都有。如果样品处理过程和样品处理后所盛放的器皿不合适，对有些元素的测定会造成非常大的影响。例如，测定样品中硅时样品处理选用玻璃或石英质的烧杯，试液放置于玻璃或石英材质的容量瓶中；测定矿冶样品中钠或钙时样品处理选用玻璃烧杯，试液放置于玻璃容量瓶中；等等。样品处理时还常用到HF，对于HF介质的试液，应避免使用玻璃或石英质的器皿。

潜在的影响还包括实验室所用器皿的不正确清洗以及来自实验室环境的灰尘影响等。所有可重复使用的实验器皿都会影响分析结果的准确性。

酸和容器材质造成的污染可参见第4章表4-4（随着材料纯度的提升，可能溶出会小于表中所列数值）。

（3）样品分解所用试剂及器皿材质的影响和解决办法

选用符合要求的水、酸，选择更纯的试剂或对测定元素影响较大的试剂进行提纯。

选择试剂空白较低的器皿，或对空白较高的器皿进行浸泡和彻底冲洗，以达到对所测定元素没有影响的要求。

对测定元素或测定介质进行细致的分析，选择适合的样品处理用器皿和试液盛放器皿。

6.4.2.2 样品分解时待测成分挥发、沉淀和分解不彻底的影响

固体样品处理时，加热蒸发溶液或酸蒸发冒烟时，由于加热易发生挥发或沉淀（见表4-2、表4-3）而使待测元素发生损失的情况，因此在测定含有这些元素的含量时一定要考虑这些因素，才能保证测定的准确性。

因此，要做到以下几点：

① 样品消解时选用合适的消解方法。如在用敞开式消解法消解时要注意加热易发生挥发损失的元素。

② 对于一些特殊基体样品，可采用熔融法或其他方法。有些地质样品中的某些元素，无论采用敞开容器酸溶法还是高压封闭酸溶法，都不能保证难溶相完全分解。即使是非常少的残留物，也可能导致诸如重稀土等元素的测定值偏低。可尝试采用酸溶和微熔融结合的方法来解决此类问题。

③ 矿石及冶金物料中贵金属的分析，常用大样试金法进行分离富集，然后用仪器进行分析测定。铅试金法多用于金银铂钯元素的富集分离，镍锍试金法等常用于铂族元素的富集分离。

④ 对于难以消解的贵金属，如铑和铱纯金属中杂质的测定，可采用高温高压微波消解的方法进行消解，避免封管法引入较多元素空白的问题。

⑤ 其他金属及合金样品，注意样品消解方法对所有待测元素的彻底消解。

同时在样品处理时，样品分解方法对测定结果的影响也必须注意：

① 不同性质的样品的分解方法也不尽相同，常用的消解方式主要有敞开式酸溶法、密封式低压消解法、微波消解法、灰化法。除了在消解样品时要考虑所用消解器皿的性质，避免被测元素受到污染，还要考虑被测定元素的挥发性损失和沉淀损失，在进行元素形态分析时还应保证样品处理时其形态不进行转化。

② 密封酸溶法也有一定的局限性，比如关于矿石中 Zr 和 Hf 的测定，对于某些实际样品分析，如古老的高压变质岩仍存在分解不彻底的问题。该方法测定铝含量高的样品时，由于氢氧化铝在复溶时析出，造成有些元素共沉淀，使结果偏低。矿石矿物中贵金属分析时，由于贵金属的赋存状态，常常在样品中分布不太均匀。在贵金属铅试金过程中，灰吹法在没有保护剂时，Ru、Os 等容易损失，同时，试金合

粒中若存在较多的铑和铱，一般溶解方法是不能使其完全溶解的。致密的金属铑在包括王水在内的所有酸中几乎不溶解，仅在呈很细的粉末状时才缓慢溶解在沸硫酸和王水中，铑与金形成合金后可溶解在王水中。铱和铑同样不溶于酸和王水中，但是铱与铂形成富铂合金后可溶解在王水中，当合金中含铱大于 1%时，溶解缓慢。冶金物料和一些金属合金中有些元素由于熔点的差异较大，也会形成偏析。

6.4.3　样品分析测定过程的影响

样品分析测定过程的主要影响因素包括：仪器设备性能和状态、标准溶液和标准物质（样品）、分析方法。

6.4.3.1　仪器设备性能和状态的影响

仪器设备的性能和状态直接影响测定结果的准确度。在进行样品中元素检测时，要求分析仪器的稳定性好，灵敏度和分辨性能好，同时要求仪器去干扰能力强。

为了保证测量的准确度，仪器设备使用前必须经过检定，使用中应按规定进行周期复检，并做好维护。

6.4.3.2　标准物质（样品）和标准溶液的影响

标准物质（样品）和标准溶液准确与否直接影响测定结果的准确度。如仪器分析用标准物质（样品）购置和标准溶液的配制、购置及保存是否符合要求，工作曲线的配制用量器是否经过准确计量，等等。

配制标准用的器皿有被测物质溶出时，使得标准被污染而不准。如用钙质玻璃容量瓶盛钙标准工作液。

相互干扰的元素标准要分组配制。如 Si 和 Na，P 和 K 等。

（1）标准溶液配制

各元素标准储备液浓度通常为 1.000g/L，基准物质经湿法化学处理后，用经校准的容量瓶（500mL 或 1000mL）于 20℃左右定容，贮存在防尘柜中，瓶口加防尘措施，保存期通常不超过 3 年。有些标准溶液如 SiO_2 标准溶液应转移到塑料瓶中保存。见光易分解的如 $AgNO_3$ 应在棕色瓶中保存。如储备液发生浑浊、出现沉淀物或剩余量少于 1/10 时，不能再使用。储备液标签应注明元素或化学式、称取物及质量、浓度、介质、制备时间、制备人。

移取储备液配制稀释标准溶液时应逐级稀释（每级 10 倍量为宜），同时注意不让移液管尖的残留水或溶液落入容量瓶内，移液管吸取三次冲洗后方可取液。也可用微量移液器进行配制。

同时还要注意标准溶液的保存方式及保存期限。

（2）仪器法配制标准溶液时应注意的问题

很多仪器法分析时采用待测成分的标准溶液进行标准化，在多元素同时测定时常常采用多元素标准溶液。为防止元素之间的相互干扰和减少基体效应，配制标准溶液时应注意以下几点：

① 所用基准物质要有足够高的纯度。以保证标准值的准确性，同时也保证没有其他干扰元素的引入。

② 标准溶液中酸的含量与试样溶液中酸的含量要匹配，两种溶液的黏度、表面张力和密度大致相同。

③ 要考虑不同元素标准溶液的"寿命"，不能配一套标准溶液长期使用。特别是标准溶液中有硅、钨、铌、钽等容易水解或形成沉淀的元素时。

④ 在混合标准溶液中，要注意有无混入对某些元素敏感的离子，如有，则要配制多组标准溶液。

6.4.3.3 分析方法的影响

① 分析方法的选择。分析方法对测定结果准确度影响更大。标准分析方法被验证和比对过，因此测定结果可靠性更大，通常在进行具有法律意义或仲裁分析时采用。

② 空白试验。随同样品分析进行空白试验，可直接反映由试剂、器皿和环境引入杂质造成的系统误差。

③ 实验结果补正。用重量法测定主体元素时，沉淀液或电解液中残留元素常需用仪器法测定其含量后，再对测定元素进行补正，以提高测定的准确度。

6.4.4 分析方法的选择及可靠性的判断方法

样品元素分析首选方法是标准分析方法。其使用最为广泛，经过充分检验、广泛认可，不需要额外工作即可获得精密度、准确度和干扰等。但在实际工作中由于有些标准制定时间较长，相对比较落后，现在仪器技术发展较快，用新仪器方法可能更简便、快速又不失准确度，因此，有些单位采用自研方法或者一些书籍推荐方法及文献方法。在使用这些方法时，需要对所选择方法进行可靠性判断。

检验一个新的分析方法的可靠性，可用标样对照法或标准方法对照法，并根据测定结果，采用 t 检验法对方法的可靠性进行检验。

6.5 ICP-MS 在无机分析上的应用技巧

6.5.1 仪器选用

ICP-MS 仪器种类较多，不仅有 ICP-QMS、ICP-TOF-MS、HR-ICP-MS，还有 MC-ICP-MS 等。但就 ICP-QMS 来说，有 ICP-SQMS，还有 ICP-MS/MS。对于简单

基体的常规元素分析一般单四极杆 ICP-MS 就能解决问题,对于复杂基体,测定元素受多原子离子干扰较强的,应当首选碰撞/反应池技术,如果该技术不能完全消除干扰,则根据实验室仪器配备情况,可选择 ICP-MS/MS、ICP-TOF-MS 或 HR-ICP-MS。如果没有这些仪器,就要考虑化学分离手段。若要进行高精度同位素比分析,需要选择 MC-ICP-MS 仪器。

6.5.2 分析方法采用

样品分析方法通常可以分为经筛选的推荐分析方法、标准分析方法、文献发表的研究方法等。其中标准分析方法使用最为广泛,它经过了充分检验、广泛认可,不需要额外工作即可获得精密度、准确度和干扰等。标准分析方法是分析的首选方法。若没有相应的标准分析新方法时,可退而求其次,选用行业内经筛选的推荐分析方法。若经筛选的推荐分析方法也找不到,可以选择参考文献发表的研究方法。对此方法进行精密度和正确度验证实验之后,建立自己的可靠的分析方法。

在方法的建立时,四极杆质谱主要考虑被测元素的质谱干扰。质谱干扰的消除可以借鉴以下技巧:优化仪器参数,降低干扰的调谐条件,改变样品的引入部件消除干扰;了解样品信息,找出可能的干扰物,选择合适的样品制备方法,选择最佳的测定同位素消除干扰;充分利用仪器厂家提供的软件资源,判断待测元素可能存在的质谱干扰,使用干扰方程消除质谱干扰或使用去干扰技术,如碰撞/反应池技术、MS/MS 技术等消除干扰。

6.5.3 仪器应用扩展

ICP-MS 仪器除用于常规元素分析和同位素分析之外,与色谱仪器联用,还可用于元素形态分析。色谱包括液相色谱(高效液相色谱、离子色谱、毛细管电泳色谱、凝胶色谱)、气相色谱等。ICP-MS 在联用中相当于一种高灵敏度的检测器,当然在与色谱仪器联用时,对不同元素形态的分析物的基本要求就是分析物中需要含有一种 ICP-MS 可以分析的元素同位素,以该同位素信号来表达分析物的含量。

ICP-MS 仪器与激光烧蚀联用,可直接进行固体样品分析,不仅避免了湿法消解样品带来的试剂污染、样品分解不完全、易挥发元素丢失等问题,而且消除了水和酸造成的多原子离子干扰,增强了 ICP-MS 的实际检测能力。同时,该技术具有原位、实时、快速、宏观无损、多元素同时测定并可提供同位素比值信息等分析优势。

ICP-MS 与电热蒸发装置联用,也可进行固体样品的直接分析。其最大优点是可以执行编程的多步加热升温过程,可以完成基体与分析物的分离;其次是可以进行固体进样和小体积进样。其弱点是短时间的蒸发过程限制了等离子体质谱的多元素分析能力。

氢化物发生器与 ICP-MS 联用可以改善仪器检测能力，最明显的如无机元素 Hg 以及其他氢化物元素如 As、Se、Sb 等。另外，氢化物发生器可以完成分析物元素与基体分离，减轻基体效应的干扰。

ICP-MS 还可用于单颗粒、单细胞分析，相对传统的元素检测方法，SP-ICP-MS 技术快速有效并可提供更多的信息，它不仅能够测定颗粒尺寸分布、颗粒个数、颗粒内部元素的浓度、颗粒外部溶解出来的元素浓度等，而且还能够区分含有不同元素的特定粒子。SC-ICP-MS 可以让用户检测单个细胞本身含有的金属量以及离子或者纳米颗粒污染物，此方法可以减少实验中使用的细胞数量，并且无需复杂的样品前处理过程。

6.6　ICP-MS 在各个领域中的应用

ICP-MS 技术由于商品化电感耦合等离子体四极杆质谱（ICP-QMS）仪器的迅速发展，从最初的地质领域迅速发展，广泛应用于环境监测、高纯材料、生物、医药、冶金、石油、农业、食品、化学计量学等领域，成为强有力的元素分析技术。目前，ICP-QMS 应用最为广泛，主要应用于元素分析和少量同位素比值分析。元素分析又可分为元素含量分析、元素分布分析及元素化学形态分析，其中元素含量分析应用最多。ICP-MS 的应用领域与 ICP-OES 分析基本相同，即在光谱分析的应用领域，均有 ICP 质谱分析的应用，只不过由于 ICP-MS 分析绝大多数应用在这些领域的痕量及超痕量分析上，特别是在环境分析和食品分析以及生化样品的分析上更具有优势。

6.6.1　在地质和矿物样品分析中的应用

6.6.1.1　分析要求

从国内近年发表的期刊文章、现行国家标准和行业标准看，ICP-MS 在矿石矿物中的应用主要为矿石矿物中的元素检测和同位素测定。在矿石矿物领域元素检测中，应用最多的是 ICP-QMS，检测元素集中在有色金属元素上，尤其是稀土、稀有、稀散、稀贵金属元素的分析。矿石矿物中同位素的检测则使用多接收电感耦合等离子体质谱仪（MC-ICP-MS），检测多集中于锆石 U-Pb 同位素和 Re-Os 同位素，并以此结合其他方法进行矿床成岩成矿年龄、地球化学特征等的研究[58,59]。

稀土元素由于第一电离能相对较低，电离效率较高，因此，ICP-MS 对稀土元素的检出限尤其低。同时由于稀土元素的测量同位素数量较少，与 ICP-OES 具有大量的谱线相比，ICP-MS 干扰大大减少，是各稀土元素测定理想的分析技术。但采用 ICP-QMS 测定稀土元素时也会引起 M^+、MO^+、MOH^+ 离子的质谱干扰，其中制约分析准确度和精密度的主要因素是多原子离子干扰，尤其是轻稀土元素的氧化物、氢氧化物对重稀土元素的干扰，以及钡的 7 个天然同位素形成的氧化物、氢氧化物对轻稀土元素的干扰。特别是当样品中轻稀土元素的浓度特别高、而重稀土元素含量又非常低时，这种干扰就会非常显著，干扰元素的干扰量甚至会远远高于被测元素的实际含量，给稀土元素准确分析带来很大困难。另外，还应注意碱熔样品时引进的试剂离子，其引起的电离干扰等可通过在标准溶液中加入相同量的试剂离子消除。

由于大多数稀有难熔金属元素在氢氟酸介质中能形成稳定的配合物，因此，检测矿石矿物中这些难熔金属元素的 ICP-MS 仪器，最好配备耐氢氟酸进样系统。在使用 ICP-QMS 测定矿石矿物中稀有稀散元素时，特别要注意稀土元素 La、Ce 等双电荷离子对 Ga、Ge、Se、Rb、Sr 等产生的干扰，Ar_2^+ 对 ^{76}Se、^{78}Se 和 ^{80}Se 的干扰，^{204}Pb 和 ^{206}Pb 拖尾对 ^{203}Tl 和 ^{205}Tl 测定的干扰，^{115}Sn 等对 ^{115}In 测定的干扰等。碱熔或半熔处理样品时，要注意熔剂对测定元素的影响。

采用 ICP-QMS 测定矿石矿物中贵金属元素含量时，要特别注意稀土氧化物、难熔金属氧化物和氢氧化物等对贵金属元素的多原子离子干扰、贵金属元素之间的同量异位素干扰。如 ^{106}Yb^{16}O、^{176}Lu^{16}O、^{176}Hf^{16}O 等稀土氧化物对 ^{192}Os 的多原子干扰，^{107}ZrOH、^{107}ZrO 锆氧化物对 ^{107}Ag 的干扰，^{109}NbO、^{109}ZrOH 对 ^{109}Ag 的干扰，^{102}Ru 与 ^{102}Pd、^{192}Os 与 ^{192}Pt 之间的干扰，等等。

6.6.1.2 样品处理

岩矿和矿物样品的分解处理，采用最多的是酸溶法，岩矿中某些组分酸溶不完全的，则采用酸溶和微熔融结合法或熔融分解法[60]。

（1）酸溶法

酸溶法主要有敞开式酸溶法和封闭压力酸溶法。岩矿及矿物中痕量元素分析通常采用 HF-HNO$_3$-HCl-HClO$_4$ 四酸法进行敞开酸溶样，特别是在有色金属矿石和精矿分析时经常采用，但对于岩矿样品中难溶元素（如 Zr、Hf、稀土元素等）的分析，该处理方法却不太适用。

对于难溶的地质样品，有时需要采用密封酸溶法，即采用 PTFE 内衬加钢套容器，用 HF-HClO$_4$-HNO$_3$ 或 HF-HNO$_3$ 密封式低压消解法在长时间（24h）高温（190℃）条件下进行溶样。这种方法基本可解决普通地质样品中难溶元素如 Zr、Hf、稀土等元素的溶解问题。尽管该方法在分析常见地质样品时，结果基本满意，但应用于一些特殊基体的样品时还存在着以下局限性：

① 在分析南极花岗岩等样品时，Zr、Hf 的测定结果比碱熔法和 XRF（X 射线荧光光谱分析）粉末压片法低 10%～50%，说明该法对于古老的高压变质岩石仍存在局限性。

② 对于铝土矿、叶蜡石等铝含量高的样品，在复溶时由于氢氧化铝的析出，造成有些元素共沉淀，测定结果偏低。

（2）酸溶和微熔融结合法

酸溶法分解时仍存在非常少的残留物（有时基本上看不见），可能导致诸如重稀土等元素的测定值偏低。通常是先采用敞开酸溶法，将溶液过滤，剩余残渣再加入少量熔剂（如过氧化钠或偏硼酸锂等）进行熔融处理，之后将二者溶液合并进行ICP-MS测定。这种方法效果很好，既利用了酸溶法空白低、盐类少的优点，又利用熔融法解决了极微量的难溶相，同时减少了全熔融法引入大量盐类的缺点。

（3）熔融分解法

地质样品也常常采用熔融法分解矿样，是一种效率很高的分解方法，依靠高温下固体与熔剂间发生的多相反应，将原来不易溶的样品转变成可溶于水或酸的物质。但带来的不利影响是要使用相当过量的熔剂，试剂本身的杂质连同坩埚等被腐蚀下来的杂质会严重污染分析溶液。同时，样品制备期间引入了大量盐类，这就要求在分析前必须高倍稀释，因而降低了ICP-MS法的检出限。此时如加以化学分离除去大量溶剂则可很好地达到测定要求。如ICP-MS测定地质样品中全部稀土元素时，采用偏硼酸锂熔融分解样品，把提取液碱性沉淀，过滤分离掉大量熔剂，再将沉淀用酸复溶后可用ICP-MS测定。

熔融法所用熔剂主要有以下三类：

① 碱性熔剂，如碳酸盐、氢氧化物、过氧化物或硼酸盐。

② 酸性熔剂，如焦硫酸盐、氟氢酸盐、硼氟酸盐或氧化硼等。

③ 混合熔剂，如氧化剂或还原剂加上碱熔使用的熔剂，以及在元素硫存在情况下的碱熔融。

6.6.1.3 标准分析方法示例

（1）硅酸盐岩石中44个元素的测定

引用标准：GB/T 14506.30—2010《硅酸盐岩石化学分析方法 第30部分：44个元素量测定》。

1）方法适用性

适用于硅酸盐岩石中锂、铍、钪、钛、钒、锰、钴、镍、铜、锌、镓、砷、铷、锶、钇、锆、铌、钼、镉、铟、铯、钡、镧、铈、镨、钕、钐、铕、钆、铽、镝、钬、铒、铥、镱、镥、铪、钽、钨、铊、铅、铋、钍和铀等44个元素量的测定，也适用于土壤、沉积物样品中上述元素量的测定。不适用于三氧化二铝含量高于20%的样品中元素量的测定。测定范围见表6-2。

2）试样处理

将试料25mg或50mg（精确至0.01mg）放入封闭溶样罐中，加入0.5mL硝酸和1.0mL氢氟酸，置于烘箱中加热24h，温度控制在185℃±5℃左右。试样溶解后需加热蒸至近干赶除溶样酸，并用0.5mL硝酸两次蒸干处理，尽量将氢氟酸赶尽。最后加入5mL硝酸，再次密封，放入烘箱中，130℃加热3h。如此处理后才能将溶液转移至塑料瓶中，用高纯水定容至25mL（或50mL），制成测试液，进行测定。

随同试样做空白试验。

表6-2 各元素测定范围

分析元素	测定范围/(μg/g)	分析元素	测定范围/(μg/g)	分析元素	测定范围/(μg/g)
Li	1.0～500	Zr	0.05～2000	Dy	0.003～50
Be	0.05～50	Nb	0.01～200	Ho	0.003～50
Sc	0.1～500	Mo	0.2～100	Er	0.003～50
Ti	30～20000	Cd	0.02～20	Tm	0.003～50
V	2.0～500	In	0.005～10	Yb	0.01～50
Mn	0.5～5000	Cs	0.02～100	Lu	0.003～50
Co	0.2～500	Ba	0.5～2000	Hf	0.01～100
Ni	1.0～500	La	0.01～500	W	0.1～100
Cu	0.2～500	Ce	0.01～500	Ta	0.05～100
Zn	2.0～500	Pr	0.01～100	Tl	0.1～50
Ga	0.2～100	Nd	0.01～100	Pb	0.1～500
As	1.0～500	Sm	0.01～50	Bi	0.05～100
Rb	1.0～1000	Eu	0.003～50	Th	0.8～100
Sr	0.2～2000	Gd	0.01～50	U	0.003～100
Y	0.01～100	Tb	0.003～50	—	—

3）标准溶液和内标溶液

多元素混合标准储备溶液：直接分取单元素标准储备溶液配制以下多元素混合标准储备溶液，也可用市售多元素混合标准储备溶液进行稀释得到（见表6-3）。内标元素混合溶液：直接分取铑和铼单元素标准储备溶液配制内标元素混合溶液，铑和铼含量各为10ng/mL。空白溶液：校准空白溶液，硝酸溶液（5+95）；清洗空白溶液，硝酸溶液（2+98）。单元素干扰溶液：分别配制钡、铈、镨、钕、锆、锡（浓度各

表6-3 多元素混合标准储备溶液

混合标准储备溶液编号	元素	元素浓度/(μg/mL)	溶液介质
混标1	La, Ce, Pr, Nd, Sm, Eu, Gd, Tb, Dy, Ho, Er, Tm, Yb, Lu, Sc, Y	20	3mol/L 硝酸
混标2	Li, Be, Mn, Co, Ni, Cu, Zn, Ga, Rb, Sr, Mo, Cd, In, Cs, Ba, Tl, Pb, Bi, Th, U	20	3mol/L 硝酸
混标3	Nb, Zr, Hf, Ti, W, Ta	20	6mol/L 硝酸,50g/L 酒石酸,几滴氢氟酸
混标4	As, V	20	3mol/L 硝酸

注：制备多元素储备标准溶液时一定要注意元素间的相容性和稳定性。元素的原始标准储备溶液必须进行检查以避免杂质影响标准的准确度。新配好的标准溶液应转移至经过酸洗的、未用过的聚丙烯瓶中保存，并定期检查其稳定性。

为 1μg/mL)、钛（浓度为 10μg/mL)、铁、钙（浓度各为 250μg/mL）单元素溶液，用以求干扰系数 k。

4) 仪器条件

电感耦合等离子体质谱仪：能对 5～250amu 质量范围进行扫描，分辨率 0.75amu 左右。以某四极杆电感耦合等离子体质谱仪为例，工作参数见表 6-4。各元素测定质量数见表 6-5。

表 6-4 等离子体质谱仪工作参数

参数	设定值	参数	设定值
ICP 功率/W	1350	跳峰/（点/质量）	3
冷却气流量/（L/min）	13.0	停留时间/（ms/点）	10
辅助气流量/（L/min）	0.7	扫描次数/次	40
雾化气流量/（L/min）	1.0	测量时间/s	60

表 6-5 各元素测定质量数

元素	质量数	元素	质量数	元素	质量数	元素	质量数
Li	7	Rb	85	Pr	141	Hf	178
Be	9	Sr	88	Nd	146	W	182
Sc	45	Y	89	Sm	147	Ta	181
Ti	47	Zr	90	Eu	153	Tl	205
V	51	Nb	93	Gd	157	Pb	206，207，208
Mn	55	Mo	98	Tb	159	Bi	209
Co	59	Cd	114	Dy	163	Th	232
Ni	60	In	115	Ho	165	U	238
Cu	65	Cs	133	Er	166	Rh	103
Zn	66	Ba	135	Tm	169	Re	185
Ga	71	La	139	Yb	172		
As	75	Ce	140	Lu	175		

5) 干扰校正

干扰校正系数 k 由式（6-3）计算：

$$k = \rho_{eq}/\rho_{in} \tag{6-3}$$

式中 ρ_{eq}——干扰物标准溶液测得的相当分析物的等效浓度，μg/mL；

ρ_{in}——干扰元素标准溶液的已知浓度，μg/mL。

被分析物的真实浓度 ρ_{tr} 由下式求出：

$$\rho_{tr} = \rho_{gr} - k\rho_{in} \tag{6-4}$$

式中 ρ_{tr}——扣除干扰后的真实浓度，μg/mL；

ρ_{gr}——被分析物存在干扰时测得的总浓度，μg/mL；

k——干扰校正系数；

ρ_{in}——被测样品溶液中干扰物的实测浓度，μg/mL。

（2）铜、铅、锌矿石中铼含量的测定

引用标准：GB/T 14353.20—2019《铜矿石、铅矿石和锌矿石化学分析方法　第20部分：铼量测定　电感耦合等离子体质谱法》。

1）方法适用性

适用于铜矿石或多金属矿中铼含量的测定。氧化镁烧结法和密闭酸消解法的检出限均为 0.004μg/g，测定范围为 0.01～15.0μg/g。

2）样品分解

① 氧化镁烧结法。将 1.0g 样品置于预先盛有约 2.0g 氧化镁的瓷坩埚中，用玻璃棒搅匀，在表面覆盖约 0.5g 氧化镁，放入马弗炉中逐渐升温至 700℃，保温 2h（焙烧时炉门开一缝），取出稍冷后用热水浸取样品溶液于 150mL 烧杯中，加入几滴过氧化氢溶液，用热水洗涤坩埚数次，加入热水至约 60mL，将烧杯置于电炉上加热至微沸 20min，再移至低温电热板保温 2h，取下冷却。用定量滤纸将样品溶液过滤于 150mL 烧杯中，用水洗涤残渣 5～6 次，将承接滤液的烧杯置于电热板上蒸发至小体积，冷却，转入 25.0mL 有刻度值带塞的聚乙烯试管中，加入 5mL 硝酸溶液（1+1），用水稀释至刻度，摇匀。分取 1mL 样品溶液于 25.0mL 有刻度值带塞的聚乙烯试管中，用水稀释至 10mL，摇匀，进行测定。随同样品进行双份空白试验，所用试剂应取自同一试剂瓶，加入同等的量。

② 密闭酸消解法。将样品置于密封消解罐的聚四氟乙烯内衬中，用 1～2 滴水润湿样品，然后依次加入 2mL 硝酸和 2mL 氢氟酸（加入硝酸和氢氟酸的顺序不能颠倒），将内衬放入钢套中，拧紧后置于控温烘箱于 190℃±5℃加热 36h。待消解罐冷却后，开盖，将内衬聚四氟乙烯罐置于电热板上蒸干，然后加入 1mL 硝酸溶液（1+1）提取，用水将样品溶液转入 25mL 比色管中并冲稀至刻度，摇匀。将样品溶液置于 50mL 烧杯中，加入约 8g 阳离子交换树脂，搅拌后放置约 2h，静置，取上层清液进行测定。随同样品进行双份空白试验，所用试剂应取自同一试剂瓶，加入同等的量。

③ 标准溶液

铑内标溶液[ρ(Rh)=10ng/mL]：介质为硝酸溶液（3+97），现用现配。

铼标准系列溶液的配制：由铼标准溶液经逐级稀释，配制成铼的质量浓度为 0ng/mL、0.10ng/mL、0.50ng/mL、1.0ng/mL、5.0ng/mL、10.0ng/mL、50.0ng/mL 的标准系列溶液，现用现配。

调谐液：ρ（Li、Be、Co、Ni、Bi、In、Ba、Ce、Pb、U）= 10ng/mL，由购置的单标或混合标准储备溶液逐级稀释混合，介质为硝酸溶液（3+97），现用现配。

④ 测定操作及测量条件：使用调谐液调整仪器参数指标，使仪器最佳化，分别进行铼标准系列溶液和样品溶液的测定。选择 ^{103}Rh 为测定内标，内标元素溶液用内标溶液专用泵管，用三通阀连接，将内标溶液与铼标准系列溶液和样品溶液混合后，一并泵入雾化系统进入等离子体焰炬中。同时进行空白试验溶液和验证试验溶液的测定。

元素测量条件：^{185}Re；测量方式：跳峰；扫描次数：50 次。

（3）地球化学样品中铂族元素的分析方法

引用国家标准：GB/T 17418.7—2010《地球化学样品中贵金属分析方法 第 7 部分：铂族元素量的测定 镍锍试金-电感耦合等离子体质谱法》。

1）方法适用性

适用于地球化学样品中铂、钯、铑、铱、锇、钌元素的测定。方法检出限为 0.001～0.06ng/g。测定范围：铂 0.026～50000ng/g、钯 0.06～50000ng/g、铑 0.001～5000ng/g、铱 0.013～5000ng/g、锇 0.007～5000ng/g、钌 0.02～5000ng/g。

2）试剂与标准

硼砂：100℃烘烤脱水，研碎后备用；覆盖剂（1+1）：硼砂与碳酸钠混合均匀；氯化亚锡溶液（ρ=1mol/L）：用氯化亚锡制备成 1mol/L 的氯化亚锡溶液（3mol/L 盐酸介质）；碲共沉淀剂：用碲酸钠制备成 0.5mg/mL 的碲溶液（3mol/L 盐酸介质）；^{190}Os 稀释剂：市售 ^{190}Os 稀释剂，^{190}Os/^{192}Os 比值和 Os 的质量浓度已知，符合同位素稀释法要求。

标准溶液：铂族元素混合标准储备溶液。直接分取单元素标准储备溶液制备混合标准储备溶液，也可用市售多元素混合标准储备溶液进行稀释得到。各元素含量为 10μg/mL，介质为王水（1+9）。校准标准溶液：用混合标准储备溶液稀释制备，浓度为 20μg/L，介质为王水（1+9）。内标元素混合溶液：直接分取铟和铊单元素标准储备溶液配制内标元素混合溶液，铟和铊含量各为 10ng/mL。校准空白溶液：王水（1+9）。清洗空白溶液：硝酸（2+98）。

3）分析试液制备

称取 10～20g 试料（精确到 0.01g）于 250mL 锥形瓶中，加入混合溶剂（表 6-7），充分摇匀后转入坩埚中，准确加入适量（对应样品中含量）的锇稀释剂，覆盖少量覆盖剂，放入已升温至 1100℃的马弗炉中熔融 1～1.5h。熔融体倒入铁模中，冷却后砸碎熔块，取出镍锍扣。用碎扣装置粉碎，转入 150mL 烧杯中，加入 60～100mL 盐酸，置于 100℃的电热板上加热至溶液变清且不再冒气泡为止。加入 0.5～1mL 碲共沉淀剂、1～2mL 氯化亚锡溶液，加热 0.5h 并放置数小时。用负压抽滤装置将溶液抽滤，用盐酸及水反复冲洗沉淀。将沉淀和滤膜转入封闭溶样器中，加入 1～2.5mL 王水，置于干燥箱中，100℃加热 2～3h。冷却后移入 10～25mL 玻璃试管中，用水稀释至刻度，摇匀。按照仪器操作说明书规定启动仪器，选择分析同位素和内标元素，编制样品分析表。在测定过程中通过三通在线引入内标元素混合溶液。以校准空白溶液和校准标准溶液建立校准曲线。每批样品测定时,同时测定实验室试剂空白溶液。样品测定过程中用清洗空白溶液清洗系统。

根据试料基体的种类进行熔剂配比,不同基体的试金熔剂配比见表6-6。

表6-6 试金熔剂配比 单位:g

试样种类	样品量	硼砂	碳酸钠	氧化镍	二氧化硅	硫	四硼酸锂	面粉
一般岩石	20	20	12	1	1.5	1.4	—	0.5~1
超基性岩	10	25	16	3.5	5	2	—	1
铬铁矿	10	—	18	10	9	5	25	1

注:未知试料分析前,最好进行半定量分析,了解试料主要组成,以利于试金熔剂的配比。

4)干扰校正

^{192}Os 存在 ^{192}Pt 的同量异位素干扰,按式(6-5)校正。

$$I_{Os}^{192} = I^{192} - 0.023 I_{Pt}^{195} \quad (6-5)$$

式中 I_{Os}^{192} ——^{192}Os 的计数率;

I_{Pt}^{195}——^{195}Pt 的计数率;

I^{192}——质量数192的总计数率;

0.023——^{192}Pt 和 ^{195}Pt 两种同位素的天然同位素丰度比值。

锇的浓度计算:根据校正后 ^{192}Os 的计数率,按同位素稀释法计算公式计算试料中 Os 的量

$$w(Os) = \frac{m_s k(A_s - B_s R)}{m(B_x R - A_x)} \quad (6-6)$$

式中 $w(Os)$——Os 的量,ng/g;

R——测得的 ^{192}Os/^{190}Os 比值;

m_s——稀释剂加入量,ng;

k——试料中 Os 的原子量与稀释剂中 Os 的原子量的比值;

A_s——稀释剂中 ^{192}Os 的同位素丰度;

B_s——稀释剂中 ^{190}Os 的同位素丰度;

A_x——试料中 ^{192}Os 的同位素丰度;

B_x——试料中 ^{190}Os 的同位素丰度;

m——试料量,g。

(4)铜精矿中金、银、铂、钯等多元素的测定

引用标准:SN/T 4243—2015《铜精矿中金、银、铂、钯、砷、汞、镉、镓、铟、锗、硒、碲、铊、镧的测定 电感耦合等离子体质谱法》。

1)方法适用性

适用于铜精矿中 0.0050~2.00mg/kg 的金、银、铂、钯,0.05~20mg/kg 的汞,

0.5~200mg/kg 的砷、镉、镓、铟、锗、碲、铊、镧，2.00~200mg/kg 的硒的测定。

2）分析试液制备

① 用火试金法富集金、银、铂、钯。称取试样 10g（精确至 1mg），于黏土坩埚中，加入 15g 无水碳酸钠、100g 黄色氧化铅、8g 二氧化硅、4g 十水合四硼酸钠和 8g 硝酸钾。进行配料并搅匀后，覆盖约 10mm 厚的碳酸钠和硼砂混合物。将配好料的坩埚置于 900℃的试金电炉中，升温 30min 到 1100℃，保温 15min 出炉，将熔融物倒入已预热过的铸铁模中，保留坩埚以备再熔融处理。得到的铅扣称重，适宜的铅扣应表面光亮，重 30~45g，否则应重新调整配料，熔融。每增加 1g 硝酸钾可减少 4g 铅扣质量，每增加 1g 淀粉，可增加 11g 左右铅扣质量。按照上述方法计算应加入的硝酸钾或淀粉的量。冷却后，铅扣与熔渣分离，保留熔渣，以备再处理。将铅扣锤成立方体。把熔渣去掉覆盖剂后收回原坩埚中。随同试样做空白试验。

将铅扣放入已在 960℃灰吹炉内预热 30min 的灰皿中，直至熔铅全部灰吹完，约 1h，灰吹结束，得到贵金属合粒。稍冷后放入灰皿盘中，保留灰皿残渣以备处理。

将坩埚中存放的熔渣和灰皿放入粉碎机粉碎后加入 50g 无水碳酸钠、15g 二氧化硅、20g 十水合四硼酸钠、4g 可溶性淀粉，搅匀，覆盖约 10mm 厚的碳酸钠和硼砂混合物，按上述步骤进行熔融和灰吹。得到的合粒与上面得到的合粒合并消解。

注：当合粒中银和金的比例小于 3:1 时，应向合粒中补加纯银。方法为称取 3 倍于合粒量的银，用铅箔将合粒和纯银包裹。之后再进行灰吹。

② 用于测定银含量试液的制备。冷却至室温后，用小镊子从灰皿中取出上面的贵金属合粒，放在干净的铁砧上，用小锤锤扁，放到 30mL 的瓷坩埚中，加入 10mL 的热硝酸（1+7），在低温电热板上保持近沸，蒸发至约 2mL，取下冷却、过滤并转移至 100mL 容量瓶中，用水稀释至刻度，摇匀，用于银含量的测定。

③ 用于测定金、钯、铂含量试液的制备。冷却至室温后，用小镊子从灰皿中取出上面的贵金属合粒，放在干净的铁砧上，用小锤锤扁，放到 30mL 的瓷坩埚中，加 25mL 的醋酸（1+3）煮沸 5min，用蒸馏水洗涤 3 次，放至电炉上烤干，取下冷却至室温，置于微波消解专用消化罐中，加入 5mL 现配王水，待剧烈反应停止后，加盖套，旋紧容器盖，置于转盘中，放入炉膛内，按设定的溶样程序（见表6-7）和仪器操作规程启动微波消解。待冷却后取出聚四氟乙烯罐，将罐内物用水冲洗并转移至 100mL 容量瓶中，用水稀释至刻度，摇匀，用于金、钯、铂含量的测定。

表6-7 微波消解仪的工作条件

步骤	功率/W	升温时间/min	压力/bar	保持时间/min
1	600	5	30	5
2	1200	5	60	25

注：1bar = 0.1MPa。

④ 用于测定砷、汞、镉、镓、铟、锗、硒、碲、铊、镧含量试液的制备。称取在 105℃下 1～2h 烘干的试样 0.1g（精确至 0.0001g）于微波消解专用消解罐中，用少量水冲洗罐壁，加入 5mL 现配王水。待剧烈反应停止后，加盖套，置于转盘中，放入炉腔内，按照推荐的消解程序和仪器操作规程启动微波消解。待冷却后取出聚四氟乙烯罐，将罐内物用水冲洗、过滤并转移至 100mL 容量瓶中，用水稀释至刻度，摇匀。随同试样做空白实验。

3）测定条件

选择各元素的同位素质量数（见表 6-8）和同位素校准方程（见表 6-9），在仪器最佳测定状态下，测定各元素质谱强度。

表6-8　测定同位素质量数

元素	金	银	铂	钯	砷	汞	镉
质量数	197	107	195	105	75	202	111
元素	镓	铟	锗	硒	碲	铊	镧
质量数	69	115	74	82	130	205	139

表6-9　同位素校准方程

元素	校准方程	元素	校准方程
^{75}As	^{75}As = ^{75}As–3.127×[Ar^{77}Cl–(0.815×^{82}Se)]	^{82}Se	^{82}Se = ^{82}Se–1.007833×^{83}Kr
^{115}In	^{115}In = ^{115}In–0.014038×^{118}Sn	^{130}Te	^{130}Te = ^{130}Te–0.154312×^{129}Xe
^{74}Ge	^{74}Ge = ^{74}Ge–0.116645×^{77}Se		

4）工作曲线的绘制及样品测定

按下列方式配制标准系列溶液。

① 银工作曲线的标准溶液。将银标准溶液逐级稀释至 1mL 中含 1μg 银（1.00mg/L）。移取该溶液 0.00mL、0.05mL、0.20mL、0.50mL、2.00mL、5.00mL、20.00mL 于一组 100mL 容量瓶中，加入 5.00mL 硝酸，用去离子水稀释至刻度，混匀，相当于最终浓度为 0.00μg/L、0.50μg/L、2.00μg/L、5.00μg/L、20.00μg/L、50.00μg/L、200.00μg/L。

② 金、铂、钯混合工作曲线的标准溶液。将金标准溶液、铂标准溶液、钯标准溶液逐级稀释并混合为 1mL 中含 1μg 金、铂、钯（1.00mg/L）的混合标准溶液。移取该溶液 0.00mL、0.05mL、0.20mL、0.50mL、2.00mL、5.00mL、20.00mL 于一组 100mL 容量瓶中，加入 5.00mL 王水，用去离子水稀释至刻度，混匀，相当于最终浓度为 0.00μg/L、0.50μg/L、2.00μg/L、5.00μg/L、20.00μg/L、50.00μg/L、200.00μg/L。

③ 砷、汞、镉、镓、铟、锗、硒、碲、铊、镧工作曲线的标准溶液。将砷标准溶液、汞标准溶液、镉标准溶液、镓标准溶液、铟标准溶液、锗标准溶液、硒标准

溶液、碲标准溶液、铊标准溶液、镧标准溶液逐级稀释并混合为 1mL 中含 1μg 砷、镉、镓、铟、锗、硒、碲、铊、镧（1.00mg/L）以及 0.1μg 汞（0.10mg/L）的混合标准溶液。移取该溶液 0.00mL、0.05mL、0.20mL、0.50mL、2.00mL、5.00mL、20.00mL 于一组 100mL 容量瓶中，加入 5.00mL 王水，用去离子水稀释至刻度，混匀，相当于最终浓度为 0.00μg/L、0.50μg/L、2.00μg/L、5.00μg/L、20.00μg/L、50.00μg/L、200.00μg/L 的砷、镉、镓、铟、锗、硒、碲、铊、镧以及 0.00μg/L、0.05μg/L、0.20μg/L、0.50μg/L、2.00μg/L、5.00μg/L、20.00μg/L 的汞。移取金标准溶液 250μL 置于这组容量瓶中，混匀。

将混合标准系列储备液依次在仪器最佳测定状态下，选择各元素的同位素质量数（见表 6-8）和同位素校准方程（见表 6-9），测定各元素质谱强度，以质谱强度为纵坐标，被测元素的浓度为横坐标，分别得到各元素的工作曲线。

在仪器最佳测定状态下，按照选定的各元素测定质量数及同位素校正方程与标准溶液同时进行测定。

6.6.2 在金属材料及金属氧化物分析中的应用

6.6.2.1 分析要求

金属材料从大的方面可分为两类：一类是黑色金属材料，主要包括钢铁及合金、金属锰铬及合金；另一类是有色金属及合金。有色金属又称非铁金属，按其性质、用途、产量及其在地壳中的储量状况一般分为有色轻金属、有色重金属、贵金属、稀有金属和半金属五大类。根据其物理化学性质、原料的共生关系、生产工艺流程等特点，稀有金属又分为稀有轻金属、稀有重金属、稀有难熔金属、稀散金属、稀土金属、稀有放射性金属。

金属氧化物是指由金属元素与氧元素 2 种元素组成的氧化物，由于金属种类繁多，因此金属氧化物种类也很多。常见的金属氧化物如氧化铁、氧化铝、氧化铜、氧化钙、稀土氧化物等，除贵金属元素（锇除外）不易形成氧化物外，其他金属基本都可形成氧化物。

钢铁及合金材料是应用较为广泛的工业基础材料，可分为生铸铁、非合金钢、合金钢、工具钢、高温合金和金属功能材料几大类型。有色金属合金材料由于金属种类多，合金种类更多，从量大的方面讲，主要有铝合金、铜合金、锌合金、铅合金、镍合金、钛合金等。

对金属材料及金属氧化物产品的分析主要是对其中化学元素含量的测定。作为工业材料的产品，其化学成分均有相关标准作出规定，有一定的合格范围，因此对于分析方法及测定结果，大多有相应的国家标准及行业标准加以规范。

在金属材料及金属氧化物产品的分析应用中，ICP-MS 法正在不断被纳入各类标准分析方法，如 GB/T 20127.11—2006《钢铁及合金 痕量元素的测定 第 11 部分：电感耦合等离子体质谱法测定铟和铊含量》，GB/T 223.81—2007《钢铁及合金 总铝和总硼含量的测定 微波消解-电感耦合等离子体质谱法》，GJB 5404.16—2005《高温合金痕量元素分析方法 第 16 部分：电感耦合等离子体-质谱法测定 硼、钪、镓、银、铟、锡、锑、铈、铪、砣、铅和铋含量》，GB/T 5121.28—2021《铜及铜合金化学分析方法 第 28 部分：铬、铁、锰、钴、镍、锌、砷、硒、银、镉、锡、锑、碲、铅和铋含量的测定 电感耦合等离子体质谱法》，GB/T 33909—2017《纯铂化学分析方法 钯、铑、铱、钌、金、银、铝、铋、铬、铜、铁、镍、铅、镁、锰、锡、锌、硅量的测定 电感耦合等离子体质谱法》，GB/T 12690.13—2003《稀土金属及其氧化物中非稀土杂质化学分析方法 钼、钨量的测定 电感耦合等离子体发射光谱法和电感耦合等离子体质谱法》，GB/T 11066.11—2021《金化学分析方法 第 11 部分：镁、铬、锰、铁、镍、铜、钯、银、锡、锑、铅和铋含量的测定 电感耦合等离子体质谱法》等。这些标准不仅规范了 ICP 分析方法，而且对方法的精密度进行了统计实验，提供了判断 ICP 分析结果可信度的依据。下文从 ICP-MS 法在金属材料及金属氧化物分析中的应用中，以相关的标准分析方法提供 ICP-MS 标准分析方法的范例，以供参考。

6.6.2.2　样品处理

大多数的金属材料及金属氧化物可用敞开式容器酸分解方法，常用的酸有盐酸、硝酸、高氯酸、氢氟酸、硫酸等无机酸及其混合酸等。敞开式容器酸分解法的优点是便于大批量样品分析，方法操作简单方便，设备简单，空白值低，可在较低的温度下进行，适用于大多数金属材料及金属氧化物。对那些难溶金属材料及氧化物可采用密封容器酸消解样品或微波消解技术消解样品。

6.6.2.3　标准分析方法示例

（1）钢铁中锡、锑、铈、铅和铋含量的测定

引用标准：GB/T 32548—2016《钢铁 锡、锑、铈、铅和铋的测定 电感耦合等离子体质谱法》。

1）方法适用性

适用于钢铁中以下质量分数（μg/g）范围的痕量元素的测定：锡 5~200μg/g，锑 1~200μg/g，铈 10~1000μg/g，铅 0.5~100μg/g，铋 0.3~30μg/g。

2）分析试液的制备

① 测定锡、锑、铅和铋的分析溶液。可以采用微波消解法制备。试料定量转移至氟塑料高压罐（约 120mL）中，加入 3mL 盐酸、1mL 硝酸和 0.5mL 氢氟酸。旋紧高压罐盖子，可放置过夜，这样通常可改善湿法消解过程。湿法消解在微波消解系统中进行，氟塑料高压罐固定在转盘或特定的夹持装置上，放入微波炉中，然后

进行微波消解。通常采用三步程序进行湿法消解,即开始采用低温(约50℃)保持10min,然后升温至100℃保持10min,最后升温至150~200℃保持10min。通过调节微波炉功率可简便地实现三步程序消解。这样微波消解30min,然后冷却30min,再从微波炉中取出高压罐,打开高压罐前,高压罐中温度应低于50℃。打开高压罐时,应戴上塑料手套。冷却后将氟塑料高压罐中的溶液移入 100mL 聚乙烯瓶或100mL 容量瓶中,用超纯水仔细冲洗高压罐,加入铑、钇内标,用超纯水稀释至刻度,混匀。

也可用开放容器在电热板上溶解。将试料置于 50mL 聚四氟乙烯烧杯或石英烧杯中,加入 3mL 盐酸,盖上表面皿,缓慢加热直至反应停止。加入 1mL 硝酸,加热,赶尽氮氧化物。如试样碳含量大于 1%应先加入 2mL 稀硝酸(1+1),盖上表面皿,低温加热至反应停止,再加入 3mL 盐酸。加入 0.5mL 氢氟酸,加热 5min,必要时,冷却后加入 5mL 高氯酸,打开表面皿,高温加热至起烟。盖上表面皿,继续加热至在烧杯壁上形成稳定的白色高氯酸烟回流。继续加热,直至烧杯内看不到高氯酸烟。冷却,加入 3mL 稀王水(4+10),低温加热至盐类溶解,冷却,用超纯水冲洗定量转移至 100mL 容量瓶中,加入铑、钇内标,用超纯水稀释至刻度,混匀。

② 测定铈的分析溶液。常用微波消解法。试料定量转移到氟塑料高压罐(约120mL)中,加入 3mL 盐酸和 1mL 硝酸,旋紧高压罐盖子,可放置过夜,这样通常可改善湿法消解过程。湿法消解在微波消解系统中进行。氟塑料高压罐固定在转盘或特定的夹持装置上,放入微波炉中,然后进行微波消解。通常采用三步程序进行湿法消解,即开始采用低温(约50℃)保持10min,然后升温至100℃保持10min,最后升温至150~200℃保持10min。通过调节微波炉功率可简便地实现三步程序消解。这样微波消解30min,然后冷却30min,再从微波炉中取出高压罐。打开高压罐前,高压罐中温度应低于50℃,打开高压罐时,应戴上塑料手套。冷却后,将塑料高压罐中的溶液移入 100mL 聚乙烯瓶或 100mL 容量瓶中,用超纯水仔细冲洗高压罐,加入铟内标,用超纯水稀释至刻度,混匀。

也可用开放容器在电热板上溶解。将试料置于 50mL 玻璃烧杯或石英烧杯中,加入 3mL 盐酸,盖上表面皿,缓慢加热直至反应停止,加入 1mL 硝酸,加热,赶尽氮氧化物。如试样碳含量大于 1%,应先加入 2mL 稀硝酸(1+1),盖上表面皿,低温加热至反应停止,再加入 3mL 盐酸。必要时,冷却后加入 5mL 高氯酸,打开表面皿,高温加热至起烟。盖上表面皿,继续加热至在烧杯壁上形成稳定的白色高氯酸烟回流。继续加热,直至烧杯内看不到高氯酸烟。冷却,加入 3mL 稀王水(4+10),低温加热至盐类溶解。冷却,用超纯水冲洗定量转移至 100mL 容量瓶中,加入铟内标,用超纯水稀释至刻度,混匀。如样品含有钨、钽时,按照测定锡、锑、铅和铋的分析溶液用开放容器在电热板上溶解部分溶解样品,且需赶尽高氯酸。

③ 标准溶液的制备。在容量瓶（100mL）中配制。制备含锡、锑、铅和铋分别为 0μg/L、500μg/L、200μg/L、100μg/L、50μg/L、20μg/L、10μg/L、5μg/L、2μg/L、1μg/L、0.5μg/L、0.2μg/L 的多元素标准空白溶液和标准溶液，其中含铁基体 1mg/mL，介质为 4%（体积分数）王水和 0.5%（体积分数）氢氟酸。制备含铈分别为 0μg/L、2000μg/L、1000μg/L、500μg/L、200μg/L、100μg/L、50μg/L、20μg/L、10μg/L、5μg/L、2μg/L 的标准空白溶液和标准溶液，其中含铁基体 1mg/mL，介质为 4%（体积分数）王水。

在聚苯乙烯试管（10mL）中配制。制备含锡、锑、铅和铋分别为 0μg/L、500μg/L、200μg/L、100μg/L、50μg/L、20μg/L、10μg/L、5μg/L、2μg/L、1μg/L、0.5μg/L 的多元素标准空白溶液和标准溶液，其中含铁基体 1mg/mL，介质为 4%（体积分数）王水和 0.5%（体积分数）氢氟酸。制备含铈分别为 0μg/L、2000μg/L、1000μg/L、500μg/L、200μg/L、100μg/L、50μg/L、20μg/L、10μg/L、5μg/L、2μg/L 的标准空白溶液和标准溶液，其中含铁基体 1mg/mL，介质为 4%（体积分数）王水。

④ 测量。首先测量标准空白溶液，然后按照浓度从低到高顺序测量标准溶液。接着分析空白试液，以检查空白试液强度，并确认是否存在来自高浓度标准溶液的记忆效应，如存在记忆效应，应增加测量样品之间的清洗时间。测量空白试液后，每隔 10 个样品分析 1 个标准溶液（控制样），即使分析试样数量小于 10 个，最后分析的样品也应为标准溶液（控制样）。标准曲线溶液浓度应覆盖试样元素浓度。

（2）稀土金属及其氧化物中非稀土杂质的测定

引用标准：GB/T 12690.5—2017《稀土金属及其氧化物中非稀土杂质化学分析方法 第 5 部分：钴、锰、铅、镍、铜、锌、铝、铬、镁、镉、钒、铁量的测定》。采用方法为标准中的方法 2：电感耦合等离子体质谱法。

1）方法适用性

本方法适用于稀土金属中钴、锰、铅、镍、铜、锌、铝、铬、镁、镉、钒、铁含量及其氧化物中氧化钴、氧化锰、氧化铅、氧化镍、氧化铜、氧化锌、氧化铝、氧化铬、氧化镁、氧化镉、氧化钒、氧化铁含量的测定。测定范围见表 6-10。

表 6-10 测定范围

氧化物	氧化物质量分数/%	氧化物	氧化物质量分数/%
氧化钴	0.0001～0.050	氧化铝	0.0001～0.050
氧化锰	0.0001～0.050	氧化铬	0.0001～0.050
氧化铅	0.0001～0.050	氧化镁	0.0001～0.050
氧化镍	0.0001～0.050	氧化镉	0.0001～0.050
氧化铜	0.0001～0.050	氧化钒	0.0001～0.050
氧化锌	0.0003～0.050	—	—

2）分析试液的制备

试液 a：除二氧化铈外的样品分析溶液。称取 0.25g 试样，置于 100mL 聚四氟乙烯烧杯中。加入 5mL 硝酸（1+1），低温加热至完全溶解，冷却至室温，移入 100mL 容量瓶中，以水稀释至刻度，混匀。按照表 6-11 进行分取、内标加入及定容操作。随同试料做空白试验。

试液 b：二氧化铈样品溶液。称取 0.25g 试样，置于 100mL 聚四氟乙烯烧杯中，加入 5mL 硝酸（1+1）和 1.5mL 过氧化氢，低温加热至完全溶解，并赶尽气泡，冷却至室温，移入 100mL 容量瓶中，以水稀释至刻度，混匀。分取 5.00mL 试液于 25mL 比色管中，加入 2.5mL 1.00μg/mL 铟和铯内标混合溶液，以水稀释至刻度，混匀。按照表 6-11 进行分取、内标加入及定容操作。随同试料做空白试验。

表 6-11 分取、内标加入及定容

元素质量分数/%	分取试液 a、b 体积/mL	第二次定容 体积/mL	加内标液（Cs、In 各含 1μg/mL）体积/mL	补加硝酸（1+1）体积/mL
0.0001~0.010	10.00	50.00	0.50	2
>0.010~0.050	5.00	50.00	0.50	2

3）仪器条件

电感耦合等离子体质谱仪：质量分辨率不差于（0.8±0.1）amu。

各元素测定同位素质量数见表 6-12。

表 6-12 测定元素及内标元素测定同位素质量数

元素	质量数	元素	质量数
Co	59	Cr	52
Mn	55	Mg	24
Pb	208	Cd	114
Ni	60	V	51
Cu	63	In	115
Zn	64	Cs	133
Al	27	—	—

4）标准溶液制备

按表 6-13 配制标准系列溶液，体积为 100 mL，各加入 1.00mL 1.00μg/mL 铟和铯内标混合溶液、4mL 稀硝酸（1+1），以水稀释至刻度，混匀。

5）测量及计算

将分析试液与标准系列溶液同时进行电感耦合等离子体质谱测定，由计算机计算、校正并输出空白试验溶液和分析试液中各待测元素的质量浓度。各元素单质与其氧化物的换算系数见表6-14。

表6-13 标准系列溶液浓度

编号	被测元素浓度/（ng/mL）							
	Co	Mn	Pb	Ni	Cu	Zn	Al	Cr
1	0	0	0	0	0	0	0	0
2	2.00	2.00	2.00	2.00	2.00	2.00	2.00	2.00
3	5.00	5.00	5.00	5.00	5.00	5.00	5.00	5.00
4	10.00	10.00	10.00	10.00	10.00	10.00	10.00	10.00
5	20.00	20.00	20.00	20.00	20.00	20.00	20.00	20.00
6	50.00	50.00	50.00	50.00	50.00	50.00	50.00	50.00
7	150.00	150.00	150.00	150.00	150.00	150.00	150.00	150.00

表6-14 元素单质与其氧化物的换算系数

元素	$Co(Co_2O_3)$	$Mn(MnO_2)$	$Pb(PbO)$	$Ni(NiO)$	$Cu(CuO)$	$Zn(ZnO)$	$Al(Al_2O_3)$	$Cr(Cr_2O_3)$	$Mg(MgO)$	$Cd(CdO)$	$V(V_2O_5)$
k	1.4072	1.5825	1.0772	1.2726	1.2518	1.2447	1.8895	1.4616	1.6583	1.1423	1.7852

（3）铜及铜合金的分析测定

引用标准：GB/T 5121.28—2021《铜及铜合金化学分析方法 第28部分：铬、铁、锰、钴、镍、锌、砷、硒、银、镉、锡、锑、碲、铅和铋含量的测定 电感耦合等离子体质谱法》。

1）方法适用性

适用于铜及铜合金中铬、铁、锰、钴、镍、锌、砷、硒、银、镉、锡、锑、碲、铅和铋含量的测定。测定范围：0.00005%～0.0050%。

2）操作步骤

分析试液的制备：称取0.10g试样（精确至0.0001g），置于50mL烧杯中，加入5mL硝酸（1+1），加热使试料完全溶解，冷却，移入100mL容量瓶中，加入2.00mL 1.00μg/mL铟内标溶液，用硝酸（1+99）定容，混匀，待测。随同试料做空白试验。

3）仪器要求

电感耦合等离子体质谱仪：质量分辨率不差于（0.8±0.1）amu。各元素测定同位素质量数和测定模式见表6-15。

4）标准溶液制备

分别移取0mL、0.20mL、1.00mL、2.00mL、5.00mL含铬、铁、锰、钴、镍、锌、砷、硒、银、镉、碲、铅各1μg/mL的混合标准溶液于一系列100mL塑料容量瓶中，加入2.00mL 1.00μg/mL铟内标溶液，用硝酸（1+99）定容至刻度，混匀。1mL此系列标准溶液含铬、铁、锰、钴、镍、锌、砷、硒、银、镉、碲、铅分别为0ng、

2.0ng、10.0ng、20.0ng 和 50.0ng。

表6-15 测定元素及内标元素测定同位素质量数和测定模式

元素	质量数	测定模式	元素	质量数	测定模式
Cr	52	标准模式	Ag	107	标准模式
Mn	55	标准模式	Cd	111	标准模式
Fe	56	碰撞/反应池模式	Sn	118	标准模式
Co	59	标准模式	Sb	121	标准模式
Ni	60	标准模式	Te	128	标准模式
Zn	68	标准模式	Pb	208	标准模式
As	75	标准模式	Bi	209	标准模式
Se	77，78	标准/碰撞/反应池模式	In（内标）	115	标准模式

分别移取 0mL、0.20mL、1.00mL、2.00mL、5.00mL 含锡、锑、铋各 1μg/mL 的混合标准溶液于一系列 100mL 容量瓶中，加入 2.00mL 1.00μg/mL 铟内标溶液，补加盐酸 1mL（1+1），用水定容至刻度，混匀。1mL 此系列标准溶液含锡、锑、铋分别为 0ng、2.0ng、10.0ng、20.0ng 和 50.0ng。

5）测量及计算

在选定的仪器条件下，按照表 6-16 推荐的同位素质量数与标准系列溶液同步测量空白溶液和试样溶液。仪器根据标准曲线自动计算出试液中各待测元素的质量浓度。

（4）高纯镓中痕量元素的测定

引用标准：YS/T 474—2021《高纯镓化学分析方法 痕量元素的测定 电感耦合等离子体质谱法》。

1）方法适用性

适用于高纯镓中锂、铍、钠、镁、铝、钾、钙、铬、锰、铁、镍、铜、锌、钼、镉、铟、锡、钡、铅、铋、铷、钴、钛等痕量元素含量的测定。测定范围见表 6-16。

表6-16 YS/T 474—2021方法测定范围

元素	测定范围/（ng/g）	元素	测定范围/（ng/g）
Li	1~100	Co	2~100
Be	1~100	Cu	2~100
Na	4~100	Zn	2~100
Mg	1~100	Rb	2~100
Al	2~150	Mo	1~100
K	5~100	Cd	2~100
Ca	5~150	In	1~100
Ti	3~100	Sn	2~100
Cr	1~100	Ba	1~100
Mn	2~100	Pb	1~100
Fe	5~100	Bi	1~100
Ni	1~100	—	—

2）样品处理

试料的分解：称取 0.50g 样品置于 5mL 石英坩埚内，装有试料的石英坩埚和空白试验坩埚同时装入干燥的石英雾化反应器内，置于电加热套内，连接好气路，打开水龙头抽气，检查装置是否漏气，使洗气瓶中气泡均匀一致。当雾化反应器温度提到 200℃时，通入氯化氢气体，集气瓶产生正压，将进气阀门关闭，使大量的氯化氢气体进入系统与镓作用，将生成的氯化镓气体抽出。温度保持在 210～220℃，直至试样全部挥发（小坩埚干燥为止），切断电源，打开进气阀门，取出坩埚。试样处理装置见图 6-7。

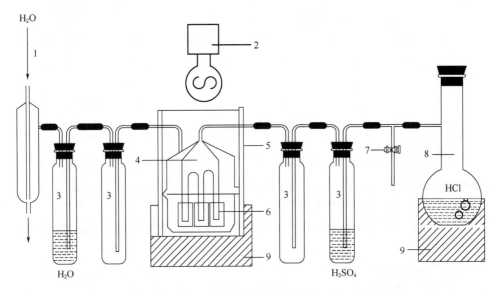

图 6-7　氯化发生器

1—石英冷凝管；2—红外线灯；3—石英集气瓶；4—石英小挥发器；5—石英罩；
6—石英坩埚；7—进气阀门；8—石英平底烧瓶；9—电加热套

分析试液的制备：将坩埚内残留的杂质用 30μL 盐酸、170μL 硝酸溶解后，将溶解好的杂质用去离子水转移到 10mL 的 PP（聚丙烯）刻度管中，分别加入 10μL 5μg/mL 的铑标准溶液，用去离子水稀释至刻度，混匀。试液在 48h 内完成 ICP-MS 测定。

3）仪器条件

仪器质量分辨率优于（0.8±0.1）amu。同位素质量数见表 6-17。

4）标准溶液的制备

移取 0mL、0.10mL、0.30mL、0.50mL、0.80mL、1.00mL 混合标准溶液分别置于一组洁净的 10mL 的 PP 刻度管中，各加入 10μL 5μg/mL 铑标准溶液和 200μL 硝酸，用去离子水稀释至刻度。此系列溶液中含锂、铍、钠、镁、铝、钾、钙、铬、锰、铁、镍、铜、锌、钼、镉、铟、锡、钡、铅、铋、钴、钛、铷各为0ng/mL、0.1ng/mL、0.3ng/mL、0.5ng/mL、0.8ng/mL、1.0ng/mL，内标铑为5.0ng/mL。

表6-17 元素测定同位素质量数

元素	质量数	元素	质量数
Li	7	Co	59
Be	9	Cu	63
Na	23	Zn	66
Mg	24	Rb	85
Al	27	Mo	98
K	39	Cd	114
Ca	40	In	115
Ti	47	Sn	118
Cr	52	Ba	138
Mn	55	Pb	208
Fe	56	Bi	209
Ni	58	Rh	103

移取0mL、0.10mL、0.30mL、0.50mL、0.80mL、1.00mL混合标准储备溶液分别置于一组洁净的10mL的PP刻度管中，各加入10μL 5μg/mL铑标准溶液和200μL硝酸，用去离子水稀释至刻度。此系列溶液中含锂、铍、钠、镁、铝、钾、钙、铬、锰、铁、镍、铜、锌、钼、镉、铟、锡、钡、铅、铋、钴、钛、铷各为0ng/mL、1.0ng/mL、3.0ng/mL、5.0ng/mL、8.0ng/mL、10.0ng/mL，内标铑为5.0ng/mL。

所有标准溶液均现用现配制。

5）测定

在选定的仪器最佳工作条件下（元素Na、Mg、Al、K、Ca、Ti、Cr、Mn、Fe、Ni、Co、Cu、Zn、Ba测量采用反应池模式），测定标准系列溶液和分析试液。同时测定出各待测元素同位素的CPS与内标元素同位素的CPS_0，并以CPS/CPS_0比值与对应标准系列溶液含量绘制标准曲线，得出空白试验及试料溶液中待测元素的含量（ng/mL）。

（5）电感耦合等离子体串级质谱在金属材料分析中的应用

近些年电感耦合等离子体串级质谱（ICP-MS/MS）在高纯金属及其氧化物杂质分析方面的研究逐渐增多，研究对象主要有高纯稀土及氧化物、高纯铪、高纯钼、高纯镍、高纯砷等。该方法主要解决了高纯稀土及氧化物中稀土基体对其他稀土杂质元素测定的干扰，Mo对Cd测定的干扰，Se、P、As、Si和Ca等测定的干扰。

陈文等[61]通过设置 Q1（第一个四极杆）为 56，Q2（第二个四极杆）为 72，以氧气为反应气采用 ICP-MS/MS 测定了高纯稀土及氧化物中的痕量 Fe。肖石妹等[62]采用 ICP-MS/MS 在无反应气模式下测定了高纯铈中的 Nd、Sm、Eu、Dy、Ho、Er、Tm 和 Yb，在氨气质量转移模式下测定了 Tb，在氧气质量转移模式下测定了 Y、La、Pr、Gd 和 Lu，测定时均以内标元素进行校正，以减少基体效应、仪器的信号漂移和雾化进样等因素的影响。胡芳菲等[63]分别在 He 碰撞模式和 NH_3 原位质量模式下消除了 Fe、As、Yb、Lu 受到的质谱干扰，采用 ICP-MS/MS 直接测定了高纯氧化钆中 20 种痕量元素的含量。黄智敏等[64]采用气体 CRC（碰撞/反应池）模式消除基体对测定的干扰，ICP-MS/MS 直接测定了高纯铽中 14 种稀土杂质含量。李坦平等[65]分别在氧气质量转移模式下消除 V、Cr、Mn 受到的质谱干扰，在氨气质量转移模式下消除 Ti、Fe、Co、Ni、Cu 受到的质谱干扰，采用 ICP-MS/MS 测定了高纯氧化镁中的 V、Cr、Mn、Ti、Fe、Co、Ni、Cu。墨淑敏等[66]分别在反应气为 O_2 时，设置 Q1 = 45、Q2 = 61，以 $^{45}Sc^{16}O^+$ 的形式测定 Sc；在原位质量模式下，设置 Q1 = 191、Q2 = 191，以 Ir^+ 的形式测定 Ir；在反应气为 NH_3 时，设置 Q1 = 198、Q2 = 232，以 $^{198}Pt(NH_3)_2^+$ 的形式测定 Pt，建立了 ICP-MS/MS 测定高纯铪中痕量 Sc、Ir、Pt 的方法。叶晨[67]用 O_2 作为反应气，并采用质量转移模式进行分析，消除了 NiO^+、$NiO(H_2O)^+$ 等多原子离子干扰，测定了高纯镍中痕量 Se。刘元元等[68]采用 NH_3 原位质量模式（Q1 = Q2），以 ^{111}Cd 为待测同位素，测定了高纯钼中的痕量 Cd。NH_3 易与钼氧、钼氮等多原子离子反应，使干扰物形成具有其他质量的新产物离子消除钼的干扰。张俊峰等[69]在不除基体的情况下，用内标补偿校正法，以 O_2 和 He 为碰撞/反应气消除干扰，建立了 ICP-MS/MS 测定高纯砷中 P 和 Se 的方法。符靓等[70]采用 ICP-MS/MS 的 MS/MS 模式，选择 H_2 为反应气，利用 H_2 原位质量法测定了高纯钼粉中的 Si 和 Ca；选择 O_2 为反应气，利用 O_2 原位质量法测定了 Cd，用 O_2 质量转移法测定了 P、As、Se、Ta、Sn、Sb、Ba 和 W；选择 NH_3/He 作为反应气，利用原位质量法测定了 Na、Mg、Al、K 和 V，质量转移法测定了 Ti、Cr、Mn、Fe、Co、Ni、Cu、Zn；采用单四极杆（SQ）无反应气模式测定了 Pb、Bi、Th 和 U。

6.6.3 在环境样品分析中的应用

随着社会的发展，工业废物的丢弃、城市污水的排放、燃料的燃烧等因素，导致自然环境中的有毒重金属及非金属元素的污染风险逐渐增加。环境监测的目的就是通过对各种环境样品（空气、水、土壤等）的分析检测，确保人民生活、生产的安全。环境样品主要包括水样、大气颗粒物样品、土壤以及沉积物样品等。环境水样可分为饮用水、自然水（地下水、雨雪水、湖水、江河水、海水等）、工业废水、生活污水以及各级处理过的污水等。

大气颗粒物是指悬浮于空气中的固体或液体颗粒与气体载体共同组成的多相体系，是一种稳定的或不稳定的系统。大气颗粒物形状复杂，可将大气颗粒物主要分为 TSP、PM_{10}、$PM_{2.5}$。研究表明，粗粒子多由 Ca、Mg、Na 等 30 多种元素组成，细粒子主要是痕量金属、硫酸盐、硝酸盐等。不同环境条件、不同时间、不同粒径的大气颗粒物，其组成成分差异较大。大气颗粒物可长期悬浮于空气中，并伴随大气运动扩散到其他地区，使污染范围扩大或转移。同时 PM_{10} 可进入人体呼吸道，$PM_{2.5}$ 可直接进入人体肺部，对环境保护与人体健康都产生巨大的危害。大气颗粒物的检测与分析已经得到了广泛的重视。

固体废物、矿物、岩石中的有害金属元素通过地表径流、大气沉降等多种途径进入环境中，最终累积于土壤与沉积物中。当环境条件发生变化时，长期累积的金属元素从土壤、沉积物中释放出来再次进入环境中造成二次污染，甚至通过食物链危害人类和生态系统的安全。因此监测土壤、沉积物中金属元素浓度，研究土壤、沉积物中金属元素的释放过程是十分必要的，对于环境监测、环境治理以及环境健康工作都具有重要的指导意义。

目前，无机元素分析技术主要包括：AAS（原子吸收光谱法）、AES（原子发射光谱法）、ICP-OES、ICP-MS。由于环境样品种类的多元性、各类样品物理化学组成的复杂性以及不同样品中元素浓度范围的较大差异，环境样品分析与检测更加地烦琐与复杂。近年来，随着无机质谱技术的逐渐发展与完善，ICP-MS 技术已经具有高灵敏度、低检出限、高通量等特性，并且可以对样品中的多元素进行同时检测。在目前的环境监测、环境科学、环境健康等领域，ICP-MS 已经处于主导地位，成为最为主要的无机元素检测技术，成为环境分析中常规元素、痕量元素测定的主要技术。

6.6.3.1 样品处理

一般情况下，水样中元素含量测定包括两种形式：测定水溶性元素；测定水中溶解性及以悬浮固体状态存在的元素总量，也称"酸可溶出"元素总量。测定水溶性元素可将水样先过滤再以酸保护，然后直接分析。测定水溶性与固体悬浮物中的元素总量，则将水样直接酸化，然后测定"酸可溶出"金属总量。水样过滤时，应注意过滤器皿与水样接触部分的材质，避免元素的污染。过滤前，过滤器皿应用稀酸洗涤，并在酸中浸泡过夜。过滤时使用的滤膜应经过稀硝酸浸泡，用去离子水清洗后再使用，以去除滤膜表面吸附的镉、铅、汞等金属离子。对于饮用水及水源水等清洁用水，采样后可直接测定。

不能及时测定而需要保存的水样，应采取适当的保存措施，以防止水样在储存过程中发生化学与生物过程，造成待测成分的损失。水样的保存时间一般与水样的性质、待测组分性质、储存容器、保存温度以及加入的保护剂有关。一般情况下，经酸化后的水样冷冻保存在适当容器中，可以抑制水样中细菌与藻类的光合及氧化等作用，降低由于细菌和藻类导致的水样中金属元素形态的变化与沉淀、吸附损失。储存容器材料包括聚乙烯、聚丙烯、聚四氟乙烯、硼酸玻璃等。使用中可根据储存材料对待测组分的吸附能力进行选择。低温或冷冻保存可显著降低样品组分的化学与生化反应速度，延长样品的保存时间。研究表明，在冷冻状态下，未经酸化的海水样品可保持三个月，其中待测元素没有明显变化。除保存温度与保存容器的影响外，样品 pH 值对样品中金属离子的吸附能力有明显影响。在酸性溶液中，吸附现象减少，而随着碱性的增强，吸附现象明显增加。水样加酸酸化至 pH 值小于 4 时，可抑制水中的皂化反应，避免金属形成难溶性的金属皂吸附在容器壁上。

大气颗粒物样品使用大气采样器采集，采样的滤膜使用前需要经过仔细检查，确定表面平整，没有缺陷，经过恒温恒湿平衡 24h 后使用。采样后使用微波消解法消解滤膜，一般采用混合酸体系消解大气颗粒物样品。应根据采集过程中的滤膜材料、样品污染程度、目标分析元素等条件确定混合酸体系与各种酸的比例。在大气颗粒物样品的采集与处理过程中，需要注意滤膜的保存与消解罐的清洁过程，确保没有污染元素的引入与残留。

对于土壤和沉积物样品，由于其中成分复杂，并且含有难以消解的石块及沙砾，所以在样品消解前还需要经过处理，处理过程一般包括冷冻干燥、研磨、过筛。在处理过程中避免污染元素的引入。经过处理的土壤与沉积物样品经过消解后可进行 ICP-MS 检测。土壤和沉积物样品的消解是测定其中元素的关键步骤。常用于 ICP-MS 检测的消解方法包括微波消解和高压闷罐消解法。

微波消解基于微波与压力的作用，加速酸的氧化反应，提高消解速率，同时由于采用密闭环境，避免了消解过程中试剂与热量的损失，已经广泛应用于土壤、沉积物样品的消解。高压闷罐消解法是在密闭加压容器内用酸或其他试剂，在加温加压下进行湿法消解。该方法具有酸用量小、消解完全、消解过程损失少等优点。虽然该方法比微波消解法耗时长，但是对于一些易损失金属元素，测定结果准确度和精密度均比较高。一般在测量样品中金属 Hg 等元素时需要采取这种方法。

6.6.3.2　水（包括饮用水、地表水、地下水、污水等）中 62 种元素的检测方法[11]

引用标准：ISO 17294-2 Water quality—Application of inductively coupled plasma mass spectrometry（ICP-MS）—Part 2：Determination of selected elements including aranium isotopes。

（1）方法适用性

该标准由国际标准化组织颁布，用于检测水（包括饮用水、地表水、地下水、污水等）中的 62 种元素 Ag、Al、As、Au、B、Ba、Be、Bi、Ca、Cd、Ce、Co、

Cr、Cs、Cu、Dy、Er、Eu、Ga、Gd、Ge、Hf、Ho、In、Ir、K、La、Li、Lu、Mg、Mn、Mo、Na、Nd、Ni、P、Pb、Pd、Pr、Pt、Rb、Re、Rh、Ru、Sb、Sc、Se、Sm、Sn、Sr、Tb、Te、Th、Tl、Tm、U，以及同位素V、W、Y、Yb、Zn、Zr。本方法亦可用于污泥、沉积物消解液中上述元素的测定。

各元素测定下限见表6-18，测定下限指在可接受的准确度和精度水平上分析物的最低浓度。

表6-18 元素和同位素测定下限

元素	同位素	测定下限[1] (mg/L)	元素	同位素	测定下限[1] (mg/L)	元素	同位素	测定下限[1] (mg/L)
Ag	^{107}Ag	0.5	Hf	^{178}Hf	0.1	Ru	^{102}Ru	0.1
	^{109}Ag	0.5	Hg	^{202}Hg	0.05	Sb	^{121}Sb	0.2
Al	^{27}Al	1	Ho	^{165}Ho	0.1		^{123}Sb	0.2
As	^{75}As[3]	0.1	In	^{115}In	0.1	Sc	^{45}Sc	5
Au	^{197}Au	0.5	Ir	^{193}Ir	0.1	Se	^{77}Se[3]	1
B	^{10}B	1	K	^{39}K	5		^{78}Se[3]	0.1
	^{11}B	1	La	139La	0.1		^{82}Se[3]	1
Ba	^{137}Ba	3	Li	^{6}Li	10	Sm	^{147}Sm	0.1
	^{138}Ba	0.5		^{7}Li	1	Sn	^{118}Sn	1
Be	^{9}Be	0.1	Lu	^{175}Lu	0.1		^{120}Sn	1
Bi	^{209}Bi	0.5	Mg	^{24}Mg	1	Sr	^{86}Sr	0.5
Ca	^{43}Ca	100		^{25}Mg	10		^{88}Sr	0.3
	^{44}Ca	50	Mn	^{55}Mn	0.1	Tb	^{159}Tb	0.1
	^{40}Ca	10	Mo	^{95}Mo	0.5	Te	^{126}Te	2
Cd	^{111}Cd	0.1		^{98}Mo	0.3	Th	^{232}Th	0.1
	^{114}Cd	0.5	Na	^{23}Na	10	Tl	^{203}Tl	0.2
Ce	^{140}Ce	0.1	Nd	^{140}Nd	0.1		^{205}Tl	0.1
Co	^{59}Co	0.2	Ni	^{58}Ni[3]	0.1	Tm	^{169}Tm	0.1
Cr	^{52}Cr	0.1		^{60}Ni[3]	0.1	U	^{238}U	0.1
	^{53}Cr[3]	5	P	^{31}P	5		^{235}U	0.0001
Cs	^{133}Cs	0.1	Pb	^{206}Pb[2]	0.2		^{234}U	0.00001
Cu	^{63}Cu	0.1		^{207}Pb[2]	0.2	V	^{51}V[3]	0.1
	^{65}Cu	0.1		^{208}Pb[2]	0.1	W	^{182}W	0.3
Dy	^{163}Dy	0.1	Pd	^{108}Pd	0.5		^{184}W	0.3
Er	^{166}Er	0.1	Pr	^{141}Pr	0.1	Y	^{89}Y	0.1
Fe	^{56}Fe[3]	5	Pt	^{195}Pt	0.5	Yb	^{172}Yb	0.2
Ga	^{69}Ga	0.3	Rb	^{85}Rb	0.1		^{174}Yb	0.2
	^{71}Ga	0.3	Re	^{185}Re	0.1	Zn	^{64}Zn	1
Gd	^{157}Gd	0.1		^{187}Re	0.1		^{66}Zn	1
	^{158}Gd	0.1	Rh	^{103}Rh	0.1		^{68}Zn	1
Ge	^{74}Ge	0.3	Ru	^{101}Ru	0.2	Zr	^{90}Zr	0.2

① 根据仪器的不同，可以实现明显的下限。
② 为了避免由于环境中不同的同位素比错误，信号强度为 ^{206}Pb、^{207}Pb 和 ^{208}Pb 的加和。
③ 为达到检出限，推荐采用碰撞/反应池。

(2)样品采集与处理

样品采集：根据 ISO 5667-1、ISO 5667-3 要求采集水样。选择适宜的样品容器，以避免吸附干扰，进行痕量检测的水样，应使用干净的 PFA（一种含氟聚合物）、FEP 或石英材料容器保存。当样品中元素浓度较高时，还可使用 HDPE（高密度聚乙烯）或 PTFE 容器保存。样品通过 0.45μm 滤膜，每百毫升样品加入 0.5mL 硝酸，保持样品 pH 值小于 2。对于易于水解的元素，例如 Sb、Sn、W、Zr，每百毫升加入 1mL 硝酸，保持样品 pH 值小于 1。

样品前处理：对于清洁水样，样品无须进行消解，水样采集后，经过过滤可直接检测；对于污染较严重水样，颗粒物浓度高的水样，需经过硝酸消解后进行检测；对于需要测定锡的样品，采用硫酸消解，每 50mL 水中加入 0.5mL 硫酸和 0.5mL 双氧水，消解液用稀盐酸定容至 50mL。

(3)标准溶液

混合元素标准储备液：ρ（Ag, Al, As, Au, B, Ba, Be, Bi, Ca, Cd, Ce, Co, Cr, Cs, Cu, Dy, Er, Eu, Ga, Gd, Ge, Hf, Ho, In, Ir, K, La, Li, Lu, Mg, Mn, Mo, Na, Nd, Ni, P, Pb, Pd, Pr, Pt, Rb, Re, Rh, Ru, Sb, Sc, Se, Sm, Sn, Sr, Tb, Te, Th, Tl, Tm, U, V, W, Y, Yb, Zn, Zr）=1000 mg/L。

混合标准溶液（A）：ρ（As, Se）=20mg/L；ρ（Ag, Al, B, Ba, Be, Bi, Ca, Cd, Ce, Co, Cr, Cs, Cu, La, Li, Mg, Mn, Ni, Pb, Rb, Sr, Th, Ti, U, V, Zn）=10mg/L；ρ（Au, Mo, Sb, Sn, W, Zr）=5mg/L。硝酸介质。

混合标准溶液（B）：ρ（Au, Mo, Sb, Sn, W, Zr）=5mg/L；内标溶液 ρ（Y, Re）=5mg/L。

多元素标准溶液：标准溶液范围 0.1~50μg/L，标准曲线至少应由 5 个点组成。

基体溶液：$\rho(Ca)$=200mg/L、$\rho(Cl^-)$=300mg/L、$\rho(PO_4^{3-})$=25mg/L、$\rho(SO_4^{2-})$=100mg/L。基体溶液用于确定干扰校正方程中的校正因子，基体溶液由高浓度试剂配制，所以对这些试剂的纯度有很高要求，以免影响校正因子的计算。

(4)分析步骤

测试前使用调谐液调整等离子体质谱仪的各项指标，提高仪器灵敏度，降低氧化物、双电荷等的干扰。建立标准曲线后，根据标准曲线算出样品中各元素的质量浓度（mg/L 或 μg/L）。干扰校正方程见表 6-19。

(5)质量控制

在一定的样品测定间隔中（如每测定 10 个样品），至少使用标准参考物质、标准样品或内部控制样品中的一种对仪器的准确度和精密度进行检查。如果需要，重新校正仪器。需要注意的是部分元素（如 Ag、B、Be、Li、Th）在进样系统中需要较长时间才能冲洗干净。在测定高浓度样品后，需要测定空白标准溶液以确定记忆效应干扰。

表 6-19 分析元素和干扰校正方程

元素	干扰校正方程	元素	干扰校正方程
As	^{75}As-3.127(^{77}Se-0.815^{82}Se)	Ni	^{58}Ni-0.04825^{54}Fe
	^{75}As-3.127(^{77}Se-0.3220^{78}Se)	Pb	^{208}Pb$+^{207}$Pb$+^{206}$Pb
Ba	^{138}Ba-0.0009008^{139}La-0.002825^{140}Ce	Se	^{82}Se-1.009^{83}Kr
Cd	^{114}Cd-0.02684^{118}Se	Sn	^{120}Sn-0.01344^{125}Te
Ge	^{74}Ge-0.1385^{82}Se	V	^{51}V-3.127(^{53}Cr-0.1134^{52}Cr)
In	^{115}In-0.01486^{118}Sn	W	^{183}W-0.001242^{189}Os
Mo	^{98}Mo-0.1106^{101}Ru		

6.6.3.3 固体废物中金属元素的测定

引用标准：HJ 766—2015《固体废物　金属元素的测定　电感耦合等离子体质谱法》。

（1）适用范围

适用于固体废物和固体废物浸出液中银、砷、钡、铍、镉、钴、铬、铜、锰、钼、镍、铅、锑、硒、铊、钒、锌 17 种金属元素的测定。若通过验证，此标准也可适用于其他金属元素的测定。当固体废物浸出液取样体积为 25mL 时，17 种金属元素的检出限为 0.7~6.4μg/L，测定下限为 2.8~25.6μg/L。当固体废物样品量在 0.1g 时，17 种金属元素的方法检出限为 0.4~3.2mg/kg，测定下限为 1.6~12.8mg/kg。

（2）样品处理

1）固体废物浸出液试样

移取固体废物浸出液 25.0mL，置于消解罐中，加入 4mL 硝酸和 1mL 盐酸，将消解罐放入微波消解仪进行消解，推荐的试样消解程序见表 6-20。消解后冷却至室温，小心打开消解罐的盖子，然后将消解罐放在赶酸仪中，于 150℃敞口赶酸至内溶物近干，冷却至室温后，用去离子水溶解内溶物，然后将溶液转移至 50mL 容量瓶中，用去离子水定容至 50mL。测定前使用孔径 0.45μm 的滤膜过滤或取上清液进行测定。

表 6-20 推荐微波消解程序

试样	消解程序
固体废物	10min 升高到 175℃，并在 175℃保持 20min
固体废物浸出液	10min 内升高到 165℃，并在 165℃保持 10min

2）固体废物试样

对于固态样品或可干化的半固体样品，称取 0.1~0.2g 过筛后的样品；对于液态或不可干化的固态样品，直接称取样品 0.2g，精确至 0.0001g。将样品置于消解罐中，加入 1mL 盐酸、4mL 硝酸、1mL 氢氟酸和 1mL 双氧水,将消解罐放入微波消解仪进行消解,试样消解程序见表 6-20。消解后冷却至室温,小心打开消解罐的盖子,然后将消解罐放在赶酸仪中,于 150℃敞口赶酸,至内溶物近干,冷却至室温后,用去离子水溶解内溶物,然后将溶液转移至 50mL 容量瓶中,用去离子水定容至 50mL。测定前使用孔径 0.45μm 的滤膜过滤或取上清液进行测定。

随同试样做空白试验。

注:对于特殊基体样品,若使用上述消解液消解不完全,可适当增加酸用量。若通过验证能满足本标准的质量控制和质量保证要求,也可以使用电热板等其他消解方法。

(3)仪器条件

电感耦合等离子体质谱仪(ICP-MS):能够扫描的质量范围为 6~240amu,在 10%峰高处的缝宽应介于 0.6~0.8amu。17 种金属元素的测定质量数、检测元素的质量数及推荐使用的内标元素及质量数见表 6-21。

表 6-21 元素的测定质量数、检测元素的质量数及推荐使用的内标元素及质量数

元素名称	定量离子	检测离子	内标元素	元素名称	定量离子	检测离子	内标元素
银(Ag)	107	109	^{103}Rh	钼(Mo)	97	95	^{103}Rh
砷(As)	75	—	^{103}Rh	镍(Ni)	60	61, 62	^{103}Rh
钡(Ba)	135	137, 138	^{103}Rh	铅(Pb)	208	207, 206	^{209}Bi
铍(Be)	9	—	^{6}Li	锑(Sb)	123	121	^{103}Rh
镉(Cd)	114	111	^{103}Rh	硒(Se)	82	78, 76, 77	^{103}Rh
铬(Cr)	52	53, 50	^{103}Rh	铊(Tl)	205	203	^{103}Rh
钴(Co)	59	—	^{103}Rh	钒(V)	51	50	^{103}Rh
铜(Cu)	63	65	^{103}Rh	锌(Zn)	66	68, 67	^{103}Rh
锰(Mn)	55	—	^{103}Rh				

微波消解装置:具备程式化功率设定功能,微波消解仪功率在 1200W 以上,配有聚四氟乙烯或同等材质的微波消解罐。

(4)标准曲线的建立

分别取一定体积的多元素标准使用液和内标标准储备溶液于容量瓶中,用硝酸溶液(2+98)进行稀释,配制成金属元素浓度分别为 0μg/L、10.0g/L、20.0μg/L、50.0μg/L、100μg/L、500μg/L 的标准系列。内标标准储备溶液可以直接加入到标准系列中,也可在样品雾化之前通过蠕动泵在线加入。所选内标的浓度应远高于样品自身所含内标元素的浓度,常用的内标浓度范围为 50.0~1000μg/L。用 ICP-MS 进行测定,以各元素的浓度为横坐标,以响应值和内标响应值的比值为纵坐标,建立标准曲线。标准曲线的浓度范围可根据测量需要进行调整。

（5）测定

每个试样测定前，用硝酸溶液（5+95）冲洗系统直到信号降至最低，待分析信号稳定后才可开始测定。将制备好的试样加入与标准曲线相同量的内标标准，在相同的仪器分析条件下进行测定。若样品中待测元素浓度超出标准曲线范围，需经稀释后重新测定，稀释液使用硝酸溶液（2+98）。按照与试样相同的测定条件测定空白试样。

（6）质量保证和质量控制

每批样品至少应分析 2 个空白试样。空白值应符合下列的情况之一才能被认为是可接受的：①空白值应低于方法检出限；②低于标准限值的 10%；③低于每一批样品最低测定值的 10%。

每次分析应建立标准曲线，曲线的相关系数应大于 0.999。

每分析 10 个样品，应分析一次标准曲线中间浓度点，其测定结果与实际浓度值相对偏差应≤10%，否则应查找原因或重新建立标准曲线。每批样品分析完毕后，应进行一次曲线最低点的分析，其测定结果与实际浓度值相对偏差应≤30%。

在每次分析时，试样中内标的响应值应介于标准曲线响应值的 70%~130%，否则说明仪器发生漂移或有干扰产生，应查找原因后重新分析。如果是基体干扰，需要进行稀释后测定；如果是由于样品中含有内标元素，需要更换内标或提高内标元素浓度。

在每批样品中，应至少分析一个试剂空白（2%硝酸）加标，其加标回收率应在 80%~120%。也可以使用有证标准样品代替加标，其测定值应在标准要求的范围内。

每批样品应至少测定一个基体加标和一个基体重复加标，测定的加标回收率应在 75%~125%之间，两个加标样品测定值的偏差在 20%以内。若不在范围内，应考虑存在基体干扰，可采用稀释样品或增大内标浓度的方法消除干扰。

6.6.3.4　空气和废气颗粒物中铅等金属元素的测定

引用标准：HJ 657—2013《空气和废气　颗粒物中铅等金属元素的测定　电感耦合等离子体质谱法》。

（1）方法适用性

适用于环境空气 $PM_{2.5}$、PM_{10}、TSP 以及无组织排放和污染源废气颗粒物中的锑，铝，砷，钡，铍，镉，铬，钴，铜，铅，锰，钼，镍，硒，银，铊，铊，铀，钒，锌，铋，锶，锡，锂等金属元素的测定。

（2）样品采集与保存

环境空气样品：环境空气采样点的设置应符合《环境空气质量监测规范（试行）》中相关要求。采样过程按照 HJ/T 194 中颗粒物采样的要求执行。环境空气样品采集体积原则上不少于 10m³（标准状态），当重金属浓度较低或采集 PM_{10}（$PM_{2.5}$）样品时，可适当增加采气体积，采样同时应详细记录采样环境条件。

无组织排放样品：无组织排放样品采集按照 HJ/T 55 中相关要求设置监测点位，其他同环境空气样品采集要求。

污染源废气样品：污染源废气样品采样过程按照 GB/T 16157—1996 中有关颗粒物采样的要求执行。使用烟尘采样器采集颗粒物样品原则上不少于 0.600m³（标准状态干烟气），当重金属浓度较低时可适当增加采气体积。

如管道内烟气温度高于需采集的相关金属元素的熔点，应采取降温措施，使进入滤筒前的烟气温度低于相关金属元素的熔点，具体方法可参考 HJ/T 77.2 中相关内容。

样品的保存：滤膜样品采集后将有尘面两次向内对折，放入样品盒或纸袋中保存；滤筒样品采集后将封口向内折叠，竖直放回原采样套筒中密闭保存。分析前样品保存在 15~30℃的环境下，样品保存最长期限为 180 天。

（3）试样的制备

① 微波消解法。取适量滤膜样品：大张 TSP 滤膜（尺寸约为 20cm×25cm）取 1/8，小张圆滤膜（如直径为 90mm 或以下）取整张。用陶瓷剪刀剪成小块置于消解罐中，加入 10.0mL 硝酸-盐酸混合溶液（1L 混合酸溶液中含硝酸 55.5mL，盐酸 167.5mL），使滤膜浸没其中，加盖，置于消解罐组件中并旋紧，放到微波转盘架上。设定消解温度为 200℃、消解持续时间为 15min，开始消解。消解结束后，取出消解罐组件，冷却，以超纯水淋洗内壁，加入约 10mL 超纯水，静置半小时进行浸提，过滤，定容至 50.0mL，待测。也可先定容至 50.0mL，经离心分离后取上清液进行测定。随同样品做空白试验。

注：滤筒样品取整个，剪成小块后，加入 25.0mL 硝酸-盐酸混合溶液使滤筒浸没其中，最后定容至 100.0mL，其他操作与滤膜样品相同。若滤膜样品取样量较多，可适当增加硝酸-盐酸混合溶液的体积，以使滤膜浸没其中。

② 电热板消解法。取适量滤膜样品：大张 TSP 滤膜（尺寸约为 20cm×25cm）取 1/8，小张圆滤膜（如直径为 90mm 或以下）取整张。用陶瓷剪刀剪成小块置于 Teflon（聚四氟乙烯）烧杯中，加入 10.0mL 硝酸-盐酸混合溶液（1L 混合酸溶液中含硝酸 55.5mL，盐酸 167.5mL），使滤膜浸没其中，盖上表面皿，在 100℃加热回流 2.0h，然后冷却。以超纯水淋洗烧杯内壁，加入约 10mL 超纯水，静置半小时进行浸提，过滤，定容至 50.0mL，待测。也可先定容至 50.0mL，经离心分离后取上清液进行测定。随同样品做空白试验。

（4）标准溶液与内标溶液

在容量瓶中依次配制一系列待测元素标准溶液，浓度分别为 0μg/L、0.100μg/L、0.500μg/L、1.00μg/L、5.00μg/L、10.0μg/L、50.0μg/L、100.0μg/L，介质为 1%硝酸。

内标标准品溶液（^{6}Li、^{103}Rh）可直接加入各样品中，也可在样品雾化之前以另一蠕动泵加入，从而与样品充分混合。用 ICP-MS 进行测定，绘制标准曲线。标准曲线的浓度范围可根据测量需要进行调整。

（5）样品测定

每个样品测定前，先用洗涤空白溶液冲洗系统直到信号降至最低，待分析信号稳定后才可开始测定样品。样品测定时应加入内标标准品溶液。若样品中待测元素浓度超出标准曲线范围，需经稀释后重新测定。

上机测定时，试样溶液中的酸浓度必须控制在2%以内，以降低真空界面的损坏程度，并且减少各种同重多原子离子干扰。此外，当试样溶液中含有盐酸时，会存在多原子离子干扰，可通过校正方程进行校正，也可通过反应池技术等手段进行校正。

（6）质量保证与控制

电感耦合等离子体质谱仪应定期检定或校准，并在有效期内运行，以保证检出限、灵敏度、定量测定范围满足方法要求。仪器工作时的环境温度和湿度需符合仪器使用说明书中相关指标的要求。

通常情况下，标准曲线的相关系数要达到 0.999 以上。标准曲线绘制后，应以第二来源的标准样品配制接近标准曲线中点浓度的标准溶液进行分析确认，其相对误差值一般应控制在±10%以内，若超出该范围需重新绘制标准曲线。

校准空白的浓度测定值不得大于检出限（见表 6-22），实验室试剂空白平行双样测定值的相对偏差不应大于 50%，每批样品至少应有 2 个实验室试剂空白。每 10 个实际样品应有一个现场空白样品。实验室试剂空白、现场空白样品的浓度测定值不得大于测定下限（测定下限为检出限的 4 倍）。

表6-22 各金属元素的方法检出限

元素	推荐分析质量	检出限[①]		最低检出量/μg
		空气/（ng/m^3）	废气/（μg/m^3）	
锑（Sb）	121	0.09	0.02	0.015
铝（Al）	27	8	2	1.25
砷（As）	75	0.7	0.2	0.100
钡（Ba）	137	0.4	0.09	0.050
铍（Be）	9	0.03	0.008	0.005
镉（Cd）	111	0.03	0.008	0.005
铬（Cr）	52	1	0.3	0.150
钴（Co）	59	0.03	0.008	0.005
铜（Cu）	63	0.7	0.2	0.100
铅（Pb）	206, 207, 208	0.6	0.2	0.100

续表

元素	推荐分析质量	检出限①		最低检出量/μg
		空气/(ng/m³)	废气/(μg/m³)	
锰(Mn)	55	0.3	0.07	0.040
钼(Mo)	98	0.03	0.008	0.005
镍(Ni)	60	0.5	0.1	0.100
硒(Se)	82	0.8	0.2	0.150
银(Ag)	107	0.08	0.02	0.015
铊(Tl)	205	0.03	0.008	0.005
钍(Th)	232	0.03	0.008	0.005
铀(U)	238	0.01	0.003	0.002
钒(V)	51	0.1	0.03	0.020
锌(Zn)	66	3	0.9	0.500
铋(Bi)	209	0.02	0.006	0.004
锶(Sr)	88	0.2	0.04	0.025
锡(Sn)	118,120	1	0.3	0.200
锂(Li)	7	0.05	0.01	0.010

① 分析条件：空气采样体积为150m³（标准状态），废气采样体积为0.600m³（标准状态干烟气）。

应尽可能抽取 10%～20%的样品进行平行样测定，平行样测定值的差值应小于各元素对应的重复性限值（r）。

样品测定过程中，必须对可能会遭到质谱性基质干扰的元素进行检验，以确认是否有干扰发生。必须对所有可能影响数据准确性的质量同位素进行监控，在样品测定过程中需保留相应的校正记录，以确保测定结果的准确性，且校正方程应通过实验数据定期修正。

6.6.3.5 土壤和沉积物 12 种金属元素的测定

引用标准：HJ 803—2016《土壤和沉积物 12 种金属元素的测定 王水提取-电感耦合等离子体质谱法》。

（1）方法适用性

适用于土壤和沉积物中镉、钴、铜、铬、锰、镍、铅、锌、钒、砷、钼、锑共12 种金属元素的测定。若通过验证，本方法也可适用于其他金属元素的测定。

（2）仪器与设备

电感耦合等离子体质谱仪：能够扫描的质量范围为 5～250amu，分辨率在10%峰高处的峰宽应介于 0.6～0.8amu。推荐使用和同时检测的同位素质量数以及对应内标物见表 6-23。

微波消解仪：输出功率 1000～1600W；具有可编程控制功能，可对温度、压力和时间（升温时间和保持时间）进行全程监控；具有安全防护功能。

表6-23 推荐使用和同时检测的同位素质量数以及对应内标物

元素	质量数	内标	元素	质量数	内标
镉	<u>111</u>，114	Rh 或 In	铅	<u>206</u>，<u>207</u>，<u>208</u>	Re 或 Bi
钴	<u>59</u>	Sc 或 Ge	锌	<u>66</u>，67，68	Ge
铜	<u>63</u>，65	Ge	钒	<u>51</u>	Sc 或 Ge
铬	<u>52</u>，53	Sc 或 Ge	砷	<u>75</u>	Ge
锰	<u>55</u>	Sc 或 Ge	钼	95，98	Rh
镍	<u>60</u>，62	Sc 或 Ge	锑	<u>121</u>，123	Rh 或 In

注：下划线标识为推荐使用的质量数。

（3）试样制备

1）电热板加热消解

移取 15mL 王水于 100mL 锥形瓶中，加入 3 粒或 4 粒小玻璃珠，放上玻璃漏斗，于电热板上加热至微沸，使王水蒸气浸润整个锥形瓶内壁约 30min，冷却后弃去，用水洗净锥形瓶内壁，晾干待用。

称取待测样品 0.1g（精确至 0.0001g），置于上述已准备好的 100mL 锥形瓶中，加入 64mL 王水溶液，放上玻璃漏斗，于电热板上加热，保持王水处于微沸状态 2h（保持王水蒸气在瓶壁和玻璃漏斗上回流，但反应不能过于剧烈而导致样品溢出）。消解结束后静置冷却至室温，用慢速定量滤纸将提取液过滤收集于 50mL 容量瓶中。待提取液滤尽后，用少量 0.5mol/L 硝酸溶液清洗玻璃漏斗、锥形瓶和滤渣至少 3 次，洗液一并过滤收集于容量瓶中，用实验用水定容至刻度。

2）微波消解

称取待测样品 0.1g（精确至 0.0001g），置于聚四氟乙烯密闭消解罐中，加入 6mL 王水。将消解罐安置于消解罐支架上，放入微波消解仪中，按照表 6-24 提供的微波消解参考程序进行消解，消解结束后冷却至室温。打开密闭消解罐，用慢速定量滤纸将提取液过滤收集于 50mL 容量瓶中。待提取液滤尽后，用少量 0.5mol/L 硝酸溶液清洗聚四氟乙烯消解罐的盖子内壁、罐体内壁和滤渣至少 3 次，洗液一并过滤收集于容量瓶中，用实验用水定容至刻度。也可参照微波消解仪说明书，优化其功率、升温时间、温度、保持时间等参数。

表6-24 微波消解参考程序

步骤	升温时间/min	目标温度/℃	保持时间/min
1	5	120	2
2	4	150	5
3	5	185	40

实验室空白试样的制备：不加样品，按照与试样的制备相同步骤制备实验室空白试样。

（4）标准曲线的绘制

分别移取一定体积的多元素标准使用液于同一组 100mL 容量瓶中，用硝酸溶液（0.5mol/L）稀释，定容至刻度，混匀。以硝酸溶液（0.5mol/L）为标准系列的最低浓度点，另制备至少 5 个浓度点的标准系列。标准系列溶液浓度见表 6-25。内标标准使用液可直接加入标准系列中，也可通过蠕动泵在线加入。内标应选择试样中不含有的元素，或浓度远大于试样本身含量的元素。按优化的仪器参考条件，将标准系列从低浓度到高浓度依次导入雾化器进行分析，以各元素的质量浓度为横坐标，对应的响应值和内标响应值的比值为纵坐标，建立标准曲线。标准曲线的浓度范围可根据测定实际需要进行调整。

表 6-25　标准系列溶液浓度　　　　　　　　　单位：μg/L

元素	0	1	2	3	4	5
镉	0	0.2	0.4	0.6	0.8	1.0
钴	0	10.0	20.0	40.0	60.0	80
铜	0	25.0	50.0	75.0	100	150
铬	0	25.0	50.0	100	150	200
锰	0	200	400	600	800	1000
镍	0	10.0	20.0	50.0	80.0	100
铅	0	20.0	40.0	60.0	80.0	100
锌	0	20.0	40.0	80.0	160	320
钒	0	20.0	40.0	80.0	160	320
砷	0	10.0	20.0	30.0	40.0	50.0
钼	0	1.0	2.0	3.0	4.0	5.0
锑	0	1.0	2.0	3.0	4.0	5.0

（5）试样的测定

每个试样测定前，用硝酸溶液（2+98）冲洗系统直至信号降至最低，待分析信号稳定后开始测定。按照与建立标准曲线相同的仪器参考条件和操作步骤进行试样的测定。若试样中待测目标元素浓度超出标准曲线范围，须经稀释后重新测定。

（6）质量保证和质量控制

每批样品至少做 2 个实验室空白试样，其测定结果均应低于测定下限。每次分析应建立标准曲线，其相关系数应大于 0.999。每 20 个样品或每批次（少于 20 个样品/批）样品，应分析一个标准曲线中间浓度点，其测定结果与实际浓度值的相对偏差应≤10%，否则应查找原因或重新建立标准曲线。每 20 个样品或每批次（少于

20个样品/批）样品分析完毕后，应进行一次标准曲线零点分析，其测定结果与实际浓度值的相对偏差应≤30%。每批次样品至少按10%的比例进行平行双样测定，样品数量少于10个时，应至少测定一个平行双样。平行双样测定结果中，电热板消解测定的钴（Co）、铜（Cu）、铬（Cr）、锰（Mn）、镍（Ni）、铅（Pb）、锌（Zn）、钒（V）、砷（As）的相对偏差应小于30%，镉（Cd）、钼（Mo）、锑（Sb）的相对偏差应小于40%；微波消解测定的12种金属元素的相对偏差应小于30%。

每批次样品至少分析10%的加标回收样，样品数量小于10个时，应至少做一个加标回收样。加标回收样测定结果中，电热板消解测定的镉（Cd）、钴（Co）、铜（Cu）、铬（Cr）、锰（Mn）、镍（Ni）、铅（Pb）、锌（Zn）、钒（V）、砷（As）的加标回收率应控制在70%～125%，钼（Mo）、锑（Sb）的加标回收率应控制在50%～125%；微波消解测定的12种金属元素的加标回收率应控制在70%～125%。

ICP-MS对试剂纯度要求较高，应使用纯度高的试剂，且每批次试剂须通过空白试验检验，试剂空白值不得大于方法检出限。同一批次样品应使用同一批次实验用水，实验用水应进行空白试验，空白值不得大于方法检出限。

每次分析应测定内标的响应强度，试样中内标的响应值应介于标准曲线响应值的70%～130%，否则说明仪器发生漂移或有干扰产生，应查找原因后重新分析。若发现基体干扰，须稀释试样后测定；若发现试样中含有内标元素，须更换内标或提高内标元素浓度。

6.6.3.6 电感耦合的等离子体串级质谱在环境分析中的应用

有害金属元素是环境样品中的一类重要的污染物，多数以无机物形式存在，也可以通过微生物转化为有机金属类（如Se、Cd、Hg、As等金属在土壤、沉积物中微生物的作用下通过烷基化反应可以转化为有机物）。近几年ICP-MS/MS在环境分析中的应用主要集中在环境样品中痕量元素及同位素分析和元素形态分析。

（1）痕量元素及同位素分析

环境中痕量元素及放射性同位素是指在环境中浓度较低但对人类生态系统有潜在危害的元素，如As、Hg、Cd、Cr、Pd、Pu等。这些元素来源广泛，大气、水体、土壤等均可能含有这些元素。虽然这些元素的浓度非常低，但是它们具有很强的毒性和累积性，长期接触可能导致人体健康问题，如肝脏和肾脏损伤，甚至癌症。因此，采用ICP-MS/MS准确分析环境样品中痕量元素及同位素具有重要意义。

王振伟等[71]用四酸溶样石墨消解样品，采用ICP-MS/MS在氨气反应模式下测定了土壤中Ag，消除$^{90}Zr^{16}O^1H^+$、$^{91}Zr^{16}O^+$、$^{93}Nb^{16}O^+$、$^{92}Zr^{16}O^1H^+$等多原子离子对^{107}Ag和^{109}Ag测定的影响。刘跃等[72]采用ICP-MS/MS测定了土壤和沉积物中Hg、As、Se、Ag、Cd、Sb、Bi，碰撞模式用于Ag、Cd、Sb、Bi的定量分析，反应模式用于Hg、As、Se的定量分析。在反应模式下向反应池中通入O_2，使WO^+、WOH^+等发生电子转移和去氢加氧反应，降低了这些多原子离子对 ^{202}Hg 质量重叠的干扰。赵志飞等[73]采用 ICP-MS/MS 测定了土壤中的 Cd，碰撞/反应池中通入的 O_2 使 $^{94}Zr^{16}O^1H^+$、$^{95}Mo^{16}O^+$ 发生电子转移、去氢、加氧等反应生成 $^{127}ZrO_2H^+$、$^{127}MoO_2^+$，抑制这些多原子离子对 ^{111}Cd 的重叠干扰。闫哲等[74]用石墨混酸消解样品，采用 ICP-MS/MS 检测了土壤中 21 种元素。两级串联质谱进行质量过滤，再叠加碰撞/反应池的气体反应，对土壤中的 Sm 和 Nd 对于 As，以及 Gd 和 Dy 对于 Se 等元素造成双电荷干扰及其他多原子离子干扰有效控制，获得准确的分析结果。严颖[75]采用 ICP-MS/MS，通过选择氢碰撞模式、氧气反应模式消除干扰，同步加入内标方法校正基体干扰和信号漂移，同时测定了地表水及矿泉水中 23 种元素含量。陈小霞[76]采集福州市大气细颗粒物 $PM_{2.5}$ 样品，经微波消解后用 ICP-MS/MS，在 SQ 碰撞模式测定了 Al、As、B、Cd、Co、Cu、Fe、Mg、Mn、Ni、Pb、V、Zn、K、Ca、Na，在 O_2 质量转移模式下测定了 Cr、Se、Sr、Ba 的含量。高瑞勤等[77]采用 Ti(OH)$_3$ 作为共沉淀剂，对大体积环境水样中的 Pu 进行预浓缩，通过 TEVA 树脂萃取色谱分离纯化 Pu，用 ICP-MS/MS 同时测定 ^{239}Pu 和 ^{240}Pu 含量，使用 NH$_3$-He 作为反应气体，有效消除了 UH$^+$离子对 ^{239}Pu 测量的干扰。通过使用 MS/MS 技术，将丰度灵敏度提高 5 个量级，从而消除了 ^{238}U 峰拖尾的影响，使分析本底和干扰显著降低，同时提高了 Pu 同位素的分析灵敏度。

（2）元素形态分析

元素形态分析是环境分析领域的一个重要组成部分，在总量分析的基础上得到了生物利用度、迁移率、代谢过程、生物转化过程和相关毒性等附加信息，通过元素形态分析可以更清晰地理解元素总量的重要性。在形态分析中，ICP-MS/MS 通常与色谱尤其是高效液相色谱联用，其中色谱用于元素形态的分离，而 ICP-MS/MS 作为分离元素的检测器。近几年 ICP-MS/MS 在元素形态分析方面的应用主要集中于与高效液相色谱联用分析 As、Cr、Se 等元素的形态。

林晓娜等[78]采用微波萃取结合高效液相色谱-电感耦合等离子体串级质谱（HPLC-ICP-MS/MS）同步分离并测定了水中砷甜菜碱、亚砷酸根、二甲基砷酸根、一甲基砷酸根、砷酸根、亚硒酸根、硒酸根、三价铬和六价铬 9 种元素形态。安娅丽等[79]采用 HPLC-ICP-MS/MS 同时测定了土壤中阿散酸（p-ASA）、洛克沙胂（ROX）及其降解产物无机砷（iAs）[亚砷酸（As^{Ⅲ}）和砷酸（As^V）]、一甲基砷（MMA）和二甲基砷（DMA）等 5 种砷形态。张蜀等[80]采用 HPLC-ICP-MS/MS 测定了水样中硒酸盐、亚硒酸盐、硒代胱氨酸、硒代半胱氨酸、硒代蛋氨酸、硒代乙硫氨酸 6 种 Se 的形态。采用 Zorbax SB-Aq 反相色谱柱，用 pH 值分别为 2.7、7.0 的 10mmol/L 柠檬酸溶液（含 5mmol/L 己烷磺酸钠）进行梯度洗脱，流量为 1.0mL/min，用 ICP-MS/MS 在加氧模式下检测。花中霞等[81]将大气 $PM_{2.5}$ 采样滤膜经碳酸氢钠与 EDTA 的混合溶液水浴超声提取，用高效色谱柱分离 Cr（Ⅲ）和 Cr（Ⅵ），ICP-MS/MS 法测定了大气中直径小于或等于 2.5μm 的颗粒物（$PM_{2.5}$）中的 Cr（Ⅲ）和 Cr（Ⅵ）含量。

6.6.4 在食品医药和生化样品分析中的应用

食品是人类能够生存下去的最为基础的保障，人类通过食用食品不断地获取生存的能量，从而保持生理上的健康。不过随着社会不断地进步以及深入发展，目前食品的作用也不再局限于对生理状态的维持，食品还可以有效地提高人们现阶段的生活质量，进一步满足人们的精神需求。但是这一切的基础都是建立在食品安全的基础上。食品检测作为食品安全管理过程中的一个关键的环节，对提高食品安全性发挥着非常大的作用。科学的检测标准，可以规范检测人员检测工作的开展，进一步保证检测人员可以严格地按照相关的检测标准开展操作。引入先进的检测设备，不仅可以提高食品检测的工作效率，同时也可以提升食品检测结果的有效性。

《中华人民共和国药典》2020 年版（四部）通则 0412 介绍了电感耦合等离子体质谱法，指出本法是以等离子体为离子源的一种质谱型元素分析方法。主要用于多种元素的同时测定，并可与其他色谱分离技术联用，进行元素形态及其价态分析。包括仪器的一般要求、干扰和校正、供试品溶液的制备、测定法、检测限与定量限、高效液相色谱-电感耦合等离子体质谱联用法等几部分。指导原则 9304 中"药中铝、铬、铁、钡元素指导原则"中的测定方法首选是多元素同时测定的电感耦合等离子体质谱法。通则 2321 铅、镉、砷、汞、铜测定法中的方法二采用的是 ICP-MS 法。通则 2322 汞、砷元素形态及价态测定法采用的是 HPLC-ICP-MS 法。

6.6.4.1 样品处理

食品、农业、生物和医药样品中金属元素的前处理一般采用湿法消解、干法消解法。湿法消解分为敞开体系和密封体系，电热板消解属敞开体系，高压闷罐消解法和微波消解属密闭体系；干法消解分为高温马弗炉消解、微波马弗炉消解等。

湿法消解、干法消解各有优缺点，如电热板消解，实验成本低，但消耗时间较长，易挥发性元素损失以及用到的高氯酸和硫酸，会影响 ICP-MS 对 V、Cr、As、Se、Zn 等元素的测定，并不适合 ICP-MS 分析方法。常规干法用到干灰化试剂，ICP-MS 分析方法也较少使用。因此 ICP-MS 分析方法常用的样品前处理方法主要为微波消解法和高压闷罐消解法。

（1）食品样品前处理

食品样品一般测定砷、镉、铅、汞等重金属元素。蔬菜、水果等含水分高的样品，称取 2.00～4.00g 样品于消解罐中（或按压力消解罐使用说明称取样品），加入 5mL 硝酸、1～2mL 过氧化氢（根据样品而定，也可不加）；粮食（干样需粉碎混匀过 40 目筛）、肉类、鱼类等样品，称取 0.40～0.70g 样品于消解罐中，加入 5mL 硝酸、1mL 超纯水，预消解后加入 1~2mL 过氧化氢（视样品而定，也可不加），同时做两份试剂空白。盖好安全阀，将消解罐放入微波消解系统中，根据样品的类型，设置适宜的微波消解程序（表 6-26 及表 6-27 供参考），按相关步骤进行消解，消解完全后赶酸，然后用去离子水将消解液转移、定容至 25mL，摇匀备用。

表 6-26 粮食、蔬菜、水果类试样微波消解参考条件

步骤	功率		升温时间/min	温度/℃	保持时间/min
1	1200W	100%	5	120	3
2	1200W	100%	5	160	5
3	1200W	100%	5	190	20

表 6-27 乳制品、肉类、鱼肉类试样微波消解参考条件

步骤	功率		升温时间/min	压力/psi①	温度/℃	保持时间/min
1	1200W	100%	5	500	120	6
2	1200W	100%	6	500	180	5
3	1200W	100%	2	500	190	10

① 1psi=6.89kPa。

（2）生物样品前处理

生物样品包括人体、动物各组织器官、毛发、血、尿等样品。除了尿液样品可以直接稀释外，一般采用硝酸消解，对于有机基质比较高的样品，采用硝酸/双氧水消解。

组织样品：剪碎后，放入真空冷冻干燥机中低温干燥 48h，取出研磨成粉状并记下干重。称量 0.20g 样品置于消解管中，加入 1.5mL 硝酸、2mL 过氧化氢和 1mL 超纯水，放入微波消解系统进行消解，消解条件见表 6-28。

表 6-28 生物样品微波消解条件

步骤	功率/W	温度/℃	升温时间/min	保持时间/min
1	1200	室温~160	10	25
2	1200	160~200	10	20
3	1200	100~200	10	15

（3）医药样品前处理

ICP-MS 已应用于药物及其代谢产物定量分析、体内药物分析、药物中间体和原料药的一般杂质检查及中药质量评价和控制等方面。药物分析检测的元素为碱金属和碱土金属，过渡元素中的铬、铁、铜、锌等，与抗癌药物治疗相关的贵金属元素、铂等，非金属元素磷、硫、硒、氯、溴、碘等，汞和砷等无机杂质及放射性元素。

根据医药样品基质和要检测的元素选择合适的消解方法。

中药材微量元素测定前处理：准确称取样品0.3g于聚四氟乙烯消解罐中，加入5mL HNO_3 和1mL H_2O_2 静置过夜进行预消解，加盖密闭后按表6-29进行微波消解，冷却至室温后，打开消解罐，转移至50mL聚乙烯瓶中。

表6-29 医药样品微波消解条件

步骤	最大功率/W	温度/℃	保持时间/min
1	1200	120	5
2	1600	150	5
3	1600	180	15

6.6.4.2 生物样品中银含量的测定

引用标准：GB/T 38261—2019《纳米技术 生物样品中银含量测量 电感耦合等离子体质谱法》。

（1）方法适用性

适用于多种生物样品（生物组织、细胞、3D组织模型等）中银含量的定量测量。

（2）样品制备

将冷冻的待测生物样品室温解冻，差量法准确称取一定量的样品（m_T，宜为0.100~0.500g）至55mL微波消解罐中。新鲜获得的样品可直接称量。

注1：对于总质量不足0.100g的生物样品，可以实际称量质量为准。

注2：体外3D模型生物样品直接将收集的样品投入消解罐即可，可不称量；体外2D细胞经胰酶消化、离心收集入离心管后，在离心管中加入1mL浓硝酸预消解过夜，然后转移至消解罐，进行微波消解步骤。

在上述每个微波消解罐中加入10mL浓硝酸，预消解30min。旋紧消解罐，将其对称安装在转盘上进行微波消解。微波消解参考程序见表6-30。待消解程序结束，取出消解罐冷却至室温。旋开消解罐，使消解过程产生的气体缓慢释放，观察并确定样品是否完全消解。若消解液中仍有油脂小液滴，则参考表6-31中的程序继续消解，直至消解完全。

表6-30 生物样品微波消解参考程序（1）

步骤	功率/W	升温时间/min	温度/℃	保持时间/min
1	1600	8	120	2
2	1600	8	160	5
3	1600	8	195	50

表6-31 生物样品微波消解参考程序（2）

步骤	功率/W	升温时间/min	温度/℃	保持时间/min
1	1600	8	120	2
2	1600	16	195	30

注：不同微波消解仪可根据仪器固有条件适当调整功率和消解时间等程序参数，保证样品消解完全即可。

将消解液在赶酸仪上加热赶酸至近干，宜在160℃加热约90min，取出消解罐冷却至室温。将消解液转移至已称量的15mL聚四氟乙烯管中，然后用体积分数为1%的稀硝酸洗涤消解罐2～3次，将全部洗涤液转移至上述聚四氟乙烯管中，并称量定容至10.000～15.000g（m_1）用于银含量测量。

移取上面的消解液各1mL至离心管，室温差量法精确称量并记录该1mL溶液的质量（m_2，精确至1mg），用于数据分析。

空白加标样品制备：空白加标样品用来评价系统方法回收率。根据预实验生物样品中的银含量数据，确定在空白样品中加入银标准溶液的量。要求至少设置低、中、高银含量的3组空白加标样品，且此范围包含待测生物样品中的银含量。以实验用水代替银标准溶液，按以上相同步骤制备全程序空白溶液。

注：一般情况下，低、中、高组可设置为0.10μg、1.004μg、10.0μg三组。对于肝脏以及其他含银纳米颗粒的特异性靶组织，适当提高加标样品组中银含量的设定值。

（3）标准溶液样品制备

内标溶液：该标准中选择铟作为内标元素。将铟标准溶液用1%稀硝酸梯度稀释为内标标准工作溶液。若需配制储备液，则储备液于4℃密封保存，6个月内有效。由于不同仪器蠕动泵管内径不同，导致内标与样品溶液混合浓度不同，所以需根据内标元素在样品溶液中的终浓度配制内标工作液。内标元素在样品液中的质量浓度宜为5.0～50.0μg/L。

系列银标准溶液：将银标准溶液用1%稀硝酸溶液梯度稀释为至少五个浓度的系列银标准溶液。若需配制储备液，则储备液4℃密封避光存储，3个月内有效。一般情况下，系列浓度宜为1.00μg/L、2.00μg/L、5.0μg/L、10.0μg/L、20.0μg/L、50.0μg/L，可根据待测样品中实际银含量适当调整标准系列溶液的浓度范围。

（4）试验步骤

内标的使用：分析样品时，将铟内标工作液由ICP-MS仪的内标管通过蠕动泵持续在线加入，以此来监控仪器信号漂移，并在一定程度上抑制基体效应。内标响应值应介于标准曲线响应值的70%～130%，否则说明仪器发生漂移或有干扰产生，应查找原因后重新分析。

注：在线加入内标能够减少大批量样品检测的工作量，但是需避免在三通连接处有气泡时进行待测样品上样，以保证测定元素信号的稳定性。

绘制标准曲线：配制的银标准溶液由低到高浓度依次测量。以标准溶液浓度为横坐标，以银元素信号与内标信号的比值为纵坐标建立标准曲线。至少使用5个浓度的银标准溶液，且相关系数应≥0.99，否则应重复此步骤。

样品溶液测量：分别将制备的空白和样品溶液依次测量。测定时在线加入与绘制标准曲线时相同量的内标溶液。全程序空白值应低于方法检出限或低于分析批样品最低测定值的10%。否则应重新分析，排除影响，直至符合要求之后才能分析样品。分析样品中银浓度若超出标准曲线范围，应用1%稀硝酸将样品稀释至标准曲线范围内重新测量。

6.6.4.3 谷物及其制品中存在元素的测定

引用标准：GB/T 35876—2018《粮油检验　谷物及其制品中钠、镁、钾、钙、铬、锰、铁、铜、锌、砷、硒、镉和铅的测定　电感耦合等离子体质谱法》。

（1）方法适用性

适用于谷物及其制品中钠、镁、钾、钙、铬、锰、铁、铜、锌、砷、硒、镉和铅含量的测定。样品以0.5g定容体积至50mL计算，本方法各元素的检出限：钠、镁为5.0mg/kg；钾为1.0mg/kg；钙为20mg/kg；铬为0.04mg/kg；锰、铜为0.05mg/kg；铁为2.0mg/kg；锌为0.1mg/kg；砷为0.005mg/kg；硒为0.02mg/kg；镉为0.002mg/kg；铅为0.01mg/kg。

（2）试样消解

1）微波消解法

称取试样0.5~2g（精确至0.0001g，麦类、粗粮、稻类、豆类、薯类谷物及其制品试样最多取样量2g；高脂、高糖类谷物及其制品试样最多取样量1g）置于聚四氟乙烯内罐中，加入5~7mL硝酸，浸泡20min，再加入2~3mL过氧化氢，放置10min，盖上内盖，安装好保护套，将消解罐放入微波消解仪内，设置微波消解程序（见表6-32），开始消解试样。消解完全结束后，取出内罐，将内罐中的消解液用水少量多次洗涤并转移至50mL容量瓶中，定容，混匀。同时做试剂空白测定。

表6-32　谷物及其制品微波消解参考条件

适用种类	步骤	功率/W	百分比/%	升温时间/min	控制温度/℃	持续时间/min
麦类、粗粮、稻类、豆类、薯类谷物及其制品试样	1	600	100	8	100	5
	2	600	100	8	180	15
高脂、高糖类谷物及其制品试样	1	600	100	8	100	5
	2	600	100	5	150	5
	3	600	100	8	190	15

2）高压消解罐消解法

称取试样 0.5～2g（精确至 0.0001g。麦类、粗粮、稻类、豆类、薯类谷物及其制品试样最多取样量 2g；高脂、高糖类谷物及其制品试样最多取样量 1g），置于高压消解罐中，加入 5～7mL 硝酸，浸泡 20min，再加入 2～3mL 过氧化氢，放置 10min，拧上内盖，安装好消解罐外套，将消解罐放入烘箱内，烘箱温度保持 120℃（使用高压消解罐时应严格按照消解罐使用说明使用），开始消解试样。消解 180min，冷却后取出内罐，将内罐中的消解液用水少量多次洗涤并转移至 50mL 容量瓶中，定容，混匀。同时做试剂空白测定。

（3）测定

① 仪器操作。确定测定方法、选择干扰校正方程及测定元素，使用质谱调谐溶液和引入内标溶液（1.0μg/mL Sc、Ge、In、Bi 混合内标溶液）调整 ICP-MS 仪器各项指标，使仪器灵敏度、氧化物、双电荷、分辨率等各项指标达到测定要求，仪器性能达到最佳分析状态。

② 标准曲线。按表 6-33 配制各元素混合标准系列工作溶液，标准曲线按浓度递增顺序依次测定标准系列工作溶液空白、标准系列工作溶液中待测元素的信号强度 CPS，根据选取的同位素质量数、内标元素及其质量数，依据标准系列，输入浓度值，绘制标准曲线、计算回归方程。

注：标准（工作）曲线、标准系列回归曲线的线性相关系数应不小于 0.998。

表6-33 混合标准系列工作溶液中各元素的浓度

元素	浓度/(μg/mL)					
	1	2	3	4	5	6
Na	0	0.25	0.50	1.0	2.0	5.0
Mg	0	0.25	0.50	1.0	2.0	5.0
Cr	0	0.005	0.010	0.020	0.050	0.10
Mn	0	0.05	0.10	0.20	0.50	1.0
Fe	0	0.05	0.10	0.20	0.50	1.0
Cu	0	0.005	0.010	0.020	0.050	0.10
Zn	0	0.05	0.10	0.20	0.50	1.0
As	0	0.005	0.010	0.020	0.050	0.10
Cd	0	0.005	0.010	0.020	0.050	0.10
K	0	0.5	1.0	2.0	4.0	10.0
Ca	0	0.5	1.0	2.0	4.0	10.0
Se	0	0.010	0.020	0.040	0.10	0.20
Pb	0	0.010	0.020	0.040	0.10	0.20

③ 试样测定。分别测定试剂空白消解液、试样消解液和试样消解后的稀释液中待测元素的信号强度，根据标准曲线回归方程自动得出试样中待测元素的质量浓度。

6.6.4.4 食品中砷、汞、铅、镉元素的测定

引用标准：SN/T 0448—2011《进出口食品中砷、汞、铅、镉的检测方法 电感耦合等离子体质谱（ICP-MS）法》。

（1）方法适用性

适用于进出口食品（不包括食品添加剂）中砷、汞、铅、镉含量的测定。当取样量为1g，定容至50mL时，本方法检出限砷、铅为0.05mg/kg，镉、汞为0.02mg/kg。

（2）仪器和试剂

电感耦合等离子体质谱仪，各元素测定同位素及内标元素见表6-34。砷、镉、铅、汞、金标准储备溶液分别为100μg/mL。内标溶液（^{6}Li、Sc、Ge、Y、In、Tb、Bi）的浓度视不同仪器的灵敏度响应而定。

表6-34 元素同位素质量数及内标元素的选择

元素	质量数/amu	积分时间/s	内标元素
As	75	0.3	^{72}Ge
Cd	111，114	0.1	^{115}In
Hg	202	1.0	^{209}Bi
Pb	206，207，208	0.1	^{209}Bi

（3）试样消解

在采样和制备过程中应注意不使试样受到污染。所有玻璃器皿及消化罐均需要以硝酸（1+4）浸泡24h，用水反复冲洗，最后用去离子水洗干净。根据试样状态，一般液体试样称取 2.0～5.0g（精确至 0.01g），固体试样称取 0.5～1.0g（精确至0.01g）。将试样置于聚四氟乙烯消化罐中，加入4mL硝酸，浸泡1h，再加入1 mL过氧化氢，盖上密封盖，放入恒温干燥箱或微波消解炉中，调节恒温干燥箱温度140～160℃加热 3～4h，调节微波消解炉功率和加热时间至最佳程序（见表6-35），消解结束后，冷却，将消化液转移至 50mL 容量瓶中，用去离子水冲洗消化罐内壁 3 次以上，稀释至刻度，混匀，待测。可根据样品中元素的实际含量适当稀释样液，确定稀释因子。取与消化试样相同量的硝酸和过氧化氢，按同一试样消解方法做试剂空白试验。

（4）标准溶液制备

取 10μg/mL 砷、铅、镉元素混合标准溶液，2μg/mL 汞、金标准溶液各 5mL，用硝酸（2+98）稀释至50mL，成为标准使用溶液，分取此标准使用溶液 0mL、0.10mL、0.25mL、0.5mL、1.0mL、2.5mL 分别置于 100mL 容量瓶中，用硝酸（2+98）

稀释至刻度,此混合标准工作溶液中各元素浓度见表6-36。

表6-35　食品微波消解条件

条件	消解程序			
	1	2	3	4
控制温度/℃	120	120	160	160
加热时间/min	6	2	5	15

表6-36　混合标准溶液中各元素浓度

元素	系列1	系列2	系列3	系列4	系列5	系列6
Hg/(ng/mL)	0.00	0.40	1.00	2.00	4.00	10.00
As、Cd、Pb/(ng/mL)	0.00	2.00	5.00	10.00	20.00	50.00

注:可根据样品中杂质的实际含量确定标准系列中各金属元素的具体浓度。

(5)测定

按照ICP-MS仪器的操作规程,调整仪器至最佳工作状态。分析中应用内标,采用ICP-MS分析方法中内标校正定量方法测定。待仪器稳定后,按顺序依次对标准溶液、空白溶液和试样溶液进行测定。

6.6.4.5　食品中多元素的测定

引用标准:GB 5009.268—2016《食品安全国家标准　食品中多元素的测定》中的第一法:电感耦合等离子体质谱法(ICP-MS)。

(1)方法适用性

适用于食品中硼、钠、镁、铝、钾、钙、钛、钒、铬、锰、铁、钴、镍、铜、锌、砷、硒、锶、钼、镉、锡、锑、钡、汞、铊、铅的测定。固体样品以0.5g定容体积至50mL,液体样品以2mL定容体积至50mL计算,本方法各元素的检出限和定量限见表6-37。

表6-37　电感耦合等离子体质谱法(ICP-MS)检出限及定量限

序号	元素名称	元素符号	检出限1/(mg/kg)	检出限2/(mg/L)	定量限1/(mg/kg)	定量限2/(mg/L)
1	硼	B	0.1	0.03	0.3	0.1
2	钠	Na	1	0.3	3	1
3	镁	Mg	1	0.3	3	1
4	铝	Al	0.5	0.2	2	0.5
5	钾	K	1	0.3	3	1
6	钙	Ca	1	0.3	3	1
7	钛	Ti	0.02	0.005	0.05	0.02
8	钒	V	0.002	0.0005	0.005	0.002

续表

序号	元素名称	元素符号	检出限1 /(mg/kg)	检出限2 /(mg/L)	定量限1 /(mg/kg)	定量限2 /(mg/L)
9	铬	Cr	0.05	0.02	0.2	0.05
10	锰	Mn	0.1	0.03	0.3	0.1
11	铁	Fe	1	0.3	3	1
12	钴	Co	0.001	0.0003	0.003	0.001
13	镍	Ni	0.2	0.05	0.5	0.2
14	铜	Cu	0.05	0.02	0.2	0.05
15	锌	Zn	0.5	0.2	2	0.5
16	砷	As	0.002	0.0005	0.005	0.002
17	硒	Se	0.01	0.003	0.03	0.01
18	锶	Sr	0.2	0.05	0.5	0.2
19	钼	Mo	0.01	0.003	0.03	0.01
20	镉	Cd	0.002	0.0005	0.005	0.002
21	锡	Sn	0.01	0.003	0.03	0.01
22	锑	Sb	0.01	0.003	0.03	0.01
23	钡	Ba	0.02	0.05	0.5	0.02
24	汞	Hg	0.001	0.0003	0.003	0.001
25	铊	Tl	0.0001	0.00003	0.0003	0.0001
26	铅	Pb	0.02	0.005	0.05	0.02

（2）试样制备

1）固态样品

① 干样：豆类、谷物、菌类、茶叶、干制水果、焙烤食品等低含水量样品，取可食部分，必要时经高速粉碎机粉碎均匀；对于固体乳制品、蛋白粉、面粉等呈均匀状的粉状样品，摇匀。

② 鲜样：蔬菜、水果、水产品等高含水量样品必要时洗净，晾干，取可食部分匀浆均匀；对于肉类、蛋类等样品取可食部分匀浆均匀。

③ 速冻及罐头食品：经解冻的速冻食品及罐头样品，取可食部分匀浆均匀。

2）液态样品

软饮料、调味品等样品摇匀。

3）半固态样品

搅拌均匀。

（3）试样消解

1）微波消解法

称取固体样品0.2～0.5g（精确至0.001g，含水分较多的样品可适当增加取样量至1g）或准确移取液体试样1.00～3.00mL于微波消解内罐中，含乙醇或二氧化碳的样品先在电热板上低温加热除去乙醇或二氧化碳,加入 5～10mL 硝酸,加盖放置 1h 或过夜,旋紧罐盖,按照微波消解仪标准操作步骤进行消解(消解参考条件见表6-38)。冷却后取出,缓慢打开罐盖排气,用少量水冲洗内盖,将消解罐放在控温电热板上或超声水浴箱中,于 100℃加热 30min 或超声脱气 2～5min,用水定容至 25mL 或 50mL,混匀备用,同时做空白试验。

表6-38 食品中多元素测定样品的消解参考条件

消解方式	步骤	控制温度/℃	升温时间/min	恒温时间
微波消解	1	120	5	5min
	2	150	5	10min
	3	190	5	20min
压力罐消解	1	80	—	2h
	2	120	—	2h
	3	160～170	—	4h

2)压力罐消解法

称取固体干样 0.2～1g(精确至 0.001g,含水分较多的样品可适当增加取样量至 2g)或准确移取液体试样 1.00～5.00mL 于消解内罐中,含乙醇或二氧化碳的样品先在电热板上低温加热除去乙醇或二氧化碳,加入 5mL 硝酸,放置 1h 或过夜,旋紧不锈钢外套,放入恒温干燥箱消解(消解参考条件见表 6-38),于 150～170℃消解 4h,冷却后,缓慢旋松不锈钢外套,将消解内罐取出,在控温电热板上或超声水浴箱中,于 100℃加热 30min 或超声脱气 2～5min,用水定容至 25mL 或 50mL,混匀备用,同时做空白试验。

(4)仪器参考条件

仪器操作参考条件见表 6-39,元素分析模式见表 6-40,铅、镉、砷、钼、硒、钒等元素干扰校正方程见表 6-41。

注:对没有合适消除干扰模式的仪器,需采用干扰校正方程对测定结果进行校正。

表6-39 电感耦合等离子体质谱仪操作参考条件

参数名称	参数	参数名称	参数
射频功率	1500W	雾化器	高盐/同心雾化器
等离子体气流量	15L/min	采样锥/截取锥	镍/铂锥
载气流量	0.80L/min	采样深度	8～10mm
辅助气流量	0.40L/min	采集模式	跳峰(Spectrum)
氦气流量	4～5mL/min	检测方法	自动
雾室温度	2℃	每峰测定点数	1～3
样品提升速率	0.3r/s	重复次数	2～3

表6-40 各元素分析模式

序号	元素名称	元素符号	分析模式	序号	元素名称	元素符号	分析模式
1	硼	B	普通/碰撞反应池	14	钾	K	普通/碰撞反应池
2	钠	Na	普通/碰撞反应池	15	钙	Ca	碰撞反应池
3	镁	Mg	碰撞反应池	16	钛	Ti	碰撞反应池
4	铝	Al	普通/碰撞反应池	17	钒	V	碰撞反应池
5	铬	Cr	碰撞反应池	18	锶	Sr	普通/碰撞反应池
6	锰	Mn	碰撞反应池	19	钼	Mo	碰撞反应池
7	铁	Fe	碰撞反应池	20	镉	Cd	碰撞反应池
8	钴	Co	碰撞反应池	21	锡	Sn	碰撞反应池
9	镍	Ni	碰撞反应池	22	锑	Sb	碰撞反应池
10	铜	Cu	碰撞反应池	23	钡	Ba	普通/碰撞反应池
11	锌	Zn	碰撞反应池	24	汞	Hg	普通/碰撞反应池
12	砷	As	碰撞反应池	25	铊	Tl	普通/碰撞反应池
13	硒	Se	碰撞反应池	26	铅	Pb	普通/碰撞反应池

表6-41 校正方程

同位素	推荐的校正方程	同位素	推荐的校正方程
^{51}V	$[^{51}V] = [51]+0.3524 \times [52]-3.108 \times [53]$	^{98}Mo	$[^{98}Mo] = [98]-0.146 \times [99]$
^{75}As	$[^{75}As] = [75]-3.1278 \times [77]+1.0177 \times [78]$	^{114}Cd	$[^{114}Cd] = [114]-1.6285 \times [108]-0.0149 \times [118]$
^{78}Se	$[^{78}Se] = [78]-0.1869 \times [76]$	^{208}Pb	$[^{208}Pb] = [206]+[207]+[208]$

注：1. [X]为质量数 X 处的质谱信号强度——离子每秒计数值（CPS）。
2. 对于同量异位素干扰能够通过仪器的碰撞/反应模式得以消除的情况下，除铅元素外，可不采用干扰校正方程。
3. 低含量铬元素的测定需采用碰撞/反应模式。

测定参考条件：在调谐仪器达到测定要求后，编辑测定方法，根据待测元素的性质选择相应的内标元素，待测元素和内标元素的 m/z 见表6-42。

表6-42 待测元素和内标元素的 m/z

序号	元素	m/z	内标	序号	元素	m/z	内标
1	B	11	^{45}Sc/^{72}Ge	9	Cu	63/65	^{72}Ge/^{103}Rh/^{115}In
2	Na	23	^{45}Sc/^{72}Ge	10	Zn	66	^{72}Ge/^{103}Rh/^{115}In
3	Mg	24	^{45}Sc/^{72}Ge	11	As	75	^{72}Ge/^{103}Rh/^{115}In
4	Al	27	^{45}Sc/^{72}Ge	12	Se	78	^{72}Ge/^{103}Rh/^{115}In
5	K	39	^{45}Sc/^{72}Ge	13	Sr	88	^{103}Rh/^{115}In
6	Fe	56/57	^{45}Sc/^{72}Ge	14	Ca	43	^{45}Sc/^{72}Ge
7	Co	59	^{72}Ge/^{103}Rh/^{115}In	15	Ti	48	^{45}Sc/^{72}Ge
8	Ni	60	^{72}Ge/^{103}Rh/^{115}In	16	V	51	^{45}Sc/^{72}Ge

续表

序号	元素	m/z	内标	序号	元素	m/z	内标
17	Cr	52/53	^{45}Sc/^{72}Ge	22	Sb	123	^{103}Rh/^{115}In
18	Mn	55	^{45}Sc/^{72}Ge	23	Ba	137	^{103}Rh/^{115}In
19	Mo	95	^{103}Rh/^{115}In	24	Hg	200/202	^{185}Re/^{209}Bi
20	Cd	111	^{103}Rh/^{115}In	25	Tl	205	^{185}Re/^{209}Bi
21	Sn	118	^{103}Rh/^{115}In	26	Pb	206/207/208	^{185}Re/^{209}Bi

（5）标准曲线的制作

将混合标准溶液注入电感耦合等离子体质谱仪中，测定待测元素和内标元素的信号响应值，以待测元素的浓度为横坐标，待测元素与所选内标元素响应信号值的比值为纵坐标，绘制标准曲线。

（6）试样溶液的测定

将空白溶液和试样溶液分别注入电感耦合等离子体质谱仪中，测定待测元素和内标元素的信号响应值，根据标准曲线得到消解液中待测元素的浓度。

6.6.4.6 尿中总铀和铀同位素比值铀-235/铀-238分析

引用标准：WS/T 549—2017《尿中总铀和铀-235/铀-238比值的分析方法 电感耦合等离子体质谱法（ICP-MS）》。

（1）方法适用性

适用于测量人尿中总铀和 ^{235}U/^{238}U 比值，其他生物样品中总铀和 ^{235}U/^{238}U 比值的分析可参照本方法。

（2）操作和样品处理

使用尿液采集容器采集尿液。采集 24h 尿或者分时计时尿，收集后加盖拧紧，用酒精棉球擦干净样品瓶外部 4℃下保存于冰箱中。

1）总铀分析样品制备

取 5mL 尿样，记录为 V_1，置于密闭消解罐中，罐中加入 3mL H_2O_2，静置过夜。消解前加入 3mL HNO_3，盖紧盖子，在电热板上 150℃加热 10h，之后冷却至室温，所有样品均变为澄清溶液。消解液转移至 15mL 试管中，称重，记录为 m_1。取 1mL 消解液至 15mL 试管中，称重，记录为 m_2，用超纯水稀释，定容至 10mL，记录为 V_2。充分摇匀，待测。随同试样做空白试验。

2）^{235}U/^{238}U 比值测定样品制备

尿样的预处理：准确量取 100mL 尿样，置于聚四氟乙烯烧杯中，加入 25mL HNO_3，电热板加热蒸至近干，静置冷却；再加入 10mL H_2O_2，边搅拌边用电热板继续加热至近干，冷却至室温后，加入 5mol/L HNO_3 溶解，定容到 5mL，如盐分较大无法完全溶解时，可以适当增大溶液体积，保持酸度不低于 5mol/L。

3）尿铀分离富集

TBP 萃取色层柱的准备：用 10mL 50g/L Na_2CO_3 溶液洗涤 TBP 萃取色层柱，控制流速 1~3mL/min，洗涤两次以除去可能存在的磷酸一丁酯和磷酸二丁酯，再用超纯水过柱，调节柱酸度至中性后，备用。

分离过程：用 15mL 5mol/L HNO_3 淋洗 TBP 萃取色层柱进行预平衡，控制流速 1~1.5mL/min。将预处理好的样品溶液小心地加入色层柱，控制流速在 1.2mL/min。用 20mL 5mol/LHNO_3 淋洗干扰杂质，用 10mL 超纯水洗脱铀并收集于 15mL 试管中。

TBP 萃取色层柱的再生：用 20mL 5mol/L HNO_3 淋洗 TBP 萃取色层柱，控制流速 1~1.5mL/min，平衡后可重复使用。

（3）ICP-MS 仪器校准和条件优化

按照仪器的操作说明书及实验室操作程序进行 ICP-MS 及相关的计算机操作系统和外围设备的启动和优化。用多元素混合标准溶液进行仪器参数的优化，确保质量校准、质量分辨率、灵敏度、铀离子氧化物（$^{238}U^{16}O$）的生成率和基线均符合实验要求。分析任何样品之前先确定仪器的稳定性。利用多元素混合标准溶液测量 20min，若 U 的测量结果的相对标准偏差小于 3%，则仪器稳定。

（4）总铀含量测定

以体积分数 2% 的硝酸为校准空白溶液，作为零点，一个或多个浓度水平的校准标准建立标准曲线，校准数据采集至少 3 次，取其平均值。

测量空白样品溶液中的铀浓度，记录为 ρ_0。测量样品溶液中的铀浓度，记录为 ρ。样品测定中间用体积分数 2% 的硝酸溶液清洗系统。

（5）$^{235}U/^{238}U$ 比值测定

用铀同位素标准溶液配制与待测样品中铀的浓度相适应的铀同位素校准溶液。测定 2% 硝酸空白溶液 ^{235}U 和 ^{238}U 的计数强度，分别记录为 I_{05} 和 I_{08}。测定铀同位素校准溶液，分别记录为 I_{S5} 和 I_{S8}。用 2% 硝酸空白溶液清洗系统，测定其 ^{235}U 和 ^{238}U 的计数强度，分别记录为 I'_{05} 和 I'_{08}。测定制备好的待测样品中 ^{235}U 和 ^{238}U 的计数强度，分别记录为 I_5 和 I_8。

（6）结果计算与表示

① 尿中总铀质量浓度按式（6-7）计算：

$$\omega = \frac{(\rho - \rho_0)V_2 m_2}{(m_1 - m_0)V_1} \tag{6-7}$$

式中　ω——尿样中总铀的质量浓度，μg/L；

ρ——尿样消解液中总铀的质量浓度（由标准曲线查得），μg/L；

ρ_0——空白样品溶液中总铀的质量浓度（由标准曲线查得），μg/L；

V_2——尿样稀释液体积，mL；

m_1——尿样消解液质量，g；

m_2——尿样消解液与塑料管质量，g；

m_0——塑料管质量，g；

V_1——尿样的取样体积，mL。

式（6-7）适用于天然铀结果，若根据式（6-8）结果，尿样中 $^{235}U/^{238}U$ 比值与天然丰度相差较大，则按式（6-8）进行修正。

② 尿中 $^{235}U/^{238}U$ 比值按式（6-8）计算：

$$R = \frac{(I_5 - I'_{05})}{(I_8 - I'_{08})} \times \frac{(I_{S8} - I_{08})}{(I_{S5} - I_{05})} \times R_S \quad (6-8)$$

式中　R——尿样中 $^{235}U/^{238}U$ 比值；

I_5——待测样品 ^{235}U 的计数强度；

I'_{05}——空白溶液 ^{235}U 的计数强度；

I_8——待测样品 ^{238}U 的计数强度；

I'_{08}——空白溶液 ^{238}U 的计数强度；

I_{S8}——铀同位素标准溶液 ^{238}U 的计数强度；

I_{08}——空白溶液 ^{238}U 的计数强度；

I_{S5}——铀同位素标准溶液 ^{235}U 的计数强度；

I_{05}——空白溶液 ^{235}U 的计数强度；

R_S——铀同位素标准溶液中 $^{235}U/^{238}U$ 比值，由标准溶液证书给出。

6.6.4.7　血液、尿液中铬等五种元素检验

引用标准：GA/T 1630—2019《法庭科学　血液、尿液中铬等五种元素检验　电感耦合等离子体质谱法》。

（1）方法适用性

适用于法庭科学血液和尿液中铬、镉、砷、铊、铅五种元素的定量分析。其他可疑样品中铬、镉、砷、铊、铅五种元素的定量分析可参照使用。血液、尿液检出限、定量限见表6-43。

表6-43　血液、尿液的检出限和定量限

元素	血液		尿液	
	检出限/(ng/mL)	定量限/(ng/mL)	检出限/(ng/mL)	定量限/(ng/mL)
Cr	0.02	0.06	0.008	0.024
As	0.016	0.047	0.011	0.033
Cd	0.001	0.004	0.0005	0.0015
Tl	0.001	0.004	0.0002	0.0007
Pb	0.02	0.06	0.008	0.025

(2)样品制备

取 250μL 血液检材样品两份于样品管中,加入 65%的浓硝酸 800μL 和 30%的过氧化氢 200μL,密闭,静置 10min,将样品管置于干式恒温器中,90℃加热消解 3h。冷却至室温(可采用冰水浴迅速降温),转移出消解液,并用水清洗样品管 3 次,合并清洗液至样品消解液中,并用水定容至 10mL,作为检材样品提取液,供仪器分析。

取 250μL 尿液检材样品两份于样品管中,加入 5%的硝酸稀释至 10mL,供仪器分析。

另取等量相似基质的空白样品两份,与检材样品平行操作,得到空白样品提取液供仪器分析。

采用内标标准曲线法定量时,取系列混合标准工作溶液供仪器分析。

采用内标单点法时,取标准物质溶液(浓度应为检材样品中目标物含量的 100%±50%),供仪器分析。

(3)测定

以 ^{115}In 元素作为内标,采用在线内标加入法将内标溶液和标准物质溶液(或系列标准混合工作溶液)、空白及检材样品提取液通过蠕动泵导入 ICP-MS,按优化的最佳仪器分析条件进样分析。

(4)计算

内标-标准曲线法:记录样品提取液与系列混合标准工作溶液平行进样 2~3 次的待测元素与内标元素响应值之比,以各待测元素响应值和内标元素响应值之比 Y 为纵坐标,标准混合工作溶液相应浓度值 ω 为横坐标绘制标准曲线,按式(6-9)计算含量。样品浓度应在标准曲线范围之内,超出标准曲线范围应稀释后重新进样分析。

$$\omega = \frac{k(Y-a)}{b} \quad (6-9)$$

式中 ω ——检材样品中待测物含量,ng/mL;

k ——检材样品定容体积与检材取样体积的比值;

Y ——检材样品中待测物与内标物的响应值之比,ng/mL;

a ——线性方程的截距;

b ——线性方程的斜率。

内标-单点法:记录各样品提取液和标准溶液平行进样 2~3 次的待测元素和内标元素响应值,按式(6-10)计算含量。

$$\omega = \frac{k \times \overline{A} \times \overline{A'_t} \times c}{\overline{A'} \times \overline{A_t}} \quad (6-10)$$

式中　ω——检材样品中待测物含量，ng/mL；

　　　k——检材样品定容体积与检材取样体积的比值；

　　　$\overline{A}$——检材样品提取液中待测物的响应值的平均值；

　　　$\overline{A'}$——标准溶液中待测物的响应值的平均值；

　　　$\overline{A'_t}$——标准溶液中内标物的响应值的平均值；

　　　$\overline{A_t}$——检材样品提取液中内标物的响应值的平均值；

　　　c——标准溶液浓度，ng/mL。

计算相对相差：记录两份平行操作的检材样品中目标物的含量，按式（6-11）计算相对相差。

$$RD = \frac{|X_1 - X_2|}{\overline{X}} \times 100\% \quad （6-11）$$

式中　RD——相对相差；

　　　X_1、X_2——两个检材样品平行定量测定的含量；

　　　$\overline{X}$——两个检材样品平行定量测定含量的平均值。

（5）定量结果评价

如果目标物含量的 RD≤20%，定量数据可靠，其含量按两份检材的平均值计算。如果检材样品中目标物含量的 RD>20%，定量数据不可靠，应重新提取检验。

6.6.4.8　中药中铅、镉、砷、汞、铜测定

引用《中华人民共和国药典》2020版四部通则 2321 铅、镉、砷、汞、铜测定法的方法二：电感耦合等离子体质谱法。

（1）方法适用性

适用于中药中的铅、砷、镉、汞、铜含量的测定。

（2）样品制备

取供试品于60℃干燥2h，粉碎成粗粉，取约0.5g，精密称定，置于耐压耐高温微波消解罐中，加硝酸5~10mL（如果反应剧烈，放置至反应停止）。密闭并按各微波消解仪的相应要求及一定的消解程序进行消解。消解完全后，消解液冷却至60℃以下，取出消解罐，放冷，将消解液转入50mL量瓶中，用少量水洗涤消解罐3次，洗液合并于量瓶中，加入金单元素标准溶液（1μg/mL）200μL，用水稀释至刻度，摇匀，即得（如有少量沉淀，必要时可离心分取上清液）。

除不加金单元素标准溶液外，余同法制备试剂空白溶液。

（3）标准溶液制备

标准品溶液的制备：精密量取铅、砷、镉、铜标准品储备液适量，用10%硝酸溶液稀释制成每1mL含铅、砷 0ng、1ng、5ng、10ng、20ng，含镉 0ng、0.5ng、2.5ng、5ng、10ng，含铜 0ng、50ng、100ng、200ng、500ng 的系列浓度混合溶液。另精密

量取汞标准品储备液适量,用10%硝酸溶液稀释制成每1mL分别含汞0ng、0.2ng、0.5ng、1ng、2ng、5ng的溶液,本液应临用配制。

内标溶液的制备:精密量取锗、铟、铋单元素标准溶液适量,用水稀释制成每1mL各含1μg的混合溶液。

(4)测定

测定时选取的同位素为 ^{63}Cu、^{75}As、^{114}Cd、^{202}Hg 和 ^{208}Pb,其中 ^{63}Cu、^{75}As 以 ^{72}Ge 作为内标,^{114}Cd 以 ^{115}In 作为内标,^{202}Hg、^{208}Pb 以 ^{209}Bi 作为内标,并根据不同仪器的要求选用适宜校正方程对测定的元素进行校正。

仪器的内标进样管在仪器分析工作过程中始终插入内标溶液中,依次将仪器的样品管插入各个浓度的标准品溶液中进行测定(浓度依次递增),以测量值(3次读数的平均值)为纵坐标,浓度为横坐标,绘制标准曲线。将仪器的样品管插入供试品溶液中,测定,取3次读数的平均值。从标准曲线上计算得相应的浓度。

在同样的分析条件下进行空白试验,根据仪器说明书的要求扣除空白干扰。

6.6.5 在有机产品分析中的应用

有机产品如石化、橡胶、化妆品、燃煤、化肥等的相关产业是国民经济的重要支柱。原油及其加工产品中含有的微量有毒元素(Pb、Hg、As、Cr、Se等)及其化合物的排放会造成大气、水、土壤等的严重污染,直接或间接危害人体健康。化妆品中有害元素的存在,直接威胁人体的健康;化肥中有害元素的存在,直接威胁粮食安全;燃煤中有害元素的存在,对环境直接造成污染。因此,有机产品中微量杂质元素的分析,直接关乎人类的生存环境和人体健康。

这类样品的前处理方法主要有稀释法、湿法消解、高压消解、微波消解、干法灰化等方法。稀释法是选择合适的有机溶剂(甲醇、乙醇或航空煤油)稀释有机液态试样,然后采用有机加氧方式直接进行分析测试。该方法无需复杂的试样消解处理,具有简单快速的优点。但由于对试样进行了稀释,会导致测试灵敏度降低,且无法消除复杂试样的基体干扰。湿法消解是将试样在常压下与酸(HNO_3、HCl、HF、$HClO_4$ 及各种组合酸等)反应形成水溶液,可采用加热促进反应进行。该方法无需设备投入,适应性强,但由于引入了酸介质及有容器污染,会造成空白值偏高。高压消解是将试样与酸(HNO_3、HCl、HF 及各种组合酸等,可使用 H_2O_2,但不能使用 $HClO_4$)置于密封容器内加热,试样在高温高压下迅速分解。同湿法消解相比,高压消解的酸用量较少,可用于某些难分解元素,且易挥发元素的损失降低,实验空白值较低。但该方法不能处理某些有机试样,且压力不可控,有一定危险性。微波消解是将试样和酸(HNO_3、HCl、HF 及各种组合酸等,可使用 H_2O_2,但不能使用 $HClO_4$)置于密闭消解罐内,通过微波加热使试样在高温高压下迅速分解。该法具有高压消解的优点，同时压力可控，可实现自动化控制，比高压消解更安全，是目前应用较多的试样前处理方法。干法灰化可以挥发掉有机基体，但要格外注意被测元素的挥发损失。

6.6.5.1 橡胶制品中铬、钴、砷、溴、钼、镉、锡和铅的测定

引用标准：SN/T 4843—2017《橡胶制品中铬、钴、砷、溴、钼、镉、锡和铅的测定 电感耦合等离子体质谱法》。

（1）方法适用性

适用于橡胶制品中铬、钴、砷、溴、钼、镉、锡和铅的测定，各元素的检出限见表6-44。

表6-44 各元素检出限

元素	Cr	Co	As	Br	Mo	Cd	Sn	Pb
检出限/（mg/kg）	5	0.02	0.2	10	0.02	0.1	0.1	0.05

（2）仪器和设备

电感耦合等离子体质谱仪：优化仪器参数至最佳。

微波消解仪：仪器参数及使用条件参见表6-45。

表6-45 橡胶制品微波消解条件

步骤	时间/min	温度/℃
升温1	15	210
升温2	45	210
降温3	—	室温

（3）样品制备

将橡胶制品剪碎至2mm以下，剪碎后的样品放入袋中备用。

（4）分析步骤

样品处理：称取破碎后样品100mg，准确至0.1mg，置于微波消解罐中，加入3mL水、7mL硝酸和2mL过氧化氢，静置一段时间，待初步反应完成后，放入微波消解仪中参照表6-46的条件消解，取下消解罐，冷却，移至容量瓶中，用水稀释至刻度，混匀备用。每个样品做两次平行测定，同时做试剂空白试验。

标准曲线：准确吸取铬、钴、砷、溴、钼、镉、锡、铅的标准工作溶液，用硝酸溶液（1+19）逐级稀释配制浓度为0μg/L、1.0μg/L、3.0μg/L、10μg/L、30μg/L、100μg/L的铬、钴、砷、溴、钼、镉、锡和铅混合标准系列溶液。

测定：打开ICP-MS仪器，进行仪器条件参数优化，待仪器稳定后，进行调谐，调谐完成后选取 ^{45}Sc 作为 ^{52}Cr、^{59}Co，^{72}Ge 作为 ^{75}As、^{79}Br，^{89}Y 作为 ^{95}Mo、^{115}In

作为 ^{118}Sn、^{111}Cd，^{209}Bi 作为 ^{208}Pb 的同位素的内标元素，开始测定。若测定结果超出标准曲线范围，应将试液稀释。

6.6.5.2 塑料及其制品中 11 种元素溶出量同时测定的方法

引用标准：SN/T 4515—2016《塑料及其制品中 11 种元素溶出量同时测定方法 电感耦合等离子体质谱法》。

（1）方法适用性

适用于塑料及其制品中铅、镉、铬、砷、汞、锑、锌、镍、硒和钡元素溶出量的测定。

（2）样品制备

试样应是干净的，表面无污染。在准备试样之前用无绒布或柔软的刷子轻轻除去样品表面污物。如果制品带有使用前必须清洁的说明，则在测试前也应加以清洁。称取 0.5g（精确到 0.01g）均质样品到 150mL 具塞锥形瓶中。

树脂：准确称取 5.0g 试样于 200mL 聚四氟乙烯杯或聚乙烯杯中，按试样质量每克加 20mL 预热至特定温度的 4%乙酸溶液。样品于 60℃恒温烘箱中浸泡 2h。

成型品：至少取 50cm^2 接触表面积，按接触面积每平方厘米加 2mL 预热至特定温度的 4%乙酸溶液。样品于 60℃恒温烘箱中浸泡 2h。无法计算接触面积的，按树脂处理。

（3）分析步骤

样液处理：移取试样之前，应观察溶剂是否有蒸发损失，否则应加入新鲜溶剂补足至原体积。在专用样品瓶中加入 20μL 10mg/L 的金标准工作溶液，将制备好的试样浸泡液用硼硅质玻璃棒搅匀后移入，定容至 20mL，混匀后过 0.45μm 滤膜待测。

空白试验：除不加试样外，按树脂或成型品方法制备样液后按样液处理进行空白试验。

测定：优化 ICP-MS 仪器参数，调节仪器至最佳工作状态，待仪器稳定后，用内标管接入内标溶液，按顺序依次测定标准工作溶液、空白溶液和试样溶液。参照表 6-46 中内标元素的选择，对测试元素进行校准。从标准曲线上计算出各被测元素的含量，若测定结果超出线性范围，则将测试液适当稀释后测定。

表 6-46　内标元素的选择

元素	Cr	Ni	Zn	Ge	As	Se	Cd	Sb	Ba	Hg	Pb
质量数	53	60	66	72	75	82	111	121	137	202	208
内标	^{45}Sc	^{45}Sc	^{45}Sc	^{45}Sc	^{45}Sc	^{115}In	^{115}In	^{115}In	^{115}In	^{209}Bi	^{209}Bi

（4）结果计算

塑料及其制品中铅、镉、铬、砷、汞、锑、锌、锗、镍、硒和钡的溶出量以微克每升表述时,按式(6-12)或式(6-13)进行计算。

塑料树脂或无法计算接触面积的成型品:

$$X = \frac{(c-c_0) \times V \times N}{20M} \qquad (6\text{-}12)$$

可计算接触面积的成型品:

$$X = \frac{(c-c_0) \times V \times N}{2S} \qquad (6\text{-}13)$$

式中 X——试样中被测元素溶出量,μg/L;

　　　c——试液中被测元素浓度值,μg/L;

　　　c_0——试剂空白溶液中被测元素浓度值,μg/L;

　　　V——试样浸泡液用量,mL;

　　　N——稀释倍数,若无稀释 $N=1$;

　　　M——试样的质量,g;

　　　20——每克使用 20mL 浸泡液,mL/g;

　　　S——与浸泡液接触的试样面积,cm^2;

　　　2——每平方厘米使用 2mL 浸泡液,mL/cm^2。

结果以重复性条件下获得的两次独立测定结果的算术平均值表示,并保留至小数点后一位。

6.6.5.3 玩具材料中可迁移元素的测定

引用标准:GB/T 26193—2010《玩具材料中可迁移元素锑、砷、钡、镉、铬、铅、汞、硒的测定 电感耦合等离子体质谱法》。

(1)方法适用性

本方法适用于 GB 6675.1 规定的所有玩具材料中上述可迁移元素的测定。方法检出限:内标采用非在线添加的,Sb、As、Ba、Cd、Cr、Pb、Hg、Se 检出限均为 0.25mg/kg;内标采用在线添加的,Sb、As、Ba、Cd、Cr、Pb、Hg、Se 检出限均为 0.05mg/kg。

(2)样品制备

试样提取液的制备:按 GB 6675.1 要求进行测试试样的制备和提取。

试样待测液的制备:取 2.00mL 经 GB 6675.1 处置的试样提取液(或试样提取液经盐酸溶液稀释过的溶液)于 10.0mL 的容量瓶中,同时加入 1.00mL 混合内标溶液,用盐酸溶液稀释至刻度,混匀,待测。同时做试剂空白。在试样处理过程中,引入到待测液的氯离子的质量分数如大于 0.5%时,无碰撞/反应池的 ICP-MS 不宜用于该待测液中砷含量的测定。

如果电感耦合等离子体质谱仪具有且采用在线自动添加内标的功能,宜省去试样待测液的制备过程，直接对试样提取液（或试样提取液经盐酸溶液稀释过的溶液）进行测试。

（3）仪器条件和标准溶液

电感耦合等离子体质谱仪，质量数及内标元素的选择见表6-47。混合标准工作溶液每毫升含 0.00μg、0.050μg、0.100μg、0.200μg、0.500μg、1.00μg、2.00μg 的锑、砷、镉、铬、铅、汞，以及 0.00μg、0.500μg、1.00μg、2.00μg、5.00μg、10.0μg、20.0μg 的钡、硒。

表6-47 质量数及内标元素

元素	Cr	As	Se	Cd	Sb	Ba	Hg	Pb
质量数	53	75	82	111	121	137	202	208
内标元素	^{45}Sc	^{72}Ge	^{89}Y	^{115}In	^{115}In	^{115}In	^{185}Re	^{185}Re

（4）质量控制

同一浸泡液在重复性条件下获得的两次独立测定结果的绝对值不得超过算术平均值的 10%。

6.6.5.4 化妆品中铬、砷、镉、锑、铅的测定

引用标准：GB/T 35828—2018《化妆品中铬、砷、镉、锑、铅的测定 电感耦合等离子体质谱法》。

（1）方法适用性

适用于面霜、润肤乳、唇彩、唇膏、眼线液、粉底液、香水、指甲油、沐浴液、洗发露等化妆品中铬、砷、镉、锑、铅的电感耦合等离子体质谱法测定。铬、砷、锑、铅的检出限为 0.07mg/kg，定量限为 0.2mg/kg；镉的检出限为 0.04mg/kg，定量限为 0.1mg/kg。

（2）分析步骤

1）样品制备

样品制备中应避免外来的污染，样品制备及分析中涉及的所有区域应尽可能保持无尘以减少样品或仪器的污染。样品充分混匀，装入清洁容器内，并标明标记。样品应于常温贮存，如含乙醇等挥发性溶剂，称取后应预先将溶剂挥发（不得干涸）。

2）试样消解

湿消解：称取混合均匀的样品约 0.5~1g（精确至 0.001g）于聚四氟乙烯消解管中，加入 5mL 硝酸，浸泡 1~2h 后参照表 6-48 设定，于石墨消解系统上消解，对于难以消解的物质，可以滴加 1~2mL 过氧化氢，对于口红、粉类化妆品，可以加 0.5~1mL 氢氟酸破坏 SiO_2 晶格以减少待测元素的吸附；升高温度消解至近干后加入少量水，继续蒸发至近干，稍冷却后加入 3mL 硝酸溶解，冷却，加 5mL 水稀

释，过滤至预先加入 1mL 0.5mg/L 钇、铟、铋内标工作溶液的 50mL 比色管中，定容至刻度，摇匀待用，同法做空白试验。

表 6-48　石墨消解仪参数

条件	消解程序		
	1	2	3
温度/℃	120	150	180
加热时间/min	20	40	240

微波消解：称取混合均匀的样品约 0.5g（精确至 0.001g）于微波消解罐中，加入 3mL 硝酸、2mL 过氧化氢浸泡 1h 后参照表 6-49 设定，按照微波消解程序进行消解，冷却，将消解液过滤至预先加入 1mL 0.5mg/L 钇、铟、铋内标工作溶液的 50mL 比色管中，定容至刻度。对于口红、粉类化妆品，可以预先加 0.5～1mL 氢氟酸，然后按照微波消解程序进行消解，消解结束后，应进行赶酸以驱尽残留的氢氟酸，然后补加 3mL 硝酸，冷却，将消解液过滤至预先加入 1mL 0.5mg/L 钇、铟、铋内标工作溶液的 50mL 比色管中，定容至刻度，摇匀待用，同法做空白试验。

表 6-49　化妆品微波消解参数

条件	消解程序		
	1	2	3
功率/W	1600	1600	1600
温度/℃	120	150	180
加热时间/min	5	10	40

3）标准工作溶液的制备

分别吸取一定量的混合标准溶液和 2.00mL 0.5mg/L 钇、铟、铋内标工作溶液于 100mL 容量瓶中，配制成浓度为 0.00ng/mL、1.00ng/mL、5.00ng/mL、10.00ng/mL、50.00ng/mL、100.00ng/mL、200.00ng/mL 铬、锑、镉、砷、铅混合标准工作溶液，其中内标元素钇、铟、铋浓度均为 10ng/mL，介质为硝酸溶液（5+95）。

4）测定

用调谐液调整仪器各项指标，使仪器灵敏度、精密度、氧化物、双电荷、峰形以及分辨率等各项指标达到测定要求后，将标准系列、试剂空白、样品溶液分别测定。待测元素及内标元素测定质量数见表 6-50。输入各参数，绘制标准曲线，计算回归方程。若测定结果超出标准曲线的线性范围，应将试样稀释后再测定。空白试验除不加试样外，采用完全相同的分析步骤、试剂和用量，平行测定次数不少于两次。

表 6-50 内标的选择

序列	内标	测定元素
1	^{89}Y	^{52}Cr、^{75}As
2	^{113}In	^{111}Cd、^{121}Sb
3	^{209}Bi	^{208}Pb

5) 质谱仪消除干扰条件

铬（Cr）测定干扰的消除：^{52}Cr 的天然丰度为 83.79%，一般情况下是首选，如果基体中存在明显干扰可采用 Cr，其干扰源较少，虽然丰度较低，但是可以通过提高质谱的检测灵敏度及延长采集时间来补偿。

砷（As）测定干扰的消除：^{75}As 易受到 ^{40}Ar^{35}Cl 的干扰，其干扰校正方程为 ^{75}As = ^{75}M−^{77}M×3.127+^{82}M×2.733−^{83}M×2.75，其中 M 表示具有特定质荷比的原子和分子，例如 ^{75}M 表示具有 75 质荷比的原子和分子的总数。

镉测定干扰的消除：镉的干扰物主要是 ^{94}Zr^{16}O^{1}H，其干扰校正方程为 ^{111}Cd = ^{111}M−1.073×^{108}Cd+0.674×^{106}Cd。

铅测定干扰的消除：铅的干扰校正方程为 ^{208}Pb = ^{206}M+^{207}M+^{208}M。

6.6.5.5 进出口化肥中有害元素砷、铬、镉、汞、铅的测定

引用标准：SN/T 0736.12—2009《进出口化肥检验方法 电感耦合等离子体质谱法测定 有害元素砷、铬、镉、汞、铅》。

（1）方法适用性

本方法适用于化肥中的砷、铬、镉、汞和铅的 ICP-MS 测定。其检测范围为砷 0.3～100mg/kg，铬 0.3～100mg/kg，镉 0.15～100mg/kg，汞 0.6～100mg/kg，铅 0.5～100mg/kg。

（2）分析步骤

样品处理：称取样品 0.05～0.1g（准确至 0.1mg）（微波高压消解）或 0.1～0.3g（准确至 0.1mg）（硝酸氧化剂消解）。随同试料做空白试验。

微波高压消解：将试料置于高温压力密封消解罐中，加入 2～3mL 硝酸，加 5～10 滴的过硫酸钠，加 1～2mL 氢氟酸，摇匀，将密封消解罐拧紧，放入微波炉中。参照表 6-51 的程序进行微波消解。取出，冷却至室温，打开容器，将消解后的澄清溶液直接转移至聚乙烯塑料容量瓶中（或将消解后的澄清溶液转移至聚四氟乙烯烧杯中，低温加热蒸至近干再转移至容量瓶），用亚沸蒸馏水冲洗容器 3～5 次合并至母液中，再加入 0.05～0.1g 硼酸、2mL 甲醇、1mL 内标铟，用水稀释至刻度，作为测试液。

注：只测定化肥中 As、Cr、Cd、Pb 四种元素，消解后的澄清溶液可直接转移至容量瓶，加入 0.05～0.1g 硼酸、2mL 甲醇、1mL 内标铟，用水稀释至刻度，作为

测试液；对于含有机肥样品或测定包括汞元素在内的上述元素化肥样品，消解后的澄清溶液转移至 PTFE 烧杯中，低温加热蒸至近干，再转移至容量瓶，再同上后续步骤，得到测试液。

表 6-51　微波中压消解的功率控制程序

步骤	时间/min	温度/℃	步骤	时间/min	温度/℃
升温 1	5	120	恒温 3	10	190
升温 2	10	160	降温 4	—	0

硝酸氧化剂消解：将试料置于聚四氟乙烯烧杯中，加入 2~3mL 硝酸，5~10 滴的高锰酸钾，加 1~2mL 氢氟酸，将聚四氟乙烯杯置于电炉上，控制温度在 300℃以下，加热溶解样品。溶样过程中，可适当补 1~2mL 硝酸，蒸至近干，转移，用亚沸蒸馏水洗涤聚四氟乙烯杯 3~5 次，补加硝酸 2mL，加 2mL 甲醇、1mL 内标铟，用水稀释至刻度，作为测试液。

（3）仪器和标准溶液

等离子体质谱 RF 功率 1250~1350W，冷却气体流量 13.6L/min，辅助气流量 0.65~0.8L/min，雾化气流量 0.6~0.8L/min，进样速度 0.7~1.2mL/min，质谱峰检测方法跳峰 3/mass。元素混合标准溶液浓度见表 6-52，介质为 2%硝酸。清洗液：10mL 硝酸加 2mL 甲醇，定容至 100mL。

表 6-52　元素混合标准溶液浓度　　　　　　　单位：μg/L

标准溶液序号	As	Cr	Cd	Hg	Pb	In（内标）
标 0	0	0	0	0	0	10
标 1	5	5	5	1	5	10
标 2	15	15	15	5	15	10
标 3	30	30	30	15	30	10

（4）测试和质量控制

仪器条件参数优化后待仪器稳定后，对上述分析试液、试剂空白液和标准系列液进行测定。若测定结果超出标准曲线的浓度范围，应将试液稀释，再进行测定。样品中汞含量很高时，每个溶液测定间隔用酸性有机清洗液、亚沸蒸馏水依次泵蠕动抽吸洗涤 20~30s。

6.6.5.6　石脑油中铅、砷、汞、锑、铜的测定

引用标准：SN/T 5306—2021《石脑油中铅、砷、汞、锑、铜的测定　电感耦合等离子体质谱法》。

（1）方法适用性

适用于石脑油中铅、砷、汞、锑、铜的测定。

（2）试样溶液的制备

在 25mL 的塑料容量瓶中加入 50μL 1μg/mL 铟、铽混合内标溶液，再加入乙醇至质量为 5.00g，最后用塑料滴管加入石脑油样品至总质量为（10.00±0.01）g，混匀，并记录加入的石脑油样品质量和试样溶液总质量。

（3）空白溶液的制备

在 25mL 的容量瓶中加入 50μL 1μg/mL 铟、铽混合内标溶液，再用塑料滴管加入乙醇至总质量为（10.00±0.01）g，混匀。

（4）标准溶液的制备

在 5 个 25mL 的塑料容量瓶中分别加入 0.00mL、0.020mL、0.050mL、0.075mL、0.100mL 铅、砷、锑、铜混合标准溶液（1μg/mL），然后加入 50μL 1μg/mL 铟、铽混合内标溶液，再加入乙醇至质量为 5.00g，最后用塑料滴管加入石脑油样品至总质量为（10.00±0.01）g，混匀。在 5 个 25mL 的塑料容量瓶中分别加入 0.00mL、0.02mL、0.05mL、0.075mL、0.10mL 汞标准溶液（1μg/mL），然后加入 50μL 1μg/mL 铟、铽混合内标溶液，再加入乙醇至质量为 5.00g，最后用塑料滴管加入石脑油样品至总质量为（10.00±0.01）g，混匀。

（5）分析步骤

1）标准曲线绘制

调节电感耦合等离子体质谱仪参数至最佳，编辑测定方法、选择测定元素及内标元素（见表 6-53），按顺序测定标准溶液，每个溶液重复测定 3 次取平均值。对测试元素进行校准，经标准加入法建立标准曲线。

表6-53 测定元素和内标元素同位素质量数

标准溶液序号	Cu	As	Sb	Hg	Pb
质量数	63	75	121	202	208
内标	^{115}In	^{115}In	^{159}Tb	^{159}Tb	^{159}Tb

2）试样分析

对待测试样溶液、空白溶液进行测定，以标准曲线计算各元素质量浓度，若测定结果超出标准曲线的线性范围，则将石脑油试样用乙醇适当稀释后再测定。

3）结果计算

试样中被测元素的含量按式（6-14）进行计算：

$$X = \frac{c_1 \times m_1}{m} - \frac{c_0(m_1 - m)}{m} \quad (6\text{-}14)$$

式中 X——试样中被测元素的含量，μg/kg；

c_1——试样溶液中被测元素的浓度，μg/kg；

m_1——试样溶液总质量，g；

c_0——空白溶液中被测元素的浓度，μg/kg；

m——试样溶液中石脑油样品的质量，g。

注：取两次测定结果的算术平均值，按 GB/T 8170 修约至小数点后一位。

6.6.5.7 煤中金属元素含量的测定

引用标准：SN/T 5255—2020《煤中铅、镉、砷、汞、铜、铬、镍、锰、钡、硒、锌、锡、钛、锑、钴、铝、铍、钒、银、钼含量的测定 电感耦合等离子体质谱法》。

（1）方法适用性

适用于煤中的铅、镉、砷、汞、铜、铬、镍、锰、钡、硒、锌、锡、钛、锑、钴、铝、铍、钒、银、钼 20 种元素的测定。其测定范围见表 6-54。

表 6-54 煤中金属元素含量测定范围　　单位：mg/kg

元素	铅	镉	砷	汞	铜	铬	镍
测定范围	0.2～100	0.05～100	0.2～100	0.1～30	1～100	0.1～100	0.5～100
元素	锰	钡	硒	锌	锡	钛	锑
测定范围	0.5～1000	0.6～1000	1～100	1～1000	0.2～100	2～1000	0.05～100
元素	钴	铝	铍	钒	银	钼	
测定范围	0.05～100	5～1000	0.05～100	0.1～100	0.2～100	0.2～100	

（2）仪器和设备

电感耦合等离子体质谱仪（ICP-MS）：配备耐氢氟酸溶液雾化进样系统。电感耦合等离子体质谱仪待测元素及内标元素测定质量数见表 6-55。

表 6-55 待测元素及对应内标元素测定质量数

待测元素	^{208}Pb	^{111}Cd	^{75}As	^{201}Hg	^{63}Cu	^{52}Cr	^{60}Ni
内标元素	^{209}Bi	^{115}In	^{72}Ge	^{209}Bi	^{72}Ge	^{45}Sc	^{72}Ge
待测元素	^{55}Mn	^{137}Ba	^{78}Se	^{66}Zn	^{118}Sn	^{47}Ti	^{121}Sb
内标元素	^{45}Sc	^{115}In	^{72}Ge	^{72}Ge	^{115}In	^{45}Sc	^{115}In
待测元素	^{59}Co	^{27}Al	^{9}Be	^{51}V	^{107}Ag	^{95}Mo	
内标元素	^{72}Ge	^{45}Sc	^{6}Li	^{45}Sc	^{103}Rh	^{103}Rh	

高温压力微波消解仪：配耐高温压力密封消解罐并且实际运行中消解罐内必须能达到 205℃以上。仪器工作参数见表 6-56。

表 6-56 高温压力微波消解仪工作参数

步骤	温度/℃	保持时间/min	升温斜率/（℃/min）	保护压力/kPa
1	120	3	20	500

续表

步骤	温度/℃	保持时间/min	升温斜率/(℃/min)	保护压力/kPa
2	150	10	10	500
3	180	10	10	500
4	210	40	10	500

（3）试样制备

按照 GB/T 474 制备样品，过 0.2mm 孔径筛，于 105℃下烘 2h，然后置于干燥器中，冷却至室温备用。称取 0.10g 的试样，精确至 0.0001g。称取两份试样进行平行测定，结果取其测定的平均值。

试样的消解：于试料中加入 2mL 盐酸、1mL 氢氟酸、7mL 硝酸，摇匀，将密封消解罐拧紧，放入微波消解仪中。按表 6-56 中的微波消解工作条件进行微波消解。取出，冷却至室温，打开消解罐，将消解后的溶液直接转移到 100mL 塑料容量瓶中，用去离子水冲洗消解罐及盖 3~5 次，洗液合并至母液中，用 2%硝酸定容至刻度，混匀，静置待测。

（4）标准曲线的绘制

用铅、镉、砷、汞、铜、铬、镍、锰、钡、硒、锌、锡、钛、锑、钴、铝、铍、钒、银、钼标准储备溶液（1000μg/mL）配制成表 6-57 的混合标准系列工作溶液。

表 6-57 混合标准系列工作溶液浓度 单位：μg/L

检测元素	标准空白	标准溶液1	标准溶液2	标准溶液3	标准溶液4	标准溶液5
Pb	0	5	15	30	50	100
Cd	0	5	15	30	50	100
As	0	5	15	30	50	100
Hg	0	1	5	10	15	30
Cu	0	5	15	30	50	100
Cr	0	5	15	30	50	100
Ni	0	5	15	30	50	100
Mn	0	50	150	300	500	1000
Ba	0	50	150	300	500	1000
Se	0	5	15	30	50	100
Zn	0	50	150	300	500	1000
Sn	0	5	15	30	50	100
Ti	0	50	150	300	500	1000
Sb	0	5	15	30	50	100
Co	0	5	15	30	50	100
Al	0	50	150	300	500	1000
Be	0	5	15	30	50	100
V	0	5	15	30	50	100
Ag	0	5	15	30	50	100
Mo	0	5	15	30	50	100

注：介质为 2%硝酸。

将仪器参数最佳化，依据仪器说明书建立分析程序，编辑测定方法，按表 6-55 选择测定元素及对应内标元素的质量数，按浓度由低到高顺序对标准系列工作溶液进行测定，各被测元素信号强度与其内标元素信号强度值之比为该元素的响应值，以该响应值为纵坐标、浓度为横坐标绘制标准曲线。

（5）样品溶液测定

按顺序依次对空白溶液、试样待测液进行测定，从标准曲线上查得的浓度即为试液中各元素的浓度。

6.6.6 在元素价态和形态分析中的应用

元素形态分析在环境、食药、生物分析中越来越占有重要地位，因为元素在环境中的迁移转化规律、元素的毒性、生物利用度、有益作用及其在生物体内的代谢行为在相当大的程度上取决于该元素存在的化学形态。从 20 世纪 60 年代日本水俣病（甲基汞中毒事件）开始，元素形态分析得到了普遍重视和迅速发展，特别是汞、砷、铅、硒、锡、碘、铬等元素形态分析的研究。元素形态分析需要先用有效的在线分离技术将某种元素的各种化学形式进行选择性分离，再用高灵敏度的元素检测技术进行测定。电感耦合等离子体质谱（ICP-MS）技术的发展使形态分析的研究得到迅速发展。该技术极高的检测灵敏度以及方便与不同分离技术联用的特点为形态分析提供了强有力的检测手段。

ICP-MS 作为一种高灵敏度的分析技术在痕量、超痕量无机元素分析方面已被广泛应用，其与色谱等分离技术相结合为元素化学形态准确定量提供了强有力的检测工具。

由于元素形态分析的特殊性，对样品处理提出了较高要求，要求样品处理过程不引起形态改变，提取后要保持足够的稳定性，提取方法简便快速。目前常用的提取方法主要有：超声辅助提取、微波辅助萃取、固相（微）萃取、超临界流体萃取、酶分解等技术。

6.6.6.1 中药中汞、砷元素形态及价态的测定

引用《中华人民共和国药典》2020 版四部通则 2322 汞、砷元素形态及价态测定法。

方法采用高效液相色谱-电感耦合等离子体质谱法测定供试品中汞、砷元素形态及价态。

由于元素形态及价态分析的前处理方法与样品密切相关，供试品溶液的制备方法如有特殊要求应在品种项下另行规定。

（1）汞元素形态及价态测定

1）色谱、质谱条件与系统适用性试验

以十八烷基硅烷键合硅胶为填充剂（150mm×4.6mm，5μm）；以甲醇-0.01mol/L乙酸铵溶液（含0.12% L-半胱氨酸，氨水调节pH值至7.5）（8:92）为流动相；流速为1.0mL/min。以具同轴雾化器和碰撞/反应池的电感耦合等离子体质谱进行检测；测定时选取同位素为^{202}Hg，根据干扰情况选择正常模式或碰撞池反应模式。3种不同形态汞及不同价态汞的分离度应大于1.5（图6-8）。

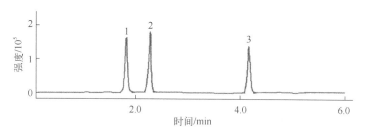

图6-8 汞元素形态及价态测定图谱
1—氯化汞（二价汞）；2—甲基汞；3—乙基汞

2）对照品储备溶液的制备

分别取甲基汞、乙基汞对照品适量，精密称定，再精密吸取汞元素标准溶液（1mg/mL，介质类型为硝酸）适量，加8%甲醇制成每1mL各含100ng（均以汞计）的溶液，即得。

3）标准曲线溶液的制备

精密吸取对照品储备液适量，加8%甲醇分别制成每1mL各含0.5ng、1ng、5ng、10ng、20ng（均以汞计）系列浓度的溶液，即得。

4）供试品溶液的制备

① 矿物药及其制剂：除另有规定外，取相当于含汞量20～30mg的供试品粉末（过四号筛），精密称定，精密加入人工胃液或人工肠液适量，置37℃水浴中超声处理适当时间，摇匀，取适量，静置约20～36h，吸取中层溶液适量，用微孔滤膜（10μm）过滤，精密量取续滤液适量，用0.125mol/L盐酸溶液稀释至一定体积，摇匀，即得。同法制备空白溶液。

② 动、植物类中药（除甲类、毛发类）：除另有规定外，取供试品粉末（过三号筛）0.2～0.5g，精密称定，加0.1mol/L硝酸银溶液200～600μL，精密加入硝酸人工胃液适量，置37～45℃水浴中加热约20～24h，取出，摇匀，室温放置2h，取上清液，用一次性双层滤膜（10μm+3μm）过滤，取续滤液，即得。同法制备空白溶液。

5）测定方法

分别吸取系列标准曲线溶液和供试品溶液各20～100μL，注入液相色谱仪，测定。以系列标准曲线溶液中不同形态汞或不同价态汞的峰面积为纵坐标，浓度为横坐标，绘制标准曲线，计算供试品溶液中不同形态或不同价态汞的含量，即得。

（2）砷元素形态及价态测定

照高效液相色谱法-电感耦合等离子体质谱测定法（通则0412）测定。

1）色谱、质谱条件与系统适用性试验

以聚苯乙烯-二乙烯基苯共聚物载体键合三甲基铵阴离子交换材料或相当的材料为填充剂（250mm×4.1mm，10μm）；以 0.025mol/L 磷酸二氢铵溶液（氨水调节pH 值至 8.0）为流动相A，以水为流动相B，按表6-58进行梯度洗脱；流速为1.0mL/min。以具同轴雾化器和碰撞/反应池的电感耦合等离子体质谱进行检测；测定时选取同位素为 ^{75}As，选择碰撞池反应模式或根据不同仪器的要求选用适宜校正方程进行校正。

表6-58 梯度洗脱程序

时间/min	流动相 A/%	流动相 B/%
0～15	0 ⟶ 100	100 ⟶ 0
15～20	100 ⟶ 0	0 ⟶ 100
20～25	0	100

6种不同形态砷的分离度应符合要求，砷胆碱、砷甜菜碱和亚砷酸的分离度应不小于1.0（图6-9）。

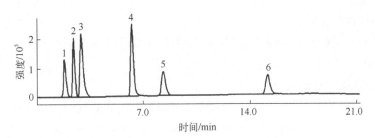

图6-9 砷元素形态及价态测定图谱

1—砷胆碱；2—砷甜菜碱；3—亚砷酸（三价砷）；4—二甲基胂；5——甲基胂；6—砷酸（五价砷）

2）对照品储备溶液的制备

分别取亚砷酸、砷酸、一甲基胂、二甲基胂、砷胆碱、砷甜菜碱对照品适量，精密称定，加水制成每1mL 各含 2.0μg（均以砷计）的对照品溶液，即得。

3）标准曲线溶液的制备

精密吸取对照品储备溶液适量，加0.02mol/L 乙二胺四乙酸二钠溶液制成每1mL各含 1ng、5ng、20ng、50ng、100ng、200ng、500ng（均以砷计）系列浓度的溶液，摇匀，即得。

4）供试品溶液的制备

① 矿物药及其制剂：除另有规定外，取相当于含砷量20～30mg 的供试品粉末

（过四号筛），精密称定，精密加入人工肠液适量，置 37℃水浴中超声处理适当时间，摇匀，取适量，静置约 20～36h，吸取中层溶液适量，用微孔滤膜（10μm）过滤，精密量取续滤液适量，用 0.02mol/L 乙二胺四乙酸二钠溶液稀释至一定体积，摇匀，即得。同法制备空白溶液。

② 动、植物类中药（除甲类、毛发类）：除另有规定外，取供试品粉末（过三号筛）0.2～0.5g，精密称定，精密加入硝酸人工胃液适量，置于 37～45℃水浴中加热约 20～24h，取出，摇匀，放置 2h，取上清液，用一次性双层滤膜（10μm+3μm）过滤，取续滤液，即得。同法制备空白溶液。

5）测定方法

分别吸取系列标准曲线溶液和供试品溶液各 20～100μL，注入液相色谱仪，测定。以系列标准曲线溶液中不同形态砷或不同价态砷的峰面积为纵坐标，浓度为横坐标，绘制标准曲线，计算供试品溶液中不同形态或不同价态砷的含量，即得。

【附注】

① 所用玻璃仪器使用前均需以 20%硝酸溶液（体积分数）浸泡 24h 或其他适宜方法进行处理，避免干扰。

② 本法系汞和砷元素形态及价态的通用性测定方法，在满足系统适用性的条件下，并非每次测定均需配制 3 种汞或 6 种砷的形态及价态系列标准曲线溶液，可根据实际情况仅配制需要分析的汞或砷形态及价态的系列标准曲线溶液。

③ 进行汞元素形态及价态分析时，由于色谱柱中暴露的未完全封端硅羟基对 Hg^{2+} 的影响，导致色谱柱柱效损失较快。建议采用封端覆盖率较高的色谱柱，且必要时，在一定进样间隔，采用阀切换技术以高比例有机相冲洗色谱柱后再继续分析。

④ 硝酸人工胃液：取 32.8mL 稀硝酸，加水约 800mL 与人工胃蛋白酶 10g，摇匀后，加水稀释成 1000mL，即得。

⑤ 因中药成分复杂且砷、汞含量差异较大，故本法中称样量仅供参考。矿物药及其制剂的取样量一般应折算至含砷量或含汞量 20～30mg；动、植物类中药（除甲类、毛发类）的取样量应根据样品中砷或汞的含量来确定适宜的量，一般为 0.2～0.5g。

⑥ 本法中规定的供试品溶液制备方法系通用性的推荐方法，实践中可根据样品基质的不同而进行参数的适当调整，并在各品种项下另作详细规定，同时进行必要的方法验证。

⑦ 供试品中汞、砷形态或价态的限量应符合各品种项下的规定。

6.6.6.2 食品中 5 种不同形态砷的测定

引用标准：GB/T 23372—2009《食品中无机砷的测定 液相色谱-电感耦合等离子体质谱法》。

(1) 方法适用性

本方法适用于食品中无机砷［亚砷酸根As（Ⅲ）和砷酸根As（Ⅴ）］的测定。方法检出限为As（Ⅲ）0.002mg/kg，As（Ⅴ）0.004mg/kg。

(2) 试剂

① 3%（体积分数）乙酸溶液：取3.0mL乙酸置于适量水中，再稀释至100mL。

② 0.15%（体积分数）乙酸溶液：取0.15mL乙酸置于适量水中，再稀释至100mL。

③ 30%双氧水。

④ 无水乙醇。

⑤ 流动相（A相）。

2mmol/L 磷酸二氢钠：准确称取0.3120g磷酸二氢钠用水定容至1000mL。

10mmo/L 无水乙酸钠：准确称取0.8203g无水乙酸钠用水定容至1000mL。

0.2mmo/L 乙二胺四乙酸二钠：准确称取0.0746g乙二胺四乙酸二钠用水容1000mL。

3mmol/L 硝酸钾：准确称取0.3030g硝酸钾用水定容至1000mL。

4%氢氧化钠水溶液：称取氢氧化钠4g用水定容至100mL。

⑥ 标准储备液。砷酸根、亚砷酸根、砷甜菜碱、一甲基胂、二甲基胂（以下简称5种砷），每种标准储备液的浓度为5μg/mL，贮存于4℃冰箱中，有效期3个月。

5种砷标准工作液：吸取五种砷的标准储备液2.0mL到10mL的容量瓶中，配得混合标准工作液浓度为1.0mg/L。分别吸取混合标准工作液0.0mL、0.1mL、0.2mL、0.5mL、1.0mL于一组100mL的容量瓶中用0.15%的乙酸溶液定容至刻度，得到氮元素浓度分别为0.0μg/mL、0.001μg/mL、0.002μg/mL、0.005μg/mL、0.01μg/mL的混合标准溶液。使用时现配。

⑦ 水相滤膜：0.45μm。

⑧ 聚二乙烯基苯聚合物反相填料的样品前处理柱（或等效的脱脂柱）：250mg，3mL。该柱使用前采用5mL甲醇和10mL水活化，保持萃取柱处于湿润状态。

⑨ 石墨化炭黑小柱：500mg，6mL。该柱使用前采用10mL甲醇和20mL水活化，保持萃取柱处于湿润状态。

(3) 仪器和设备

等离子体质谱；高效液相色谱；pH计；分析天平：感量0.01g和0.0001g；粉碎机；涡旋混合器；恒温水浴锅；超声波清洗器；高速冷冻离心机（转速不小于8000r/min）。

(4) 试样处理

1) 植物性固体样品

试样用粉碎机粉碎。准确称取样品1~4g（精确至0.01g）（海带、紫菜等海产品类植物样品1g，谷物类样品2g，蔬菜类样品4g），加入38mL水，涡旋混匀后，超声萃取40min,加入3%乙酸溶液2mL混匀沉淀蛋白,于4℃冰箱中静置5min后,取上清液过0.45μm过滤膜于1.5mL离心管中,以8000r/min转速于4离心10min,吸取上清液注入液相色谱仪进行分析。蔬菜等色素较深的样品要过石墨化炭黑小柱去除颜色。同时制备试剂空白溶液。

2)动物性固体样品

试样用粉碎机粉碎。准确称取贝类及虾蟹类等海产品、乳粉、畜禽肉类样品2g(精确到0.01g),加入38mL水,涡旋混匀后,超声萃取40min,加入3%乙酸溶液2mL混匀沉淀蛋白,于4冰箱中静置5min后,取上清液过0.45μm过滤膜于1.5mL离心管中,以8000r/min转速于4℃离心10min,吸取上清液注入液相色谱仪进行分析。油脂含量高的样品过聚二乙烯基苯聚合物反相填料的样品前处理柱去除油脂。同时制备试剂空白溶液。

3)液体样品

取5.0mL白酒类样品在80℃下挥干酒精,用水定容至10mL比色管中,直接上机进行检测。啤酒和乳制品等液体样品称取10g,加入水称重至38g(精确至0.01g),涡旋混匀后,超声萃取20min,加入2.0g(精确至0.01g)3%乙酸溶液混匀沉淀蛋白,于4℃冰箱中静置5min后,取上清液过0.45μm过滤膜于1.5mL离心管中,以8000r/min转速在4℃下离心10min,吸取上清液注入液相色谱仪进行分析。乳制品过聚二乙烯基苯聚合物反相填料的样品前处理柱去除油脂。同时制备试剂空白溶液。

(5)仪器条件

液相色谱分离条件。阴离子保护柱IonPac AG19(50mm×4mm);阴离子分析柱IonPac AG19(250mm×4mm)。流动相:等度洗脱,可由A相+B相(99+1)混合组成,也可混合配成单相等度洗脱。其中,A相为10 mmol/L无水乙酸钠,3mmol/L硝酸钾,2mmol/L磷酸二氢钠,0.2mmol/L乙二胺四乙酸铁钠,4%氢氧化钠水溶液调pH=10.7;B相为无水乙醇。流速:1.0mL/min;进样量:5~50μL。

等离子体质谱参考条件。积分时间:0.5s。功率:1550W。雾化器:同心雾化器。载气流量:0.60~1.20L/min。采样深度:9.5mm。采集质量数:砷75。进样管内径:≤0.2mm。载气:氩气,纯度≥99.999%。色谱柱与ICP-MS相连的管线距离不超过0.5m。

(6)测定

取样品处理溶液和标准工作溶液分别注入液相色谱仪进行分离,用等离子体质谱仪进行检测。以其标准溶液峰的保留时间定性,以其峰面积求出样品溶液中被测物质的含量,供计算。5种砷标准样品色谱图见图6-10。

6.6.6.3 饲料中氨苯胂酸、4-羟基苯胂酸、洛克沙胂、硝苯胂酸的测定

引用标准:SB/T 10921—2012《饲料中氨苯胂酸、4-羟基苯胂酸、洛克沙胂、

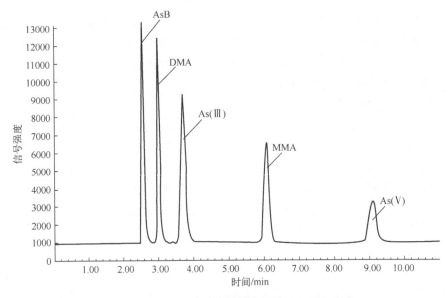

图6-10 五种不同形态砷标准样品的色谱分离图

AsB—砷甜菜碱；DMA—二甲基胂；As（Ⅲ）—亚砷酸根；MMA—一甲基胂；As（Ⅴ）—砷酸根

硝苯胂酸的测定　液相色谱-电感耦合等离子体质谱法》。

（1）方法适用性

本方法适用于配合饲料中氨苯胂酸、4-羟基苯胂酸、洛克沙胂、硝苯胂酸含量的测定。检出限：氨苯胂酸 0.1mg/kg，4-羟基苯胂酸 0.1mg/kg，洛克沙胂 0.2mg/kg、硝苯胂酸 0.2mg/kg。

（2）标准溶液与试剂

① 流动相。称取 0.68g 磷酸氢二铵，用水溶解并定容至 1L，用磷酸调 pH 为 3.5，超声混匀 10min。

② 标准溶液。分别准确吸取氨苯胂酸（1mg/L）、4-羟基苯胂酸（1mg/L）标准储备溶液各 0.2mL，洛克沙胂（1mg/L）、硝苯胂酸（1mg/L）标准储备溶液各 0.4mL，加20%甲醇水溶液定容至10mL，即得4种有机砷混合标准溶液含氨苯胂酸20μg/mL，4-羟基苯胂酸 20μg/mL，洛克沙胂 40μg/mL，硝苯胂酸 40μg/mL。然后再分别准确吸取氨苯胂酸、4-羟基苯胂酸、洛克沙胂、硝苯胂酸混合标准中间液 0.01mL、0.025mL、0.05mL、0.1mL、0.25mL 置于 10mL 容量瓶中，用 20%甲醇水溶液稀释至刻度，摇匀，此混合标准工作液浓度见表 6-59。

（3）仪器和设备

等离子体质谱；液相色谱；分析天平（感量 0.01g）；超声波清洗器；离心机（大于 8000r/min）；超纯水制备仪；涡旋器；酸度计；滤膜：0.45μm 水相。

表6-59 混合标准工作液中4种有机砷浓度　　　　　单位：μg/mL

有机砷名称	浓度1	浓度2	浓度3	浓度4	浓度5
氨苯胂酸	0.02	0.05	0.10	0.20	0.50
4-羟基苯胂酸	0.02	0.05	0.10	0.20	0.50
洛克沙胂	0.04	0.10	0.20	0.40	1.0
硝苯胂酸	0.04	0.10	0.20	0.40	1.0

（4）试样制备

① 样品粉碎过0.45mm筛孔的筛，混匀，贮于密闭封口袋中备用。

② 称取2g样品，准确至0.01g，置于50mL离心管中。加入20mL 20%甲醇水溶液，4000r/min涡旋25s，超声提取15min，9000r/min离心15min，上层清液过0.45μm滤膜过滤后备用。

（5）仪器条件

液相色谱条件。色谱柱：C_{18}反相色谱柱，150mm×4.6mm，内径5μm；流动相：磷酸氢二铵（pH=3.5）；流速：1.0mL/min；进样体积：10μL。

等离子体质谱条件。高频功率：1260W；采样深度：5.8mm；载气流速：0.65L/min；辅助气流速：0.45L/min；检测As质量数（$m/z=75$）。

（6）测定

依次将上述混合标准工作液和制备好的试样溶液注入液相色谱-等离子体质谱仪中，根据峰面积，以外标法进行校准定量。标准色谱图见图6-11。

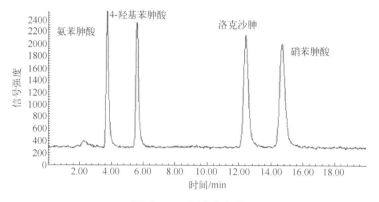

图6-11　色谱分离图

6.6.6.4　水质中三丁基锡等4种有机锡化合物的测定

引用标准：HJ 1074—2019《水质　三丁基锡等4种有机锡化合物的测定　液相色谱-电感耦合等离子体质谱法》。

（1）方法适用性

适用于地表水、地下水、海水、生活污水和工业废水中二丁基锡、三丁基锡、二苯基锡、三苯基锡的测定。

当采用液液萃取法，取样量为 1000mL，浓缩体积为 1.0mL，进样量为 20.0μL 时，方法检出限为 0.004~0.005μg/L，测定下限为 0.016~0.020μg/L；当采用直接进样法，进样量为 20.0μL 时，方法检出限为 3~6μg/L，测定下限为 12~24μg/L。

（2）标准物质与试剂

有机锡（二丁基锡、三丁基锡、二苯基锡和三苯基锡）标准储备液：ρ = 1000mg/L。准确称取 13.05mg（精确到 0.01mg）二丁基氯化锡（$C_8H_{18}Cl_2Sn$）、11.22mg 三丁基氯化锡（$C_{12}H_{27}ClSn$）、12.60mg 二苯基氯化锡（$C_{12}H_{10}Cl_2Sn$）、11.01mg 三苯基氯化锡（$C_{18}H_{15}ClSn$）标准物质，溶于甲醇或丙酮中，定容至 10.00mL。每升储备液中含有 1000mg 的二丁基锡、三丁基锡、二苯基锡和三苯基锡。在-18℃以下冷冻可保存 1 年。也可直接购买有证标准溶液。

有机锡（二丁基锡、三丁基锡、二苯基锡和三苯基锡）标准使用液：ρ = 10.0mg/L。量取 1.00mL 有机锡（二丁基锡、三丁基锡、二苯基锡和三苯基锡）标准储备液，用乙腈定容至 100 mL。在-18℃以下冷冻可保存 20d。

流动相：分别量取 65.0mL 乙腈、12.0mL 乙酸和 0.05mL 三乙胺置于 100mL 棕色玻璃容量瓶中，用实验用水定容至 100mL。

聚四氟乙烯微孔滤膜：0.22μm。

氩气：纯度不低于 99.99%。

外加气：80%氩气和 20%（体积分数）氧气混合气，氩气和氧气的纯度均不低于 99.99%。

（3）仪器和设备

电感耦合等离子体质谱仪：配备外加气控制单元、有机排废管的雾化器、铂采样锥、铂截取锥及有机专用炬管。

液相色谱仪：色谱柱为填料粒径 5.0μm、柱长 250mm、内径 4.6mm 的 C_{18} 柱，或其他等效色谱柱。

浓缩装置：旋转蒸发装置、KD 浓缩器、氮吹仪或其他性能相当的设备。

（4）样品的采集与保存

按照 HJ 91.1、HJ/T 91、HJ/T 164、HJ 442 和 HJ 493 的相关规定进行采样布点和样品采集。

用棕色玻璃瓶采集 2.5L 样品，加入适量盐酸溶液（1+1），调节样品 pH≤2。样品避光、4℃以下冷藏运输和保存。采用萃取法时，需在 24h 内完成样品萃取，萃取液可保存 7d；采用直接进样法时，样品应在 24h 内分析完毕。

（5）试样的制备

① 液液萃取法。萃取：将样品恢复至室温，确认样品 pH≤2。量取 1000mL（样品浓度较高时，减少取样体积）样品于分液漏斗中，加入 30g 氯化钠摇匀。加入 60mL

的二氯甲烷，振荡 5min，静置分层，收集有机相，再用 60mL 二氯甲烷萃取两次，合并萃取液，经无水硫酸钠脱水，待浓缩。

注1：如果萃取过程中乳化现象严重，可以采用包括搅动、离心、玻璃棉过滤、冷冻等方法破乳。

注2：海水样品可适当减少氯化钠的加入量。

浓缩与溶剂转换：用浓缩装置将萃取液浓缩至约 0.5mL，加入 1mL 的乙腈并充分混匀，浓缩至约 0.5mL，再重复加乙腈浓缩 2 次，最后用流动相定容至 1.0mL。经聚四氟乙烯微孔滤膜过滤后，置于棕色样品瓶中，待测。

注：浓缩过程溶剂蒸干对目标物的回收率影响较大。

② 直接进样法。将样品恢复至室温，用盐酸溶液（1+1）调节样品 pH≤2。取 1.0mL 样品用聚四氟乙烯微孔滤膜过滤，滤液收集在棕色样品瓶中，再取 1.0mL 乙腈洗涤该滤膜，洗涤液合并在棕色样品瓶中，待测。

③ 空白试样的制备。以实验用水代替样品，按照与试样的制备相同的步骤制备空白试样。

（6）仪器条件

液相色谱参考条件：

流动相：V（乙腈）：V（水）：V（乙酸）= 65：23：12，含三乙胺 0.05%。

柱温：18～30℃。

流速：0.8mL/min。

进样体积：20.0μL。

电感耦合等离子体质谱（ICP-MS）参考条件见表 6-60。

表 6-60　电感耦合等离子体质谱参考条件

参数	数值	参数	数值
射频功率	1600W	采样锥直径	1.0mm
采样深度（炬管与样品锥之间的距离）	9.0mm	截取锥直径	0.4mm
等离子气/冷却气（氩气）	15.0L/min	采样模式	时间分辨
辅助气（氩气）	0.00L/min	采集时间	1200s
载气（氩气）	0.55L/min	检测元素	^{116}Sn、^{118}Sn、^{120}Sn
外加气（氩氧混合气）	0.25L/min		

（7）标准曲线的建立

液液萃取法标准系列制备：将有机锡（二丁基锡、三丁基锡、二苯基锡和三苯基锡）标准使用液用流动相稀释成 10.0μg/L、20.0μg/L、50.0μg/L、100μg/L、150μg/L、200μg/L 的标准系列，贮存在棕色样品瓶中。

直接进样法标准系列制备：将有机锡（二丁基锡、三丁基锡、二苯基锡和三苯基锡）标准使用液用盐酸溶液（1+1）稀释成 10.0μg/L、20.0μg/L、50.0μg/L、100μg/L、150μg/L、200μg/L 的标准系列，贮存在棕色样品瓶中。

按照仪器参考条件进行测定，以目标物浓度为横坐标，与其对应的响应值为纵坐标，建立标准曲线。

（8）测定

量取 20.0μL 试样，按照与标准曲线建立相同的步骤进行测定。量取 20.0μL 空白试样，按照与样品分析相同步骤进行测定。

（9）结果计算与表示

定性分析：根据保留时间定性。4 种有机锡的标准色谱图见图 6-12。

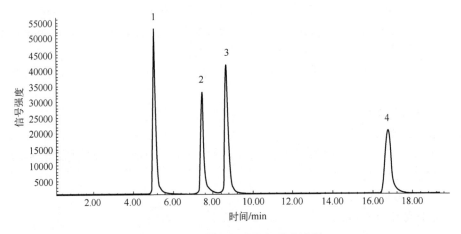

图 6-12　4 种有机锡的标准色谱图

1—二苯基锡；2—二丁基锡；3—三苯基锡；4—三丁基锡

采用萃取法：样品中有机锡的质量浓度，按照式（6-15）进行计算。

$$\rho_i = \frac{\rho_i' V}{V_0} \tag{6-15}$$

式中　ρ_i——样品中有机锡的质量浓度，μg/L；

ρ_i'——由标准曲线计算的试样中有机锡的质量浓度，μg/L；

V——试样定容体积，mL；

V_0——样品体积，mL。

直接进样法：样品中有机锡的质量浓度，按照式（6-16）进行计算。

$$\rho_i = 2\rho_i' D \tag{6-16}$$

式中　ρ_i——样品中有机锡的质量浓度，μg/L；

ρ_i'——由标准曲线计算的试样中有机锡的质量浓度，μg/L；

D——样品稀释倍数。

6.6.6.5 饮用水样品中溴、碘形态测定[82]

(1) 方法适用性

适用于离子色谱-电感耦合等离子体质谱 (ICP-MS) 法同时测定饮用水样品中 BrO_3^-、Br^-、IO_3^-、I^- 含量。各形态测定范围见表6-61。本方法 BrO_3^-、Br^-、IO_3^- 和 I^- 的检出限分别为：0.08μg/L、0.05μg/L、0.01μg/L 和 0.01μg/L。

表6-61 各形态测定范围

分析元素形态	BrO_3^-	Br^-	IO_3^-	I^-
测定范围/(nmol/L)	5~50000	5~50000	0.5~5000	0.5~5000

(2) 仪器及条件

离子色谱仪；电感耦合等离子体质谱仪；Dionex IonPac AS16 阴离子交换柱 (250mm×4mm, 10μm) 及其保护柱，或与其等效的阴离子交换柱及其保护柱。

离子色谱条件：IonPac AS16 阴离子分析柱 (250mm×4mm, 10μm), IonPac AG16 阴离子保护柱 (50mm×4mm, 10μm), 30mmol/L 氢氧化钾等度洗脱；流速为 1mL/min；进样体积为 100μL；柱温为 30℃；分析时间为 12min。

ICP-MS 条件：射频功率为 1550W；雾化器为同心雾化器，自动提升；载气流量为 1.05L/min；采样深度为 5mm；采集溴、碘的质荷比 (m/z) 分别为 79、127；载气为高纯氩气，纯度≥99.999%。

(3) 标准溶液的配制

准确称取经过干燥后的碘酸钾标准物质 0.1686g 于 100mL 容量瓶中，以超纯水溶解定容至刻度，配制成质量浓度为 1000mg/L 的碘酸钾标准储备溶液。准确量取适量 1000mg/L 的 BrO_3^-、Br^-、IO_3^- 和 I^- 标准储备溶液逐级稀释后配制成 100mg/L 的混合标准使用溶液，再用超纯水逐级稀释，配制成质量浓度为 0.10μg/L、0.50μg/L、1.00μg/L、5.00μg/L、10.00μg/L、50.00μg/L、100.00μg/L、300.00μg/L 的混合标准系列溶液。以浓度 (x) 对峰面积 (y) 绘制标准曲线。BrO_3^-、Br^-、IO_3^- 和 I^- 的标准色谱图如图6-13所示。

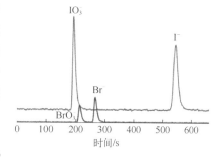

图6-13 BrO_3^-、Br^-、IO_3^- 和 I^- 标准溶液的色谱图

(4) 测定

取样品处理溶液和标准工作溶液分别注入离子色谱进行分离，用电感耦合等离子体质谱仪进行检测。与标准工作液比较计算出待测离子的含量。

6.6.6.6 食品中汞形态的测定

引用标准：SN/T 5141—2019《出口食品中汞形态的测定 液相色谱-电感耦合等离子体质谱法》。

（1）方法适用性

适用于鱼类、虾仁、大豆、猪肉、蛋类、菠萝、牛奶和乳粉中无机汞、甲基汞、乙基汞和苯基汞的检测和确证。

（2）仪器与试剂

高效液相色谱仪（HPLC）；电感耦合等离子体质谱仪（ICP-MS），配加氧通道；微波萃取仪；样品粉碎机；pH计。

25%四甲基氢氧化铵溶液。

0.1% L-半胱氨酸-10mmo/L 乙酸铵-氨水溶液：称取 0.771g 乙酸铵和 1.0g L-半胱氨酸，加入 900mL 超纯水溶解，用氨水调节 pH 值至 7.0，定容 1000mL。

标准品：氯化汞、氯化甲基汞、氯化乙基汞和氯化苯基汞，纯度>98%。

标准储备液：称取一定量的各形态汞标准物质，用甲醇配制成浓度（以汞计）为 100mg/L 的标准储备液，4℃冰箱保存备用。

标准工作液：吸取 4 种汞的标准储备液各 10μL 到 10mL 容量瓶中，配得混合标准工作溶液 0.1mg/L。分别吸取混合标准工作液 0mL、0.05mL、0.1mL、0.2mL、0.5mL、1.0mL、2.0mL、5.0mL 于一组 10mL 容量瓶中，用 0.1% L-半胱氨酸-10mmol/L 乙酸铵-氨水溶液定容至刻度，得到各种汞形态的浓度（以汞计）分别为 0.0ng/mL、0.5ng/mL、1.0ng/mL、2.0ng/mL、5.0ng/mL、10.0ng/mL、20.0ng/mL、50.0ng/mL 的混合标准溶液，即配即用。

有机系微孔滤膜：0.45μm。

（3）试样制备及保存

试样制备：大豆等样品去杂质后粉碎均匀，牛奶和乳粉混匀，装入洁净容器中，密封并标明标记；鱼类、虾仁、猪肉、蛋类、菠萝等新鲜样品，取可食部分打碎，装入洁净容器中，密封并标明标记。

试样保存：将大豆和乳粉样品常温干燥保存；鱼类、虾仁、猪肉、蛋类、菠萝等新鲜样品于−18℃冰箱冷冻保存，牛奶样品于 4℃冰箱保存。

（4）样品提取

准确称取约 0.5g 试样（精确至 0.0001g）于 10mL 微波萃取管中，加入 4mL 25% 四甲基氢氧化铵溶液，盖上盖涡旋混匀后，置于微波形态萃取仪中，120℃萃取 10min，萃取完毕后，冷却，用 0.1% L-半胱氨酸-10mmo/L 乙酸铵-氨水溶液定容 10mL，过 0.45μm 的有机系微孔滤膜，待用。

（5）测定条件

高效液相色谱条件如下：

色谱柱：C_{18}柱，150mm×4.6mm，5μm；或相当者。

流动相：A相甲醇，B相0.1% L-半胱氨酸-10mmol/L 乙酸铵-氨水溶液，梯度洗脱程序见表6-62。

流速：1.0mL/min。

柱温：30℃。

进样量：50μL。

高效液相色谱测定的流动相梯度洗脱程序见表6-62。

表6-62 高效液相色谱测定的流动相梯度洗脱程序

时间/min	流动相A/%	流动相B/%	时间/min	流动相A/%	流动相B/%
0	8	92	5	50	50
1	8	92	6	8	92
2	50	50	10	8	92

电感耦合等离子体质谱参考条件见表6-63。

表6-63 电感耦合等离子体质谱参考条件

检测模式	标准模式	检测模式	标准模式
雾化器	同心雾化器	O_2加入量	2.83%
功率	1550W	定量质量数	202
雾化器流速	1.0L/min	载气	氩气，纯度≥99.999%
冷却气流速	14.0L/min	采样锥和截取锥	Pt
辅助气流速	0.8L/min	积分时间	0.1s

（6）定量测定

依次将相同体积标准系列工作液和待测液注入液相色谱仪进行分离，用电感耦合等离子体质谱仪进行检测。以标准溶液中各种汞形态色谱峰的保留时间定性，以各色谱峰峰面积对浓度作标准曲线，外标法定量。若待测液的浓度超过线性范围，需稀释后重新进样。四种汞形态标准样品的总离子流色谱图见图6-14。

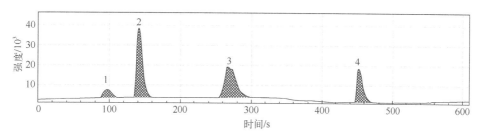

图6-14 四种汞形态的标准样品总离子流色谱图
1—无机汞（$HgCl_2$）；2—甲基汞；3—乙基汞；4—苯基汞

空白试验：除不加试样外，均按上述分析步骤进行。

结果计算和表达样品中各种形态汞含量按式（6-17）计算：

$$X = \frac{(c_i - c_0) \times V}{m \times 1000} \tag{6-17}$$

式中　X——试样中不同形态汞的含量，mg/kg；

　　　c_i——由标准曲线计算得到的试样中不同形态汞的浓度，ng/mL；

　　　c_0——空白试样中不同形态汞的浓度，ng/mL；

　　　V——样液最终定容体积，mL；

　　　m——最终样液所代表的试样质量，g。

6.6.6.7　玩具材料中可迁移六价铬的测定

引用标准：GB/T 34435—2017《玩具材料中可迁移六价铬的测定　高效液相色谱-电感耦合等离子体质谱法》。

（1）方法适用性

适用于以下可触及的玩具材料：第一类，干燥、易碎、粉状或易弯曲的玩具材料；第二类，液体或黏性玩具材料；第三类，可刮取玩具材料。

包装材料不包括在本方法的适用范围内，除非它们是预定需保留的，例如盒子、容器，或者除非它们构成玩具的一部分或设计具有玩耍的价值。

（2）试剂与仪器设备

流动相（0.15mol/L 硝酸铵）：取 10.4mL 硝酸和 11.2mL 氨水，用水稀释至 1L，再用氨水（1+4）将 pH 值调至 7.4±0.2。其他浓度的硝酸铵可根据浓度比进行配制。

100mg/L Cr（Ⅵ）标准溶液；1mg/L Cr（Ⅵ）标准储备溶液。

电感耦合等离子体质谱仪；高效液相色谱仪；C_{18} 样品前处理小柱。

（3）玩具材料的分类

玩具材料主要分为三类。第一类玩具材料为干燥、易碎、粉状或易弯曲材料。此类材料指的是在玩耍过程，会释放出粉末状材料。这些粉末状材料会粘在手上，可能被吞咽。第二类玩具材料为液体或黏稠的玩具材料。此类材料是指在玩耍过程中，可能被摄入体内或接触皮肤的流质或黏性材料。第三类玩具材料为可刮取玩具材料。此类材料是指在玩耍过程中，可通过口咬、牙齿撕、吮吸或舔食等方式而被摄入体内的固体材料，不管是否含有涂层。表 6-64 给出几种常见玩具材料的分类，表中未列出的玩具材料需按上述方式自行归类。

（4）试样的制备和提取

试样的制备和提取按 GB 6675.4 进行。提取结束后马上用氨水（1+1）将所得提取液的 pH 值调节至 7.0～8.0，待测。

表6-64 玩具分类举例

玩具材料	第一类	第二类	第三类
色漆、清漆、生漆、油墨、聚合物、泡沫的涂层和类似的涂层			√
聚合物和类似材料,包括有或无纺织物增强的层压材料,但不包括其他纺织物			√
纸和纸板			√
天然、人造或合成纺织物			√
玻璃/陶瓷/金属材料			√
其他可浸染色材料,不管是否被浸染色,例如木材、纤维板、骨头和皮革			√
压缩颜料片,会留下痕迹的固体材料,例如铅笔芯、粉笔、蜡笔	√		
软性造型材料,包括造型黏土和凝胶	√		
液体颜料,包括指画颜料、清漆、生漆、钢笔墨水及其他类似的液体材料,例如液体胶水、泡泡水		√	
固体胶水		√	

注:√表示归属于。

注:对于深色样品提取液,必要时用 C_{18} 小柱或其他有效的方式进行脱色。

(5)分析步骤

仪器条件:由于测试结果和所使用仪器有关,可根据仪器性能选用合适的测定条件,设定的参数应保证 Cr(Ⅵ)与干扰组分 Cr(Ⅲ)有效分离,可供参考的仪器条件见表6-65和表6-66。具体色谱图见图6-15。

表6-65 高效液相色谱参考工作条件

色谱柱	流动相	流速/(mL/min)	进样体积/μL
阴离子分析柱或相当者	0.15mol/L NH_4NO_3 (pH = 7.4 ± 0.2)[①]	1.0	100

① 在实际样品测试中,常常遇到 Cr(Ⅲ)大大过量于 Cr(Ⅵ)的情况,为使 Cr(Ⅵ)色谱峰不受干扰,可适当降低流动相浓度,提高两者的分离度。Cr(Ⅲ)和 Cr(Ⅵ)混合溶液在不同浓度 NH_4NO_3 下的色谱图见图6-15。

表6-66 电感耦合等离子体质谱仪参考工作条件

射频功率/W	载气流速/(L/min)	采样深度/mm	He 碰撞气流速/(mL/min)	Cr 积分时间/s
1550	1.08	8.0	4.5	0.3

标准曲线绘制:取 Cr(Ⅵ)标准储备溶液用流动相硝酸铵配制系列标准溶液,浓度分别为 0μg/L、0.04μg/L、0.1μg/L、0.2μg/L、0.5μg/L、1.0μg/L,需现配现用。绘制标准曲线,线性相关系数 $r \geq 0.995$。

测定:将试样溶液用 HPLC-ICP-MS 方法测定,以 Cr(Ⅵ)标准溶液色谱峰的保留时间定性;必要时可利用 $^{52}Cr/^{53}Cr$ 丰度比为 88×(1±10%)进行定性。以 m/z 52 的结果进行峰面积外标法定量。Cr(Ⅵ)与 Cr(Ⅲ)的色谱图见图6-15。如果试样溶液中 Cr（Ⅵ）含量超出标准曲线的最高浓度值，则应使用与配制标准溶液所使用的介质一致的硝酸铵适当稀释后再测定。空白试验不加样品，与样品测定平行进行，并采用相同的分析步骤，取相同量的所有试剂。

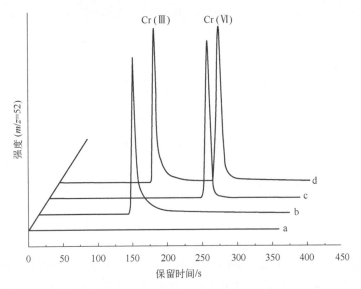

图 6-15　不同 Cr 溶液的色谱图

曲线：a—空白溶液；b—Cr（Ⅲ）溶液；c—Cr（Ⅵ）溶液；d—Cr（Ⅲ）和 Cr（Ⅵ）混合溶液

6.6.6.8　化妆品中硫柳汞和苯基汞的测定

引用标准：GB/T 37649—2019《化妆品中硫柳汞和苯基汞的测定　高效液相色谱-电感耦合等离子体质谱法》。

（1）方法适用性

方法适用于膏、霜和乳液类化妆品中硫柳汞和苯基汞含量的测定。本标准方法硫柳汞和苯基汞的检出限（以汞计）为 0.3mg/kg，定量限（以汞计）为 1.0mg/kg。

（2）试剂及仪器设备

乙酸铵水溶液（c = 60mmol/L，含有 0.1% L-半胱氨酸）：分别准确称取 4.625g 乙酸铵，1.000g L-半胱氨酸，用水定容至 1000mL，混匀。经 0.45μm 水系滤膜过滤后，于超声水浴中超声脱气 30min，备用。

混合标准工作溶液：分别准确称取适量的硫柳汞和苯基汞标准品，用甲醇溶解定容，制备成 0.50g/L（以汞计）的硫柳汞和苯基汞标准储备溶液（-18℃以下避光保存，有效期 6 个月）。移取适量标准储备溶液于 100mL 的容量瓶中，用乙酸铵水溶液定容至刻度，作为混合标准工作溶液，参考线性范围为 0.00μg/L、2.50μg/L、5.00μg/L、12.5μg/L、25.00μg/L、50.00μg/L（以汞计）。

高效液相色谱-电感耦合等离子体质谱联用仪；转速不低于 5000r/min 的离心机；

孔径 0.45μm 有机滤膜。

（3）样品处理

称取 0.2g（精确至 0.001g）样品置于 15mL 具塞刻度管中，用 10mL 甲醇溶解，超声提取 15min，用乙酸铵水溶液定容至 15mL，混合均匀，置于 5000r/min 高速离心机上离心 5min，经 0.45μm 滤膜过滤，滤液作为待测样液，备用。可依据需要对待测液进行浓缩或稀释。

（4）仪器参考条件

高效液相色谱参考条件如下：

① 色谱柱：C_{18} 反相色谱柱或相当者（4.6μm×150mm，5μm）。

② 流动相：流动相 A，甲醇；流动相 B，乙酸铵水溶液。高效液相色谱梯度洗脱程序参见表 6-67。

③ 流速：1.0mL/min。

④ 柱温：25℃。

⑤ 进样量：20μL。

表6-67 高效液相色谱梯度洗脱程序

时间/min	流动相 A/%	流动相 B/%	时间/min	流动相 A/%	流动相 B/%
0	20	80	11	20	80
5	50	50	15	20	80
8	50	50			

电感耦合等离子体质谱参考条件如下：

高频功率：1400W；载气流速：0.54L/min；辅助气流速：0.28L/min；反应气比例：80%Ar+20%O_2（体积分数）；采样模式：时间积分；分析时间：900s；检测元素：^{202}Hg。

（5）标准曲线的绘制

按照仪器参考条件检测，以标准系列溶液 0.00μg/L、2.50μg/L、5.00μg/L、12.5μg、25.00μg/L、50.00μg/L（以汞计）的质量浓度为横坐标，对应的峰面积为纵坐标进行线性回归得到标准曲线方程。硫柳汞和苯基汞标准物质色谱图见图 6-16。

（6）测定

按照仪器参考条件，测定待测试样，从标准曲线上查得试样溶液中硫柳汞和苯基汞（以汞计）的含量。试样溶液中硫柳汞和苯基汞（以汞计）的响应值应在标准曲线线性范围内，超过线性范围应将提取液稀释后测定或增加提取溶液的量重新检测。

平行试验：样品中的硫柳汞和苯基汞（以汞计）含量应根据两次独立的平行试验结果的平均值确定。所有测定步骤应在 24h 内完成。

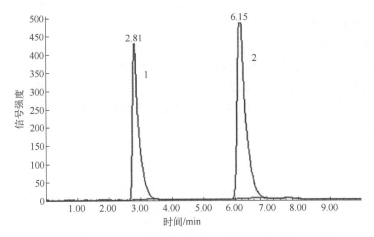

图 6-16 硫柳汞和苯基汞标准物质色谱图
1—硫柳汞；2—苯基汞

6.6.7 在现场在线分析中的应用

6.6.7.1 在线 ICP-MS 分析系统在水环境中的应用

水质安全不仅关乎千万人性命，也是环境安全、生态可持续发展中的重要一环。工业废水、农业污水、渔业及家禽业排泄物中含有大量重金属、苯胺类、农药残留及抗生素等污染物质，这些污染物随着污水进入水体后严重污染环境，并可能通过生物链富集作用危害人体健康。随着相关法规不断出台，污染物在水环境中的检测规范也越来越严格，同时，水环境中污染物多以微量、痕量、超痕量存在，并受到复杂环境影响以多种不同形态存在，增加了检测分析的复杂性。因而，对水环境中污染物原位、实时在线分析意义更重大。

（1）在线 ICP-MS 检测地表水中 19 种元素

王建滨、黄荣华[83]建立了基于电感耦合等离子体质谱法（ICP-MS）在线检测地表水中 19 种元素（Be、B、Ti、V、Cr、Mn、Co、Ni、Cu、Zn、As、Se、Mo、Ag、Cd、Sb、Ba、Tl 和 Pb）的分析方法，并对吴江某河流水中这些元素的含量进行实时在线检测。结果表明，19 种元素检出限为 0.001～0.410μg/L，加标回收率为 92.0%～106%，精密度为 1.0%～4.70%。该法与实验室检测结果的相对偏差为 1.2%～5.6%，检测结果一致性良好。连续 20d 在线检测水中 Sb 含量与实验室检测结果和浓度变化趋势基本一致。该方法可用于地表水中 19 种元素含量的实时、快速、连续监测。

为验证在线 ICP-MS 检测 19 种元素结果的准确性，将该法与实验室方法进行比对，实验室方法按照《生活饮用水标准检验方法 第 6 部分：金属和类金属指标》（GB 5750.6—2023）中电感耦合等离子体质谱法进行，结果见表 6-68。

表 6-68　19 种元素检测结果对比

元素	在线监测结果/(μg/L)	实验室检测结果/(μg/L)	绝对偏差/(μg/L)
B	0.057	0.054	0.003
Be	45.9	51.3	−5.4
Ti	72.6	68.6	4.0
V	3.96	3.85	0.11
Cr	3.79	3.90	−0.11
Mn	51.5	54.1	−2.6
Co	0.080	0.074	0.006
Ni	19.4	18.6	0.8
Cu	5.59	5.27	0.32
Zn	77.5	75.6	1.9
As	1.63	1.50	0.13
Se	1.81	1.96	−0.15
Mo	2.89	3.02	−0.13
Ag	0.12	0.11	0.01
Cd	0.086	0.077	0.009
Sb	3.31	3.44	−0.13
Ba	72.1	77.0	−4.9
Tl	0.062	0.055	0.007
Pb	1.5	1.46	0.04

（2）在线监测原水中锑含量[84]

某水源地位于长三角生态绿色一体化发展示范区，太浦河北岸，水域面积为 1.92km^2，设计总库容为 9.10×10^{6}m^3，设计供水规模为 3.51×10^{6}t/d，服务人口约为 670 万，是某市重要的饮用水源地之一。受上游来水及流域产业结构等因素影响，2014～2017 年太浦河发生了多起水源锑污染事件。锑（Sb）是一种有毒重金属，具有环境毒性和致癌性。我国《地表水环境质量标准》（GB 3838—2002）中规定的 Sb 标准限值为 0.005mg/L。该水源地长期水质监测结果表明，水库出水的 Sb 浓度与进水基本一致，Sb 在水库内无法去除。受该水库引水方式、库容等条件限制，为了确保出水 Sb 达标，必须加强对进水 Sb 的监测，保证其低于标准限值。

该水源地实验室采用原子荧光光谱法（AFS）检测 Sb，频率为 1 次/天，当出现 Sb 浓度升高等特殊情况时，难以满足取水水质监测的需求。水质在线监测技术可实现水质指标的自动监测和远程监控，已在供水行业得到广泛应用。目前，较为常见的在线重金属监测方法主要基于比色法和电化学法，其检出限、准确度等不能很好地满足要求。电感耦合等离子体质谱法（ICP-MS）检测水中重金属，符合国家及行业标准，具有准确度高、重现性好、分析速度快等特点。该地区实验室对一款在线ICP-MS 的检出限、精密度、加标回收率等方法特性指标进行测试，并与实验室 AFS 进行实际水样比对。结果表明，检出限为 0.015μg/L，精密度为 1.31%～1.68%，加标回收率为 99.6%。该方法与实验室 AFS 测量结果的变化趋势一致，相对偏差为 0.2%～7.7%。仪器根据锑浓度测量结果，按照预设的监测频率自动运行。仪器可以满足水源地锑在线监测的需求，为水库取水调度提供依据。

为验证仪器长期自动运行的稳定性，以及与实验室检测结果的一致性，对在线ICP-MS 和实验室 AFS 检测实际水样中 Sb 的结果进行比对。在线 ICP-MS 每 4h 自动采样测量 1 次，比对数据选用每周五 9:00 上位机显示的测量结果。实验室每天 9:00 在同一监测点采集水样后，送回实验室按照《水质　汞、砷、硒、铋和锑的测定　原子荧光法》（HJ 694—2014）进行检测，比对数据选用每周五的实验室测量结果。共比对 26 组数据，所有测量结果均满足 GB 3838—2002 中 Sb 浓度监测和质量控制要求，结果如图 6-17 所示。

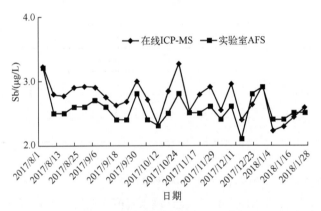

图 6-17　在线 ICP-MS 与实验室 AFS 检测 Sb 结果比对

（3）ICP-MS 在线检测地表水中 23 种元素

随着工业的迅速发展，我国各类水体污染日趋加剧，对人们的健康造成严重威胁，需要建立检测水中污染元素含量的快速、准确、灵敏的方法。

水中污染元素的在线监测是水污染预警和应急处理的有效手段。在线 ICP-MS 检测技术平台可改善目前水中污染元素自动在线监测中存在的一些不足，具有很好的应用前景。王潇磊等[85]建立了基于 ICP-MS 在线检测地表水中 23 种元素（Be、B、Na、Al、Ti、V、Cr、Mn、Fe、Co、Ni、Cu、Zn、As、Se、Mo、Ag、Cd、Sb、Ba、Hg、Tl、Pb）的方法，并用该方法对某河流中上述元素进行实时在线监测。结果表明，23 种元素检出限为 0.00043～3.10000μg/L，加标回收率为 91.0%～112.0%，精密度为 1.3%～4.6%；该法与实验室检测结果的相对偏差为 0.1%～6.8%，检测结果一致性良好。

在某一监测点选取一天内的 3 个时段，进行实验室分析方法与在线监测系统采集数据比对。实验室分析方法按照《水质　65 种元素的测定　电感耦合等离子体质谱法》（HJ 700—2014）中元素总量测定的方法进行样品预处理。23 种元素的数据对比结果见表 6-69，数据显示两者数据偏差在 0.1%～6.8%，验证了在线水质监测系统与实验室分析方法数据有较好的一致性，满足水质监测需求与质量要求。

表6-69　实验室分析数据结果与在线监测数据比对　　　　单位：μg/L

元素	4月5日8:00			4月5日12:00			4月5日16:00		
	在线监测结果	实验室结果	绝对偏差	在线监测结果	实验室结果	绝对偏差	在线监测结果	实验室结果	绝对偏差
Be	0.0110	0.0100	0.0010	0.0100	0.0110	−0.0010	0.0110	0.0100	0.0010
B	98.8000	96.4000	2.4000	86.9000	85.3000	1.6000	82.5000	79.9000	2.6000
Na	2450.0	2430.0	20.0	2380.0	2390.0	−10.0	1950.0	1960.0	−10.0
Al	3.0100	2.9700	0.0400	2.3600	2.2300	0.1300	2.1900	2.2700	−0.0800
Ti	2.9900	3.0020	−0.0120	1.8900	1.9800	−0.0900	2.3100	2.3100	0.0000
V	2.8700	2.9500	−0.0800	1.9700	1.9800	−0.0100	2.4800	2.3800	0.1000
Cr	3.6700	3.7490	−0.0790	2.6600	2.5800	0.0800	3.1900	3.2200	−0.0300
Mn	27.4000	26.7200	0.6800	18.5000	19.6000	−1.1000	22.8000	23.2000	−0.4000
Fe	10.6000	10.8700	−0.2700	7.8400	7.9300	−0.0900	9.7500	9.3300	0.4200
Co	1.0100	1.0120	−0.0020	0.7100	0.7000	0.0100	0.8830	0.8470	0.0360
Ni	9.5800	9.6780	−0.0980	6.7850	6.8700	−0.0850	8.6600	8.4500	0.2100
Cu	9.6400	9.7440	−0.1040	7.3200	7.2500	0.0700	8.4600	8.1400	0.3200
Zn	33.5000	34.9200	−1.4200	25.3000	25.6000	−0.3000	29.0000	29.7000	−0.7000
As	3.7800	3.9860	−0.2060	2.8450	2.8700	−0.0250	3.3000	3.4400	−0.1400
Se	4.8600	4.9720	−0.1120	3.5400	3.6400	−0.1000	4.3800	4.4800	−0.1000
Mo	17.6000	17.6100	−0.0100	11.2000	11.4000	−0.2000	15.4000	14.5000	0.9000
Ag	0.3680	0.3570	0.0110	0.3410	0.3300	0.0110	0.3870	0.3770	0.0100
Cd	0.0560	0.0550	0.0010	0.0346	0.0339	0.0007	0.0476	0.0456	0.0020
Sb	0.3730	0.3610	0.0120	0.2110	0.2080	0.0030	0.2710	0.2550	0.0160
Ba	186.0000	189.0000	−3.0000	120.0000	118.0000	2.0000	152.0000	155.0000	−3.0000
Hg	0.0854	0.0875	−0.0021	0.0612	0.0588	0.0024	0.0658	0.0704	−0.0046
Tl	0.0770	0.0769	0.0001	0.0469	0.0487	−0.0018	0.0622	0.0605	0.0017
Pb	0.0490	0.0484	0.0006	0.0329	0.0323	0.0006	0.0338	0.0326	0.0012

以上工作验证了水质在线监测系统运行稳定、数据可靠，采集数据时效性高，

在实时掌握水质状况、水质污染预警等方面发挥了重要作用。在线水质监测系统测定水中23种元素，前处理简单、干扰少、定量准确，一次性测定多种元素，是一项可靠、有效的水质监测技术。

6.6.7.2 ICP光谱和质谱在工业过程成分在线分析中的应用

工业生产过程中，需要对各个阶段的工艺参数进行监控管理，其中温度、压力、流量等基础信息已实现自动化监控。但工业过程中的成分分析鲜有自动化设备，如湿法冶金、稀土萃取工艺中，涉及浸出、净化、电解、萃取等各个工艺，每个工艺中，成分尤其是元素含量的变化都需及时监测以保证产品质量及化学反应试剂的投入。而这些元素成分的变化涵盖了主含量元素、杂质元素，浓度范围在纳克每升至克每升量级。而这些元素的分析检测，根据含量、样品基体的差异性，分析手段也不相同。电感耦合等离子体质谱仪、电感耦合等离子体发射光谱仪通常为实验室高精密仪器，运用到工业过程分析中，难度较大。

目前工业过程成分分析主要依靠人工取样，再定时定量地送至分析实验室由检测分析人员依据专门的化学分析或仪器分析的标准方法进行检测分析。该方法人工和检测药品成本高、检测时间长，使得检测结果难以实时反馈至工艺现场，不利于生产过程的及时控制，容易造成产品纯度不达标、质量不稳定等问题。

（1）在线光谱/质谱分析系统概述

在线分析光谱/质谱分析系统主要由中央控制系统、采样模块、主机模块及分析模块组成。中央控制系统负责不同模块的控制；采样模块负责样品的采集、过滤、稀释及远程传输；主机模块负责样品的储存、样品的切换及提取；分析模块可分为ICP-OES和ICP-MS法，负责样品的进样分析。

（2）技术特点

整套分析系统包含采样模块、主机模块、分析模块（基于ICP-OES光谱及ICP-MS质谱分析技术），可实现样品自动提取、在线过滤、自动锁存、自动清洗排空、智能稀释、在线快速传输、自动建立标准曲线、相关系数智能判断、数据实时上传、图形化数据监控、精准定位异常报警、防腐设计、多点位同时在线监测等功能。

（3）典型应用

分析模块配置电感耦合等离子体光谱仪（ICP-OES）或电感耦合等离子体质谱仪（ICP-MS），可以检测液体样品中所有金属/类金属元素，配合放置在工业现场的取样模块及远距离传输技术，在锂电行业、有色金属行业、稀土行业以及磷化工行业有着广泛的应用前景。

以往的监测手段都是通过人工取样、实验室分析的方式，24小时都需有人值守，且数据反馈时间滞后（约4小时），一旦发生异常，会造成较大的损失。而在线系统可以自动取样、稀释、分析、结果上传、异常反馈等，全程无需人为参与，解放了人力，且数据反馈及时，一旦出现异常就会报警，最大限度地避免损失。

① 锂电行业。可运用于锂电池回收萃取工段，萃取工段包括原料制备、原料试剂储备及添加、原料萃取等工序，该系统能及时、准确获取各个工艺点的元素（如钴、镍等）浓度信息，对生产优化控制、提高产品质量和产量有重要的指导意义。

② 有色金属行业。在有色金属行业中，一般使用湿法冶金提取金属或者化合物。湿法冶金包括浸取、浸取溶液与残渣分离、浸取溶液的净化和富集、从净化液中提取金属或化合物 4 个主要步骤。该系统可运用于浸取、净化和富集工段中元素成分的分析，及时监控工艺中的反应过程，优化工艺投料及反应条件。

③ 稀土行业。根据 GB/T 12690.5、GB/T 12690.12 和 GB/T 12690.13 稀土金属及其氧化物中非稀土杂质化学分析方法和 GB/T 18115.5—2006 稀土金属及其氧化物中稀土杂质化学分析方法，可以满足萃取槽体内溶液稀土配分（常量、微量）和稀土溶液中非稀土杂质浓度在线监测需求。

④ 磷化工行业。磷化工行业是以磷矿石为原料，将经过冶炼、加工后的产品用于各行业。磷酸的生产方式主要有两种：一种是使用硫酸、硝酸或盐酸分解磷矿石制得磷酸的方法，称为湿法磷酸；另一种是将磷矿石经氧化、水化等反应制得磷酸的方法，称为热法磷酸。该系统可运用于监控工艺中的反应过程，优化工艺投料及反应条件。

第 7 章
ICP 光谱/ICP 质谱仪器进展与应用前景

7.1 ICP 光谱分析仪器的进展

等离子体光谱仪器一直是原子光谱发展的热点,是最具实用价值的分析仪器之一。它的发展集中体现了原子发射光谱的诸多创新技术。进入 21 世纪以来,高性能 ICP 光谱仪器、小型"全谱直读"型仪器占据主要市场,已处于技术成熟的高端仪器发展阶段,已不再单纯强调检测灵敏度、分辨率等基础参数,注重于仪器的高效分析性能,紧凑的光路布局,小型台式现场实用机型,降低使用成本,向智能化软件、数据库、自动诊断功能等智能化系统发展。

7.1.1 ICP 发射光谱仪的现状[86]

以电感耦合等离子体(ICP)为激发光源的 ICP-OES 仪器,可以说是发展得最为完善的 OES 分析仪器。在 20 世纪 90 年代便发展了以高刻线密度平面全息光栅分光的扫描型及同时型仪器,以及中阶梯光栅-棱镜双色散分光的多道型仪器。后者由于可以对多条谱线进行同时测定,被称为"全谱型"仪器。进入 21 世纪以来,由于高亮度高刻线衍射光栅、中阶梯光栅及固体检测器等关键元器件的引用,"全谱型"ICP-OES 仪器得到了快速发展,成为商品仪器的主流产品。仪器不仅从结构和体积上发生很大变化,而且在仪器自动化、数字化及智能化程度上不断创新。高端 ICP-OES 仪器的分辨率在紫外可见光区已达到皮米级(接近原子发射光谱谱线热变宽的自然宽度),固态检测器的读出性能、检测像素集成度均达到很高的程度,高配置计算机及高效软件功能的出现,使 ICP "全谱"直读仪器性能不断提升,仪器性价比更显优势,已发展成为各分析实验室的常规仪器。

当前 ICP-OES 的技术特点主要体现在：等离子体的高频电源采用全固态数字式 RF 发生器，使仪器结构紧凑、运行稳定；ICP 炬管采用垂直配置，双向同时观测，提高测定了灵敏度，扩展了测定线性范围，有利于多元素由低含量到高含量的同时测定；固体检测器性能不断提高，新一代的 CCD/CID 及 CMOS 具有高灵敏度、高量子化效率和更高的集成度，更好的像素分辨率和超宽的波长接收能力，一次读取可采集全部谱线信息，对于高、低浓度的测定均可获取准确结果；仪器的计算机控制性能及软件功能的开发不断强化，使每次测量可同时采集多条谱线及背景信息，一次测定可记录并存储所有元素分析谱线的测量数据，可在测量后对元素干扰及结果数据再处理，仪器的测定可以达到快速、低消耗、低分析成本的效果。软件也具有多谱线拟合扣除光谱干扰，多波长分析数据自动判别功能，出现了"全谱全读"的分析模式、高通量快速检测技术。现在 ICP-OES 仪器的性能优势表现在：分析灵敏度大多元素可在 0.01~5ng/g 水平；仪器分辨率达到皮米级，如表 7-1 所示，中阶梯型仪器的光学分辨率在 200nm 处达到 0.003nm；采用凹面光栅-罗兰圆架构的全谱型仪器的光学分辨率也达到 0.003nm，并在全波长范围保持色散均匀；仪器波长应用范围可拓宽至 130~1100nm（从远紫外光区到近红外区的谱线）；仪器的短期稳定性≤0.5%，长期稳定性≤1.0%，能很好地适用于各种含量水平的测定要求。

表 7-1 当前 ICP-OES 商品仪器的分辨率

光栅刻线密度/(gr/mm)	2400	3600	4320	4960	中阶梯光栅（50~79gr/mm）	200nm 处
适用光谱范围/nm	160~800	160~510	160~420	160~372	光学分辨率/nm	0.003
实际分辨率/nm	约 0.010	约 0.008	约 0.006	约 0.005	像素分辨率/nm	0.002

由于 ICP-OES 仪器具有溶液进样的稳定性，又具有多元素同时测定的优点，并具有可溯源性，已经在很多领域得到广泛应用，并被列为分析标准方法。通过氢化物发生器以气态氢化物形式进样，可提高测定灵敏度。近年来激光烧蚀进样装置已实现商品化，逐步成为可选的标准配件，用于固体直接进样的 LA-ICP-OES 法使 ICP-OES 仪器成为可分析溶液、气体和固体的多元素、宽含量范围的理想分析手段。

7.1.2 ICP 光谱分析仪器的技术动态

历经两个多世纪的发展，原子发射光谱仪器虽然已经处于高端制造水平，但现代发射光谱分析仪器在宽光谱、高分辨、高速获取光谱等方面的技术追求仍在向更高层次发展。通过对仪器核心部件的不断创新，拓宽光谱分析波长的覆盖范围，改进分光系统的构架进一步提高光谱分辨率和光能利用率，研究快速光谱信息获取的新原理和新器件，研究新型激发光源、新的进样技术以达到高通量分析要求。下列几项新技术的出现将推进仪器的发展。

（1）优化 ICP 光谱仪器的光学系统及其元部件

优化光栅设计技术及光学部件，以提高光谱质量及光谱定量精度，是近年来 ICP-OES 仪器新品的发展趋势。

近年来在 ICP 仪器上采用新型自由曲面准直镜极大程度上消除了整体光路系统的像差。采用新型自由曲面光学准直镜技术，可以有效改善检测器的边缘效应和像差，准直镜采用特殊的磁流变加工工艺，其特殊的表面曲率，最佳地匹配了波长的范围，使得每一波段可均匀准直并准确聚焦，消除了像散和聚焦的边缘效应，实现了更加紧凑、形状更优异的元素信号光斑，得以高通量高灵敏度地进入检测器。配合新型固体检测器，提高光谱图像检测和处理能力。

安捷伦的 Agilent 5800 ICP-OES 垂直双向观测（VDV 和 RV）仪器，赛默飞的 iCAP PRO ICP-OES 仪器，均推出新型自由曲面光学准直镜，消除光学系统中的像差及场曲问题。自由曲面光学技术可以减小光学系统体积、有效改善检测器的边缘效应和像差，提升光谱图像质量，从而提高测量精度。德国斯派克 SpecroGreen 的 ICP-OES 仪器，推出径向同时双面观测技术，在垂直炬管的两侧设置两个观测窗同时测定，以提高径向观测的测定灵敏度；HORIBA Ultima Expert 高性能 ICP-OES 扫描型仪器，保有全波段高分辨率的优点；珀金埃尔默的 ICP-OES Avio 500 + LPC 500，将 ICP 光谱仪与油品系统联用，实现一次进样分析、完成粒径/颗粒计数和金属分析两种测试。国产 ICP-OES 仪器如北京纳克 ICP-OES 新品 Plasma 3000 ICP-OES 仪，杭州谱育科技发展有限公司的 EXPEC 6500 ICP-OES 等产品，均具有新一代垂直炬管双向观测技术，可实现复杂基体下同时测量高低含量相差较大的元素分析能力，具有深紫外采集模式和高分辨工作模式，达到国际高端仪器先进水平[87]。

（2）采用二维多光栅技术以实现宽光谱的全谱记录

高灵敏度二维 CCD（或 CMOS）面阵探测成像技术的研发，根据二维折叠光谱分析的原理和方法，利用多光栅技术，突破传统单光栅和棱镜等色散元件有限色散角和光谱效率的限制，以实现宽光谱、高分辨率和快速的光谱测量[88]。

（3）研究微激发源为等离子体光谱仪的微型化创造条件

发射光谱仪器在光学结构与元器件集成化的推动下，其激发光源的微型化，已成为发射光谱仪微型化的制约因素。21 世纪以来，随着微电子技术、微机电系统（MEMS）技术固态光检测阵列及其相关技术的发展，光谱仪器小型化与微型化已成为发展趋势[89]。因而其也成为研发微型光谱仪器的重要一环，已经有几种微型激发源的研究出现。微型电感耦合等离子体激发源，采用微加工技术制作成一种微型 ICP 激发源，有基于 MEMS 工艺的微型 ICP 激发源、基于 PCB（印制电路板）工艺的 ICP 激发源、平面微带螺旋天线 ICP 源等形式，其体积、氩气消耗量、驱动功率均为常规 ICP 源的数百分之一。随着研究的深入，微型等离子体激发源可能会成为光谱仪、质谱仪等分析检测仪器的一种新型激发源,用于微型化分析测试仪器中。

(4)向自动化、智能化发展

现代仪器只有在计算机技术的帮助下,通过计算机将光谱分析过程文件管理、数据采集、数据处理等功能以软件形式,实现光谱信号的采集、处理、标定、设置等[90]。将光谱信号向数字化转变,促使仪器实现了"信息化""数字化",特别是软件的功能使光谱仪器向操作"傻瓜化"、功能"智能化"发展,即在物理层(PHL)和处理层(PL)上达到完善,显示出分析仪器的优越功能。

新型ICP-OES仪器的计算机软件,可实现自动化故障排除,包括拟合背景校正(FBC)、快速自动曲线拟合技术(FACT)、元素间校正(IEC)、IntelliQuant和智能冲洗。仪器内置功能强大的传感处理器,形成智能化监控体系,众多传感处理器结合智能算法和诊断功能,能够实现自动光谱干扰鉴别、样品元素组分分类,可智能识别样品类型,提供有效的QC,最大限度减少用户在样品测试上所花费的时间。通过传感器和计数器可进行智能仪器状态追踪,仪器可持续监测雾化器,并在雾化器需要清洁或发生泄漏时进行提醒,避免时间浪费。能够实现自我诊断、故障排除和主动维护,在系统需要维护时为用户提供指导,有效缩短停机时间、降低维护成本,显示了仪器向智能化发展的态势。

(5)向快速高通量分析发展

随着基因组学、蛋白组学、代谢组学及生物大数据等研究的兴起和深入,海量数据获取对分析仪器提出了新的要求,与传统分析方法相比,仪器进样及测量要具有高通量、并行性、微量化、自动化等特点[91]。

ICP仪器通过流动注射系统(SI-LOY)的进样阀,顺序、快速自动进样,通过编制的软件程序可以自动控制进样量和进样频率,可以实现高通量分析,每小时可采集到300个以上样品的分析参数。在仪器上同时获取大数据量的分析技术,对于组学研究以及食品安全检测、医学诊断、药物筛选、环境监测等领域将是新的需求。

LOY(lab-on-valvo)属于微型化设计的SIA(顺序注射分析)系统,为第三代流动注射分析技术——"阀上实验室(LOV)",其可以有效地进行微升级液流的流控,由一系列工作管道和微型流通池等部件集成在一个多通道选择阀上,集成块上有中心控制管道、不同用途的工作管道以及微型流通池等,形成集成程度和自动化程度最高的SIA系统。例如,有报道将介质阻挡放电(DBD)微等离子体激发光源引入阀上实验室(LOV),建立了一种微型化的发射光谱(OES)系统,可应用于痕量锡的测定[92]。

阀技术是一种新的样品引入方式和多功能的在线样品处理手段。通过阀技术在分析仪器上集成各种高通量分析芯片,利用阀技术以满足食品安全、环境检测、药物筛查、临床诊断等领域大样本量分析测试的需要。阀技术已在溶液进样的光谱分析仪器系统中得到重视和应用[93]。

降低仪器运行成本，极力降低其使用的水、电、气及试剂的消耗，减少对环境的污染，做到节能降耗、环境友好，小型化、微型化以利于实现现场、实时分析需要，对于技术成熟的 OES 高端仪器，这已经成为商品仪器全新的设计理念。

7.2 ICP 质谱分析仪器的进展

电感耦合等离子体质谱仪（ICP-MS）在某些领域如地质学，始终扮演着独具魅力的角色。时至今日，ICP-MS 仍然活跃在新进展的前沿[94]，在某些热点领域，如金属组学和纳米颗粒分析方面大放异彩。对电感耦合等离子体质谱技术的发展、在线分析技术和碰撞/反应池技术的研究现状、样品前处理方法的完善、痕量/超痕量稀土定量分析方法以及 ICP-MS 在稀土组分和原位与形态分析领域的应用发展趋势进行了讨论。未来，针对不同基质样品中稀土组分配比、分布及形态转化，发展 ICP-MS 联用技术，能够达到示踪溯源、优化选冶、环境监测等目的。研发更加完善的 ICP-MS 定量分析技术，是实现各种复杂基质中痕量/超痕量稀土快速高效、精确分析的重点发展方向。ICP-MS 仪器技术的重大的进展介绍如下。

7.2.1 碰撞/反应池技术 ICP-MS

在碰撞/反应池技术发明之前，由于无法在线消除干扰，测试的结果受基体影响很大。想要获得更好的、受控的分析结果，只能在离线前处理阶段预先去除/降低干扰源，或者使用干扰校正方程式。碰撞/反应池（CRC）技术的应用，虽然不可能完全消除光谱干扰，但可有效地去除大部分测试过程中遇到的光谱干扰。其低廉的成本也成为实验室一个经济实惠的选择。动能歧视（KED）作为一种普适性的干扰消除模式，结合了日益成熟的自动调谐功能和友好的人机互动界面。这些优点都使得越来越多的实验室将 ICP-MS 技术视为一种常规的应用手段。配备碰撞/反应技术的 ICP-QMS，使仪器消除干扰的性能大大提高。

7.2.2 三重四极杆 ICP-MS

为了解决传统的单四极杆模式不能有效去除同量异位素干扰的问题，在传统的单四极杆 ICP-QMS 的基础上发展起了电感耦合等离子体串联质谱技术（ICP-MS/MS）。其仪器结构是在传统单级质谱反应池之前加入全尺寸四极杆，具有精确的池前单位质量数筛选能力，可以进一步改善碰撞/反应池的消干扰能力。串联四极杆模式，既保留了反应池技术的优点，又新增离子选择功能，可以有效去除同量异位素干扰，在质谱干扰消除技术上有很大改进，因此被质谱分析界誉为是"化学高分辨"型的质谱仪[95,96]。

三重四极杆 ICP-MS，在 ICP-MS/MS 系统中，第一个四极杆用于分离基体干扰离子，目标元素则进入到碰撞/反应池（CRC）系统。在CRC系统中，同量异位素和多电荷离子干扰被消除；或者目标元素通过反应生成其他异于干扰源质量数的物质，再被第二个四极杆滤质器所检测，从而以间接的方式获得目标元素的分析结果。额外增加的第一个四极杆用于分离基体离子，保证了CRC系统中发生的碰撞/反应不受基体的影响，进而保证碰撞/反应更加稳健和具有复现性。通过这一系列的手段，使得背景信号大幅度降低。

串级设计的ICP-MS其碰撞/反应池中的离子-分子反应精确可控，碰撞/反应池前后两个四极杆的设计优势，可以通过不同的途径加以表现。可以通过离子扫描这种直接的方式，在复杂的反应产物离子中鉴别出目标离子。串级ICP-MS已经不仅仅是碰撞/反应池系统ICP-MS的改进了，可以说ICP-MS/MS开创了分析仪器的一个崭新门类，它粉碎了单级质谱进入池的组分过多的枷锁，可以在无干扰的条件下分析，迎来了反应池性能的觉醒。

现在已经有三重四极杆ICP-MS/MS商品仪器出现，也开始被国家标准所采用，GB/T 18115.4—2021方法3采用ICP-MS/MS法，以内标元素校正，在MS/MS氧气质量转移模式下测定金属钕及氧化钕中镧、铈、镨、钐、钆、镝、钬、铒、铥、镱、镥和钇，在氧气质量原位模式下测定铕，在氨气质量转移模式下测定铽。在元素分析、同位素分析、形态分析中得到应用，并开始在高纯金属、金属氧化物、合金、冶金物料、环境、食品、植物、中药、化学工业、半导体等分析领域中得到推广应用[95,96]。

7.2.3 应用新进展

ICP-MS仪器技术的进展导致许多新研究应用领域的出现[95,96]。如金属组学、形态分析、纳米颗粒分析、新材料、地质年代学等领域。

（1）纳米颗粒分析

有许多合适的技术来测量纳米粒子粒径，但在测量尺寸和组分（包括识别包覆颗粒）上，ICP-MS有其独特的能力。这点即使是在复杂的基体中也是一样的。

仪器制造商努力提高设备的性能。最低驻留时间被努力地做到50μs，即每秒钟有20000次独立的测量。这使得实时的单粒子信息采集成为可能，并由此可提供纳米离子的浓度、大小和粒径分布等信息。

（2）金属组学和其他生物医学方面的应用

金属组学是另一个从ICP-MS技术当中获益良多的领域。它着重关注生物系统如人体当中金属的作用，包括必需金属如铜、铁、锌或钼等供给不足的影响，或者过量有害元素如砷、铬或镍所造成的危害。ICP-MS仪器上的多项进展，有助于这些领域的持续发展。其中LC-ICP-MS（液相色谱-电感耦合等离子体质谱）联用技术可用于鉴别那些用于标记和替换的金属。在这之前这类金属的检测依赖于传统的放射性同位素标记法。

（3）地质年代学

地质年代学是另一项得益于 ICP-MS 技术发展的学科。在很长一段时间里面，地质年代学推动着同位素比值测定朝着更加准确和精确的方向改进。反之，这些改进又促使地质年代学进一步拓展和系统化。这种相互促进始终存在。这些进步是由 MC-ICP-MS（多接收电感耦合等离子体质谱）的引入所导致的。这种仪器相较于 TIMS（热电离质谱）具有更高的元素电离效率，具有巨大的优势。MC-ICP-MS 的应用，彻底改变了地球化学和宇宙化学。

（4）形态分析

形态分析也是 ICP-MS 的重要应用领域，它获得越来越多的关注，特别是期望一些有毒有害元素（例如食品中的砷和水中的铬）受到管控的领域。对于定量形态分析而言，ICP-MS 具有一些特殊的优势。ICP 等离子体离子源几乎以相同的效率产生离子，并且与元素的化学结构很少或者几乎无关。当进行定量分析的时候，这个特性是十分重要的，特别是待分析物是未知类型样品的时候。

在形态分析当中，ICP-MS 的另一项优势是它很容易与其他的分离技术连接。如与 LC、GC、IC 联用很容易进行痕量、超痕量分析。当色谱和 ICP-MS 联用时，ICP-MS 具有一定程度的耐盐性。这使得 LC-ICP-MS 的分析方法具有稳健性、可重复以及低达 10^{-9} 的检出限。此外，在形态分析上 ICP-MS 具有其他一些优点。当使用 LC-ICP-MS 来做形态分析时，检测器仅对金属/非金属元素有信号响应，对于那些经过消解的有机成分则不会有相应的信号干扰。这使得一些复杂样品（从生物类样品如尿液、血液到食品如大米和海鲜）的分析变得简单。

（5）尚存问题

没有一种方法能一劳永逸地解决复杂基体的分析问题。碰撞/反应池解决了很多的问题，但随着这些问题的解决，剩下的麻烦则越来越困难。奇怪的是，造成这些困扰的原因并不是 ICP-MS 的质谱部分，而是来自于离子源。对 ICP-MS 的离子源开展更多的研究是十分必要的，特别是激光烧蚀联用和纳米颗粒分析应用。

现在的 ICP-MS 已经可以直接分析高总固体溶解度样品，这堪比 ICP-OES。然而交叉污染以及仪器背景值，使得我们即便使用专用的样品导入系统，也无法轻易地在同一台仪器上进行百分含量和低达 10^{-12} 级别的分析。

大部分尚未解决的问题都涉及干扰的消除问题，多电荷离子的干扰依然是 ICP 的痼疾。虽然碰撞/反应池的使用大大增强了去除同量异位素干扰的能力，但是在单四极杆系统中，碰撞/反应池的消干扰能力是和基体息息相关的——任何进入碰撞/反应池中的离子都将影响池系统的再现性和稳健性。

三重四极杆 ICP-MS 系统的出现，在不损失灵敏度的前提下，革命性地取得了消除双电荷离子干扰、同量异位干扰离子和仪器背景干扰的效果。三重四极杆型 ICP-MS 虽有其独特的优势，但并非最终的"灵丹妙药"，新型的、综合的样品前处理方法和仪器分析方法仍然必须继续加以发展。长久以来，仪器制造商们都将这两个视为独立开发的问题。

7.2.4 展望

ICP-MS 仪器朝着高速分析、高性价比方向发展，低样品量的分析结果更加精准，其他的能力也将不断发展。

同时型多接收 ICP-MS 是未来的一个发展方向。在生物成像方面，由于激光烧蚀细胞术的发展，组织的二维扫描速度需要提高，且样品的分析通量也要提高。生物成像和纳米颗粒分析的需求，将有力地推动同时型或同步型 ICP-MS 方面的发展。

在高速质谱系统的帮助下，常规样品的定量（而非定性）分析过程完全可以被扭转。分析者可以先行收集数据，然后再决定选择哪个元素和同位素。当分析过程中发现有干扰存在时，可以根据已知干扰信息来进行校正。

一款同时具有元素和分子检测能力的质谱仪，将会是商业市场上的竞争者。采用联用技术，ICP-MS 对金属纳米颗粒进行表征将会从一种研究逐渐变成日常的应用。

软件和联用技术的接口方面已经有了长足的进步，这点包括用于纳米颗粒分析的软件模块。目前激光烧蚀领域数据的处理和分析已经成了瓶颈，通过 LA-ICP-MS 得到二维和三维化学成像的定量分析数据，是一个具有广泛应用并且激动人心的领域。

近些年 ICP-MS 仪器取得了一些重大的突破。由于碰撞/反应池系统和三重四极杆的出现，光谱干扰被有效地降低；基于 CMOS 技术的检测器取得了长足的进步；微流技术的发展促使了等离子源的改善，使得样品的需求量更低，进入质谱系统的样品基体量更少，并且在单细胞分析领域表现突出；微电子学的进展使仪器具有更快的数据采集速度并改善了数据的存储，从而使得痕量级别的分析成为可能，并且还促进了高性能的 CMOS 检测器的发展。

时至今日，仪器本身已经足以应对超痕量级别的分析，许多分析的瓶颈反而是来自于样品的前处理步骤，这催生了试剂和器皿的发展，同时也促进了洁净室、密闭样品处理系统和自动化操作的广泛应用。

ICP-MS 技术的发展也推动着应用领域拓展。ICP-MS 强有力的技术能力使之可用于 10^{-9} 级别的纳米粒子浓度、粒径大小和粒径分布的测试，这些信息可使研究人员、监管机构和消费者了解纳米颗粒在环境和食品当中的影响，也可以了解其对生物的潜在影响；ICP-MS 既是金属组学研究的关键设备，也是推动单细胞研究向前发展的利器，质谱流式技术和地质年代学的发展也和 ICP-MS 系统的进展息息相关；

多接收扇形磁质谱仪保证了同位素比例测试结果的准确度和精确度。未来理想中的质谱仪是种具有同时检测能力和超大线性范围的设备。

7.3 ICP-OES/MS 在国家标准及行业标准上的应用

随着标准化时代的到来，ICP-OES/MS 分析方法已经越来越多地为各种标准分析方法系列所采用，具有法律效力的分析结果均须采用相应的标准分析方法，不仅可引用国际标准及国家标准，同时也有各行业标准和地方标准及团体标准可供引用。

7.3.1 现行的有关 ICP-OES 标准

ICP-OES 仪器及分析技术已经相当普及，国标及行业标准不断增加，可以满足日常分析要求，现行的 ICP-OES 相关国家标准如表 7-2 所示，以供参考。

表 7-2　ICP-OES 现行国家标准

序号	标准编号	标准名称	实施日期
1	GB/T 223.88—2019	钢铁及合金　钙和镁含量的测定　电感耦合等离子体原子发射光谱法	2020/5/1
2	GB/T 223.90—2021	钢铁及合金　硅含量的测定　电感耦合等离子体原子发射光谱法	2022/3/1
3	GB/T 1871.5—2022	磷矿石和磷精矿中氧化镁含量的测定　火焰原子吸收光谱法、容量法和电感耦合等离子体发射光谱法	2023/2/1
4	GB/T 3884.18—2023	铜精矿化学分析方法　第 18 部分：砷、锑、铋、铅、锌、镍、镉、钴、铬、氧化铝、氧化镁、氧化钙量的测定　电感耦合等离子体原子发射光谱法	2024/3/1
5	GB/T 4324.7—2012	钨化学分析方法　第 7 部分：钴量的测定　电感耦合等离子体原子发射光谱法	2013/10/1
6	GB/T 4324.8—2008	钨化学分析方法　镍量的测定　电感耦合等离子体原子发射光谱法、火焰原子吸收光谱法和丁二酮肟重量法	2008/12/1
7	GB/T 4324.9—2012	钨化学分析方法　第 9 部分：镉量的测定　电感耦合等离子体原子发射光谱法和火焰原子吸收光谱法	2013/10/1
8	GB/T 4324.11—2012	钨化学分析方法　第 11 部分：铝量的测定　电感耦合等离子体原子发射光谱法	2013/10/1
9	GB/T 4324.13—2008	钨化学分析方法　钙量的测定　电感耦合等离子体原子发射光谱法	2008/12/1
10	GB/T 4324.15—2008	钨化学分析方法　镁量的测定　火焰原子吸收光谱法和电感耦合等离子体原子发射光谱法	2008/12/1
11	GB/T 4324.20—2012	钨化学分析方法　第 20 部分：钒量的测定　电感耦合等离子体原子发射光谱法	2013/10/1
12	GB/T 4324.21—2012	钨化学分析方法　第 21 部分：铬量的测定　电感耦合等离子体原子发射光谱法	2013/10/1

续表

序号	标准编号	标准名称	实施日期
13	GB/T 4324.22—2012	钨化学分析方法 第 22 部分：锰量的测定 电感耦合等离子体原子发射光谱法	2013/10/1
14	GB/T 4325.7—2013	钼化学分析方法 第 7 部分：铁量的测定 邻二氮杂菲分光光度法和电感耦合等离子体发射光谱法	2014/2/1
15	GB/T 4325.11—2013	钼化学分析方法 第 11 部分：铝量的测定 铬天青 S 分光光度法和电感耦合等离子体原子发射光谱法	2014/2/1
16	GB/T 4325.12—2013	钼化学分析方法 第 12 部分：硅量的测定 电感耦合等离子体原子发射光谱法	2014/2/1
17	GB/T 4325.17—2013	钼化学分析方法 第 17 部分：钛量的测定 二安替比林甲烷分光光度法和电感耦合等离子体原子发射光谱法	2014/2/1
18	GB/T 4325.18—2013	钼化学分析方法 第 18 部分：钒量的测定 钽试剂分光光度法和电感耦合等离子体原子发射光谱法	2014/2/1
19	GB/T 4325.24—2013	钼化学分析方法 第 24 部分：钨量的测定 电感耦合等离子体原子发射光谱法	2014/2/1
20	GB/T 4372.4—2015	直接法氧化锌化学分析方法 第 4 部分：铜、铅、铁、镉和锰量的测定 电感耦合等离子体原子发射光谱法	2016/4/1
21	GB/T 4698.4—2017	海绵钛、钛及钛合金化学分析方法 第 4 部分：锰量的测定 高碘酸盐分光光度法和电感耦合等离子体原子发射光谱法	2018/4/1
22	GB/T 4698.5—2017	海绵钛、钛及钛合金化学分析方法 第 5 部分：钼量的测定 硫氰酸盐分光光度法和电感耦合等离子体原子发射光谱法	2018/4/1
23	GB/T 4698.6—2019	海绵钛、钛及钛合金化学分析方法 第 6 部分：硼量的测定 次甲基蓝分光光度法和电感耦合等离子体原子发射光谱法	2020/9/1
24	GB/T 4698.8—2017	海绵钛、钛及钛合金化学分析方法 第 8 部分：铝量的测定 碱分离-EDTA 络合滴定法和电感耦合等离子体原子发射光谱法	2018/4/1
25	GB/T 4698.9—2017	海绵钛、钛及钛合金化学分析方法 第 9 部分：锡量的测定 碘酸钾滴定法和电感耦合等离子体原子发射光谱法	2018/4/1
26	GB/T 4698.10—2020	海绵钛、钛及钛合金化学分析方法 第 10 部分：铬量的测定 硫酸亚铁铵滴定法和电感耦合等离子体原子发射光谱法（含钒）	2021/2/1
27	GB/T 4698.12—2017	海绵钛、钛及钛合金化学分析方法 第 12 部分：钒量的测定 硫酸亚铁铵滴定法和电感耦合等离子体原子发射光谱法	2018/4/1
28	GB/T 4698.13—2017	海绵钛、钛及钛合金化学分析方法 第 13 部分：锆量的测定 EDTA 络合滴定法和电感耦合等离子体原子发射光谱法	2018/4/1
29	GB/T 4698.22—2017	海绵钛、钛及钛合金化学分析方法 第 22 部分：铌量的测定 5-Br-PADAP 分光光度法和电感耦合等离子体原子发射光谱法	2018/7/1
30	GB/T 4698.23—2017	海绵钛、钛及钛合金化学分析方法 第 23 部分：钯量的测定 氯化亚锡-碘化钾分光光度法和电感耦合等离子体原子发射光谱法	2018/4/1
31	GB/T 4698.24—2017	海绵钛、钛及钛合金化学分析方法 第 24 部分：镍量的测定 丁二酮肟分光光度法和电感耦合等离子体原子发射光谱法	2018/4/1
32	GB/T 4698.27—2017	海绵钛、钛及钛合金化学分析方法 第 27 部分：钕量的测定 电感耦合等离子体原子发射光谱法	2018/7/1

续表

序号	标准编号	标准名称	实施日期
33	GB/T 4698.28—2017	海绵钛、钛及钛合金化学分析方法 第28部分：钌量的测定 电感耦合等离子体原子发射光谱法	2018/7/1
34	GB/T 4701.13—2024	钛铁 硅、锰、磷、铬、铝、镁、铜、钒、镍含量的测定 电感耦合等离子体原子发射光谱法	2024/11/1
35	GB/T 4702.6—2016	金属铬 铁、铝、硅和铜含量的测定 电感耦合等离子体原子发射光谱法	2017/9/1
36	GB 5009.13—2017	食品安全国家标准 食品中铜的测定（第四法）	2017/10/6
37	GB 5009.14—2017	食品安全国家标准 食品中锌的测定（第二法）	2017/10/6
38	GB 5009.91—2017	食品安全国家标准 食品中钾、钠的测定（第三法）	2017/10/6
39	GB 5009.182—2017	食品安全国家标准 食品中铝的测定（第二法）	2017/10/6
40	GB 5009.241—2017	食品安全国家标准 食品中镁的测定（第二法）	2017/10/6
41	GB 5009.242—2017	食品安全国家标准 食品中锰的测定（第二法）	2017/10/6
42	GB 5009.268—2016	食品安全国家标准食品中多元素的测定（第二法）	2017/6/23
43	GB/T 5121.27—2008	铜及铜合金化学分析方法 第27部分：电感耦合等离子体原子发射光谱法	2008/12/1
44	GB/T 5195.16—2017	萤石 硅、铝、铁、钾、镁和钛含量的测定 电感耦合等离子体原子发射光谱法	2018/6/1
45	GB/T 5687.12—2020	铬铁 磷、铝、钛、铜、锰、钙含量的测定 电感耦合等离子体原子发射光谱法	2020/9/1
46	GB/T 6150.2—2022	钨精矿化学分析方法 第2部分：锡含量的测定 碘酸钾滴定法和电感耦合等离子体原子发射光谱法	2023/2/1
47	GB/T 6150.7—2008	钨精矿化学分析方法 钽铌量的测定 等离子体发射光谱法和分光光度法	2008/12/1
48	GB/T 6609.1—2018	氧化铝化学分析方法和物理性能测定方法 第1部分：微量元素含量的测定 电感耦合等离子体原子发射光谱法	2019/2/1
49	GB/T 6730.63—2024	铁矿石 铝、钙、镁、锰、磷、硅和钛含量的测定 电感耦合等离子体发射光谱法	2024/12/1
50	GB/T 6730.76—2017	铁矿石 钾、钠、钒、铜、锌、铅、铬、镍、钴含量的测定 电感耦合等离子体原子发射光谱法	2018/7/1
51	GB/T 7731.6—2008	钨铁 砷含量的测定 钼蓝光度法和电感耦合等离子体原子发射光谱法	2009/4/1
52	GB/T 7731.7—2008	钨铁 锡含量的测定 苯基荧光酮光度法和电感耦合等离子体原子发射光谱法	2008/11/1
53	GB/T 7731.8—2008	钨铁 锑含量的测定 罗丹明B光度法和电感耦合等离子体原子发射光谱法	2009/4/1
54	GB/T 7731.9—2008	钨铁 铋含量的测定 碘化铋光度法和电感耦合等离子体原子发射光谱法	2009/4/1

续表

序号	标准编号	标准名称	实施日期
55	GB/T 7731.14—2008	钨铁 铅含量的测定 极谱法和电感耦合等离子体原子发射光谱法	2008/11/1
56	GB/T 7739.13—2019	金精矿化学分析方法 第13部分：铅、锌、铋、镉、铬、砷和汞量的测定 电感耦合等离子体原子发射光谱法	2020/5/1
57	GB/T 7739.14—2019	金精矿化学分析方法 第14部分：铊量的测定 电感耦合等离子体原子发射光谱法和电感耦合等离子体质谱法	2020/7/1
58	GB/T 8151.20—2012	锌精矿化学分析方法 第20部分：铜、铅、铁、砷、镉、锑、钙、镁量的测定 电感耦合等离子体原子发射光谱法	2013/10/1
59	GB/T 8151.21—2017	锌精矿化学分析方法 第21部分：铊量的测定 电感耦合等离子体质谱法和电感耦合等离子体-原子发射光谱法	2018/5/1
60	GB/T 8152.13—2017	铅精矿化学分析方法 第13部分：铊量的测定 电感耦合等离子体质谱法和电感耦合等离子体-原子发射光谱法	2018/5/1
61	GB/T 8704.10—2020	钒铁 硅、锰、磷、铝、铜、铬、镍、钛含量的测定 电感耦合等离子体原子发射光谱法	2020/9/1
62	GB/T 10574.13—2017	锡铅焊料化学分析方法 第13部分：锑、铋、铁、砷、铜、银、锌、铝、镉、磷和金量的测定 电感耦合等离子体原子发射光谱法	2018/5/1
63	GB/T 11064.16—2023	碳酸锂、单水氢氧化锂、氯化锂化学分析方法 第16部分：钙、镁、铜、铅、锌、镍、锰、镉、铝、铁、硫酸根含量的测定 电感耦合等离子体原子发射光谱法	2024/3/1
64	GB/T 11066.8—2009	金化学分析方法 银、铜、铁、铅、锑、铋、钯、镁、镍、锰和铬量的测定 乙酸乙酯萃取-电感耦合等离子体原子发射光谱法	2010/2/1
65	GB/T 11067.3—2006	银化学分析方法 硒和碲量的测定 电感耦合等离子体原子发射光谱法	2007/2/1
66	GB/T 11067.4—2006	银化学分析方法 锑量的测定 电感耦合等离子体原子发射光谱法	2007/2/1
67	GB/T 12689.12—2004	锌及锌合金化学分析方法 铅、镉、铁、铜、锡、铝、砷、锑、镁、镧、铈量的测定 电感耦合等离子体-发射光谱	2004/10/1
68	GB/T 12690.5—2017	稀土金属及其氧化物中非稀土杂质化学分析方法 第5部分：钴、锰、铅、镍、铜、锌、铝、铬、镁、钒、铁量的测定（方法1 ICP-OES）	2018/2/1
69	GB/T 12690.7—2021	稀土金属及其氧化物中非稀土杂质化学分析方法 第7部分：硅量的测定（方法2 ICP-OES）	2022/5/1
70	GB/T 12690.8—2021	稀土金属及其氧化物中非稀土杂质化学分析方法 第8部分：钠量的测定（方法3 ICP-OES）	2022/5/1
71	GB/T 12690.13—2003	稀土金属及其氧化物中非稀土杂质化学分析方法 钼、钨量的测定 电感耦合等离子体发射光谱法和电感耦合等离子体质谱法	2004/6/1
72	GB/T 12690.14—2006	稀土金属及其氧化物中非稀土杂质化学分析方法 钛量的测定（方法1 ICP-OES法）	2006/10/1
73	GB/T 12690.15—2018	稀土金属及其氧化物中非稀土杂质 化学分析方法 第15部分：钙量的测定（方法1 ICP-OES法）	2019/4/1
74	GB/T 12690.17—2010	稀土金属及其氧化物中非稀土杂质化学分析方法 第17部分：稀土金属中铌、钽量的测定（方法1 ICP-OES法）	2011/11/1

续表

序号	标准编号	标准名称	实施日期
75	GB/T 12690.18—2017	稀土金属及其氧化物中非稀土杂质化学分析方法 第 18 部分：锆量的测定（方法 1 ICP-OES 法）	2018/5/1
76	GB/T 13372—1992	二氧化铀粉末和芯块中杂质元素的测定 ICP-AES 法	1992/12/1
77	GB/T 13373—1992	二氧化铀粉末和芯块中钆、钐、镝和铕的测定 水平式 ICP-AES 法	1992/12/1
78	GB/T 13747.2—2019	锆及锆合金化学分析方法 第 2 部分：铁量的测定 1,10-二氮杂菲分光光度法和电感耦合等离子体原子发射光谱法	2020/11/1
79	GB/T 13747.3—2020	锆及锆合金化学分析方法 第 3 部分：镍量的测定 丁二酮肟分光光度法和电感耦合等离子体原子发射光谱法	2021/2/1
80	GB/T 13747.4—2020	锆及锆合金化学分析方法 第 4 部分：铬量的测定 二苯卡巴肼分光光度法和电感耦合等离子体原子发射光谱法	2021/2/1
81	GB/T 13747.7—2019	锆及锆合金化学分析方法 第 7 部分：锰量的测定 高碘酸钾分光光度法和电感耦合等离子体原子发射光谱法	2020/11/1
82	GB/T 13747.9—2022	锆及锆合金化学分析方法 第 9 部分：镁含量的测定 火焰原子吸收光谱法和电感耦合等离子体原子发射光谱法	2023/2/1
83	GB/T 13747.10—2022	锆及锆合金化学分析方法 第 10 部分：钨含量的测定 硫氰酸盐分光光度法和电感耦合等离子体原子发射光谱法	2023/2/1
84	GB/T 13747.18—2022	锆及锆合金化学分析方法 第 18 部分：钒含量的测定 苯甲酰苯基羟胺分光光度法和电感耦合等离子体原子发射光谱法	2023/2/1
85	GB/T 13747.19—2017	锆及锆合金化学分析方法 第 19 部分：钛量的测定 二安替比林甲烷分光光度法和电感耦合等离子体原子发射光谱法	2018/4/1
86	GB/T 13747.20—2017	锆及锆合金化学分析方法 第 20 部分：铪量的测定 电感耦合等离子体原子发射光谱法	2018/4/1
87	GB/T 13747.25—2017	锆及锆合金化学分析方法 第 25 部分：铌量的测定 5-Br-PADAP 分光光度法和电感耦合等离子体原子发射光谱法	2018/4/1
88	GB/T 13747.26—2022	锆及锆合金化学分析方法 第 26 部分：合金及杂质元素的测定 电感耦合等离子体原子发射光谱法	2023/4/1
89	GB/T 13748.5—2005	镁及镁合金化学分析方法 钇含量的测定 电感耦合等离子体原子发射光谱法	2006/1/1
90	GB/T 13748.20—2009	镁及镁合金化学分析方法 第 20 部分：ICP-AES 测定元素含量	2024/11/1
91	GB/T 14352.19—2021	钨矿石、钼矿石化学分析方法 第 19 部分：铋、镉、钴、铜、铁、锂、镍、磷、铅、锶、钒和锌量的测定 电感耦合等离子体原子发射光谱法	2021/10/1
92	GB/T 14353.18—2014	铜矿石、铅矿石和锌矿石化学分析方法 第 18 部分：铜量、铅量、锌量、钴量、镍量测定	2015/4/1
93	GB/T 14506.31—2019	硅酸盐岩石化学分析方法 第 31 部分：二氧化硅等 12 个成分量测定 偏硼酸锂熔融-电感耦合等离子体原子发射光谱法	2020/5/1
94	GB/T 14506.32—2019	硅酸盐岩石化学分析方法 第 32 部分：三氧化二铝等 20 个成分量测定 混合酸分解-电感耦合等离子体原子发射光谱法	2020/5/1
95	GB/T 14849.4—2014	工业硅化学分析方法 第 4 部分：杂质元素含量的测定 电感耦合等离子体原子发射光谱法	2015/8/1

续表

序号	标准编号	标准名称	实施日期
96	GB/T 15072.7—2008	贵金属合金化学分析方法　金合金中铬和铁量的测定　电感耦合等离子体原子发射光谱法	2008/9/1
97	GB/T 15072.11—2008	贵金属合金化学分析方法　金合金中钆和铍量的测定　电感耦合等离子体原子发射光谱法	2008/9/1
98	GB/T 15072.13—2008	贵金属合金化学分析方法　银合金中锡、铈和镧量的测定　电感耦合等离子体原子发射光谱法	2008/9/1
99	GB/T 15072.14—2008	贵金属合金化学分析方法　银合金中铝和镍量的测定　电感耦合等离子体原子发射光谱法	2008/9/1
100	GB/T 15072.15—2008	贵金属合金化学分析方法　金、银、钯合金中镍、锌和锰量的测定　电感耦合等离子体原子发射光谱法	2008/9/1
101	GB/T 15072.16—2008	贵金属合金化学分析方法　金合金中铜和锰量的测定　电感耦合等离子体原子发射光谱法	2008/9/1
102	GB/T 15072.18—2008	贵金属合金化学分析方法　金合金中锆和镓量的测定　电感耦合等离子体原子发射光谱法	2008/9/1
103	GB/T 15072.19—2008	贵金属合金化学分析方法　银合金中钒和镁量的测定　电感耦合等离子体原子发射光谱法	2008/9/1
104	GB/T 15076.1—2017	钽铌化学分析方法　第1部分：铌中钽量的测定　电感耦合等离子体原子发射光谱法	2018/5/1
105	GB/T 15076.2—2019	钽铌化学分析方法　第2部分：钽中铌量的测定　电感耦合等离子体原子发射光谱法和色层分离重量法	2020/11/1
106	GB/T 15076.5—2017	钽铌化学分析方法　第5部分：钼量和钨量的测定　电感耦合等离子体原子发射光谱法	2018/5/1
107	GB/T 15076.6—2020	钽铌化学分析方法　第6部分：硅量的测定　电感耦合等离子体原子发射光谱法	2021/2/1
108	GB/T 15076.7—2020	钽铌化学分析方法　第7部分：铌中磷量的测定　4-甲基-戊酮-[2]萃取分离磷钼蓝分光光度法和电感耦合等离子体原子发射光谱法	2021/2/1
109	GB/T 16399—2021	黏土化学分析方法	2022/5/1
110	GB/T 16477.1—2010	稀土硅铁合金及镁硅铁合金化学分析方法　第1部分：稀土总量的测定（方法1 ICP-OES）	2011/11/1
111	GB/T 16477.2—2010	稀土硅铁合金及镁硅铁合金化学分析方法　第2部分：钙、镁、锰量的测定　电感耦合等离子体发射光谱法	2011/11/1
112	GB/T 16477.3—2010	稀土硅铁合金及镁硅铁合金化学分析方法　第3部分：氧化镁含量的测定　电感耦合等离子体发射光谱法	2011/11/1
113	GB/T 16477.5—2010	稀土硅铁合金及镁硅铁合金化学分析方法　第5部分：钛量的测定　电感耦合等离子体发射光谱法	2011/11/1
114	GB/T 16484.3—2009	氯化稀土、碳酸轻稀土化学分析方法　第3部分：15个稀土元素氧化物配分量的测定　电感耦合等离子体发射光谱法	2010/5/1
115	GB/T 16484.5—2009	氯化稀土、碳酸轻稀土化学分析方法　第5部分：氧化钡量的测定　电感耦合等离子体发射光谱法	2010/5/1
116	GB/T 17476—2023	润滑油和基础油中多元素的测定法　电感耦合等离子体发射光谱法	2023/9/1

续表

序号	标准编号	标准名称	实施日期
117	GB/T 17593.2—2007	纺织品重金属的测定 第2部分：电感耦合等离子体原子发射光谱法	2008/9/1
118	GB/T 18114.4—2010	稀土精矿化学分析方法 第4部分：氧化铌、氧化锆、氧化钛量的测定 电感耦合等离子体发射光谱法	2011/11/1
119	GB/T 18114.5—2010	稀土精矿化学分析方法 第5部分：氧化铝量的测定 电感耦合等离子体发射光谱法	2011/11/1
120	GB/T 18114.8—2010	稀土精矿化学分析方法 第8部分：十五个稀土元素氧化物配分量的测定 电感耦合等离子发射光谱法	2011/11/1
121	GB/T 18115.1—2020	稀土金属及其氧化物中稀土杂质化学分析方法 第1部分：镧中铈、镨、钕、钐、铕、钆、铽、镝、钬、铒、铥、镱、镥和钇量的测定	2021/10/1
122	GB/T 18115.2—2020	稀土金属及其氧化物中稀土杂质化学分析方法 第2部分：铈中镧、镨、钕、钐、铕、钆、铽、镝、钬、铒、铥、镱、镥和钇量的测定	2021/10/1
123	GB/T 18115.3—2006	稀土金属及其氧化物中稀土杂质化学分析方法 镨中镧、铈、钕、钐、铕、钆、铽、镝、钬、铒、铥、镱、镥和钇量的测定	2006/10/1
124	GB/T 18115.4—2021	稀土金属及其氧化物中稀土杂质化学分析方法 第4部分：钕中镧、铈、镨、钐、铕、钆、铽、镝、钬、铒、铥、镱、镥和钇量的测定	2022/5/1
125	GB/T 18115.5—2006	稀土金属及其氧化物中稀土杂质化学分析方法 钐中镧、铈、镨、钕、铕、钆、铽、镝、钬、铒、铥、镱、镥和钇量的测定	2006/10/1
126	GB/T 18115.6—2023	稀土金属及其氧化物中稀土杂质化学分析方法 铕中镧、铈、镨、钕、钐、钆、铽、镝、钬、铒、铥、镱、镥和钇量的测定	2006/10/1
127	GB/T 18115.7—2006	稀土金属及其氧化物中稀土杂质化学分析方法 钆中镧、铈、镨、钕、钐、铕、铽、镝、钬、铒、铥、镱、镥和钇量的测定	2006/10/1
128	GB/T 18115.8—2006	稀土金属及其氧化物中稀土杂质化学分析方法 铽中镧、铈、镨、钕、钐、铕、钆、镝、钬、铒、铥、镱、镥和钇量的测定	2006/10/1
129	GB/T 18115.9—2006	稀土金属及其氧化物中稀土杂质化学分析方法 镝中镧、铈、镨、钕、钐、铕、钆、铽、钬、铒、铥、镱、镥和钇量的测定	2006/10/1
130	GB/T 18115.10—2006	稀土金属及其氧化物中稀土杂质化学分析方法 钬中镧、铈、镨、钕、钐、铕、钆、铽、镝、铒、铥、镱、镥和钇量的测定	2006/10/1
131	GB/T 18115.11—2006	稀土金属及其氧化物中稀土杂质化学分析方法 铒中镧、铈、镨、钕、钐、铕、钆、铽、镝、钬、铥、镱、镥和钇量的测定	2006/10/1
132	GB/T 18115.12—2006	稀土金属及其氧化物中稀土杂质化学分析方法 钇中镧、铈、镨、钕、钐、铕、钆、铽、镝、钬、铒、铥、镱和镥量的测定	2006/10/1
133	GB/T 18115.13—2010	稀土金属及其氧化物中稀土杂质化学分析方法 第13部分：铥中镧、铈、镨、钕、钐、铕、钆、铽、镝、钬、铒、镱、镥和钇量的测定	2011/11/1
134	GB/T 18115.14—2010	稀土金属及其氧化物中稀土杂质化学分析方法 第14部分：镱中镧、铈、镨、钕、钐、铕、钆、铽、镝、钬、铒、铥、镥和钇量的测定	2011/11/1

续表

序号	标准编号	标准名称	实施日期
135	GB/T 18115.15—2010	稀土金属及其氧化物中稀土杂质化学分析方法 第15部分：镥中镧、铈、镨、钕、钐、铕、钆、铽、镝、钬、铒、铥、镱和钇量的测定	2011/11/1
136	GB/T 18882.1—2008	离子型稀土矿混合稀土氧化物化学分析方法 十五个稀土元素氧化物配分量的测定	2008/12/1
137	GB/T 20125—2006	低合金钢 多元素含量的测定 电感耦合等离子体发射光谱法	2006/9/1
138	GB/T 20127.3—2006	钢铁及合金 痕量元素的测定 第3部分：电感耦合等离子体发射光谱法测定钙、镁和钡含量	2006/9/1
139	GB/T 20127.9—2006	钢铁及合金 痕量元素的测定 第9部分：电感耦合等离子体发射光谱法测定钪含量	2006/9/1
140	GB/T 20899.13—2017	金矿石化学分析方法 第13部分：铅、锌、铋、镉、铬、砷和汞量的测定 电感耦合等离子体原子发射光谱法	2018/8/1
141	GB/T 20899.14—2017	金矿石化学分析方法 第14部分：铊量的测定 电感耦合等离子体原子发射光谱法和电感耦合等离子体质谱法	2018/8/1
142	GB/T 20975.25—2020	铝及铝合金化学分析方法 第25部分：元素含量的测定 电感耦合等离子体原子发射光谱法	2021/4/1
143	GB/T 20975.25—2020E	铝及铝合金化学分析方法 第25部分：元素含量的测定 电感耦合等离子体原子发射光谱法（英文版）	2021/4/1
144	GB/T 23273.8—2009	草酸钴化学分析方法 第8部分：镍、铜、铁、锌、锰、铅、砷、钙、镁、钠量的测定 电感耦合等离子体发射光谱法	2009/11/1
145	GB/T 23367.2—2009	钴酸锂化学分析方法 第2部分：锂、镍、锰、镁、铝、铁、钠、钙和铜量的测定 电感耦合等离子体原子发射光谱法	2010/1/1
146	GB/T 23524—2019	石油化工废铂催化剂化学分析方法 铂含量的测定 电感耦合等离子体原子发射光谱法	2020/5/1
147	GB/T 23545—2009	白酒中锰的测定 电感耦合等离子体原子发射光谱法	2009/12/1
148	GB/T 23594.2—2009	钐铕钆富集物化学分析方法 第2部分：十五个稀土元素氧化物配分量的测定 电感耦合等离子体发射光谱法	2010/2/1
149	GB/T 23607—2009	铜阳极泥化学分析方法 砷、铋、铁、镍、铅、锑、硒、碲量的测定 电感耦合等离子体原子发射光谱法	2010/2/1
150	GB/T 23613—2009	锇粉化学分析方法 镁、铁、镍、铝、铜、银、金、铂、铱、钯、铑、硅量的测定 电感耦合等离子体原子发射光谱法	2010/2/1
151	GB/T 23614.2—2009	钛镍形状记忆合金化学分析方法 第2部分：钴、铜、铬、铁、铌量的测定 电感耦合等离子体发射光谱法	2010/2/1
152	GB/T 23942—2009	化学试剂 电感耦合等离子体原子发射光谱法通则	2010/2/1
153	GB/T 24193—2009	铬矿石和铬精矿 铝、铁、镁和硅含量的测定 电感耦合等离子体原子发射光谱法	2010/4/1
154	GB/T 24194—2024	硅铁 多元素含量的测定 电感耦合等离子体原子发射光谱法	2024/12/1
155	GB/T 24197—2009	锰矿石 铁、硅、铝、钙、钡、镁、钾、铜、镍、锌、磷、钴、铬、钒、砷、铅和钛含量的测定 电感耦合等离子体原子发射光谱法	2010/4/1

续表

序号	标准编号	标准名称	实施日期
156	GB/T 24514—2009	钢表面锌基和（或）铝基镀层 单位面积镀层质量和化学成分测定 重量法、电感耦合等离子体原子发射光谱法和火焰原子吸收光谱法	2010/5/1
157	GB/T 24520—2009	铸铁和低合金钢 镧、铈和镁含量的测定 电感耦合等离子体原子发射光谱法	2010/5/1
158	GB/T 24583.8—2019	钒氮合金 硅、锰、磷、铝含量的测定 电感耦合等离子体原子发射光谱法	2020/5/1
159	GB/T 24585—2009	镍铁 磷、锰、铬、铜、钴和硅含量的测定 电感耦合等离子体原子发射光谱法	2010/5/1
160	GB/T 24794—2009	照相化学品 有机物中微量元素的分析 电感耦合等离子体原子发射光谱（ICP-AES）法	2010/6/1
161	GB/T 24916—2010	表面处理溶液 金属元素含量的测定 电感耦合等离子体原子发射光谱法	2010/12/31
162	GB/T 25934.1—2010	高纯金化学分析方法 第1部分：乙酸乙酯萃取分离 ICP-AES法 测定杂质元素的含量	2011/9/1
163	GB/T 25934.1—2010E	高纯金化学分析方法 第1部分：乙酸乙酯萃取分离-ICP-AES法 测定杂质元素的含量（英文版）	2011/9/1
164	GB/T 25934.3—2010	高纯金化学分析方法 第3部分：乙醚萃取分离 ICP-AES法 测定杂质元素的含量	2011/9/1
165	GB/T 25934.3—2010E	高纯金化学分析方法 第3部分：乙醚萃取分离-ICP-AES法 测定杂质元素的含量（英文版）	2011/9/1
166	GB/T 26416.1—2022	稀土铁合金化学分析方法 第1部分：稀土总量的测定（方法3 ICP-OES）	2023/7/1
167	GB/T 26416.2—2022	稀土铁合金化学分析方法 第2部分：稀土杂质含量的测定 电感耦合等离子体发射光谱法	2023/7/1
168	GB/T 26416.3—2022	稀土铁合金化学分析方法 第3部分：钙、镁、铝、镍、锰量的测定 电感耦合等离子体发射光谱法	2023/7/1
169	GB/T 27598—2011	照相化学品 无机物中微量元素的分析 电感耦合等离子体原子发射光谱(ICP-AES)法	2012/3/1
170	GB/T 30014—2013	废钯炭催化剂化学分析方法 钯量的测定 电感耦合等离子体原子发射光谱法	2014/8/1
171	GB/T 30376—2013	茶叶中铁、锰、铜、锌、钙、镁、钾、钠、磷、硫的测定 电感耦合等离子体原子发射光谱法	2014/6/22
172	GB/T 30419—2013	玩具材料中可迁移元素锑、砷、钡、镉、铬、铅、汞、硒的测定 电感耦合等离子体原子发射光谱法	2014/12/1
173	GB/T 30902—2014	无机化工产品 杂质元素的测定 电感耦合等离子体发射光谱法（ICP-OES）	2014/12/1
174	GB/T 32179—2015	耐火材料化学分析 湿法、原子吸收光谱法（AAS）和电感耦合等离子体原子发射光谱法（ICP-AES）的一般要求	2017/1/1
175	GB/T 32793—2016	烧结镍、氧化镍化学分析方法 镍、钴、铜、铁、锌、锰含量测定 电解重量法-电感耦合等离子体原子发射光谱法	2017/7/1

续表

序号	标准编号	标准名称	实施日期
176	GB/T 32794—2016	含镍生铁 镍、钴、铬、铜、磷含量的测定 电感耦合等离子体原子发射光谱法	2017/7/1
177	GB/T 33307—2016	化妆品中镍、锑、碲含量的测定 电感耦合等离子体发射光谱法	2017/7/1
178	GB/T 33324—2016	胶乳制品中重金属含量的测定 电感耦合等离子体原子发射光谱法	2017/7/1
179	GB/T 33351.2—2021	电子电气产品中砷、铍、锑的测定 第2部分：电感耦合等离子体发射光谱法	2021/11/1
180	GB/T 33422—2016	热塑性弹性体 重金属含量的测定 电感耦合等离子体原子发射光谱法	2017/7/1
181	GB/T 33465—2016	电感耦合等离子体发射光谱法测定汽油中的氯和硅	2017/7/1
182	GB/T 33647—2017	车用汽油中硅含量的测定 电感耦合等离子体发射光谱法	2017/12/1
183	GB/T 33913.1—2017	三苯基膦氯化铑化学分析方法 第1部分：铑量的测定 电感耦合等离子体原子发射光谱法	2018/2/1
184	GB/T 33913.2—2017	三苯基膦氯化铑化学分析方法 第2部分：铅、铁、铜、钯、铂、铝、镍、镁、锌量的测定 电感耦合等离子体原子发射光谱法	2018/2/1
185	GB/T 34099—2017	残渣燃料油中铝、硅、钒、镍、铁、钠、钙、锌及磷含量的测定 电感耦合等离子体发射光谱法	2018/2/1
186	GB/T 34208—2017	钢铁 锑、锡含量的测定 电感耦合等离子体原子发射光谱法	2018/6/1
187	GB/T 34333—2017	耐火材料 电感耦合等离子体原子发射光谱（ICP-AES）分析方法	2018/8/1
188	GB/T 34500.4—2017	稀土废渣、废水化学分析方法 第4部分：铜、锌、铅、铬、镉、钡、钴、锰、镍、钛量的测定 电感耦合等离子体发射光谱法	2018/5/1
189	GB/T 34609.2—2020	铑化合物化学分析方法 第2部分：银、金、铂、钯、铱、钌、铅、镍、铜、铁、锡、锌、镁、锰、铝、钙、钠、钾、铬、硅含量的测定 电感耦合等离子体原子发射光谱法	2021/8/1
190	GB/T 34764—2017	肥料中铜、铁、锰、锌、硼、钼含量的测定 等离子体发射光谱法	2018/5/1
191	GB/T 35871—2018	粮油检验 谷物及其制品中钙、钾、镁、钠、铁、磷、锌、铜、锰、硼、钡、钼、钴、铬、锂、锶、镍、硫、钒、硒、铷含量的测定 电感耦合等离子体发射光谱法	2018/9/1
192	GB/T 36244—2018	电感耦合等离子体原子发射光谱仪	2018/11/1
193	GB/T 36593—2018	铱粉化学分析方法 银、金、钯、铑、钌、铂、镍、铜、铁、锡、锌、镁、锰、铝量的测定 电感耦合等离子体原子发射光谱法	2019/6/1
194	GB/T 36764—2018	橡胶配合剂 沉淀水合二氧化硅 电感耦合等离子体原子发射光谱仪测定重金属含量	2019/4/1
195	GB/T 37160—2019	重质馏分油、渣油及原油中痕量金属元素的测定 电感耦合等离子体发射光谱法	2019/10/1
196	GB/T 37248—2018	高纯氧化铝 痕量金属元素的测定 电感耦合等离子体发射光谱法	2019/11/1

续表

序号	标准编号	标准名称	实施日期
197	GB/T 37883—2019	水处理剂中铬、镉、铅、砷含量的测定 电感耦合等离子体发射光谱(ICP-OES)法	2020/7/1
198	GB/T 38233—2019	含铁尘泥 铅和锌含量的测定 电感耦合等离子体原子发射光谱法	2020/2/1
199	GB/T 38394—2019	煤焦油 钠、钙、镁、铁含量的测定 电感耦合等离子体发射光谱法	2020/7/1
200	GB/T 38441—2019	生铁及铸铁 铬、铜、镁、锰、钼、镍、磷、锡、钛、钒和硅的测定 电感耦合等离子体原子发射光谱法	2020/7/1
201	GB/T 38513—2020	铌铪合金化学分析方法 铪、钛、锆、钨、钽等元素的测定 电感耦合等离子体原子发射光谱法	2021/2/1
202	GB/T 38744—2020	机动车尾气净化器中助剂元素化学分析方法 铈、镧、镨、钕、钡、锆含量的测定 电感耦合等离子体原子发射光谱法	2021/3/1
203	GB/T 38791—2020	口腔清洁护理用品 牙膏中硼酸和硼酸盐含量的测定 电感耦合等离子体原子发射光谱法	2020/11/1
204	GB/T 38812.3—2020	直接还原铁 硅、锰、磷、钒、钛、铜、铝、砷、镁、钙、钾、钠含量的测定 电感耦合等离子体原子发射光谱法	2020/12/1
205	GB/T 39138.3—2020	金镍铬铁硅硼合金化学分析方法 第3部分：铬、铁、硅、硼含量的测定 电感耦合等离子体原子发射光谱法	2021/9/1
206	GB/T 39143—2020	金砷合金化学分析方法 砷含量的测定 电感耦合等离子体原子发射光谱法	2021/9/1
207	GB/T 39356—2020	肥料中总镍、总钴、总硒、总钒、总锑、总铊含量的测定 电感耦合等离子体发射光谱法	2021/6/1
208	GB/T 39560.4—2021	电子电气产品中某些物质的测定 第4部分：CV-AAS、CV-AFS、ICP-OES和ICP-MS测定聚合物、金属和电子件中的汞	2022/5/1
209	GB/T 39560.5—2021	电子电气产品中某些物质的测定 第5部分：AAS、AFS、ICP-OES和ICP-MS法测定聚合物和电子件中镉、铬以及金属中镉、铅的含量	2022/5/1
210	GB/T 40374—2021	硬质合金化学分析方法 铅量和镉量的测定 火焰原子吸收光谱法和电感耦合等离子体原子发射光谱法	2022/3/1
211	GB/T 40795.2—2021	镧铈金属及其化合物化学分析方法 第2部分：稀土量的测定 ICP-OES	2022/5/1
212	GB/T 41769—2022	碲锌镉化学分析方法 锌和镉含量的测定 电感耦合等离子体原子发射光谱法	2023/2/1
213	GB/T 41945—2022	生胶和硫化胶 用电感耦合等离子体发射光谱仪（ICP-OES）测定金属含量	2023/4/1
214	GB/T 42273—2022	锆化合物化学分析方法 钙、铪、钛、钠、铁、铬、镉、锌、锰、铜、镍、铅含量的测定 电感耦合等离子体原子发射光谱法	2023/4/1
215	GB/T 42513.6—2024	镍合金化学分析方法 第6部分：钼含量的测定 电感耦合等离子体原子发射光谱法	2024/11/1
216	GB/T 43310—2023	玻璃纤维及原料化学元素的测定 电感耦合等离子体发射光谱法（ICP-OES）	2024/6/1

续表

序号	标准编号	标准名称	实施日期
217	GB/T 43753.1—2024	贵金属合金电镀废水化学分析方法 第1部分：金、银、铂、钯、铱含量的测定 电感耦合等离子体原子发射光谱法	2024/10/1
218	GB/T 43753.2—2024	贵金属合金电镀废水化学分析方法 第2部分：锌、锰、铬、镉、铅、铁、铝、镍、铜、铍含量的测定 电感耦合等离子体原子发射光谱法	2024/10/1
219	GB/T 44209—2024	纳米技术 多聚糖超顺磁氧化铁溶液铁含量测量 电感耦合等离子体发射光谱法	2025/2/1

7.3.2 现行的有关 ICP-MS 标准

随着 ICP-MS 仪器及分析技术的不断发展和普及，国标及行业标准不断增加，现行的 ICP-MS 相关国家标准如表 7-3 所示，现行的有关 ICP-MS 的地方、行业和团体标准如表 7-4 所示，以供参考。

表 7-3 现行的国家标准

序号	标准编号	标准名称	实施日期
1	GB/T 223.81—2007	钢铁及合金 总铝和总硼含量的测定 微波消解-电感耦合等离子体质谱法	2008/2/1
2	GB/T 223.87—2018	钢铁及合金 钙和镁含量的测定 电感耦合等离子体质谱法	2019/2/1
3	GB/T 3884.19—2017	铜精矿化学分析方法 第19部分：铊量的测定 电感耦合等离子体质谱法	2018/4/1
4	GB/T 4325.26—2013	钼化学分析方法 第26部分：铝、镁、钙、钒、铬、锰、铁、钴、镍、铜、锌、砷、镉、锡、锑、钨、铅和铋量的测定 电感耦合等离子体质谱法	2014/2/1
5	GB/T 4702.15—2016	金属铬 铅、锡、铋、锑、砷含量的测定 等离子体质谱法	2017/9/1
6	GB/T 5121.28—2021	铜及铜合金化学分析方法 第28部分：铬、铁、锰、钴、镍、锌、砷、硒、银、锡、锑、碲、铅和铋含量的测定 电感耦合等离子体质谱法	2022/7/1
7	GB/T 6730.72—2016	铁矿石 砷、铬、镉、铅和汞含量的测定 电感耦合等离子体质谱法（ICP-MS）	2016/11/1
8	GB/T 6730.81—2020	铁矿石 多种微量元素含量的测定 电感耦合等离子体质谱法	2020/12/1
9	GB/T 7717.16—2022	工业用丙烯腈 第16部分：铁、铜含量的测定 石墨炉原子吸收光谱法和电感耦合等离子体质谱法	2023/2/1
10	GB/T 7739.14—2019	金精矿化学分析方法 第14部分：铊量的测定 电感耦合等离子体原子发射光谱法和电感耦合等离子体质谱法	2020/7/1
11	GB/T 8151.21—2017	锌精矿化学分析方法 第21部分：铊量的测定 电感耦合等离子体质谱法和电感耦合等离子体-原子发射光谱法	2018/5/1
12	GB/T 8152.13—2017	铅精矿化学分析方法 第13部分：铊量的测定 电感耦合等离子体质谱法和电感耦合等离子体-原子发射光谱法	2018/5/1

续表

序号	标准编号	标准名称	实施日期
13	GB/T 8647.11—2019	镍化学分析方法 第11部分：镁、铝、锰、钴、铜、锌、镉、锡、锑、铅、铋含量的测定 电感耦合等离子体质谱法	2020/11/1
14	GB/T 11066.11—2021	金化学分析方法 第11部分：镁、铬、锰、铁、镍、铜、钯、银、锡、锑、铅和铋含量的测定 电感耦合等离子体质谱法	2021/11/1
15	GB/T 12690.12—2003	稀土金属及其氧化物中非稀土杂质化学分析方法 钍量的测定 偶氮胂Ⅲ分光光度法和电感耦合等离子体质谱法	2004/6/1
16	GB/T 12690.13—2003	稀土金属及其氧化物中非稀土杂质化学分析方法 钼、钨量的测定 电感耦合等离子体发射光谱法和电感耦合等离子体质谱法	2004/6/1
17	GB/T 13747.27—2020	锆及锆合金化学分析方法 第27部分：痕量杂质元素的测定 电感耦合等离子体质谱法	2021/2/1
18	GB/T 14352.20—2021	钨矿石、钼矿石化学分析方法 第20部分：铌、钽、锆、铪及15个稀土元素量的测定 电感耦合等离子体质谱法	2021/10/1
19	GB/T 14352.24—2022	钨矿石、钼矿石化学分析方法 第24部分：锗含量的测定 电感耦合等离子体质谱法	2023/4/1
20	GB/T 14353.20—2019	铜矿石、铅矿石和锌矿石化学分析方法 第20部分：铼量测定 电感耦合等离子体质谱法	2020/5/1
21	GB/T 16484.2—2009	氯化稀土、碳酸轻稀土化学分析方法 第2部分：氧化铈量的测定 电感耦合等离子体质谱法	2010/5/1
22	GB/T 16484.20—2009	氯化稀土、碳酸轻稀土化学分析方法 第20部分：氧化镍、氧化锰、氧化铅、氧化锌、氧化钍量的测定 电感耦合等离子体质谱法	2010/5/1
23	GB/T 17418.7—2010	地球化学样品中贵金属分析方法 第7部分：铂族元素量的测定 镍锍试金-电感耦合等离子体质谱法	2011/2/1
24	GB/T 20127.11—2006	钢铁及合金 痕量素的测定 第11部分：电感耦合等离子体质谱法测定铟和铊含量	2006/9/1
25	GB/T 20899.14—2017	金矿石化学分析方法 第14部分：铊量的测定 电感耦合等离子体原子发射光谱法和电感耦合等离子体质谱法	2018/8/1
26	GB/T 23362.4—2009	高纯氢氧化铟化学分析方法 第4部分：铝、铁、铜、锌、镉、铅和铊量的测定 电感耦合等离子体质谱法	2010/1/1
27	GB/T 23364.4—2009	高纯氧化铟化学分析方法 第4部分：铝、铁、铜、锌、镉、铅和铊量的测定 电感耦合等离子体质谱法	2010/1/1
28	GB/T 23372—2009	食品中无机砷的测定 液相色谱-电感耦合等离子体质谱法	2009/5/1
29	GB/T 24875—2010	畜禽粪便中铅、镉、铬、汞的测定 电感耦合等离子体质谱法	2011/1/1
30	GB/T 25934.2—2010	高纯金化学分析方法 第2部分：ICP-MS-标准加入校正-内标法测定杂质元素的含量	2011/9/1
31	GB/T 26193—2010	玩具材料中可迁移元素锑、砷、钡、镉、铬、铅、汞、硒的测定 电感耦合等离子体质谱法	2011/6/1
32	GB/T 26289—2010	高纯硒化学分析方法 硼、铝、铁、锌、砷、银、锡、锑、碲、汞、镁、钛、镍、铜、镓、镉、铟、铅、铋量的测定 电感耦合等离子体质谱法	2011/11/1

续表

序号	标准编号	标准名称	实施日期
33	GB/T 29056—2012	硅外延用三氯氢硅化学分析方法 硼、铝、磷、钒、铬、锰、铁、钴、镍、铜、钼、砷和锑量的测定 电感耦合等离子体质谱法	2013/10/1
34	GB/T 29849—2013	光伏电池用硅材料表面金属杂质含量的电感耦合等离子体质谱测量方法	2014/4/15
35	GB/T 30714—2014	电感耦合等离子体质谱法测定砚石中的稀土元素	2014/10/1
36	GB/T 30903—2014	无机化工产品 杂质元素的测定 电感耦合等离子体质谱法（ICP-MS）	2014/12/1
37	GB/T 31231—2014	水中锌、铅同位素丰度比的测定 多接收电感耦合等离子体质谱法	2015/4/15
38	GB/T 31854—2015	光伏电池用硅材料中金属杂质含量的电感耦合等离子体质谱测量方法	2016/3/1
39	GB/T 31927—2015	钢板及钢带 锌基和铝基镀层中铅和镉含量的测定 电感耦合等离子体质谱法	2016/6/1
40	GB/T 32548—2016	钢铁 锡、锑、铈、铅和铋的测定 电感耦合等离子体质谱法	2016/11/1
41	GB/T 33351.1—2016	电子电气产品中砷、铍、锑的测定 第1部分：电感耦合等离子体质谱法	2017/7/1
42	GB/T 33909—2017	纯铂化学分析方法 钯、铑、铱、钌、金、银、铝、铋、铬、铜、铁、镍、铅、镁、锰、锡、锌、硅量的测定 电感耦合等离子体质谱法	2018/2/1
43	GB/T 34435—2017	玩具材料中可迁移六价铬的测定 高效液相色谱-电感耦合等离子体质谱法	2018/5/1
44	GB/T 34826—2017	四极杆电感耦合等离子体质谱仪性能的测定方法	2018/5/1
45	GB/T 34972—2017	电子工业用气体中金属含量的测定 电感耦合等离子体质谱法	2018/5/1
46	GB/T 35418—2017	纳米技术 碳纳米管中杂质元素的测定 电感耦合等离子体质谱法	2018/4/1
47	GB/T 35828—2018	化妆品中铬、砷、镉、锑、铅的测定 电感耦合等离子体质谱法	2018/9/1
48	GB/T 35876—2018	粮油检验 谷物及其制品中钠、镁、钾、钙、铬、锰、铁、铜、锌、砷、硒、镉和铅的测定 电感耦合等离子体质谱法	2018/9/1
49	GB/T 36592—2018	铑粉化学分析方法 铂、钌、铱、钯、金、银、铜、铁、镍、铝、铅、锰、镁、锡、锌、硅的测定 电感耦合等离子体质谱法	2019/6/1
50	GB/T 37049—2018	电子级多晶硅中基体金属杂质含量的测定 电感耦合等离子体质谱法	2019/4/1
51	GB/T 37211.2—2018	金属锗化学分析方法 第2部分：铝、铁、铜、镍、铅、钙、镁、钴、钢、锌含量的测定 电感耦合等离子体质谱法	2019/11/1
52	GB/T 37649—2019	化妆品中硫柳汞和苯基汞的测定 高效液相色谱-电感耦合等离子体质谱法	2020/1/1
53	GB/T 37837—2019	四极杆电感耦合等离子体质谱方法通则	2020/3/1
54	GB/T 38261—2019	纳米技术 生物样品中银含量测量 电感耦合等离子体质谱法	2020/7/1

续表

序号	标准编号	标准名称	实施日期
55	GB/T 38789—2020	口腔清洁护理用品 牙膏中 10 种元素含量的测定 电感耦合等离子体质谱法	2020/11/1
56	GB/T 39486—2020	化学试剂 电感耦合等离子体质谱分析方法通则	2021/10/1
57	GB/T 39560.4—2021	电子电气产品中某些物质的测定 第 4 部分：CV-AAS、CV-AFS、ICP-OES 和 ICP-MS 测定聚合物、金属和电子件中的汞	2022/5/1
58	GB/T 39560.5—2021	电子电气产品中某些物质的测定 第 5 部分：AAS、AFS、ICP-OES 和 ICP-MS 法测定聚合物和电子件中镉、铅、铬以及金属中镉、铅的含量	2022/5/1
59	GB/T 40798—2021	离子型稀土原矿化学分析方法 稀土总量的测定 电感耦合等离子体质谱法	2022/5/1
60	GB/T 41330—2022	锅炉用水和冷却水分析方法 痕量铜、铁、钠、钙、镁含量的测定 电感耦合等离子体质谱(ICP-MS)法	2022/10/1
61	GB/T 41435—2022	玩具材料中硼酸和硼酸盐含量的测定 电感耦合等离子体质谱法	2022/4/15
62	GB/T 42175—2022	海洋石油勘探开发钻井泥浆和钻屑中铜、铅、锌、镉、铬的测定 微波消解-电感耦合等离子体质谱法	2023/4/1
63	GB/T 42248—2022	土壤、水系沉积物 碘、溴含量的测定 半熔-电感耦合等离子体质谱法	2023/4/1
64	GB/T 42240—2022	纳米技术 石墨烯粉体中金属杂质的测定 电感耦合等离子体质谱法	2023/7/1
65	GB/T 42333—2023	土壤、水系沉积物 碘含量的测定 氨水封闭溶解-电感耦合等离子体质谱法	2023/7/1
66	GBZ/T 307.2—2018	尿中镉的测定 第 2 部分：电感耦合等离子体质谱法	2019/1/1
67	GBZ/T 308—2018	尿中多种金属同时测定 电感耦合等离子体质谱法	2019/1/1
68	GBZ/T 316.2—2018	血中铅的测定 第 2 部分：电感耦合等离子体质谱法	2019/1/1
69	GBZ/T 317.2—2018	血中镉的测定 第 2 部分：电感耦合等离子体质谱法	2019/1/1

表 7-4　现行的地方、行业和团体标准

序号	标准编号	标准名称	实施日期
1	DZ/T 0064.80—2021	地下水质分析方法 第 80 部分：锂、铷、铯等 40 个元素量的测定 电感耦合等离子体质谱法	2021/7/1
2	DZ/T 0253.1—2014	生态地球化学评价动植物样品分析方法 第 1 部分：锂、硼、钒等 19 个元素量的测定 电感耦合等离子体质谱（ICP-MS）法	2014/6/1
3	DZ/T 0279.16—2016	区域地球化学样品分析方法 第 16 部分：锗量测定 电感耦合等离子体质谱法	2016/12/1
4	DZ/T 0279.24—2016	区域地球化学样品分析方法 第 24 部分：碘量测定电感耦合等离子体质谱法	2016/12/1
5	DZ/T 0279.3—2016	区域地球化学样品分析方法 第 3 部分：钡、铍、铋等 15 个元素量测定 电感耦合等离子体质谱法	2016/12/1

续表

序号	标准编号	标准名称	实施日期
6	DZ/T 0279.30—2016	区域地球化学样品分析方法 第30部分:钨量测定碱熔-电感耦合等离子体质谱法	2016/12/1
7	DZ/T 0279.31—2016	区域地球化学样品分析方法 第31部分:铂和钯量测定火试金富集-电感耦合等离子体质谱法	2016/12/1
8	DZ/T 0279.32—2016	区域地球化学样品分析方法 第32部分:镧、铈等15个稀土元素量测定 封闭酸溶-电感耦合等离子体质谱法	2016/12/1
9	DZ/T 0279.5—2016	区域地球化学样品分析方法 第5部分:镉量测定 电感耦合等离子体质谱法	2016/12/1
10	DZ/T 0279.6—2016	区域地球化学样品分析方法 第6部分:铀量测定 电感耦合等离子体质谱法	2016/12/1
11	DZ/T 0279.7—2016	区域地球化学样品分析方法 第7部分:钼量测定 电感耦合等离子体质谱法	2016/12/1
12	DZ/T 0279.8—2016	区域地球化学样品分析方法 第8部分:铊量测定 电感耦合等离子体质谱法	2016/12/1
13	DZ/T 0393.4—2021	锶矿石化学分析方法 第4部分:铬、铜、锰、钼、镍、铅、钛、锌含量的测定 封闭酸溶-电感耦合等离子体质谱法	2022/5/1
14	DZ/T 0395.3—2022	硫铁矿矿石分析方法 第3部分:砷、钼、银、镉、铟和铋含量的测定 王水分解-电感耦合等离子体质谱法	2022/7/1
15	DZ/T 0397—2022	锡矿石化学分析方法 钴、镍、铜、铌、钽、铅、钍、铀和稀土元素含量的测定 碘化铵除锡-封闭酸溶-电感耦合等离子体质谱法	2022/7/1
16	DZ/T 0398—2022	磷矿石化学分析方法 稀土元素含量的测定 混酸分解—电感耦合等离子体质谱法	2022/7/1
17	DZ/T 0421.1—2022	钨矿石、钼矿石化学分析方法 第1部分:铼含量的测定 电感耦合等离子体质谱法	2023/3/1
18	DZ/T 0424.3—2022	石墨矿化学分析方法 第3部分:铜、铅、锌、钴、镍和铬含量的测定 微波消解-电感耦合等离子体质谱法	2023/3/1
19	FZ/T 01165—2022	纺织品 有机锡化合物的筛选 电感耦合等离子体质谱法	2022/10/1
20	GA/T 1630—2019	法庭科学 血液、尿液中铬等五种元素检验 电感耦合等离子体质谱法	2019/12/1
21	HJ 1074—2019	水质 三丁基锡等4种有机锡化合物的测定 液相色谱-电感耦合等离子体质谱法	2020/6/30
22	HJ 509—2009	车用陶瓷催化转化器中铂、钯、铑的测定 电感耦合等离子体发射光谱法和电感耦合等离子体质谱法	2010/1/1
23	HJ 657—2013	空气和废气 颗粒物中铅等金属元素的测定 电感耦合等离子体质谱法	2013/9/1
24	HJ 657—2013/XG1—2018	《空气和废气 颗粒物中铅等金属元素的测定 电感耦合等离子体质谱法》第1号修改单	2018/9/1
25	HJ 700—2014	水质 65种元素的测定 电感耦合等离子体质谱法	2014/7/1
26	HJ 766—2015	固体废物 金属元素的测定 电感耦合等离子体质谱法	2015/12/15

续表

序号	标准编号	标准名称	实施日期
27	HJ 803—2016	土壤和沉积物 12种金属元素的测定 王水提取-电感耦合等离子体质谱法	2016/8/1
28	JJF 1159—2006	四极杆电感耦合等离子体质谱仪校准规范	2007/3/8
29	JY/T 0568—2020	电感耦合等离子体质谱分析方法通则	2020/12/1
30	LS/T 6136—2019	粮油检测 大米中锰、铜、锌、铷、锶、镉、铅的测定 快速提取-电感耦合等离子体质谱法	2019/12/6
31	NY/T 3161—2017	有机肥料中砷、镉、铬、铅、汞、铜、锰、镍、锌、锶、钴的测定 微波消解-电感耦合等离子体质谱法	2018/6/1
32	NY/T 3556—2020	粮谷中硒代半胱氨酸和硒代蛋氨酸的测定 液相色谱-电感耦合等离子体质谱法	2020/7/1
33	NY/T 3834—2021	肥料中16种稀土元素的测定电感耦合等离子体质谱法	2021/11/1
34	NY/T 4313—2023	沼液中砷、镉、铅、铬、铜、锌元素含量的测定 微波消解-电感耦合等离子体质谱法	2023/6/1
35	QB/T 4711—2014	黄酒中无机元素的测定方法 电感耦合等离子体质谱法和电感耦合等离子体原子发射光谱法	2014/11/1
36	QB/T 4851—2015	葡萄酒中无机元素的测定方法 电感耦合等离子体质谱法和电感耦合等离子体原子发射光谱法	2016/3/1
37	SB/T 10921—2012	饲料中氨苯砷酸、4-羟基苯胂酸、洛克沙胂、硝苯胂酸的测定 液相色谱-电感耦合等离子体质谱法	2013/9/1
38	SB/T 10922—2012	肉与肉制品中铬、铜、总砷、镉、总汞、铅的测定 电感耦合等离子体质谱法	2013/9/1
39	SF/Z JD0107012—2011	血液中铬、镉、砷、铊和铅的测定 电感耦合等离子体质谱法	2011/3/17
40	SF/Z JD0107017—2015	生物检材中32种元素的测定 电感耦合等离子体质谱法	2015/11/20
41	SJ/T 11555—2015	用电感耦合等离子体质谱法测定硝酸中金属元素的含量	2016/4/1
42	SJ/T 11637—2016	电子化学品 电感耦合等离子体质谱法通则	2017/1/1
43	SL 394.2—2007	铅、镉、钒、磷等34种元素的测定——电感耦合等离子体质谱法（ICP-MS）	2007/11/20
44	SN/T 0448—2011	进出口食品中砷、汞、铅、镉的检测方法 电感耦合等离子体质谱（ICP-MS）法	2011/7/1
45	SN/T 0736.12—2009	进出口化肥检验方法 电感耦合等离子体质谱法测定有害元素砷、铬、镉、汞、铅	2009/9/1
46	SN/T 2004.5—2006	电子电气产品中铅、汞、镉、铬、溴的测定 第5部分:电感耦合等离子体质谱法（ICP-MS）	2007/1/1
47	SN/T 2288—2009	进出口化妆品中铍、镉、铊、铬、砷、碲、钕、铅的检测方法 电感耦合等离子体质谱法	2009/9/1
48	SN/T 2297.9—2015	进出口石膏及石膏制品分析方法 第9部分：铅、镉、铬、砷、汞、铜、锌、锰、镍、钴的测定 电感耦合等离子体质谱法	2016/4/1
49	SN/T 2484—2010	精油中砷、钡、铋、镉、铬、汞、铅、锑含量的测定方法 电感耦合等离子体质谱法	2010/9/16

续表

序号	标准编号	标准名称	实施日期
50	SN/T 2592.3—2010	电子电气产品中有机锡化合物的测定 第3部分：电感耦合等离子体质谱筛选法	2010/12/1
51	SN/T 3041—2011	出口食品接触材料 高分子材料 硼酸及四硼酸钠的测定 ICP-MS法	2012/4/1
52	SN/T 3619—2013	玩具材料中17种可迁移元素的测定 ICP-MS法	2014/3/1
53	SN/T 3881—2014	进出口包装材料中砷、钡、镉、铬、汞、铅、硒、锑的检测 ICP-MS法	2014/8/1
54	SN/T 3334.2—2013	小型家用电器中三苯基锡、三丁基锡的测定 液相色谱-电感耦合等离子体质谱法	2013/9/16
55	SN/T 3515—2013	钢铁及合金 硼、钛、锆、铌、锡、锑、钽、钨、铅的测定 电感耦合等离子体质谱法	2013/9/16
56	SN/T 3516—2013	高纯锌中铅、铁、镉、铜、锡、锑的测定 电感耦合等离子体质谱法	2013/9/16
57	SN/T 3796—2014	滑石粉中酸溶杂质元素（铅、镉、铬、砷、汞、铜、锌、锰、镍、钴）的测定 电感耦合等离子体质谱法	2014/8/1
58	SN/T 3821—2014	出口化妆品中六价铬的测定 液相色谱-电感耦合等离子体质谱法	2014/8/1
59	SN/T 3933—2014	出口食品中六种砷形态的测定方法 高效液相色谱-电感耦合等离子体质谱法	2014/11/1
60	SN/T 4025—2014	稀土硅铁合金及镁硅铁合金化学分析方法 稀土总量的测定 电感耦合等离子体质谱法	2015/5/1
61	SN/T 4107—2015	白刚玉、铬刚玉中硅、铁、钾、钠、铬、钙、镁的测定 电感耦合等离子体质谱法	2015/9/1
62	SN/T 4240—2015	电子电气产品 金属部件表面镀镍层中铅、镉含量测定 电感耦合等离子体质谱法	2016/1/1
63	SN/T 4243—2015	铜精矿中金、银、铂、钯、砷、汞、镉、镓、铟、锗、硒、碲、铊、镧的测定 电感耦合等离子体质谱法	2016/1/1
64	SN/T 4369—2015	进出口煤炭中砷、汞、铅、镉、铬、铍的测定 微波消解-电感耦合等离子体质谱法	2016/7/1
65	SN/T 4420—2016	出口烟草及烟草制品中铅、砷、汞、镉、铬的测定 电感耦合等离子体质谱法	2016/10/1
66	SN/T 4501.2—2017	镍精矿化学分析方法 第2部分:镓、锗、硒、铟、镉、碲、铊、铋含量的测定 电感耦合等离子体质谱法	2017/12/1
67	SN/T 4501.3—2017	镍精矿化学分析方法 第3部分:金、铂、钯含量的测定 电感耦合等离子体质谱法	2017/12/1
68	SN/T 4515—2016	塑料及其制品中11种元素溶出量同时测定方法 电感耦合等离子体质谱法	2017/2/1
69	SN/T 4585—2016	出口食品中甲基砷酸、二甲次胂酸残留量的测定 液相色谱-电感耦合等离子体质谱法	2017/3/1
70	SN/T 4666—2016	进出口纺织品 六价铬的测定 高效液相色谱-电感耦合等离子体质谱法	2017/7/1

续表

序号	标准编号	标准名称	实施日期
71	SN/T 4675.20—2016	出口葡萄酒中稀土元素的测定 电感耦合等离子体质谱法	2017/7/1
72	SN/T 4678—2016	出口食品中铀、钍的测定方法 电感耦合等离子体质谱法	2017/7/1
73	SN/T 4695—2016	玩具材料中六价铬及有机锡的筛选 电感耦合等离子体质谱法	2017/7/1
74	SN/T 4759—2017	进口食品级润滑油（脂）中锑、砷、镉、铅、汞、硒元素的测定方法 电感耦合等离子体质谱（ICP-MS）法	2017/12/1
75	SN/T 4843—2017	橡胶制品中铬、钴、砷、溴、钼、镉、锡和铅的测定 电感耦合等离子体质谱法	2018/3/1
76	SN/T 4851—2017	出口水产品中甲基汞和乙基汞的测定 液相色谱-电感耦合等离子体质谱法	2018/3/1
77	SN/T 4893—2017	进出口食用动物中铅、镉、砷、汞的测定 电感耦合等离子体质谱（ICP-MS）法	2018/4/1
78	SN/T 5141—2019	出口食品中汞形态的测定 液相色谱-电感耦合等离子体质谱法	2020/5/1
79	SN/T 5237—2020	进出口纺织品 可萃取重金属的测定 电感耦合等离子体质谱法	2021/3/1
80	SN/T 5242—2020	进出口纺织品 锗含量的测定 电感耦合等离子体质谱法	2021/3/1
81	SN/T 5252—2020	进口铁矿石中铜、铬、锰、钡、钴、铊、铌、钽、钛、钼、钇、镧、铈、镨、钕、钐、铕、钆、镝、钬、铒、铥、镱含量的测定 电感耦合等离子体质谱法	2021/3/1
82	SN/T 5255—2020	煤中铅、镉、砷、汞、铜、铬、镍、锰、钡、硒、锌、锡、钛、锑、钴、铝、铍、钒、银、钼含量的测定 电感耦合等离子体质谱法	2021/3/1
83	SN/T 5306—2021	石脑油中铅、砷、汞、锑、铜的测定 电感耦合等离子体质谱法	2022/1/1
84	WS/T 107.2—2016	尿中碘的测定 第2部分：电感耦合等离子体质谱法	2016/10/31
85	WS/T 549—2017	尿中总铀和铀-235/铀-238 比值分析方法 电感耦合等离子体质谱法（ICP-MS）	2017/11/1
86	WS/T 783—2021	血清中碘的测定标准 电感耦合等离子体质谱法	2022/1/1
87	YB/T 4308—2012	低合金钢 多元素含量的测定 激光剥蚀-电感耦合等离子体质谱法（常规法）	2013/3/1
88	YC/T 316—2014	烟用材料中铬、镍、砷、硒、镉、汞和铅残留量的测定 电感耦合等离子体质谱法	2015/1/15
89	YC/T 379—2010	卷烟 主流烟气中铬、镍、砷、硒、镉、铅的测定 电感耦合等离子体质谱法	2011/1/15
90	YC/T 380—2010	烟草及烟草制品 铬、镍、砷、镉、铅的测定 电感耦合等离子体质谱法	2011/1/15
91	YS/T 1013—2014	高纯碲化学分析方法 钠、镁、铝、铬、铁、镍、铜、锌、硒、银、锡、铅、铋量的测定 电感耦合等离子体质谱法	2015/4/1
92	YS/T 1050.10—2016	铅锑精矿化学分析方法 第10部分：铊量的测定 电感耦合等离子体质谱法和电感耦合等离子体原子发射光谱法	2017/1/1

续表

序号	标准编号	标准名称	实施日期
93	YS/T 1074—2015	无焊料贵金属饰品化学分析方法 镁、钛、铬、锰、铁、镍、铜、锌、砷、钌、铑、钯、银、镉、锡、锑、铱、铂、铅、铋量测定 电感耦合等离子体质谱法	2015/10/1
94	YS/T 1086—2015	高纯锑化学分析方法 镁、锰、铁、镍、铜、锌、砷、硒、银、镉、金、铅、铋量的测定 电感耦合等离子体质谱法	2015/10/1
95	YS/T 1119—2016	海绵钯化学分析方法 镁、铝、硅、铬、锰、铁、镍、铜、锌、钌、铑、银、锡、铱、铂、金、铅、铋的测定 电感耦合等离子体质谱法	2017/1/1
96	YS/T 1121.2—2016	氯化钯化学分析方法 第2部分：镁、铝、铬、锰、铁、镍、铜、锌、钌、铑、银、锡、铱、铂、金、铅、铋量的测定 电感耦合等离子体质谱法	2017/1/1
97	YS/T 1122.2—2016	氯铂酸化学分析方法 第2部分：钯、铑、铱、金、银、铬、铜、铁、镍、铅、锡量的测定 电感耦合等离子体质谱法	2017/1/1
98	YS/T 1158.3—2016	铜铟镓硒靶材化学分析方法 第3部分：铝、铁、镍、铬、锰、铅、锌、镉、钴、钼、钡、镁量的测定 电感耦合等离子体质谱法	2017/1/1
99	YS/T 1165—2016	高纯四氯化锗中铜、锰、铬、钴、镍、钒、锌、铅、铁、镁、铟和砷的测定 电感耦合等离子体质谱法	2017/1/1
100	YS/T 1171.13—2021	再生锌原料化学分析方法 第13部分：铊含量的测定 电感耦合等离子体质谱法和电感耦合等离子体原子发射光谱法	2022/2/1
101	YS/T 1198—2017	银化学分析方法 铜、铋、铁、铅、锑、钯、硒、碲、砷、钴、锰、镍、锡、锌、镉量的测定 电感耦合等离子体质谱法	2018/1/1
102	YS/T 1287—2018	高纯镉化学分析方法 镁、铝、钙、铬、铁、镍、铜、锌、银、锡、锑、铅、铋量的测定 电感耦合等离子体质谱法	2019/4/1
103	YS/T 1288.1—2018	高纯锌化学分析方法 第1部分：镁、铝、钴、铁、镍、铜、砷、银、镉、铟、锡、铅、铋量的测定 电感耦合等离子体质谱法	2019/4/1
104	YS/T 1318.2—2019	硫酸四氨钯化学分析方法 第2部分：镁、铝、铬、锰、铁、镍、铜、锌、钌、铑、银、锡、铱、铂、金、铅、铋含量的测定 电感耦合等离子体质谱法	2020/1/1
105	YS/T 1563.4—2022	钼铼合金化学分析方法 第4部分：铝、钙、铜、铁、镁、锰、镍、锡、钨含量的测定 电感耦合等离子体质谱法	2023/4/1
106	YS/T 226.13—2009	硒化学分析方法 第13部分：银、铝、砷、硼、汞、铋、铜、镉、铁、镓、铟、镁、镍、铅、硅、锑、锡、碲、钛、锌量的测定 电感耦合等离子体质谱法	2010/6/1
107	YS/T 276.11—2011	铟化学分析方法 第11部分：砷、铝、铅、铁、铜、镉、锡、铊、锌、铋量的测定 电感耦合等离子体质谱法	2012/7/1
108	YS/T 281.17—2011	钴化学分析方法 第17部分：铝、锰、镍、铜、锌、镉、锡、锑、铅、铋量的测定 电感耦合等离子体质谱法	2012/7/1
109	YS/T 34.1—2011	高纯砷化学分析方法 电感耦合等离子体质谱法（ICP-MS）测定高纯砷中杂质含量	2012/7/1

续表

序号	标准编号	标准名称	实施日期
110	YS/T 36.3—2011	高纯锡化学分析方法 第3部分：镁、铝、钙、铁、钴、镍、铜、锌、银、铟、金、铅、铋量的测定 电感耦合等离子体质谱法	2012/7/1
111	YS/T 37.4—2018	高纯二氧化锗化学分析方法 电感耦合等离子体质谱法测定镁、铝、钴、镍、铜、锌、铟、铅、钙、铁和砷量	2019/4/1
112	YS/T 38.2—2009	高纯镓化学分析方法 第2部分：镁、钛、铬、锰、镍、钴、铜、锌、镉、锡、铅、铋量的测定 电感耦合等离子体质谱法	2010/6/1
113	YS/T 445.14—2019	银精矿化学分析方法 第14部分：铊含量的测定 电感耦合等离子体质谱法和电感耦合等离子体原子发射光谱法	2020/1/1
114	YS/T 461.12—2016	混合铅锌精矿化学分析方法 第12部分：铊量的测定 电感耦合等离子体质谱法和电感耦合等离子体原子发射光谱法	2017/1/1
115	YS/T 473—2015	工业镓化学分析方法 杂质元素的测定 电感耦合等离子体质谱法	2015/10/1
116	YS/T 474—2021	高纯镓化学分析方法 痕量元素的测定 电感耦合等离子体质谱法	2021/7/1
117	YS/T 742—2010	氧化镓化学分析方法 杂质元素的测定 电感耦合等离子体质谱法	2011/3/1
118	YS/T 870—2020	纯铝化学分析方法 痕量杂质元素含量的测定 电感耦合等离子体质谱法	2021/4/1
119	YS/T 892—2013	高纯钛化学分析方法 痕量杂质元素的测定 电感耦合等离子体质谱法	2014/3/1
120	YS/T 896—2013	高纯铌化学分析方法 痕量杂质元素的测定 电感耦合等离子体质谱法	2014/3/1
121	YS/T 898—2013	高纯钽化学分析方法 痕量杂质元素的测定 电感耦合等离子体质谱法	2014/3/1
122	YS/T 900—2013	高纯钨化学分析方法 痕量杂质元素的测定 电感耦合等离子体质谱法	2014/3/1
123	YS/T 902—2013	高纯铼及铼酸铵化学分析方法 铍、钠、镁、铝、钾、钙、钛、铬、锰、铁、钴、镍、铜、锌、砷、钼、镉、铟、锡、锑、钡、钨、铂、铊、铅、铋量的测定 电感耦合等离子体质谱法	2014/3/1
124	YS/T 923.1—2013	高纯铋化学分析方法 第1部分：铜、铅、锌、铁、银、砷、锡、镉、镁、铬、铝、金和镍量的测定 电感耦合等离子体质谱法	2014/3/1
125	YS/T 928.5—2013	镍、钴、锰三元素氢氧化物化学分析方法 第5部分：铅量的测定 电感耦合等离子体质谱法	2014/3/1
126	YS/T 953.11—2014	火法冶炼镍基体料化学分析方法 第11部分：铅、砷、镉、汞量的测定 电感耦合等离子体质谱法	2015/4/1
127	YS/T 980—2014	高纯三氧化二镓杂质含量的测定 电感耦合等离子体质谱法	2015/4/1
128	YS/T 981.2—2014	高纯铟化学分析方法 镁、铝、铁、镍、铜、锌、银、镉、锡、铅的测定 电感耦合等离子体质谱法	2015/4/1

续表

序号	标准编号	标准名称	实施日期
129	YY/T 1507.1—2016	外科植入物用超高分子聚乙烯粉料中杂质元素的测定 第1部分：ICP-MS法测定钛（Ti）元素含量	2017/6/1
130	YY/T 1507.3—2016	外科植入物用超高分子量聚乙烯粉料中杂质元素的测定 第3部分：ICP-MS法测定钙（Ca）元素含量	2017/6/1
131	YY/T 1507.4—2016	外科植入物用超高分子量聚乙烯粉料中杂质元素的测定 第4部分：ICP-MS法测定铝（Al）元素含量	2017/6/1
132	DB12/T 1020—2020	海产品中重金属元素的测定方法 电感耦合等离子体质谱法	2021/2/1
133	DB12/T 1022—2020	土壤中有效硼含量的测定 电感耦合等离子体质谱法	2021/2/1
134	DB12/T 1024—2020	水溶肥料 汞、砷、镉、铅、铬的测定 电感耦合等离子体质谱法	2021/2/1
135	DB12/T 1160—2022	有机无机复混肥料汞、砷、镉、铅、铬的测定 电感耦合等离子体质谱法	2022/11/15
136	DB12/T 845—2018	饲料中钙、铜、铁、镁、锰、钾、钠和锌的测定 电感耦合等离子体质谱法	2019/2/1
137	DB12/T 846—2018	植物源性农产品中铅、镉、铬、砷、铁、锰、铜、锌、镍、钾、钠、钙、镁的测定 电感耦合等离子体质谱法	2019/2/1
138	DB12/T 848—2018	有机肥料中铅、镉、铬、砷、汞的测定 电感耦合等离子体质谱法	2019/2/1
139	DB22/T 1531—2011	人参中铜、铅、镉的测定 电感耦合等离子体质谱法	2012/5/1
140	DB22/T 1586—2018	农田土壤中甲基汞、乙基汞的测定 高效液相色谱-电感耦合等离子体质谱联用法	2018/8/30
141	DB22/T 1991—2013	不锈钢食具容器中铅、铬、镍、镉、砷的溶出量测定 电感耦合等离子体质谱法	2013/12/31
142	DB22/T 1992—2013	农田灌溉水中汞、镉、砷、铅、铜、锌、硒的测定 电感耦合等离子体质谱法	2013/12/31
143	DB22/T 2465—2016	水中三唑锡、苯丁锡残留量的测定 液相色谱-电感耦合等离子体质谱法	2016/7/1
144	DB32/T 4032—2021	土壤和沉积物 锂、铌、锡、铋的测定 电感耦合等离子体质谱法	2021/6/14
145	DB32/T 4057—2021	禽肉中铜、镉等18种元素的测定 电感耦合等离子体质谱法	2021/7/3
146	DB33/T 2527—2022	畜禽排泄物中钠、铁、铜、锰、锌、铅、铬、镉、砷、汞的测定 电感耦合等离子体质谱法	2022/10/9
147	DB34/T 2127.4—2014	区域地球化学调查样品分析方法 第4部分：等离子体质谱法 多元素含量的测定	2014/7/24
148	DB34/T 2127.5—2014	区域地球化学调查样品分析方法 第5部分：泡塑吸附-等离子体质谱法 金含量的测定	2014/7/24
149	DB34/T 2824—2017	中草药中4种砷形态的测定 高效液相色谱-电感耦合等离子体质谱法	2017/4/30
150	DB34/T 3803—2021	煤中微量元素铀和钍的测定 电感耦合等离子体质谱法	2021/2/25
151	DB35/T 1142—2020	土壤中砷、铅、铜、锌、镉、铬、镍、镁、钾、锰、铁、硒、钼的测定 电感耦合等离子体质谱法	2020/5/20

续表

序号	标准编号	标准名称	实施日期
152	DB35/T 1486—2014	海水中稀土元素的测定 电感耦合等离子体质谱法	2015/3/2
153	DB35/T 1736—2018	土壤中稀土元素的测定 电感耦合等离子体质谱法	2018/5/5
154	DB35/T 895—2009	环境样品中甲基汞、乙基汞及无机汞高效液相色谱-电感耦合等离子体质谱法（HPLC-ICP-MS）测定	2009/4/1
155	DB37/T 3459—2018	山东省固定污染源废气 颗粒物中铜、锌的测定 电感耦合等离子体质谱法	2019/1/29
156	DB37/T 3936—2020	油料产品中铅、镉、铬和镍的测定 电感耦合等离子体质谱法	2020/5/26
157	DB37/T 3937—2020	有机肥中铅、镉、铬、镍、铜、锌、砷和汞的测定 电感耦合等离子体质谱法	2020/5/26
158	DB37/T 4435—2021	土壤和沉积物 14种金属元素总量的测定 电感耦合等离子体质谱法	2021/12/17
159	DB45/T 1487—2017	复混肥料中稀土元素的测定 电感耦合等离子体质谱法	2017/3/20
160	DB45/T 570—2009	大米中稀土元素含量的测定 ICP-MS 等离子体质谱法	2009/2/25
161	DB45/T 571—2009	土壤中稀土元素含量的测定 ICP-MS 等离子体质谱法	2009/2/25
162	DB45/T 572—2009	茶叶中稀土元素含量的测定 ICP-MS 等离子体质谱法	2009/2/25
163	DB45/T 573—2009	动物性食品中重金属元素含量的测定 ICP-MS 等离子体质谱法	2009/2/25
164	DB45/T 866—2012	植物类中药材中铝的测定 电感耦合等离子体质谱（ICP-MS）法	2012/12/30
165	DB51/T 1782—2014	地质样品中铌、钽的测定 电感耦合等离子体质谱法	2014/6/1
166	DB51/T 2112—2016	地球化学样品中金的测定 电感耦合等离子体质谱法	2016/3/1
167	DB51/T 2113—2016	生态地球化学评价土壤样品中铬、铜、镉、铅的测定 电感耦合等离子体质谱法	2016/3/1
168	DB51/T 2114—2016	地球化学样品中铂、钯的测定耦合等离子体质谱法	2016/3/1
169	DB52/T 1695—2022	重金属水质自动在线监测系统（ICP-MS 法）技术要求及检测方法	2022/12/1
170	DB63/T 1729—2019	地球化学样品中铂、钯、钌、铑、锇、铱的测定 锍镍试金富集-电感耦合等离子体质谱法	2019/6/20
171	DB63/T 1825—2020	土壤中有效钼的测定 草酸-草酸铵浸提 电感耦合等离子体质谱法	2020/9/1
172	DB63/T 1849—2020	卤水中锂的测定 电感耦合等离子体质谱法	2020/12/31
173	DB63/T 1871—2020	牧草 7种金属元素的测定 微波消解/电感耦合等离子体质谱法	2021/1/1
174	DB65/T 3971—2017	等离子体质谱法同时测定蔬菜和水果中多种重金属元素	2017/2/10
175	DB65/T 3974—2017	土壤中重金属的测定 电感耦合等离子体质谱法	2017/2/20
176	T/CAIA/SH012—2019	海水养殖水镉的测定 电感耦合等离子体质谱法	2019/10/1
177	T/CAQI 134—2020	珠宝玉石鉴定 微量元素的测定 激光剥蚀-电感耦合等离子体质谱法	2020/12/1

附录

附录1 ICP-OES 分析常用光谱线

元素	波长/nm	类型	强度	D.L./(μg/L)	干扰元素	元素	波长/nm	类型	强度	D.L./(μg/L)	干扰元素
Ag	328.068	Ⅰ	4200	0.6	Fe,Mn,V	Ba	455.403	Ⅱ	43000	1.3	Cr,Ni,Ti
	338.289	Ⅰ	2200	8.7	Cr,Ti		493.409	Ⅱ	16000	2.3	Fe
	243.779	Ⅱ	23.0	80	Fe,Mn,Ni		233.527	Ⅱ	1150	4.0	Fe,Ni,V
	224.641	Ⅱ	11.0	87	Cu,Fe,Ni		230.424	Ⅱ	800	4.1	Cr,Fe,Ni
Al	167.020	Ⅰ		0.9	Mo,Fe,Si	Be	413.066	Ⅱ	1200	32	
	308.215	Ⅰ	780	30	Mn,V		313.042	Ⅱ	64000	0.04	V,Ti
	309.284	Ⅰ	1400	23	Mg,V		234.861	Ⅰ	11500	0.2	Fe,Ti
	394.401	Ⅰ	1050	47			313.107	Ⅱ	41000	0.5	Ti
	396.152	Ⅰ	2050	1.9	Ca,Ti,V		249.473	Ⅰ		3.8	Fe,Cr,Mg,Mn
	237.312	Ⅰ	130	30	Cr,Fe,Mn		265.045	Ⅰ	900	3.1	
As	188.983	Ⅰ		5.0		Bi	223.061	Ⅰ	66	6.0	Cu,Ti
	189.042	Ⅰ	20000	5.8			306.772	Ⅰ	380	50	Fe,V
	193.759	Ⅰ	16000	35	Al,Fe,V		222.825	Ⅰ	21.0	83	Cr,Cu,re
	197.262	Ⅰ	9000	51	Al,V		206.170	Ⅰ	6.5	57	Al,Cr,Cu,Fe
	228.812	Ⅰ	36.0	55	Fe,Ni		190.241	Ⅱ	6000	300	
Au	200.334	Ⅰ	4.0	120	Al,Cr,Fe,Mn	Br	863.866	Ⅰ	25		
	201.200	Ⅰ		10			478.550	Ⅱ	400		
	211.080	Ⅰ	60	42		C	193.091	Ⅰ		29	Al,Mn,Ti
	208.209	Ⅱ		7.6			247.856	Ⅰ		120	Fe,Cr,Ti,V
	242.794	Ⅰ		3.0			199.362	Ⅰ		5900	
	267.592	Ⅰ		5.7		Ca	393.366	Ⅱ	450000	0.08	V
B	249.773	Ⅰ		0.6	Fe,Mo		396.847	Ⅱ	230000	0.06	Fe,V
	249.678	Ⅰ		4.2	Fe,Mo,Ni		422.673	Ⅰ	2900	6.7	Fe
	208.959	Ⅰ		6.7	Al,Fe,Mo		317.933	Ⅱ	1600	6.7	Cr,Fe,V
	208.893	Ⅰ		8.0	Al,Fe,Ni,Mo		315.887	Ⅱ	950	30	Cr,Fe
	182.583	Ⅰ	40000	12	S	Cd	214.438	Ⅱ	720	0.6	Al,Fe
	182.529	Ⅰ	90000	57			228.802	Ⅰ	1400	1.8	Al,As,Fe,Ni

续表

元素	波长/nm	类型	强度	D.L./(μg/L)	干扰元素	元素	波长/nm	类型	强度	D.L./(μg/L)	干扰元素
Cd	226.502	Ⅱ	1000	2.3	Fe,Ni		353.170	Ⅱ		2.0	
	361.051	Ⅰ		83.0	Fe,Mn,Ni,Ti	Dy	364.540	Ⅱ		4.4	
	326.106	Ⅰ	95.0	120.0			340.780	Ⅱ		5.3	
	346.620	Ⅰ	77.0	160.0			337.271	Ⅱ		2.0	
Ce	413.765	Ⅱ		9.0	Ca,Fe,Ti		349.910	Ⅱ		3.2	
	413.380	Ⅱ	1400	9.4	Ca,Fe,V	Er	323.058	Ⅱ		3.5	
	418.659	Ⅱ	1400	7.0	Fe,Ti		460.286	Ⅰ	52	300	Fe
	395.254	Ⅱ		10			323.261	Ⅰ	33	370	Fe,Ni,Ti,V
	393.109	Ⅱ		11.0	Mn,V		381.967	Ⅱ		0.45	
	399.924	Ⅱ	850.0	11.0		Eu	412.970	Ⅱ		0.73	
	446.021	Ⅱ	950.0	12			420.505	Ⅱ		0.73	
	394.275	Ⅱ	1200	13			238.204	Ⅱ	2500	0.8	Cr,V
Cl	725.671	Ⅰ					239.562	Ⅱ	2400	0.7	Cr,Mn,Ni
Co	238.892	Ⅱ	900.0	1.0	Fe,V		259.940	Ⅱ	7000	0.8	Mn,Ti
	228.616	Ⅱ	570.0	0.3	Cr,Fe,Ni,Ti	Fe	234.349	Ⅱ	1100	1.4	
	237.862	Ⅱ	500.0	1.4	Al,Fe		240.488	Ⅱ	1600	1.5	
	230.786	Ⅱ	400.0	9.7	Cr,Fe,Ni		259.837	Ⅱ	2100	1.6	
	236.379	Ⅱ	400.0	11			261.187	Ⅱ	2600	2.0	Cr,Mn,Ti,V
	231.160	Ⅱ	320.0	13			275.574	Ⅰ	2100	8.0	
	238.346	Ⅱ	330.0	9.3			294.364	Ⅰ		7.0	
Cr	205.552	Ⅱ	220.0	0.3	Al,Cu,Fe,Ni	Ga	417.206	Ⅰ		10	
	206.149	Ⅱ	170.0	2.4	Al,Fe,Ti		287.424	Ⅰ		12	
	267.716	Ⅱ	2200	0.9	Fe,Mn,V		245.007	Ⅰ		4.5	
	283.563	Ⅱ	3700	4.7	Fe,Mg,V		265.118	Ⅰ		15	
	284.325	Ⅱ	2600	2.7		Ge	209.426	Ⅰ		13	
	276.654	Ⅱ	1500	4.1			265.158	Ⅰ		26	
Cs	452.673	Ⅱ		4000			164.917	Ⅰ			
	455.531	Ⅰ		10000			232.247	Ⅱ		7.5	
Cu	324.754	Ⅰ	8000	0.95	Ca,Cr,Fe,Ti		264.141	Ⅱ		7.5	
	327.396	Ⅰ	4000	1.8	Ca,Fe,Ni,Ti,V	Hf	273.876	Ⅱ		6.9	
	223.008	Ⅱ	190.0	13.0			277.336	Ⅱ		6.3	
	224.700	Ⅰ	350.0	1.4	Fe,Ni,Ti		282.022	Ⅱ		7.5	
	219.958	Ⅰ	160.0	1.8	Al,Fe		339.980	Ⅱ		5.0	
	222.778	Ⅰ	130.0	15.0		Ho	339.898	Ⅱ		2.3	

续表

元素	波长/nm	类型	强度	D.L./(μg/L)	干扰元素	元素	波长/nm	类型	强度	D.L./(μg/L)	干扰元素
Ho	345.600	II		1.0		Mn	294.920	II	8600	1.6	Cr,Fe,V
	389.102	I		2.9			293.930	II	4600	2.2	Fe,Mo,Nb,Ta
I	178.215	I		8.0			279.482	I	2700	2.6	
	206.238	I	900	100	Cu,Zn		293.306	II	2700	2.8	
In	142.549	I				Mo	202.030	II	155	0.6	Al,Fe
	230.606	II	80	20	Fe,Mn,Ni,Ti		203.844	II	90	3.1	Al,V
	325.609	I	370	38	Cr,Fe,Mn,V		204.598	II	100	3.1	Al
	451.131	I	300	57	Ar,Fe,Ti,V		281.615	II	2400	3.6	Al,Cr,Fe,Mg
	303.936	I	240	48	Cr,Fe,Mn,V		284.823	II	1800	20.0	
	410.176	I	250	150			277.540	II	1020	25.0	
Ir	224.268	II		7.0		N	149.262	I			
	212.681	II		8.0	Cu		174.272	I	2500	30000	
K	205.222	I		16		Na	588.995	I	650.0	10	Ti(二级谱线)
	766.490	I		4.0			589.592	I	300.0	2.0	Fe,Ti,V
	404.414	I		40	Ca,Cr,Fe,Ti		330.237	I	8.3	650	Cr,Fe,Ti
La	333.749	II		2.0	Cr,Cu,Fe,Mg		330.298	I	3.0	1500	
	379.083	II		2.2			330.298	I	3.0	1500	
	379.478	II		2.0	Ca,Fe,V	Nb	309.418	II	2500	10	Al,Cr,Cu,Fe
	408.672	II		2.0	Ca,Cr,Fe		316.340	II	1900	11	Ca,Cr,Fe
	412.323	II		2.0			313.079	II	2200	14	Cr,Ti,V
Li	670.784	I	12300	1.8	V,Ti		269.706	II	960.0	69.0	Cr,Fe,V
	610.362	I	420	11	Ca,Fe		322.548	II	1100	71.0	
Lu	219.554	II		2.5	Er,Fe,V,Ni	Nd	401.225	II		10	
	261.542	II		0.3			406.109	II		19	
	291.139	II		1.9	Er,V		415.608	II		21	
Mg	279.553	II	99000	0.10	Fe,Mn		430.358	II		15	
	279.079	II	830	20	Cr,Fe,Mn,Ti	Ni	216.556	II	190.0	5.0	Al,Cu,Fe
	280.270	II	83000	0.20	Cr,Mn,V		221.647	II	520.0	3.0	Cu,Fe,S,V
	285.213	I	17500	1.1	Cr,Fe,V		231.604	II	620.0	4.5	Fe
	279.806	II	2200	0.01	Cr,Fe,Mn,V		232.003	I	410.0	4.5	Cr,Fe,Mn
	383.826	I	1950	22			230.300	II	410.0	23.0	
Mn	257.610	II	18000	0.08	Al,Cr,Fe,V		352.454	I	1600	45.0	
	259.373	II	13000	0.35	Fe		341.476	I	1400	46.0	
	260.569	II	9900	0.45	Cr,Fe	Os	225.585	II		0.24	

续表

元素	波长/nm	类型	强度	D.L./(μg/L)	干扰元素	元素	波长/nm	类型	强度	D.L./(μg/L)	干扰元素
Os	228.226	II		0.42		Ru	269.207	I		21	
	189.900	II		0.80		S	180.676	I		60.0	Al,Ca
P	177.440	I	20000	15			181.978	I		9.0	
	178.229	I	15000	20	Mo,Fe		182.568	I		300.0	
	213.618	I		30	Al,Cr,Cu,Fe,Mo	Sb	206.833	I	33.0	2.8	Al,Cr,Fe,Ni
	214.914	I		30	Al,Cu		217.581	I	55.0	14	Al,Fe,Ni
	253.565	I		110	Cr,Fe,Mn,Ti		231.147	I	70.0	20	Fe,Ni
	213.547	I		140	Al,Cr,Cu,Ni		252.852	I	85.0	34	Cr,Fe,Mg,Mn,V
Pb	220.353	II	150.0	5.0	Al,Cr,Fe		259.805	I	95.0	34	
	216.999	I	50.0	43	Al,Cr,Cu,Fe	Sc	335.373	II		1.0	
	261.418	I	180.0	62	Cr,Fe,Mg,Mn		361.384	II		1.0	Cr,Cu,Fe,Ti
	283.306	I	340.0	68	Cr,Fe,Mg		357.252	II		0.5	Fe,Ni,V
	405.783	I	320.0	130			363.075	II		0.6	Ca,Cr,Fe,V
Pd	340.453	I		10			364.279	II		0.7	Ca,Cr,Fe,Ti,V
	344.140	I		30			424.683	II		1.8	
	229.650	II		16		Se	196.026	I		3.5	Al,Fe
Pr	390.844	II		9.0	Ca,Cr,Fe,V		203.985	I	8.5	23	Al,Cr,Fe,Mn
	414.311	II		9.0	Fe,Ni,Ti,V		206.279	I	3.0	60	Al,Cr,Fe,Ni
	417.939	II		10	Cr,Fe,V,Th		207.479	I	0.5	320	Al,Cr,Fe,V
	422.535	II		10	Ca,Fe,Ti,V	Si	251.611	I	850.0	1.6	Cr,Fe,Mn,V
	422.293	II		31			212.412	I	90.0	11	Al,V
Rb	420.185	I		300			288.158	I	720.0	18	Cr,Fe,Hg,V
	422.293	I		300			250.690	I	280.0	12	Al,Cr,Fe,V
Re	197.313	II		2.0	Al,Ti		288.168	I	280.0	11	
	221.426	II	580.0	2.0	Cu,Fe,Mn	Sm	359.260	II		8.0	
	227.525	II	650.0	2.0	Ca,Fe,Ni		428.079	II		13	
	346.046	I	160.0	115.0			442.434	II		10	
Rh	233.477	II		29		Sn	189.989	II		10	
	249.077	II		38	Sn		235.484	I	28.0	38	Fe,Ni,Ti,V
	343.489	I		40	Fe		242.949	I	38.0	38	Fe,Mn
	252.053	II		51			283.999	I	90.0	44	Al,Cr,Fe,Mg
Ru	240.272	II		7.0		Sr	407.771	II		0.1	
	245.650	II		7.0	Fe		421.552	II		0.2	
	267.876	II		8.6			216.596	II		2.0	

续表

元素	波长/nm	类型	强度	D.L./(μg/L)	干扰元素	元素	波长/nm	类型	强度	D.L./(μg/L)	干扰元素
Ta	226.230	II		8.0		V	309.311	II		1.0	Al,Cr,Fe,Mg
	240.063	II		10			310.230	II		1.3	Cr,Fe,Ti
	268.517	II		10			311.071	II		0.5	Ni,Al
	301.253	II		8.0		W	207.911	II		10	Al,Cu,Ni,Ti
Tb	350.917	II		5.0			224.875	II		15	Cr,Fe
	384.873	II		12			218.935	II		16	Cu,Fe,Ti
	367.635	II		13			209.475	II		16	Al,Fe,Ni,Ti,V
Te	214.281	I	25.0	27	Al,Fe,Ti,V		209.860	II		18	
	225.902	I	6.5	120	Fe,Ni,Ti,V		239.709	II		19	
	238.578	I	14.0	120	Cr,Fe,Mg,Mn	Y	371.030	II		0.8	Ti,V
	214.725	I	3.0	140	Al,Cr,Fe,Ni,T		324.228	II		1.0	Cu,Ni,Ti
Th	283.730	I		14			360.073	II		1.1	Mn
	325.627	I		43			377.433	II		1.2	Fe,Mn,Ti,V
	326.267	I		43		Yb	328.937	II		0.4	
Ti	334.941	II	100	0.8	Ca,Cr,Cu,V		369.420	II		0.7	
	336.121	II	8800.0	1.2	Ca,Cr,Ni,V		211.665	II		2.1	
	323.452	II	7700.0	1.2	Cr,Fe,Mn,Ni,V		212.672	II		2.1	
	337.280	II	6800.0	1.5	Ni,V	Zn	213.856	I	1020	0.5	Al,Cu,Fe,Ni,V
	334.904	II	1800.0	1.7			202.548	II	215.0	1.2	Al,Cr,Cu,Fe
	307.864	II	1950.0	1.8			206.200	II	185.0	2.7	Al,Cr,Fe,Ni,Bi
Tl	190.864	II		27			334.502	I	95.0	76	Ca,Cr,Fe,Ti
	276.787	I		80			343.823	II	6500	0.9	Ca,Cr,Fe,Mn
	351.924	I		130			339.198	II	8000	5.1	Cr,Fe,Ti,V
Tm	313.126	II		1.3		Zr	257.139	II	1300	2.6	
	336.262	II		2.7			349.621	II	5000	2.7	Ce,Hf,Mn,Ni
	342.508	II		2.6			357.247	II	3800	2.7	
V	292.402	II		0.7	Cr,Fe,Ti		327.305	II	3500	3.2	
	290.882	II		1.8	Cr,Fe,Mg,Mo		369.420	II		0.7	

附录2 ICP-MS 常用分析质量数

元素	符号	同位素质量	丰度	符号	同位素质量	丰度	符号	同位素质量	丰度
氢	H(1)	1.007825	99.99	H(2)	2.014102	0.02			
氦	He(3)	3.016029	0	He(4)	4.002603	100			
锂	Li(6)	6.015123	7.42	Li(7)	7.016005	92.58			
铍	Be(9)	9.012183	100						
硼	B(10)	10.012938	19.8	B(11)	11.009305	80.2			
碳	C(12)	12.000000	98.9	C(13)	13.003355	1.1			
氮	N(14)	14.003074	99.63	N(15)	15.000109	0.37			
氧	O(16)	15.994915	99.76	O(17)	16.999131	0.04	O(18)	17.999159	0.2
氟	F(19)	18.998403	100						
氖	Ne(20)	19.992439	90.6	Ne(21)	20.993845	0.26	Ne(22)	21.991384	9.2
钠	Na(23)	22.98977	100						
镁	Mg(24)	23.985045	78.9	Mg(25)	24.985839	10	Mg(26)	25.982595	11.1
铝	Al(27)	26.981541	100						
硅	Si(28)	27.976928	92.23	Si(29)	28.976496	4.67	Si(30)	29.973772	3.1
磷	P(31)	30.973763	100						
硫	S(32)	31.972072	95.02	S(33)	32.971459	0.75	S(34)	33.967868	4.21
	S(36)	35.967079	0.02						
氯	Cl(35)	34.968853	75.77	Cl(37)	36.965903	24.23			
氩	Ar(36)	35.967546	0.34	Ar(38)	37.962732	0.06	Ar(40)	39.962383	99.6
钾	K(39)	38.963708	93.2	K(40)	39.963999	0.01	K(41)	40.961825	6.73
钙	Ca(40)	39.962591	96.95	Ca(42)	41.958622	0.65	Ca(43)	42.95877	0.14
	Ca(44)	43.955485	2.09	Ca(46)	45.953689	0	Ca(48)	47.952532	0.19
钪	Sc(45)	44.955914	100						
钛	Ti(46)	45.952633	8	Ti(47)	46.951765	7.3	Ti(48)	47.947947	73.8
	Ti(49)	48.947871	5.5	Ti(50)	49.944786	5.4			
钒	V(50)	49.947161	0.25	V(51)	50.943963	99.75			
铬	Cr(50)	49.946046	4.35	C r(52)	51.94051	83.79	Cr(53)	52.940651	9.5
	Cr(54)	53.938882	2.36						
锰	Mn(55)	54.938046	100						
铁	Fe(54)	53.939612	5.8	Fe(56)	55.934939	91.72	Fe(57)	56.935396	2.2
	Fe(58)	57.933278	0.28						
钴	Co(59)	58.933198	100						

续表

元素	符号	同位素质量	丰度	符号	同位素质量	丰度	符号	同位素质量	丰度
镍	Ni(58)	57.935347	68.27	Ni(60)	59.930789	26.1	Ni(61)	60.931059	1.13
	Ni(62)	61.928346	3.59	Ni(64)	63.927968	0.91			
铜	Cu(63)	62.929599	69.17	Cu(65)	64.927792	30.83			
锌	Zn(64)	63.929145	48.6	Zn(66)	65.926035	27.9	Zn(67)	66.927129	4.1
	Zn(68)	67.924846	18.8	Zn(70)	69.925325	0.6			
镓	Ga(69)	68.925581	60.1	Ga(71)	70.924701	39.9			
锗	Ge(70)	69.92425	20.5	Ge(72)	71.92208	27.4	Ge(73)	72.923464	7.8
	Ge(74)	73.921179	36.5	Ge(76)	75.921403	7.8			
砷	As(75)	74.921596	100						
硒	Se(74)	73.922477	0.9	Se(76)	75.919207	9	Se(77)	76.919908	7.6
	Se(78)	77.917304	23.5	Se(80)	79.916521	49.6	Se(82)	81.916709	9.4
溴	Br(79)	78.918336	50.69	Br(81)	80.91629	49.31			
氪	Kr(78)	77.920397	0.35	Kr(80)	79.916375	2.25	Kr(82)	81.913483	11.6
	Kr(83)	82.914134	11.5	Kr(84)	83.911506	57	Kr(86)	85.910614	17.3
铷	Rb(85)	84.9118	72.17	Rb(87)	86.909184	27.84			
锶	Sr(84)	83.913428	0.56	Sr(86)	85.909273	9.86	Sr(87)	86.908902	7
	Sr(88)	87.905625	82.58						
钇	Y(89)	88.905856	100						
锆	Zr(90)	89.904708	51.45	Zr(91)	90.905644	11.27	Zr(92)	91.905039	17.17
	Zr(94)	93.906319	17.33	Zr(96)	95.908272	2.78			
铌	Nb(93)	92.906378	100						
钼	Mo(92)	91.906809	14.84	Mo(94)	93.905086	9.25	Mo(95)	94.905838	15.92
	Mo(96)	95.904676	16.68	Mo(97)	96.906018	9.55	Mo(98)	97.905405	24.13
	Mo(100)	99.907473	9.63						
钌	Ru(96)	95.907596	5.52	Ru(98)	97.905287	1.88	Ru(99)	98.905937	12.7
	Ru(100)	99.904218	12.6	Ru(101)	100.905581	17	Ru(102)	101.904348	31.6
	Ru(104)	103.905422	18.7						
铑	Rh(103)	102.905503	100						
钯	Pd(102)	101.905609	1.02	Pd(104)	103.904026	11.14	Pd(105)	104.905075	22.33
	Pd(106)	105.903475	27.33	Pd(108)	107.903894	26.46	Pd(110)	109.905169	11.72
银	Ag(107)	106.905095	51.84	Ag(109)	108.904754	48.16			
镉	Cd(106)	105.906461	1.25	Cd(110)	109.903007	12.49	Cd(111)	110.904182	12.8
	Cd(112)	111.902761	24.13	Cd(113)	112.904401	12.22	Cd(114)	113.903361	28.73
	Cd(116)	115.904758	7.49						
铟	In(113)	112.904056	4.3	In(115)	114.903875	95.7			

续表

元素	符号	同位素质量	丰度	符号	同位素质量	丰度	符号	同位素质量	丰度
锡	Sn(112)	111.904826	0.97	Sn(114)	113.902784	0.65	Sn(115)	114.903348	0.36
	Sn(116)	115.901744	14.7	Sn(117)	116.902954	7.7	Sn(118)	117.901607	24.3
	Sn(119)	118.90331	8.6	Sn(120)	119.902199	32.4	Sn(122)	121.90344	4.6
	Sn(124)	123.905271	5.6						
锑	Sb(121)	120.903824	57.3	Sb(123)	122.904222	42.7			
碲	Te(122)	121.903055	2.6	Te(123)	122.904278	0.91	Te(124)	123.902825	4.82
	Te(125)	124.904435	7.14	Te(126)	125.90331	18.95	Te(128)	127.904464	31.69
	Te(130)	129.906229	33.8						
碘	I(127)	126.904477	100						
氙	Xe(124)	123.905894	0.1	X(126)	125.904281	0.09	Xe(128)	127.903531	1.91
	Xe(129)	128.90478	26.4	Xe(130)	129.90351	4.1	Xe(131)	130.905076	21.2
	Xe(132)	131.904148	26.9	Xe(134)	133.905395	10.4	Xe(136)	135.907219	8.9
铯	Cs(133)	132.905433	100						
钡	Ba(130)	129.906277	0.11	Ba(132)	131.905042	0.1	Ba(134)	133.90449	2.42
	Ba(135)	134.905668	6.59	Ba(136)	135.904556	7.85	Ba(137)	136.905816	11.23
	Ba(138)	137.905236	71.7						
镧	La(138)	137.907114	0.09	La(139)	138.906355	99.91			
铈	Ce(136)	135.90714	0.19	Ce(138)	137.905996	0.25	Ce(140)	139.905442	88.48
	Ce(142)	141.909249	11.08						
镨	Pr(141)	140.907657	100						
钕	Nd(142)	141.907731	27.13	Nd(143)	142.909823	12.18	Nd(144)	143.910096	23.8
	Nd(145)	144.912582	8.3	Nd(146)	145.913126	17.19	Nd(148)	147.916901	5.76
	Nd(150)	149.9209	5.64						
钐	Sm(144)	143.912009	3.1	Sm(147)	146.914907	15	Sm(148)	147.914832	11.3
	Sm(149)	148.917193	13.8	Sm(150)	149.917285	7.4	Sm(152)	151.919741	26.7
	Sm(154)	153.922218	22.7						
铕	Eu(151)	150.91986	47.8	Eu(153)	152.921243	52.2			
钆	Gd(152)	151.919803	0.2	Gd(154)	153.920876	2.18	Gd(155)	154.822629	14.8
	Gd(156)	155.92213	20.47	Gd(157)	156.923967	15.65	Gd(158)	157.924111	24.84
	Gd(160)	159.927061	21.86						
铽	Tb(159)	158.92535	100						
镝	Dy(156)	155.924287	0.06	Dy(158)	157.924412	0.1	Dy(160)	159.925203	2.34
	Dy(161)	160.926939	18.9	Dy(162)	161.926805	25.5	Dy(163)	162.928737	24.9
	Dy(164)	163.929183	28.2						
钬	Ho(165)	164.930332	100						

续表

元素	符号	同位素质量	丰度	符号	同位素质量	丰度	符号	同位素质量	丰度
铒	Er(162)	161.928787	0.14	Er(164)	163.929211	1.61	Er(166)	165.930305	33.6
	Er(167)	166.932061	22.95	Er(168)	167.932383	26.8	Er(170)	169.935476	14.9
铥	Tm(169)	168.934225	100						
镱	Yb(168)	167.933908	0.13	Yb(170)	169.934774	3.05	Yb(171)	170.936338	14.3
	Yb(172)	171.936393	21.9	Yb(173)	172.938222	16.12	Yb(174)	173.938873	31.8
	Yb(176)	175.942576	12.7						
镥	Lu(175)	174.940785	97.4	Lu(176)	175.942694	2.6			
铪	Hf(174)	173.940065	0.16	Hf(176)	175.94142	5.2	Hf(177)	176.943233	18.6
	Hf(178)	177.94371	27.1	Hf(179)	178.945827	13.74	Hf(180)	179.946561	35.2
钽	Ta(180)	179.947489	0.01	Ta(181)	180.948014	99.99			
钨	W(180)	179.946727	0.13	W(182)	181.948225	26.3	W(183)	182.950245	14.3
	W(184)	183.950953	30.67	W(186)	185.954377	28.6			
铼	Re(185)	184.952977	37.4	Re(187)	186.955765	62.6			
锇	Os(184)	183.952514	0.02	Os(186)	185.953852	1.58	Os(187)	186.955762	1.6
	Os(188)	187.95585	13.3	Os(189)	188.958156	16.1	Os(190)	189.958455	26.4
	Os(192)	191.961487	41						
铱	Ir(191)	190.960603	37.3	Ir(193)	192.962942	62.7			
铂	Pt(190)	189.959937	0.01	Pt(192)	191.961049	0.79	Pt(194)	193.962679	32.9
	Pt(195)	194.964785	33.8	Pt(196)	195.964947	25.3	Pt(198)	197.967879	7.2
金	Au(197)	196.96656	100						
汞	Hg(196)	195.965812	0.15	Hg(198)	197.96676	10.1	Hg(199)	198.968269	17
	Hg(200)	199.968316	23.1	Hg(201)	200.970293	13.2	Hg(202)	201.970632	29.65
	Hg(204)	203.973481	6.8						
铊	Tl(203)	202.972336	29.52	Tl(205)	204.97441	70.48			
铅	Pb(204)	203.973037	1.4	Pb(206)	205.974455	24.1	Pb(207)	206.975885	22.1
	Pb(208)	207.976641	52.4						
铋	Bi(209)	208.980388	100						
钍	Th(232)	232.038054	100						
铀	U(234)	234.040947	0.01	U(235)	235.043925	0.72	U(238)	238.050786	99.27

附录3 GB/T 34826—2017《四极杆电感耦合等离子体质谱仪性能的测定方法》

1 范围

本标准规定了四极杆电感耦合等离子体质谱仪的性能测定方法。

本标准适用于四极杆电感耦合等离子体质谱仪性能的测定。

2 规范性引用文件

下列文件对于本文件的应用是必不可少的。凡是注日期的引用文件，仅注日期的版本适用于本文件。凡是不注日期的引用文件，其最新版本（包括所有的修改单）适用于本文件。

GB/T 6041 质谱分析方法通则

GB/T 6682 分析实验用水规格和试验方法

GB/T 32267 分析仪器性能测定术语

JJF 1159 四极杆电感耦合等离子体质谱仪校准规范

3 术语和定义

GB/T 6041、GB/T 32267，JJF 115 界定的以及下列术语和定义适用于本文件。

3.1 丰度灵敏度 abundance sensitivity

表征某一质量数为 M 的强离子峰对相邻质量数 $M+1$（或 $M-1$）位置上弱峰的影响程度。表达为：$M+1$（或 $M-1$）与 M 处的信号强度比。

3.2 双电荷离子产率 doubly charged ion yield

某元素的原子在等离子体中电离时产生的双电荷离子与该元素的单电荷离子的比，以 M^{2+}/M^+ 表示。

3.3 氧化物离子产率 oxide ion yield

某元素的原子在等离子体中电离时产生的氧化物离子与该元素的单电荷离子的比，以 MO^+/M^+ 表示。

4 试剂和标准物质

使用试剂和标准物质时，应根据要求稀释到规定浓度。除特殊说明，均使用2%硝酸稀释。标准物质稀释时使用的移液器、容量瓶和天平等需具有有效的计量检定或校准证书。

4.1 水：GB/T 6682 规定的一级水。

4.2 氯化钠（NaCl）：光谱纯。

4.3 甲醇（CH_3OH）：色谱纯。

4.4 盐酸（HCl）：优级纯以上，$\rho \approx 1.14 g/cm^3$。

4.5 硝酸（HNO_3）：优级纯以上，$\rho \approx 1.14 g/cm^3$。

4.6 2% HNO_3：用水（4.1）和硝酸（4.5）体积法配制。

4.7 ICP-MS 仪器校准用铍铟铋溶液标准物质。

4.8 ICP-MS 仪器校准用铯溶液标准物质。

4.9 Pb 单元素溶液成分分析标准物质。

4.10 Ag 单元素溶液成分分析标准物质。

4.11 Ce 单元素溶液成分分析标准物质。

4.12 Ba 单元素溶液成分分析标准物质。

4.13 Li、Cr、As、Cd、U 混合标准溶液：采用 Li、Cr、As、Cd、U 单元素溶液成分分析标准物质，用 2% HNO_3（4.6）稀释到 1×10^{-2} mg/L。

4.14 0.2% NaCl 基体的 Li、Cr、As、Cd、U 混合标准溶液：采用 Li、Cr、As、Cd、U 单元素溶液成分分析标准物质，用质量百分比浓度为 0.2% 的 NaCl 溶液稀释到 1×10^{-2} mg/L（配制方法参见附录 A.1）。

4.15 Cr、V 混合标准溶液：采用 Cr、V 单元素溶液成分分析标准物质用 2% HNO_3（4.6）稀释到 1×10^{-2} mg/L。

4.16 盐酸甲醇水溶液：采用甲醇（4.3）和盐酸（4.4），用水（4.1）稀释到体积百分比浓度 1%（配制方法参见附录 A.2）。

4.17 盐酸甲醇中 Cr、V 混合标准溶液：采用 Cr、V 单元素溶液成分分析标准物质，用水（4.1）、甲醇（4.3）和盐酸（4.4）稀释到 1×10^{-2} mg/L，且 HCl 和 CH_3OH 的体积百分比浓度均为 1%（配制方法参见附录 A.3）。

5 性能的测定

背景计数率、灵敏度、检出限、短期稳定性、长期稳定性应在相同的仪器设置条件下测定。

5.1 背景计数率

以 2% HNO_3（4.6）进样，测量质量数 5、220 的离子计数，积分时间 0.1s，分别测量 20 个数据，取其 cps 平均值。

注：cps（count per second）表示每秒检测到的离子计数。

5.2 灵敏度

以 1×10^{-2} mg/L 的铍铟铋溶液标准物质（4.7）进样，积分时间 0.1s，测量质量数 9、115、209 处的 cps，分别测量 20 个数据。取其平均值，分别扣除背景计数值后，再除以其准确浓度值，即为各个元素的灵敏度 S [Mcps/(mg/L)]。

背景计数值的测量：以 2% HNO_3（4.6）进样，积分时间 0.1s，测量质量数 9、115、209 的 cps。分别测量 20 个数据，取其 cps 平均值。

5.3 检出限

以 2% HNO_3（4.6）进样，积分时间 0.1s，测量质量数 9、115、209 处的 cps，分别测量 20 个数据，用测量结果的标准偏差 S_A 的 3 倍分别除以 Be、In、Bi 的灵敏度 S，结果即为各元素的检出限。

检出限 C_L 的计算见式（1）：

$$C_L = \frac{3S_A}{S} \quad (1)$$

5.4 丰度灵敏度

以 2% HNO_3（4.6）进样，积分时间 1s，测量质量数 132、133、134 处的 cps，分别测量 10 次，其平均值分别计为 B_{132}、B_{133}、B_{134}；以 1×10^{-2} mg/L 的校准用铯溶液标准物质（4.8）进样，积分时间 1s，测量质量数 133 处的 cps，测量 10 次，其平均值计为 S_{133}；以 20mg/L 的铯溶液标准物质（4.8）溶液进样，积分时间 1s，测量质量数 132、134 处的 cps，分别测量 10 个数据，其平均值分别计为 S_{132}、S_{134}。按式（2）和式（3）分别计算低质量数端和高质量数端的丰度灵敏度：

低质量数端：
$$\delta_{低} = \frac{I_{132}}{I_{133}} \quad (2)$$

高质量数端：
$$\delta_{高} = \frac{I_{134}}{I_{133}} \quad (3)$$

式（2）、式（3）中：

$$I_{132} = S_{132} - B_{132}$$
$$I_{133} = (S_{133} - B_{133}) \times 200$$
$$I_{134} = S_{134} - B_{134}$$

5.5 氧化物离子产率

以 1×10^{-2} mg/L 的 Ce 单元素溶液成分分析标准物质（4.11）进样，测定质量数 156 和 140 处的 cps，计算氧化物比 $^{156}CeO^+/^{140}Ce^+$，测量 50 个数据，取平均值。

5.6 双电荷离子产率

以 1×10^{-2} mg/L 的 Ba 单元素溶液成分分析标准物质（4.12）进样，测定质量数 69 和 138 处的 cps，计算双电荷比 $^{69}Ba^{2+}/^{138}Ba^+$，测量 50 个数据，取平均值。

5.7 质量稳定性

以 1×10^{-2} mg/L 的铍铟铋溶液标准物质（4.7）进样，扫描质量数 9、115、209 的谱图，间隔 8h 以上重复该进样和扫描步骤，并计算两次测量峰中心的差值。

5.8 质量分辨率

以 1×10^{-2} mg/L 的铍铟铋溶液标准物质（4.7）进样，扫描质量数 9、115、209 的谱图，分别计算 10%峰高处的峰宽度作为各质量数处的质量分辨率。

5.9 短期稳定性

以 1×10^{-2} mg/L 的铍铟铋溶液标准物质（4.7）进样，测量质量数 9、115、209 处的 cps，在 20min 内，每 2min 取一组数据（积分时间 0.1s，每个数据扫描 10 次），共计 10 组平均值数据，计算其相对标准偏差 RSD（%），即为仪器的短期稳定性。

短期稳定性的计算见式（4）～式（6）：

$$RSD=\frac{s}{\bar{x}}\times 100\% \qquad (4)$$

其中，

$$\bar{x}=\frac{\sum_{i=1}^{n}x_i}{n} \qquad (5)$$

$$s=\sqrt{\frac{\sum_{i=1}^{n}(\bar{x}-x_i)^2}{n-1}} \qquad (6)$$

式中 $\bar{x}$ ——n 组测量数据的平均值；

x_i ——第 i 组测量数据（10 次扫描的平均值）；

s ——标准偏差；

n ——测量组数。

5.10 长期稳定性

以 1×10^{-2} mg/L 的铍铟铋溶液标准物质（4.7）进样，测量质量数 9、115、209 处的 cps，在不少于 2h 内，间隔时间不少于 10min 取一组数据（积分时间 0.1s，每组数据扫描 10 次），重复测量不少于 10 组。计算其相对标准偏差 RSD（%），即为仪器的长期稳定性。长期稳定性的计算方法与 5.9 相同。

5.11 同位素丰度比

分别以 1×10^{-2} mg/L 的 Pb 单元素溶液成分分析标准物质（4.9）和 1×10^{-2} mg/L 的 Ag 单元素溶液成分分析标准物质（4.10）进样，用跳峰法分别测量 ^{206}Pb/^{208}Pb 和 ^{107}Ag/^{109}Ag，各测量 10 个数据，计算测量结果的相对标准偏差 RSD（%），计算公式见式（4）～式（6）。

5.12 抗高盐、碳基、氯基干扰能力

5.12.1 0.2% NaCl 基体样品测量重复性和准确性

以 Li、Cr、As、Cd、U 混合标准溶液（4.13）为工作标准，以 0.2% NaCl 基体的 Li、Cr、As、Cd、U 混合标准溶液（4.14）直接进样，外标法测试上述元素的含量。连续进样，20min 内，每 2min 取一组数据（积分时间 0.1s，每组数据扫描 10 次），共计 10 组数据，计算其重复性和准确性。

重复性计算方法与短期稳定性、长期稳定性相同。

准确性计算见式（7）：

$$k = \frac{\overline{x}_{测量}}{x_{标准}} \quad (7)$$

式中　　k——多次测量结果的平均值与标准值之比；

$\overline{x}_{测量}$——10 组数据的平均值；

$x_{标准}$——标准值。

5.12.2　盐酸甲醇基体下 ClO、ArC 干扰物的浓度测定

以 Cr、V 混合标准溶液（4.15）做校准曲线，以盐酸甲醇水溶液（4.16）直接进样，选择 ^{51}V、^{52}Cr 同位素，用外标法分别测量质量数 51、52 处的含量，测量 10 次，取其平均值，即为 ClO、ArC 干扰物的浓度。

5.12.3　盐酸甲醇基体下 V、Cr 元素的测量准确性

以 Cr、V 混合标准溶液（4.15）为工作标准，以盐酸甲醇中 Cr、V 混合标准溶液（4.17）直接进样，选择 ^{51}V、^{52}Cr 同位素，用外标法分别测试 V、Cr 的含量，测量 10 次，用式（7）计算准确性。

附：标准溶液配制方法

（1）0.2% NaCl 基体的 Li、Cr、As、Cd、U 混合标准溶液

① 0.2% NaCl 溶液：用天平称取 1.2 NaCl（4.2）0.20g。另用天平称重一支 100mL 的容量瓶，天平读数回零后，将 NaCl 转移入容量瓶，用水（4.1）稀释至 100.0g。

② 0.2% NaCl 基体的 Li、Cr、As、Cd、U 混合标准溶液：用移液管分别准确移取适量的 Li、Cr、As、Cd、U（根据 Li、Cr、As、Cd、U 标准物质的浓度，可以采用逐级稀释的方法预先配制低浓度 Li、Cr、As、Cd、U 标准溶液），合并入 100mL 容量瓶，用配制的 0.2% NaCl 溶液（A.1.1）稀释至 100mL，使 Li、Cr、As、Cd、U 的浓度均为 1×10^{-2} mg/L。

（2）盐酸甲醇水溶液

用移液管分别准确移取 1mL 盐酸和 1mL 甲醇于 100mL 容量瓶中，并用水（4.1）稀释至 100mL，使盐酸、甲醇的体积百分比浓度均为 1%。

（3）盐酸甲醇中 Cr、V 混合标准溶液

用移液管分别准确移取 1mL 盐酸、1mL 甲醇和适量的 Cr、V（根据 Cr、V 标准物质的浓度，可以采用逐级稀释的方法预先配制低浓度 Cr、V 标准溶液），合并入 100mL 容量瓶，用水（4.1）稀释至 100mL，使 Cr、V 的浓度均为 1×10^{-2} mg/L。

参考文献

[1] 汪诗金. 等离子体与等离子体物理学[J]. 物理, 1980, 9(3): 252-259.
[2] Babat G I. Electrodeless discharges and some allied problems[J]. J Inst, Elect Eng, Part Ⅲ, 1947, 94: 27.
[3] Reed T B. Growth of refractory crystals using the induction plasma torch[J]. J Appl Phys, 1961, 32(12): 2534-2535.
[4] Greenfield S, Jones L W, Berry C T. High-pressure plasmas as spectroscopic emission sources[J]. Analyst, 1964, 81: 713.
[5] Wendt R H, Fassel V A. Induction-coupled plasma spectrometric excitation source[J]. Anal Chem, 1965, 37(7): 920-922.
[6] Pilon M J, Denton M B, Schleicher R G, et al. Evaluation of a new array detector atomic emission spectrometer for inductively coupled plasma atomic emission spectroscopy[J]. Appl Spectrosc, 1990, 44(10): 1613-1620.
[7] Houk R S, Fassel V A, Flesch G D, et al. Inductively coupled argon plasma as an ion source for mass spectrometricdetermination of trace elements[J]. Anal Chem, 1980, 52: 2283.
[8] 赵墨田. 分析化学手册(9B 无机质谱分析)[M]. 3 版. 北京: 化学工业出版社, 2016: 234.
[9] Diekinson G W, Fassel V A. Emission-spectrometric detection of the elements at the nanogram per milliliter level using induction-coupled plasma excitation[J]. Anal Chim, 1969, 41: 1021.
[10] Boumans P W J M. Inductively counpled plasma emission spectroscopy. Part Ⅰ. New York: John Wiley and Sons INC, 1987: 237.
[11] 岳东宁, 赵军, 马燕云, 等. 电感耦合等离子体离子源气体温度特性数值模拟分析[J]. 质谱学报, 2018, 39(2): 192-200.
[12] 何志壮, 曹文革. 低气流等离子体炬管的设计及其分析性能[J]. 分析化学, 1981, 10(2): 113-116.
[13] 符廷发, 多凤琴, 王银妹. 用于 ICP-AES 超声波雾化器的研制[J]. 光谱学与光谱分析, 1987, 7(2): 70-74.
[14] 中国分析测试协会. 分析测试仪器评议——从 BCEIA'2011 仪器展看分析技术的进展[M]. 北京: 中国质检出版社, 中国标准出版社, 2012: 17-21.
[15] 陈金忠, 郑杰, 梁军录, 等. ICP 光源的激光烧蚀固体样品引入方法进展[J]. 光谱学与光谱分析, 2009, 29(10): 2843-2847.
[16] 马选芳, 辛仁轩. 端视等离子体发射光谱仪器的发展[J]. 分析测试通讯, 1997, 7(1): 1-11.
[17] 吴显欣, 陈天裕, 王安宝. 端视等离子体原子发射光谱仪的性能评价[J]. 理化检验-化学分册, 2004, 40(5): 305-310.
[18] 郑国经. 电感耦合等离子体原子发射光谱分析仪器与方法的新进展[J]. 冶金分析, 2014, 34(11): 1-10.
[19] Cauduro J, Ryan A. 使用 Agilent 5100 同步垂直双向观测 ICP-OES 按照 US EPA 200.7 方法对水中痕量元素进行超快速测定[J]. 环境化学, 2015, 34(3): 593-595.
[20] Wohlers C C. ICP analysis spectral line[J]. ICP Information Newsletter, 1985, 10 (8): 593.
[21] 土冢 本哲男. 固体摄象器件基础[M]. 张伟贤, 译. 北京: 电子工业出版社, 1984.
[22] 王以铭. 电荷耦合器件原理与应用[M]. 北京: 科学出版社, 1987.
[23] 倪景华, 黄其煜. CMOS 图像传感器及其发展趋势[J]. 光机电信息, 2008, 25(5): 33-38.
[24] 解宁, 丁毅, 王欣, 等. 应用于高光谱成像的 CMOS 图像传感器[J]. 仪表技术与传感器, 2015, (7): 7-9, 13.
[25] 熊平. CCD 与 CMOS 图像传感器特点比较[J]. 半导体光电, 2004, 25(1): 1-4, 42.

[26] 中国分析测试协会. 分析测试仪器评议——从 BCEIA'2015 仪器展看分析技术的进展[M]. 北京: 中国质检出版社, 中国标准出版社, 2016: 15-17.

[27] 刘冬梅, 潘永刚, 张燃, 等. 数字光谱分析仪的应用软件设计[J]. 长春理工大学学报: 自然科学版, 2012, 35(3): 64-67.

[28] 曾仲大, 陈爱明, 梁逸曾, 等. 智慧型复杂科学仪器数据处理软件系统 ChemDataSolution 的开发与应用[J]. 计算机与应用化学, 2017, 34(1): 35-39.

[29] 余兴. 电感耦合等离子体四极杆质谱离子光学系统的现状与进展[J]. 冶金分析, 2011, 31(1): 23-29.

[30] 段旭川. 气态进样-ICP-AES 法测定固体混合碱中的碳酸钠和碳酸氢钠[J]. 冶金分析, 2009, 29(2): 45-48.

[31] 段旭川, 霍然. 离线二氧化碳发生原位再溶解-电感耦合等离子体原子发射光谱法测定水样中无机碳[J]. 理化检验-化学分册, 2012, 48(7): 763-765.

[32] Boumans P W J M, de Boer F J. Studies of flame and plasma torch emission for simultaneous multi-element analysis—Ⅰ: Preliminary investigations[J]. Spectrochim Acta, 1972, 27B: 391-414.

[33] 李桂香, 沈发春. ICP-AES 法同时测定高纯铅中八种杂质元素[J]. 矿冶, 2017, 26(2): 81-83.

[34] 张帆, 王浩杰, 蔡薇, 等. 沉淀分离后电感耦合等离子体发射光谱法分析 99.99 银中的杂质元素[J]. 生物化工, 2018, 4(6): 106-119.

[35] 李秋莹, 甘建壮, 王应进, 等. 共沉淀分离-电感耦合等离子体原子发射光谱法测定含难熔金属岩石中 12 种稀土元素[J]. 冶金分析, 2019, 39(12): 25-30.

[36] 武丽平, 袁红战, 李文波, 等. 氢氧化铁共沉淀电感耦合等离子体发射光谱法测卤水中的痕量钴镍锰[J]. 化学世界, 2018, 59(10): 675-678.

[37] 范丽新, 李建强, 范慧俐, 等. 阴离子交换树脂分离甲苯萃取 ICP-AES 测定铋系超导粉中的痕量镍[J]. 光谱学与光谱分析, 2011, 31(12): 3375-3378.

[38] 伍娟, 龚琦, 杨黄, 等. 铬Ⅲ和铬Ⅵ的离子交换纤维柱分离和电感耦合等离子体原子发射光谱法测定[J]. 冶金分析, 2010, 30(2): 23-29.

[39] 李小玲, 林海山, 王津, 等. 锑试金富集-ICP-AES 法测定冶金富集渣中的铱[J]. 贵金属, 2013, 34(3): 63-65.

[40] 钟轩, 刘东辉, 叶龙云, 等. 间接银量-电感耦合等离子体原子发射光谱法测定碳酸钴中氯含量[J]. 广东化工, 2020, 47(10): 162-163, 160.

[41] 周西林, 闫立东, 李芬, 等. 电感耦合等离子体原子发射光谱法测定高纯铁中痕量磷[J]. 冶金分析, 2014, 34(3): 61-64.

[42] 王记鲁, 郝苗青, 李静, 等. 氢化物发生-电感耦合等离子体原子发射光谱法测定土壤中汞和砷[J]. 冶金分析, 2023, 43(05): 74-78.

[43] Seyed R Y, Ehsan Z J. A novel online hydride generation technique for the simultaneous determination of ultra trace amounts of hydride forming elements in water samples by inductively coupled plasma optical emission spectrometry[J]. J Anal Chem, 2020, 75(5): 595-599.

[44] 蔡清, 谢志海, 降晓艳, 等. 马丙共聚物吸附剂的制备及吸附性能的 ICP-AES 法研究[J]. 光谱学与光谱分析, 2012, 32(7): 1946-1949.

[45] 陈立旦. ICP-AES 法在汽车液压助力转向系统故障诊断中的应用[J]. 光谱学与光谱分析, 2013, 33(1): 210-214.

[46] 朱天一, 冯典英, 李本涛, 等. 电感耦合等离子体原子发射光谱法测定镍基单晶高温合金中 Mo、W、Ta、Re、Ru 时元素之间相互干扰的消除与校正的研究[J]. 理化检验-化学分册, 2020, 56(4): 443-448.

[47] 刘坤杰, 李文军, 李建强. ICP-AES 分析法中铁基体非光谱干扰效应的机理研究[J]. 光谱学与光谱分析, 2011, 31(4): 1110-1114.

[48] 石雅静. 电感耦合等离子体发射光谱法在各个领域的应用综述[J]. 当代化工研究, 2018, (5): 82-83.

[49] 郑国经. 分析化学手册(3A 原子光谱分析)[M]. 3 版. 北京: 化学工业出版社, 2016: 491-522.
[50] 杨开放, 黎莉, 郭卿. 电感耦合等离子体发射光谱 ICP-OES 法在非金属元素测定中的应用[J]. 中国无机分析化学, 2016, 6(4): 15-19.
[51] 赵彦, 陈晓燕, 徐董育, 等. 电感耦合等离子体发射光谱法测定汽油中的氯[J]. 光谱学与光谱分析, 2014, 34(12): 3406-3410.
[52] 陶振卫, 张娇, 姚文全, 等. 氧弹燃烧-ICP-OES 测定塑料中的氯和溴[J]. 广州化工, 2011, 39(18): 106-107.
[53] 张友平, 水生宏, 罗红. 采用 ICP-OES 测定二次盐水中的碘[J]. 氯碱工业, 2009, 45(10): 37-39.
[54] 李冰, 陆文伟. ATC017 电感耦合等离子体质谱分析技术[M]. 北京: 中国标准出版社, 2017.
[55] Templeton D M, Ariese F, Cornelis R, et al. Guildelines for terms related to chemical speciation and fraction of elements. definitions, structural aspects, and methodological approaches (IUPAC Recommendations 2000) [J]. Pure Appl Chem, 2000, 72 (8): 1453-1470.
[56] 赵学珩, 王博, 龚子珊, 等. 毛细管电泳与电感耦合等离子体质谱联用的研究进展及元素形态分析的应用[J]. 纳米技术与精密工程, 2017, 15(6): 486-493.
[57] 刘崴, 胡俊栋, 杨红霞, 等. 电感耦合等离子体质谱联用技术在元素形态分析中的应用进展[J]. 岩矿测试, 2021, 40(3): 327-339.
[58] 冯先进. 电感耦合等离子体质谱分析技术在国内矿石矿物分析中的应用[J]. 冶金分析, 2020, 40(6): 21-36.
[59] 冯先进, 马丽. 电感耦合等离子体质谱 (ICP-MS) 法在我国矿物中"四稀"元素检测的应用[J]. 中国无机分析化学, 2023, 13(8): 787-797.
[60] 李冰, 陆文伟. ATC 017 电感耦合等离子体质谱分析技术[M]. 北京:中国标准出版社, 2017.
[61] 陈文, 樊小伟, 郭才女, 等. 电感耦合等离子体串联质谱法测定高纯稀土中铁的含量[J]. 分析化学, 2019, 47(3): 403-409.
[62] 肖石妹, 徐娜, 汤英, 等. 三重串联电感耦合等离子体质谱法直接测定高纯铈中 14 种稀土杂质元素的方法[J]. 稀土, 2021, 42(2): 109-118.
[63] 胡芳菲, 刘鹏宇, 于磊, 等. 电感耦合等离子体串联质谱法测定高纯氧化钆中 20 种痕量元素含量[J]. 化学试剂, 2022, 44(2): 306-309.
[64] 黄智敏, 吴伟明, 杨雪, 等. 电感耦合等离子体串联质谱法直接测定高纯铽中稀土杂质[J]. 分析试验室, 2021, 40(11): 1345-1350.
[65] 李坦平, 谢华林, 袁龙华, 等. 电感耦合等离子体串联质谱法测定高纯氧化镁粉中金属杂质元素[J]. 冶金分析, 2018, 38(10): 16-22.
[66] 墨淑敏, 邱长丹, 李爱嫦, 等. 电感耦合等离子体串联质谱法测定高纯铪中钪铱铂[J]. 冶金分析, 2022, 42(9): 9-15.
[67] 叶晨. 电感耦合等离子体串联质谱法测定高纯镍金属中痕量硒[J]. 云南化工, 2019, 46(4): 73-75.
[68] 刘元元, 胡净宇. 电感耦合等离子体串联质谱法测定高纯钼中痕量镉[J]. 冶金分析, 2018, 38(5): 1-6.
[69] 张俊峰, 栾海光, 王凌燕. 电感耦合等离子体质谱(ICP-MS)法测定高纯砷中痕量磷和硒[J]. 中国无机分析化学, 2022, 12(2): 61-64.
[70] 符靓, 施树云, 唐有根, 等. 高纯钼粉中超痕量杂质的质谱分析[J]. 光谱学与光谱分析, 2018, 38(8): 2588-2594.
[71] 王振伟, 王维宇, 郭朝, 等. 电感耦合等离子体串联质谱氨气模式测定土壤中的银[J]. 环境化学, 2021, 40(4): 1285-1287.
[72] 刘跃, 王记鲁, 李静, 等. 氧气动态反应-电感耦合等离子体串联质谱法测定土壤和沉积物中汞及其他 6 种元素的含量[J]. 理化检验 化学分册, 2022, 58(11): 1241-1248.
[73] 赵志飞, 任小荣, 李策, 等. 氧气反应模式-电感耦合等离子体串联质谱法测定土壤中的镉[J]. 岩矿

测试, 2021, 40(1): 95-102.

[74] 闫哲, 龚华, 曾祥程. 电感耦合等离子体串联质谱测定土壤中 21 种元素[J]. 环境化学, 2020, 39(5): 1442-1444.

[75] 严颖. 三重四极杆电感耦合等离子质谱法同时测定地表水及矿泉水中 23 种元素[J]. 绿色科技, 2020(22): 110-112, 115.

[76] 陈小霞. 三重四极杆串联质谱法同时测定福州大气 $PM_{2.5}$ 中 20 种金属元素的研究[J]. 福建分析测试, 2020, 29(5): 15-20.

[77] 高瑞勤, 侯小琳, 张路远, 等. 大体积环境水样中超痕量钚同位素的分析[J]. 分析化学, 2020, 48(6): 765-773.

[78] 林晓娜, 戴骐, 何卫东, 等. 微波萃取结合高效液相色谱-电感耦合等离子体串联质谱同步分析水中砷、硒和铬形态[J]. 食品科学, 2018, 39(14): 328-334.

[79] 安娅丽, 赵艳萍, 刘宁, 等. 高效液相色谱-电感耦合等离子体串联质谱法同时测定土壤中的阿散酸、洛克沙肿及其降解产物[J]. 分析测试学报, 2019, 38(11): 1353-1357.

[80] 张蜀, 张舸, 高舸. 高效液相色谱–电感耦合等离子体串联质谱法测定水样中 6 种硒形态[J]. 化学分析计量, 2021, 30(5): 17-21.

[81] 花中霞, 左书梅, 马辉, 等. 大气 $PM_{2.5}$ 中 Cr(Ⅲ)和 Cr(Ⅵ)的高效液相色谱串联电感耦合等离子体质谱测定法[J]. 环境与健康杂志, 2021, 38(7): 443-445.

[82] 陈绍占, 刘丽萍, 张妮娜, 等. 饮用水中溴和碘形态的离子色谱-电感耦合等离子体质谱联用测定法[J]. 环境与健康杂志, 2016, 10(33): 920-922, 923.

[83] 王建滨, 黄荣华. 在线 ICP-MS 检测地表水中 19 种元素[J]. 环境监控与预警, 2018, 10(02): 23-25, 53.

[84] 侯伟昳, 黄晖. ICP-MS 在线监测原水中锑含量的应用[J]. 净水技术, 2020, 39(10): 8-12.

[85] 王潇磊, 李明, 郑瑶, 等. ICP-MS 在线监测地表水中 23 种元素的应用[J]. 能源与环保, 2022, 44(02): 132-137.

[86] 郑国经. AES 光谱仪器的发展现状与技术动态[J]. 现代科学仪器, 2017, 4: 23-36, 41.

[87] 中国分析测试协会. 分析测试仪器评议——从 BCEIA'2019 仪器展看分析技术的进展[M]. 北京: 中国质量标准出版社, 2021: 22-28.

[88] 陈良尧, 郑玉祥, 赵海斌, 等. 二维折叠光谱分析研究[J]. 分析仪器, 2011, Zl: 43-49.

[89] 王永清, 王占友, 周颖昌, 等. 微型等离子体光谱仪激发源的研究与进展[J]. 冶金分析, 2010, 30(1): 17-23.

[90] 曾仲大, 陈爱明, 梁逸曾, 等. 智慧型复杂科学仪器数据处理软件系统 ChemDataSolution 的开发与应用[J]. 计算机与应用化学, 2017, 34(1): 35-39.

[91] 翟绪昭, 王广彬, 赵亮涛, 等. 高通量生物分析技术及应用研究进展[J]. 生物技术通报, 2016, 32(6): 38-46.

[92] 张雅洁, 蔡忆, 千永亮, 等. 阀上实验室-微型发射光谱系统高灵敏检测痕量镉[C]//中国化学会第 30 届学术年会摘要集, 2016.

[93] 张唯, 张天讳, 李瑞瑞, 等. 基于微顺序注射-阀上实验室药物浓度实时监测软件系统的开发与应用[J]. 分析仪器, 2017, 2: 14-19.

[94] 曾涛, 沈倩. 电感耦合等离子体质谱法(ICP-MS)应用进展及展望[J]. 广东化工, 2018, 45(380): 116-119.

[95] 冯先进, 杨斐. 电感耦合等离子体串联质谱技术特点及国内应用现状[J]. 冶金分析, 2023, 43(9): 1-13.

[96] 王音, 沈勇猛, 张健. ICP-MS 在土壤元素分析中的应用进展[J]. 广州化工, 2022, 50(6): 41-42.